Julian Drews

Lebenswissen und Autobiographik

Kaleidogramme Band 122

Julian Drews hat mit der vorliegenden Monographie an der Universität Potsdam promoviert. Seitdem ist er dort Dozent für romanistische Literaturwissenschaft. Seine wissenschaftliche Arbeit gilt vor allem dem Verhältnis von Literatur und Wissenschaftsgeschichte, der Darstellung asymmetrischer Konflikte in den Literaturen Lateinamerikas und der Frankophonie, sowie der Erkenntnistheorie der Philologien.

Julian Drews

Lebenswissen und Autobiographik

Santiago Ramón y Cajal und Wilhelm Ostwald

Kulturverlag Kadmos Berlin

Bibliografische Information der Deutschen Nationalbibliothek

Die Deutsche Nationalbibliothek verzeichnet diese Publikation in der Deutschen Nationalbibliografie; detaillierte bibliografische Daten sind im Internet über <http://dnb.d-nb.de> abrufbar.

Internet: www.kv-kadmos.com
Umschlaggestaltung: Tobias Kraft
Gestaltung und Satz: kaleidogramm, Berlin
Umschlagabbildung: Wilhelm Ostwald aus: Ostwald, Grete. Wilhelm Ostwald: Mein Vater. Stuttgart: Berliner Union, 1953, sowie Ramón y Cajal, Wikimedia Commons.
Druck: Totem
Printed in EU
ISBN 978-3-86599-252-9

Inhalt

1 Einleitung 11

2 Methodische Vorüberlegungen 21
2.1 Forschungsstand zu den Autoren 21
2.2 Zur Lektüre autobiographischer Texte 27
2.3 Zum Gegenstand der Autobiographik 33
2.4 Zum Begriff des biographischen Lebenswissens 38
2.5 Zum Korpus und zum Lektüreverlauf 46

3 Lektüreabschnitt I: Die Bewältigung der Anfänge 53
3.1 Erinnerung: Cajal besucht einen fremden Geburtsort, und Ostwald bereist ein abstraktes Schweden 55
3.2 Abstammung: Gottfried Ostwald verlernt das Zeichnen, und Justo Ramón verbietet es 64
3.3 Ausbildung: Sichtbarmachungen, Phänomene, Eingliederung und Zusammenleben 77
3.3.1 Sichtbarmachung: Cajal sitzt gefangen in der Camera obscura, und Ostwald nimmt »Das moralische Schwungrad« in Betrieb 77
3.3.2 Phänomene: Ostwald folgt einer »wohl bedachten Stufenfolge«, und Cajal trifft einen lebenden Toten 86
3.3.3 Eingliederung: Cajal tritt dem Expeditionsheer bei und Ostwald der Fraternitas Rigensis 97
3.3.4 Zusammenleben: Ostwald trifft fremde Letten in Riga und Cajal fremde Spanier in Ayerbe 112
3.4 Fazit: Die Darstellung der Anfänge des autobiographischen Selbst 127

4 Lektüreabschnitt II: Darstellungsmuster wissenschaftlicher Spezialisierung 131
4.1 1887 – Das Jahr der physikalischen Chemie 132
4.1.1 Ostwald betreibt negative Chemie 132

4.1.2 Ostwald hebt den energetischen Kontinent 137
4.1.3 Schreiben im Sinne des energetischen Monismus 157
4.1.4 Ostwald baut an der Straße 164
4.2 1888 – Das Jahr der *histología española* 175
4.2.1 Cajal und die Sichtbarmachung des Kleinsten 176
4.2.2 Grenzziehung und Diskontinuität 189
4.2.3 Cajal bestimmt, benennt und ordnet ein 198
4.2.4 Cajal rechtfertigt sich für physiologische Theoriebildung . 208
4.3 Fazit: Die Emigration des Positivismus 212

5 Lektüreabschnitt III: Grenzen des autobiographischen Selbst . . . 219
5.1 Cajal und die Atomisierung des Selbst 220
5.2 Ostwald und der Wärmetod des Selbst 229
5.3 Cajal und die Infektion des Selbst 247
5.4 Fazit: Die Signifikanz des spezifischen Abstands 256

6 Schluss 259

Quellen 261
Sekundärliteratur 262
Abbildungsnachweise 267

für Clara

Vorwort

Das Manuskript dieses Buches wurde 2013 als Dissertation im Fach Romanistik (Literaturwissenschaft) bei der Philosophischen Fakultät der Universität Potsdam eingereicht. Für die Veröffenlichung wurden, neben kleineren Änderungen im Theorieteil und im letzten Kapitel die fremdsprachigen Zitate auf Deutsch wiedergegeben. Wo gängige Übersetzungen vorlagen – dies betrifft den größten Teil der englisch- und französischsprachigen Sekundärliteratur – wurden diese verwandt. Wo keine Übersetzungen vorlagen – dies betrifft den größten Teil der behandelten Texte Ramón y Cajals – habe ich die Übertragung selbst besorgt. Unterscheidbar sind beide Fälle anhand der Quellenangaben. Da ich hoffe, dass die Auseinandersetzung mit Ramón y Cajal auch für die Hispanistik von Interesse ist, sind die spanischsprachigen Zitate dennoch weiter in den Fußnoten enthalten.

Der Druck dieser Arbeit wurde durch einen Kostenzuschuss des DFG-Graduiertenkollegs »Lebensformen und Lebenswissen« unterstützt, wofür ich mich an dieser Stelle herzlich bedanken möchte.

Dank soll auch allen denjenigen gesagt sein, von deren inhaltlichen Anregungen ich in der einen oder anderen Weise profitiert habe: den TeilnehmerInnen des Romanistischen Kolloquiums für Literaturwissenschaft in Potsdam, den KollegiatInnen des DFG-Graduiertenkollegs »Lebensformen und Lebenswissen« und allen Interessierten im Freundes- und Bekanntenkreis. Besonders zu nennen wären Ottmar Ette, Pablo Valdivia, Tobias Kraft, Hans-Peter Krüger, Heiko Christians, Yvonne Maaß, Agnes Bethke, Michael Andrick, Jasper van Buuren, Laura Otis und Markus Messling.

Darüber hinaus möchte ich Susanne Thiemann dafür danken, dass sie mir die Tür zur Wissenschaft geöffnet hat und Irma Bürger dafür, dass sie mich mehrmals beim Offenhalten dieser Tür unterstützt und bestärkt hat; Albrecht Buschmann für sein Gutachten, Olivia Mitscherlich Schönherr für die Eröffnung wichtiger Möglichkeiten im richtigen Moment und vor allem meiner Mutter für so viel *along the way*.

1
Einleitung

> Die zunehmende Intellektualisierung und Rationalisierung bedeutet also *nicht* eine zunehmende allgemeine Kenntnis der Lebensbedingungen, unter denen man steht. Sondern sie bedeutet etwas anderes: das Wissen davon oder den Glauben daran: daß man, wenn man *nur wollte*, es jederzeit erfahren *könnte*, daß es also prinzipiell keine geheimnisvollen unberechenbaren Mächte gebe, die da hineinspielen, daß man vielmehr alle Dinge – im Prinzip – durch *Berechnen beherrschen* könne. Das aber bedeutet: die Entzauberung der Welt.
>
> *Max Weber*

I.

Im letzten Band seiner umfangreichen Arbeit über *Das Erkenntnisproblem in der Philosophie und Wissenschaft der neueren Zeit* bemerkt Ernst Cassirer, dass ein »scharfer Schnitt« die Geschichte der Philosophie von ihrer Gegenwart trenne.[1] Diesen Schnitt macht Cassirer an dem veränderten Verhältnis der Philosophie zu den Einzelwissenschaften fest, welches sich im 19. Jahrhundert grundlegend umgekehrt habe. Während die Philosophie zwischen Altertum und Aufklärung noch eine leitende Funktion für die Vermehrung des Wissens in seinen verschiedenen Gebieten besessen habe, empfange sie in der Gegenwart, den dreißiger Jahren des zwanzigsten Jahrhunderts, umgekehrt ihre Impulse aus den Einzelwissenschaften. Im Positivismus Auguste Comtes sieht Cassirer den letzten Versuch, das Erkenntnisproblem systematisch und universell zu behandeln. Danach sei die Diskussion in die Hände der unterschiedlichen Spezialisierungen übergegangen:

---

1 Cassirer, Ernst. *Das Erkenntnisproblem in der Philosophie und Wissenschaft der neueren Zeit: Von Hegels Tod bis zur Gegenwart (1832–1932)*. Darmstadt: Wissenschaftliche Buchgesellschaft, 2000. 13.

> Die Spezialwissenschaften empfingen jetzt das Problem nicht mehr aus der Hand der Philosophie, sondern jede von ihnen suchte es für sich selbst zu formulieren und jede gab ihm die Fassung, die ihren eigenen und besonderen Interessen und Aufgaben entsprach. Wenn man die verschiedenen erkenntnistheoretischen Schulen betrachtet, die im Laufe der letzten Dezennien einander bekämpft haben, so kann man für jede von ihnen den Ursprung in irgendeiner Sonderdisziplin aufweisen. Wir finden hier einen logischen Formalismus, wie wir einen Psychologismus finden; wir finden einen Mathematizismus, einen Physikalismus, einen Biologismus, einen Historismus. Selbst innerhalb bestimmter philosophischer Grundrichtungen [...] macht sich dieser Gegensatz in der Formulierung des Erkenntnisproblems bemerkbar und auf Schritt und Tritt fühlbar.[2]

Diese Übernahme der Erkenntnistheorie durch die Spezialwissenschaften impliziert natürlich mehr als das Erscheinen neuer Autoritäten. Zur Frage steht viel mehr die Art und Weise des Wissens nach der Aufklärung. Braucht es neue Philosophien, um eine umfassende erkenntnistheoretische Perspektive zurückzugewinnen oder ist eine solche Perspektive grundsätzlich nicht mehr möglich? In welchem Verhältnis zueinander stehen die unterschiedlichen Wissensformen innerhalb einer funktional ausdifferenzierten Moderne? Diese Fragen sind nach wie vor relevant.[3] Es lohnt sich daher einen Moment bei dem konstatierten Schnitt zu verweilen.

Sieht man sich Auguste Comtes frühen Text *Plan des travaux scientifiques nécessaires pour réorganiser la société*, eine Art Gründungsmanifest des Positivismus, genau an, könnte der Eindruck entstehen, dass der Schnitt sich hier bereits vorformuliert findet.[4] Für die geistige Reorganisation der Gesellschaft, also für wesentlich mehr als die Erkenntnistheorie, sind in der Schrift von 1822 nicht die Philosophen, sondern die »*savants*« zuständig. Was darunter zu verstehen ist, erläutert Comte in einer ausführlichen Fußnote. Demnach ginge es nicht um die Spezialisten einer bestimmten, beobachtenden Disziplin, sondern um Gelehrte, die ausreichend Wissen von der Gesamtheit der positiven Wissenschaften hätten, um die Gesetzmäßigkeiten der Naturerscheinungen nachvollziehen zu können.[5] Die intendierte Blickrichtung ist also nicht die der humanistischen Bildung, sondern diejenige der empirischen Naturwissenschaft, nur ohne die Nachteile der Spezialisierung, welche, laut Comte, fehlerhafte intellektuelle Gewohnheiten hervor bringt.[6] Es geht um Kenner der empirischen Denkweise, die ihr

---

2 Ebd., 12.

3 Vgl. zu dieser Problematik ausführlich: Ziche, Paul. *Wissenslandschaften um 1900: Philosophie, die Wissenschaften und der nichtreduktive Szientismus*. Zürich: Chronos Verlag, 2008. 31–61.

4 Comte, Auguste. *Plan des travaux scientifiques nécessaires pour réorganiser la société*. 1822. Hg. Angèle Kremer-Marietti. Paris: Aubier-Montaigne, 1970.

5 Ebd., 87.

6 Ebd.

Wissen in den Dienst einer Gesellschaftswissenschaft stellen. In Comtes Fassung ist der *savant* damit bereits am Ausgangspunkt der modernen Soziologie Agent einer Extrapolation. Er überträgt die Erkenntnisweise der Naturwissenschaft seiner Zeit auf die Geschichte und auf Fragen der Einrichtung nachfeudaler Staatsformen. Der *savant* im Sinne Comtes kann damit als Markierung des Übergangs in eine andere Wissensordnung verstanden werden, in der sich überkommene Vorstellungen von Kompetenz und Zuständigkeit grundlegend verändern. Gleichzeitig wird die wachsende Dominanz einer bestimmten Erkenntnisform deutlich, die sich anschickt, zum Synonym für Wissenschaftlichkeit allgemein zu werden.

1917, also ungefähr hundert Jahre nachdem Comte beginnt, seinen *Plan* auszuarbeiten, hält Max Weber einen vielbeachteten Vortrag über *Wissenschaft als Beruf*, dessen publizierter Fassung das oben stehende Zitat entlehnt ist.[7] Hinweise auf die Rolle eines *savant* im Sinne des *Plan* sucht man darin vergeblich. Unterschieden wird hier lediglich zwischen dem Spezialisten, der man notwendigerweise werden muss, wenn man wissenschaftliche Leistungen vollbringen möchte, und dem Dilettanten, der man zwangsläufig auf allen anderen Gebieten bleibt. Sicher ergeben sich Unterschiede zu Comte bereits aus der Tatsache, dass Weber, wie der Titel es deutlich macht, eine andere Frage behandelt, nämlich explizit diejenige nach der wissenschaftlichen Spezialisierung. Folgt man aber den einzelnen Punkten des Vortrags, so zeigt sich, dass es dabei gleichzeitig um die Bedingungen des Wissens im frühen zwanzigsten Jahrhundert geht. Webers nachdrückliche Bejahung des Expertentums bestätigt also zunächst die Entwicklung, die Ernst Cassirer den hundert fraglichen Jahren seit Comte zuspricht. Allerdings erwächst gerade aus dieser Konsequenz ein neuer Blick auf die Problematik des Wissens.

Nach Erläuterung der äußeren Umstände kommt Weber in seinem Vortrag zu der Frage nach dem »inneren Berufe zur Wissenschaft«, von der er annimmt, dass sie seine Hörer vor allem interessiert. Die charakterlichen Eigenschaften, die ihm relevant erscheinen, müssen hier nicht einzeln wiedergegeben werden. Entscheidend ist vielmehr die Perspektive des Vortrags, die konsequent auf den Einzelnen gerichtet bleibt. Erst aus dieser Perspektive werden die entscheidenden Fragen sichtbar, etwa diejenige nach dem Sinn der wissenschaftlichen Arbeit allgemein, die sich nicht implizit beantwortet. Offensichtlich kann man ein Wissender sein, ohne zu wissen, wozu. Die grundlegende Bedeutung dieser Perspektive wird ersichtlich, wenn Weber zu demjenigen Gedankengang kommt,

[7] Weber, Max. *Gesammelte Aufsätze zur Wissenschaftlehre.* Tübingen: Verlag von J.C.B. Mohr, 1922. 524–555.

der schließlich zu der berühmten Formulierung von der »Entzauberung der Welt« führt.[8] Am Beispiel der Straßenbahn, die zwar jeder benutzen könne, von der aber nur wenige Experten genau wüssten, wie sie funktioniere, macht er den Zustand des Wissens seiner Zeit deutlich. Es ist zwar vorhanden, für den Einzelnen aber in erster Linie als Möglichkeit. Jenseits der eigenen Spezialisierung kennt man sich nicht aus. Man weiß lediglich, dass alle Zusammenhänge theoretisch verstehbar sind, dass es andere Spezialisten gibt, die sie erklären könnten. Vom absoluten Wissen ausgeschlossen ist der Einzelne nicht im Sinne einer Transzendenz, zu der nur die Auserwählten Zugang hätten, ausgeschlossen vom absoluten Wissen ist er, insofern er ein endliches Wesen ist.

II.

Die Entwicklung der fraglichen hundert Jahre hat für den Kulturraum, auf den sich Comte, Weber und Cassirer beziehen, also zu einer Wissenskonstellation geführt, die sich als Widerspruch beschreiben lässt, zwischen dem, was der Mensch allgemein tun und wissen kann, und dem, was der Einzelne im Laufe eines Lebens mit einem beschränkten Kräftehaushalt vermag. Allgemein ist der Mensch jener Zeit ein Wissender und ein Könner. Er geht davon aus, dass der Maßstab allen Wissens als Vernunft in ihm selbst liegt und im Laufe des langen 19. Jahrhunderts hat er eine bestimmte Art herausgebildet, der Welt zu begegnen. Die Welt wird zum Gegenstand, zum Objekt und er, der Mensch, in immer höherem Maße zum Subjekt, also zum Erkennenden und Handhabenden, zum Wissenden und zum Macher. Die Gesellschaft erscheint ihm mit Anbruch des bürgerlichen Zeitalters genauso begreifbar und gestaltbar wie die Natur durch die Entwicklung der Technik und der empirischen Wissenschaften.

Derselbe Prozess aber, der dem Menschen allgemein die Mittel zur Allmacht an die Hand gibt, mit der er sich die Natur vollständig unterwerfen und schließlich zum Mörder Gottes werden kann, derselbe Prozess beschränkt auch die Macht des konkreten einzelnen Menschen. Letzterer sieht sich angesichts einer theoretisch unbegrenzten Machbarkeit auf die Realität seines eigenen, beschränkten Kräftehaushalts verwiesen, der es ihm nicht gestattet, die Welt tatsächlich zu beherrschen. Stattdessen ist er nach wie vor dem äußeren Einfluss verschiedener Antagonisten unterworfen. Da sind die anderen Experten, die zunehmend unübersichtliche Spezialgebiete eines Wissens verwalten, das längst keinen Blick aufs Gan-

[8] Ebd., 536.

ze mehr erlaubt. Da kommt die Masse als gesellschaftlicher Akteur ins Spiel, deren Verachtung, Erhöhung oder Lenkung man verlangen kann, mit der man aber in jedem Fall rechnen muss. Da wirkt das Soziale in abstrakten Formen wie der Nation und dem Kapital. Schließlich wird mit ablaufendem Jahrhundert auch die Innenwelt unsicher, indem unbewusste und vorbewusste Anteile des Selbst den einzelnen Menschen an seinem Macherstatus zweifeln lassen. Der Einzelne ist ein impotenter Alleskönner und wenn er über sich selbst spricht, muss er sich bewusst oder unbewusst zu diesem Widerspruch verhalten.

Vielleicht erzählt er deshalb so viel von sich selbst. Narrativ versucht er die auseinander driftenden Teile seiner Welt zu verbinden. Der Roman, der in neue Bereiche der Innerlichkeit vordringt, scheint eine einheitliche Bühne zu bieten, auf der die Vielfalt sich noch ordnen lässt. Da aber auch die Innerlichkeit keinen dauerhaft unspaltbaren Kern bietet, entwickeln sich die Geschichten zu solchen von Zweiflern, Exzentrikern, Außenseitern und Kranken. Die Prosa der Selbstbeschreibung wird fragmentarisch, dunkel, gehetzt und muss sich ständig von Grund auf erneuern. In welcher Weise und wie stark der Widerspruch zwischen dem Einzelnen und dem Menschen allgemein empfunden wird, hängt dabei vom jeweiligen Standpunkt ab. Dem Romanautor, den der Kapitalismus einerseits von alten Zweckbündnissen befreit, scheint andererseits der Weg zum Rand der neuen Gesellschaft besonders kurz. Entsprechend wird er zum sensiblen Seismographen für die Auswirkungen des Widerspruchs. An der Entwicklung des modernen Romans zeigt sich, wie das Wissen in Formen gerinnt, die einen Einzelnen als Bezugsgröße benötigen.

Wie verhält es sich aber mit dem Naturwissenschaftler? Selbst daran beteiligt, das Können des Menschen allgemein zu erweitern, ist er ein naheliegender Akteur für den Enthusiasmus der Machbarkeit. Was er sich zutraut, ist der Horizont des Könnens, vor dem sich der Mensch allgemein bestimmt. Der Naturwissenschaftler wird damit zum A und O in einer Geschichte seiner Kultur, die er Fortschritt nennt und einer Geschichte seiner Spezies, die er Evolution nennt. Zugleich aber ist der Naturwissenschaftler auch ein ausgezeichneter Kandidat für den genannten Widerspruch. Obgleich er so viel weiß und so viel vermag, hat er zunehmend Probleme zu verstehen, was seine nächsten Kollegen wissen und können. Er hat maßgeblich am großen Mordkomplott der Moderne mitgeschmiedet und nun, kaum dass der Totenschein ausgestellt wurde, begreift er, dass er die Welt nicht nur mit einer säkularen Gnade überzieht, sondern auch das Inferno des Gaskriegs und Schlimmeres ermöglicht.

Der Naturwissenschaftler verkörpert also in prägnanter Weise den Widerspruch – nicht als Typus, sondern als Einzelner. Er tut es als ein bestimmter Fall von wissenschaftlicher Spezialisierung auf der Folie eines vollständigen Lebens – eines Lebens innerhalb dessen widerstrebende Sinnangebote geordnet werden müssen, von denen einige immer noch das Versprechen in sich tragen, bei vollständiger Erfassung, in richtiger Anordnung oder als Extrakt den Widerspruch im eigenen Beruf auflösen und ein *savant* im Sinne von Comtes *Plan* sein zu können. Das Berufsleben des Naturwissenschaftlers kann so zur Bühne eines Dramas werden, in welchem sich der Protagonist auf beispielhafte Weise verstrickt und die ihn in seinen Darstellungsformen mehr sein lässt als einen einzelnen Spezialisten. Diese Perspektive strebt die vorliegende Arbeit an. Sie untersucht die Lebensläufe von Spezialisten als Darstellung vom Leben mit hoch spezialisiertem Wissen in einer Zeit, in der die daran geknüpften Widersprüche lebendig empfunden und diskutiert werden. Der *Einzelne*, das *Leben* und das *Wissen* sind dabei die entscheidenden Begriffe.

III.

In diesem Buch soll es nicht um Romane gehen, sondern um Autobiographien. Auch wenn die Durchlässigkeit zwischen beiden Gattungen in der fraglichen Zeit sehr hoch ist, scheint das Spiel zwischen Allgemeinem und Besonderem in der Autobiographie stärker noch als im Roman zum Pol des Einzelnen hin verschoben. Das gilt vor allem hinsichtlich der Einlassung auf das spezialisierte Wissen. Darüber hinaus lässt sich vermuten, dass der beschriebene Widerspruch besonders in der Rede vom Selbst relevant wird, deren traditioneller Ort die Autobiographie ist.

Diese Gattung steht in einem gewissen Spannungsverhältnis zur literaturwissenschaftlichen Theoriebildung, zum einen, weil sie die Autorschaft des Einzelnen behauptet, und zum anderen, weil sie behauptet, dass die Schilderungen ihre Berechtigung aus einer Realität jenseits der Darstellung beziehen, kurz: weil sie Referenzialität behauptet. Für die methodischen Schwierigkeiten mit diesen beiden Behauptungen gibt es gute Gründe, zu denen, neben der berühmten linguistischen Wende, vorbereitend auch diejenigen Prozesse zählen, die oben als Teile des historischen Panoramas genannt wurden. Das angeschlagene Selbstbewusstsein des modernen Machers ist auch der erste Nagel im Sarg des Autors.

Die konsequente Ausrichtung an sprachlichen und damit sozialen Formen lässt es naheliegend erscheinen, heuristisch von Geltungsbehauptungen wie der Referenzialität abzusehen. Wird der autobiographische Text als Ensemble von Topoi, Tropen oder Aussagen analysiert, erscheint die Referenzialität immer als etwas Hinzugedachtes. Sie ist kein rhetorischer

Effekt, den man einer funktionellen Form zuschreiben könnte und um so besser versteht, je genauer man die Form untersucht. Referenzialität ist assoziativ an vollkommen arbiträre Markierungen geknüpft, etwa an das Wort *Autobiographie* auf einem Buchdeckel. Formal gibt es kein zuverlässiges Unterscheidungskriterium, welches die Autobiographie vom Roman trennt. Besteht man nun darauf, dass der Unterschied hinsichtlich der Referenzialitätsbehauptung auch literaturwissenschaftlich relevant sein soll, muss man den assoziativen Horizont seiner Lektüre öffnen. Dies aber strapaziert wiederum den empirischen Anspruch, der den meisten Methodenbegriffen mehr oder weniger explizit zugrunde liegt. Um also ein Abgleiten der Interpretation in Beliebigkeit zu verhindern, soll eine begriffliche Klammer um das hinzugezogene Assoziationsfeld gelegt werden. Diesen Zweck soll der Begriff des »biograpischen Lebenswissens« erfüllen, der im folgenden Kapitel erläutert wird.

IV.

Die Perspektive dieser Arbeit richtet sich also auf Autobiographien von Naturwissenschaftlern aus jener Phase des späten 19. und frühen 20. Jahrhunderts, in der die Thematik des Widerspruchs virulent geworden ist. Dabei ist der angestrebte Erkenntnisgewinn aber kein rein historischer. Vielmehr steht hinter dem Projekt die Vorstellung, dass die Diskussionen dieser Zeit einen wissensgeschichtlichen Abschnitt einleiten, in dem wir uns nach wie vor befinden. Das betrifft sowohl die Frage nach dem Leben mit Spezialisierungen als auch den Stellenwert, der den Naturwissenschaften gesamtgesellschaftlich eingeräumt wird, und den damit verbundenen Wissensbegriffen.

An die konkrete Textauswahl sind also eine Reihe von Ansprüchen geknüpft. Wenn eben das Zusammenspiel von Spezialwissen und anderen Inhalten, die im dargestellten Leben relevant sein können, im Vordergrund stehen soll, ist zunächst einmal wichtig, dass beide Dimensionen in ausreichendem Maß zur Sprache kommen. Weder die memoirenhafte Darstellung der Entdeckung eines bestimmten wissenschaftlichen Sachverhalts, noch die Entwicklungsgeschichte einer Person jenseits ihrer beruflichen Spezialisierung, beispielsweise reine Kindheitserinnerungen, kämen hierfür in Frage. Das impliziert bereits, dass die Texte einen gewissen Umfang haben müssen.

Des Weiteren stellt sich die Frage nach der möglichen Exemplarität der Auswahl. Nimmt man die Perspektive des Einzelnen wirklich ernst, bietet es sich kaum an, die Exemplarität über Quantität herzustellen. Je mehr Texte berücksichtigt werden, desto dringender wird die Wahl eines aussagekräftigen *Tertium comparationis*, welches entsprechend der breiteren Anwendbarkeit auch seinen Abstraktionsgrad erhöhen muss. Ein kleineres Korpus erlaubt es, die Kategorien der Bezugnahme in stärkerem Maße aus den Texten selbst zu entwickeln, muss sich aber fragen lassen, worin seine Allgemeingültigkeit besteht.

Ich habe mich hier für eine vergleichende Lektüre der autobiographischen Texte von Santiago Ramón y Cajal und Wilhelm Ostwald entschieden und werde die qualitative Exemplarität dieser Auswahl in drei Lektüreabschnitten belegen. Vorausschicken lässt sich aber, dass beide Autoren Naturwissenschaftler waren und in ihren jeweiligen Disziplinen mit dem Nobelpreis ausgezeichnet wurden. Beide haben vom Anfang der fünfziger Jahre des 19. Jahrhunderts bis zum Beginn der dreißiger Jahre des 20. Jahrhunderts gelebt, also in einer Zeit, in der man, beispielsweise durch die Erfahrung des Weltkriegs, aber auch durch die Veränderungen der physikalischen Theoriebildung kurz nach 1900, vermuten kann, dass der Widerspruch auf der Bühne eines bestimmten naturwissenschaftlichen Lebenslaufs Spuren hinterlassen haben wird. Beide Autoren scheinen in ihren autobiographischen Texten aber noch ein unproblematisches, selbstgewisses Ich herstellen zu wollen, das souverän über seine Selbstkenntnis und seine Ausdrucksmöglichkeiten verfügt. Sowohl Ostwald als auch Ramón y Cajal haben ein jeweils dreibändiges autobiographisches Werk von vergleichbarem Umfang hinterlassen.

Die Gegenüberstellung eines spanisch- und eines deutschsprachigen Autors, die nicht in direktem Kontakt standen, soll eine Fokussierung auf die empirischen Naturwissenschaften als sinnbildendem Kontext erlauben, die im Leben des Einzelnen mit anderen dominanten Sinngebungen, wie beispielsweise der Nation, koexistieren. Ich gehe davon aus, dass sich Naturwissenschaftler um 1900 über Nationengrenzen hinweg gemeinsamen, kulturellen Parametern gegenübersahen, die freilich im Leben jedes Einzelnen von unterschiedlicher Bedeutung waren, zu denen sie sich aber in irgendeiner Weise verhalten mussten. Derartige Parameter waren beispielsweise die zugespitzte Vorstellung, dass die gesamte Welt aus kleinsten Masseteilchen sowie den anziehenden und abstoßenden Kräften zwischen diesen bestünde. Die Angemessenheit dieses Modells war genauso kontrovers wie die Frage nach seiner Erklärungsleistung hinsichtlich des Lebens und des menschlichen Bewusstseins. Damit einhergehend stellte sich die Frage nach Form und Berechtigung einer nicht-idealistischen Naturphilosophie. Ebenso relevant war die Diskussion um die Frage der Evolution, v.a. des Menschen und der Vorstellung, er habe sich aus primitiveren Formen entwickelt. Darüber hinaus wurde immer wieder die

Frage erörtert, wo die Grenzen der Erkenntnis einer empirischen Naturwissenschaft grundsätzlich verortet wären und wie sie sich beispielsweise zum Glauben verhält?

Ziel meiner Lektüre ist es, aus den autobiographischen Darstellungen der beiden Autoren eine Perspektive auf das Wissen mit dem Einzelnen als entscheidendem Maßstab zu gewinnen. Jenseits der Frage, ob die Lebensbeschreibung mit der Spezialisierung als gelungen betrachtet werden muss oder nicht, möchte ich die Produktivität der Lektüre beider Darstellungen belegen.

2
Methodische Vorüberlegungen

2.1 Forschungsstand zu den Autoren

Innerhalb Spaniens ist das Interesse an Santiago Ramón y Cajal nach wie vor sehr hoch.[9] Die Beschäftigung mit seinen Arbeiten hat nicht nur die politischen Umbrüche des 20. Jahrhunderts mit Bürgerkrieg, Franquismus und *transición* überdauert, sondern auch die damit einhergehenden Paradigmenwechsel in den Kulturwissenschaften. Dabei zeigt die Omnipräsenz Cajals als Namensgeber für Straßen, Krankenhäuser und Stipendien sowie für das renommierte *Instituto Cajal* vor allem seine Funktion als nationales Symbol, in dem Vorstellungen über kulturelle Identität, über Medizin und allgemein über Naturwissenschaft zusammenfließen. In dieser Darstellungstradition bewegt sich ein großer Teil der Texte über den Autor und den Menschen Cajal. Gerade im Bereich der Biographik gibt es etliche Arbeiten, die ihn der spanischen Jugend als Vorbild und Beispiel eines ›großen Mannes‹ präsentieren. Seit den siebziger Jahren des vergangenen Jahrhunderts ist nun die Darstellung Cajals selbst Gegenstand der Reflexion geworden. In seiner Einführung zu der Cajal-Biographie von Agustín Albarracín beschreibt Pedro Laín Entralgo die Mythenbildung als Reaktion auf ein diffuses Schuldgefühl, das in der Selbstwahrnehmung sowohl jeden Individuums als auch jeden Gemeinwesens wirke.[10] Im Falle Spaniens handelte es sich dabei um die Vorstellung, in der Ausübung und Pflege der Wissenschaften immer hinter anderen europäischen Nationen zurückzustehen. Die Herkunft dieser Vorstellung verfolgt Laín Entralgo bis ins späte 17. Jahrhundert, doch erst im 19. Jahrhundert werde sie unter dem Eindruck des »Streites um die spanische Wissenschaft« wirklich zu einem signifikanten Teil der spanischen Selbstbeschreibung:[11]

---

[9] Ich werde mich im folgenden der gebräuchlichen Kurzform des Namens bedienen: »Cajal.«

[10] Laín Entralgo, Pedro und Agustín Albarracín. *Santiago Ramón y Cajal o la pasión de España*. Barcelona: Editorial Labor S.A, 1978. 11, 14.

[11] Vgl. auch Pratt, J. Dale. *Signs of science: Literature, Science, and Spanish Modernity since 1868*. West Lafayette: Purdue University Press, 2001. 1.

> Inmitten der Gleichgültigkeit oder der versteckten Feindseligkeit der spanischen Gesellschaft gegenüber der »modernen Wissenschaft« entstehen und wachsen der Verdacht oder die Überzeugung nicht getan zu haben und nicht zu tun, was ein richtiger Europäer zu tun hätte. Daraus folgen für das Problem, welches uns nun beschäftigt, zwei gleichermaßen extreme und gleichzeitig komplementäre wie entgegengesetze Haltungen: die übertriebene Kritik und die Apologetik.[12]

Auf diese beiden Extrempositionen reagiert, laut Laín Entralgo, die doppelte Funktion des Mythos Cajal als Held bzw. als Beruhigung des Gewissens. Entweder werde er als Beispiel dafür herangezogen, dass Spanien, entgegen anderslautender Urteile, sehr wohl wesentliche Beiträge zur Wissenschaft geleistet hätte oder die persönliche Rolle Cajals werde überbetont, in dem die Bedeutung wissenschaftlicher Forschung vor und neben seiner Arbeit untertrieben würde.[13]

Im Bereich der Biographik zieht das Buch des Wissenschaftshistorikers José María López Piñero, beinahe 30 Jahre später, die bisher deutlichsten Konsequenzen aus diesen Betrachtungen und markiert einen Umschwung in der Cajal-Rezeption.[14] López Piñero richtet sich in der Einleitung explizit gegen die häufig anlässlich von Gedenktagen bemühte Mystifizierung Cajals und möchte den kolportierten Vorurteilen und Klischees der verschiedenen Richtungen entgegenwirken. Er kritisiert sowohl das panegyrische Narrativ, welches in Cajal den Beweis für die Relevanz der spanischen Wissenschaft findet, als auch die umgekehrte Version, die den einzigen Beitrag Spaniens zum naturwissenschaftlichen Fortschritt den isolierten und letztlich unerklärlichen Leistungen eines Einzelnen zuschreibt, dessen Bild entsprechend überhöht wird.[15] Dagegen rekonstruiert López Piñero umfassend die wissenschaftlichen Vorläufer und den Kontext, in dem sich die Arbeiten Cajals historisch verorten lassen. Im Bereich der neueren Wissenschaftsgeschichte wird Cajal darüber hinaus natürlich in Arbeiten behandelt, die sich mit der Geschichte der Hirnforschung befassen. Beispielhaft kann hier Olaf Breidbachs Studie zur Materialisierung des Ichs genannt werden.[16]

Im Bereich der Literaturwissenschaft liegt eine große Zahl in ihren Fragestellungen und Perspektiven sehr divergierender Aufsätze vor. So

---

12 »En el seno de la indiferencia o de la escondida hostilidad de la sociedad española ante la »ciencia moderna«, nacen y crecen la sospecha o la convicción de no haber hecho, de no estar haciendo lo que un europeo cabal tendría que hacer. Dos actitudes por igual extremadas y a la vez complementarias y contrapuestas van a surgir así ante el problema que ahora nos ocupa: la hipercrítica y la apologética.« Laín Entralgo, 1978. 16.

13 Ebd.

14 López Piñero, José María. *Santiago Ramón y Cajal.* Granada: Universitat de València, Universidad de Granada, 2006.

15 Ebd., 9.

16 Breidbach, Olaf. *Die Materialisierung des Ichs: Zur Geschichte der Hirnforschung im 19. und 20. Jahrhundert.* Frankfurt a.M.: Suhrkamp, 1997.

konnte ich auf die Arbeiten von Sánchez Blanco-Parody zur Konzeption des Ichs in der Autobiographik Ramón y Cajals sowie auf den grundlegenden Aufsatz von Ricardo Fernández ebenfalls zu Cajals Autobiographie zurückgreifen.[17] Den entscheidenden Beitrag in diesem Bereich verdankt die Cajal-Forschung aber der US-amerikanischen Literaturwissenschaftlerin und Wissenschaftshistorikerin Laura Otis. Otis hat nicht nur die *Cuentos de vacaciones* ins Englische übertragen und ebenso differenzierte wie umfangreiche Interpretationen seines literarischen Schaffens vorgelegt, sondern dem Blick auf wissenschaftliche Prosa und Literatur auch eine Perspektive abgewonnen, die sich im Rahmen der Überlegungen fruchtbar machen lässt, die im Fortgang dieser Arbeit als »Lebenswissen« bezeichnet werden sollen.

Neben der großen Menge an kleineren Arbeiten zu den unterschiedlichsten Aspekten im Werk dieses Autors setzt sich eine große und in jüngster Zeit schnell wachsende Zahl an Aufsätzen punktuell mit den visuellen Arbeiten Cajals auseinander. Sie werden im Laufe der Argumentation genannt, soweit sie für dieselbe relevant sind. An dieser Stelle sei auf den aus Sicht der Hispanistik sehr aufschlussreichen Text von Cecelia Cavanaugh verwiesen, die einen Einfluss der Zeichnungen Cajals auf diejenigen Federico Garcia Lorcas ausmacht sowie auf Erna Fiorentinis ambitionierten Artikel *Inducing visibilities: An attempt at Santiago Ramón y Cajal's aesthetic epistemology*, der im Zusammenspiel von Wissenschaftsgeschichte und Bildwissenschaften als Vorbereitung zu einer an bildlicher Darstellung orientierten Epistemologie verstanden werden kann.[18]

Das Aufkommen an Sekundärtexten zu Wilhelm Ostwald ist deutlich übersichtlicher, was vermutlich mit der sehr ambivalenten Beurteilung seiner Arbeit durch die Wissenschaftsgeschichtsschreibung zu tun hat. Insgesamt liegen drei Biographien vor, die alle in die Zeit nach dem Zweiten Weltkrieg fallen. Zunächst erschien 1953 der Band *Wilhelm Ostwald: Mein Vater* seiner ältesten Tochter Grete.[19] Grete Ostwald, die unverheiratet blieb

---

[17] Sánchez-Blanco Parody, Francisco. »La conciencia del cuerpo: los escritos autobiográficos de Santiago Ramón y Cajal.« *Asdepio, Archivo Iberoamericana de la Medicina y Antropología Médica.* 12, 2 (1984): 239–252. Sánchez-Blanco Parody, Francisco. »Autobiografía y concepción del yo desde Mor de Fuentes a Ramón y Cajal.« *Revista Canadiense de Estudios Hispánicos* 11, 3 (1987): 633–644. Fernández, Ricardo. »Huellas de una identidad. El proyecto autobiográfico de Santiago Ramón y Cajal.« *Anales de la literatura española contemporánea.* 31 (2006): 71–91.

[18] Cavanaugh, Cecelia J. »Reading Lorca through the Microscope.« *Hispania* 86, 2 (2003): 191–200. Fiorentini, Erna. »Inducing visibilities: An attempt at Santiago Ramón y Cajal's aesthetic epistemology.« *Studies in History and Philosophy of Biological and Biomedical Sciences* 42 (2011): 391–394.

[19] Ostwald, Grete. *Wilhelm Ostwald: Mein Vater.* Stuttgart: Berliner Union, 1953.

und ihr Leben im Haushalt der Eltern verbrachte, orientiert sich stark am Inhalt der Autobiographie Ostwalds, ergänzt aber dessen Perspektive durch Erinnerungen seiner Frau Helene und durch die Schilderung eigener Erfahrungen. Hierdurch kommt das Familienleben der Ostwalds verstärkt in den Blick, das in den *Lebenslinien* nur eine sehr untergeordnete Rolle spielt. Die Familie wird aber nicht nur als ›das Andere‹ zur Arbeit, sondern direkt als Produktionskontext der Ostwald'schen Texte präsentiert; auch der Autobiographie, die von Ostwalds Frau abgeschrieben und von seiner ältesten Tochter gegengelesen wurde.[20] Darüber hinaus liefert Grete Ostwald, die ihren Vater gerade bei dessen späteren Unternehmungen häufig begleitet hat, wichtige Ergänzungen zu Ostwalds Angaben, auf die ich vornehmlich im letzten Kapitel meiner Arbeit eingehen werde.

Eine Reihe kürzerer Texte zu Ostwald, die im Laufe der fünfziger und sechziger Jahre erschienen, beziehen sich entweder auf Teilaspekte seiner Arbeit im Bereich der physikalischen Chemie, also demjenigen Teil seines Schaffens, der weitgehend als unproblematisch betrachtet wird, oder es handelt sich um Erinnerungen und persönliche Würdigungen von Personen, die ihn selbst gekannt haben. 1969 veröffentlichten die beiden Russen Naum Rodnyj und Jurij Solowjew eine detaillierte Biographie, die Ostwald auch in der Sowjetunion bekannt machen sollte. 1977 erschien eine deutsche Übersetzung von Harald Sommer in Leipzig.[21] Rodnyj und Solowjew zeichnen sowohl Ostwalds chemische als auch seine philosophische und kulturwissenschaftliche Arbeit in ihrer Entwicklung wie auch in der bis dato bestehenden Rezeption nach. Seine Leistungen als Wegbereiter der physikalischen Chemie werden, bei kritischer Durchsicht, gewürdigt, seine Naturphilosophie und Kulturtheorie größtenteils verworfen.

1982 erschien im Urania-Verlag Leipzig eine Ostwaldbiographie von Jan-Peter Domschke und Peter Lewandrowski, die unter Verwendung umfangreichen Bildmaterials einen kurzen, aber konzentrierten Abriss über dessen verschiedene Tätigkeitsfelder liefert.[22] Hier werden die bereits aus den Vorgängerpublikationen bekannten Informationen nicht wesentlich ergänzt, allerdings ist ein gesteigertes Interesse der Autoren am organisatorischen Aspekt der Ostwald'schen Arbeit festzustellen. Einzelne Aussagen zu diesem Thema müssen aber sicher mit Blick auf den historischen Kontext der Publikation verstanden werden. So heißt es zu den Ergebnissen der organisatorischen Projekte Ostwalds:

---

[20] Ebd., 226.

[21] Rodnyj, N.I. und Ju.I. Solowjew, *Wilhelm Ostwald*. Leipzig: Teubner Verlagsgesellschaft, 1977.

[22] In der BRD erschien parallel eine identische Ausgabe des Bandes bei Pahl-Rugenstein in Köln.

> Allerdings konnten diese Ideen zu seiner Zeit nicht Wirklichkeit werden. Zwar strebten die Monopole auf einigen Gebieten eine internationale Arbeitsteilung an, z. B. in der Aufteilung der Welt in Interessensphären, Haupttendenz blieb jedoch der Konkurrenzkampf zwischen den einzelnen Verbänden und den imperialistischen Staaten insgesamt. In der Zeit der Verschärfung aller imperialistischen Widersprüche und des beginnenden Kampfes um die Neuaufteilung der Welt hatten die Regierungen der europäischen Mächte für Wilhelm Ostwalds Vorschläge kein Ohr. [...] Daß gesamtstaatliche Planung der Wissenschaft nur unter sozialistischen Produktionsverhältnissen möglich ist, konnte Ostwald freilich noch nicht sehen.[23]

Inwieweit solche Einschätzungen konkret der Auseinandersetzung mit dem Akteur Wilhelm Ostwald in seiner Zeit entstammen und inwieweit es sich um Versatzstücke handelt, die notwendig waren, um die Veröffentlichung zu ermöglichen, muss hier nicht behandelt werden. Insgesamt fällt aber auf, dass es im Kontext der Akademie der Wissenschaften der DDR bereits in den achtziger Jahren ein deutlicheres Interesse an Wilhelm Ostwald gab als zur gleichen Zeit in der BRD. In diesem Zusammenhang wären beispielsweise die Arbeiten von Regine Zott zu nennen, sowohl im Bereich der Herausgeberschaft des Nachlasses Ostwalds als auch im wissenschaftsgeschichtlichen Kommentar.[24] Darüber hinaus wurde Ostwald verschiedentlich in einschlägigen Bereichen der Wissenschaftsgeschichte behandelt. Wie Ramón y Cajal in Bezug auf die Hirnforschung tauchen Ostwalds Name und Konzeption in Studien zur Geschichte der Thermodynamik, der Energetik, bzw. zur Kontroverse zwischen Energetik und Atomismus, auf.

Seit einigen Jahren ist nun ein wachsendes Interesse an den Texten Ostwalds zu spüren. Dabei scheint mir charakteristisch zu sein, dass der Fokus sich von Arbeiten, die sich für Ostwald im zeitspezifischen Kontext, etwa im Umfeld des Monismus um 1900, interessieren, zu einer stärkeren Auseinandersetzung mit der Spezifik seiner Konzeptionen hin verschiebt. Beispielhaft sei nur der 2005 erschienene Sammelband *Wilhelm Ostwald at the Crossroads between Chemistry, Philosophy and Media Culture* genannt. Er versammelt die Beiträge eines im Herbst 2004 in Leipzig veranstalteten Workshops und kann exemplarisch für die Perspektiverweiterung stehen, die sich im Bezug auf Ostwald abzeichnet.[25] Einerseits öffnen die HerausgeberInnen den Blick auf Ostwald durch

---

[23] Domschke, Jan-Peter und Peter Lewandrowski. *Wilhelm Ostwald: Chemiker, Wissenschaftstheoretiker, Organisator.* Leipzig: Urania-Verlag, 1982. 94f.

[24] Nur beispielhaft seien genannt: Ostwald, Wilhelm. *Zur Geschichte der Wissenschaft: 4 Manuskripte aus dem Nachlass.* Leipzig: Geest und Portig, 1985. Zott, Regine. *Wilhelm Ostwald und Paul Walden in ihren Briefen.* Berlin: ERS-Verlag, 1994.

[25] Görs, Britta; Nikos Psarros und Paul Ziche. *Wilhelm Ostwald at the Crossroads between Chemistry, Philosophy and Media Culture.* Leipzig: Universitätsverlag, 2005.

Beiträge internationaler AutorInnen und zeigen so einen vervielfältigten Rezeptionskontext auf, andererseits wird hier im Beitrag von Thomas Hapke die bisherige Bewertung der organisatorischen Arbeit Ostwalds verändert, indem er erstmals als Vordenker der Datenverarbeitung im Informationszeitalter gewürdigt wird.[26]

Einen ganz neuen und sehr fruchtbaren Blick bietet die Arbeit des Medienwissenschaftlers Markus Krajewski *Restlosigkeit: Weltprojekte um 1900*, der Ostwald neben Walther Rathenau und Franz Maria Feldhaus als moderne Version eines bestimmten, ursprünglich im Kontext des Renaissancehumanismus auftretenden Typus des Projektemachers präsentiert.[27] Speziell mit der Autobiographik Ostwalds hat sich außerdem Silke Jakobs in ihrer Arbeit zur Bewertung des Konflikts zwischen den sogenannten »zwei Kulturen« in autobiographischen Texten von Naturwissenschaftlern des deutschsprachigen Raums auseinandergesetzt.[28] Andreas Braune unternimmt in seiner 2009 erschienenen Arbeit *Wilhelm Ostwald und der Monismus* eine vor allem von seinem Interesse für das politische Denken der Zeit geleitete, ideengeschichtliche Verortung des Ostwald'schen Wirkens im Rahmen des Deutschen Monistenbundes.[29] Der Germanist Christian von Zimmermann geht im Rahmen seiner Arbeit über Biographik und literarische Anthropologie auf Ostwald als Biographen ein.[30]

Zur Quellenlage bleibt zu konstatieren, dass sich die Herausgabe des Nachlasses beider Autoren quasi umgekehrt proportional zum Sekundärtextaufkommen allgemein verhält. Während die Wilhelm-Ostwald-Gesellschaft zu Großbothen sich bereits seit Mitte der neunziger Jahre kontinuierlich um die Erfassung und Herausgabe des Nachlasses ihres Namensgebers verdient gemacht hat, wartet man bislang vergeblich auf edierte Briefwechsel von Santiago Ramón y Cajal.[31]

---

26 Hapke, Thomas. »Wilhelm Ostwald and the Bibliographic Movement.« *Wilhelm Ostwald at the Crossroads between Chemistry, Philosophy and Media Culture*. Hg. Görs, Britta; Nikos Psarros und Paul Ziche Leipzig: Universitätsverlag, 2005. 115–134. Hapke hat diesen Gedanken in einer Reihe von Publikationen vorbereitet und weiterentwickelt, auf die ich innerhalb meiner Argumentation verweisen werde.

27 Krajewski, Markus. *Restlosigkeit: Weltprojekte um 1900*. Frankfurt a.M.: Fischer Taschenbuch Verlag, 2006.

28 Jakobs, Silke. *»Selbst wenn ich Schiller sein könnte, wäre ich lieber Einstein«. Naturwissenschaftler und ihre Wahrnehmung der »zwei Kulturen«*. Frankfurt, New York: Campus Verlag, 2006.

29 Braune, Andreas. Fortschritt als Ideologie: *Wilhelm Ostwald und der Monismus*. Leipzig: Universitätsverlag 2009.

30 Zimmermann, Christian von. *Biographische Anthropologie. Menschenbilder in lebensgeschichtlicher Darstellung (1830–1940)*. Berlin: Walter de Gruyter. 2006.

31 López Piñero beklagt in der Einleitung seiner Cajal-Biographie die rechtlichen Hindernisse, die entsprechenden Initiativen immer wieder den Weg verbauen. López Piñero, 2006, 12ff Während der Arbeit an den Fahnen ist erschienen: Ramón y Cajal, Santiago. *Epistolario*. Hg. Juan Antonio Fernández Santarén. Madrid: La Esfera de los Libros, 2014.

2.2 Zur Lektüre autobiographischer Texte

Dem Widerspruch zwischen allgemeiner Machbarkeit und begrenztem Vermögen des Einzelnen soll hier anhand der autobiographischen Texte von Santiago Ramón y Cajal und Wilhelm Ostwald nachgegangen werden. Das Autobiographische bietet sich an, weil es sich vorzüglich mit dem Selbst beschäftigt. Grundlegend für diese Beschäftigung ist die Referenzialitätsbehauptung des Autobiographischen. Da aber sowohl das Selbst als auch die Bedeutung der Referenzialität theoretische Fragen aufwerfen, ist zunächst eine Positionierung zu beiden Konzepten notwendig. Ich strebe im Folgenden also weder eine historische Darstellung der Gattungsentwicklung, noch der Entwicklung des Forschungsfeldes an, da beides in den vergangenen Jahren sowohl für Spanien als auch für den deutschsprachigen Raum in großem Umfang geleistet worden ist.[32] Stattdessen möchte ich das Gattungsproblem systematisch angehen, d. h. in einer für die folgende Untersuchung fruchtbaren Weise klären, womit man es bei der Lektüre autobiographischer Texte zu tun hat. Der Begriff der Lektüre macht hier bereits deutlich, dass es sich nicht um eine rein objektivierende Bestimmung handeln kann, sondern um eine Beschreibung, die sich gleichermaßen auf einen Gegenstand wie auf Formen des Umgangs mit demselben bezieht.

Nun erlaubt die Spezifik autobiographischer Texte aber, gerade in der wissenschaftlichen Auseinandersetzung, eine Vielzahl von Lektürehaltungen, im Folgenden als *Lesarten* bezeichnet, die zu unterschiedlichen Fragestellungen führen können; je nach dem, von welchem Erkenntnisinteresse ausgegangen wird. So kann das Autobiographische beispielsweise in seiner Eigenschaft als historisches Dokument befragt werden. Genauso ist es möglich, den Text pragmatisch, d. h. als sprachliche Handlung mit bestimmter Intention bzw. Wirkung, etwa der Zuordnung zu einer Gruppenidentität, zu betrachten. Schließlich kann ein Text auch als Teil einer bestimmten sprachlichen Formtradition behandelt werden.[33] Grundsätzlich sind diese Möglichkeiten auch für den Roman oder für den Essay gegeben, in der Auseinandersetzung mit dem Autobiographischen gewinnt jedoch eben das Nebeneinander der möglichen Lesarten an Relevanz. Dies hat vor allem mit den zwei zentralen Behauptungen der autobiographischen

---

32 Ausführliche Erörterungen finden sich beispielsweise für den deutschen Sprachraum in Kormann, Eva. *Ich, Welt und Gott: Autobiographik im 17. Jahrhundert.* Köln: Böhlau Verlag, 2004. oder Holdenried, Michaela. *Autobiographie.* Stuttgart: Reclam, 2000. Für Spanien: Tortosa, Virgilio. *Escrituras ensimismadas: La autobiografía literaria en la democracia española.* Salamanca: Universidad de Alicante, 2001, sowie Durán López, Fernando. *Vidas de sabios: El nacimiento de la autobiografía moderna en España (1733–1848).* Madrid: Empreso en Solana e Hijos, 2005.

33 Diese Aufzählung möchte Beispiele geben und erhebt keinen Anspruch auf Vollständigkeit.

Gattung zu tun: der Behauptung der Autorschaft des Einzelnen und der Behauptung von Referenzialität. Nach meinem Verständnis greifen die Fragen nach der Spezifik der Gattung und den Möglichkeiten der Rezeption stark ineinander und wären gegebenenfalls erst durch methodische Abstraktionsschritte zu trennen.

Ich gehe in den folgenden Überlegungen zur Lektüre autobiographischer Texte von der Arbeit Philippe Lejeunes zum autobiographischen Pakt aus.[34] Dieser Ausgangspunkt soll allerdings nicht als ›Anwendung‹ im herkömmlichen Sinne, etwa durch eine methodische Übernahme bestimmter Konzepte, verstanden werden. Stattdessen wird Lejeunes Klassiker vor allem aus zwei Gründen herangezogen. Einerseits denkt er selbst die Rolle des Lesenden mit, andererseits erleichtert es der hohe Grad an terminologischer Differenzierung, den Lejeune der strukturalistischen Tradition verdankt, systematische Fragen auf verschiedene Facetten dieser komplexen Textsorte zu beziehen.

Anhand der Definition: »Rückblickende Prosaerzählung einer tatsächlichen Person über ihre eigene Existenz, wenn sie den Nachdruck auf ihr persönliches Leben und insbesondere auf die Geschichte ihrer Persönlichkeit legt«, versucht Lejeune die Autobiographie zunächst von verwandten Textsorten wie Memoiren oder Tagebüchern abzugrenzen.[35] Während einige Kriterien aus der Definition aber im konkreten Text fehlen können, werden zwei Punkte als notwendig betrachtet: 1. die Identität des Autors mit dem Erzähler und 2. die Identität des Erzählers mit dem Protagonisten.[36] Diese Identität besteht vollkommen oder besteht nicht. Abstufungen sind nicht möglich. Wenn der Leser sich auf den autobiographischen Pakt einlässt, dann akzeptiert er, dass eine »tatsächliche Person« darin von ihrem Leben erzählt. Er muss deshalb nicht alles glauben, was er liest, aber er erkennt das Wahrheitskriterium grundsätzlich als geltende Größe seiner Lektüre an. Anders als bei fiktionalen Texten ist also die Frage, ob die expliziten Aussagen zutreffen, im Autobiographischen durchaus berechtigt. In jedem Fall bietet der Paktbegriff eine Metapher, die verdeutlicht, dass es sich beim Autobiographischen nicht um einen Effekt handelt, der aus der bestimmten Anlage einer Form hervorgeht, sondern um eine Konvention, die eingehalten wird, weil bestimmte arbiträre Signale anzeigen, dass sie gelten soll.

Zwischen Lejeunes Lektürevertrag und meiner einleitenden Bemerkung zu den verschiedenen Lesarten, die ein autobiographischer Text ermöglicht,

---

34 Lejeune, Philippe. *Der Autobiographische Pakt.* Frankfurt a.M.: Suhrkamp, 1994.
35 Ebd., 14.
36 Ebd., 15.

besteht aber ein signifikanter Unterschied. Die Lesarten erscheinen im Plural, der Pakt im Singular. Warum ist das entscheidend? Betrachtet man die oben aufgeführten Begriffe von Dokument, sprachlicher Handlung und sprachlicher Form genauer, fällt auf, dass sie anhand eines bestimmten Aspekts unterschieden werden können. Dieser Aspekt ist der Weltbezug bzw. der Kontext, der in jeweils anderer Form relevant wird, je nachdem, ob man sich für den Text als Dokument, als Handlungsweise oder als spezielle sprachliche Form interessiert. Wird ein Text primär auf seine verweisende Funktion hin gelesen, kommen seine formalen Eigenheiten wenig zum tragen. Die Aufmerksamkeit scheint durch den Text in die Welt gerichtet, auf die er verweisen soll, wobei die Aspekte seiner spezifischen Erscheinung (Stil, Auswahl und Anordnung des Materials etc.), sofern sie hervortreten, eher als störende Interferenzen empfunden werden. Dies ist die referenzielle Lesart und damit der Text in dieser Lesart verständlich wird, muss ein hohes Maß an unspezifischem Kontextwissen aktiviert werden. Geht es dagegen vornehmlich um die Pragmatik, ist ein Kontext erforderlich, vor dem die sprachliche Handlung ihren Sinn gewinnt, d.h. sich erst als Handlung erweist. Lesarten, die sich auf den Text als bestimmte sprachliche Form konzentrieren, beispielsweise als Exemplar einer Gattung oder als Anordnung von Topoi, stellen in erster Linie einen Bezug zu vergleichbaren sprachlichen Formen her, um den Gegenstand der Untersuchung in eine Diachronie oder einen diskursiven Kontext einzuordnen. In diesem Fall könnte der Kontext als intertextueller Bezug verstanden werden. Der Plural der Lesarten kann, im Gegensatz zum Singular des Lektürevertrags, die unterschiedlichen Verhältnisse zur Welt bzw. zum Kontext thematisieren, die der autobiographische Text erlaubt. Da der Kontext aber nicht formal aus dem Text hervorgeht, sondern zum Gelesenen hinzugedacht oder mitgedacht wird, bedeutet dies konkret, dass, je nach Lesart, unterschiedliches Kontextwissen aktiviert werden muss.

Aus diesen Überlegungen ergibt sich eine Frage hinsichtlich des literaturwissenschaftlichen Standpunktes meiner Untersuchung. Es mag naheliegend erscheinen, die drei genannten Lesarten als unterschiedliche textwissenschaftliche Methoden zu begreifen und diese wiederum mit unterschiedlichen geisteswissenschaftlichen Fächern zu assoziieren. So ließe sich das Verständnis des Textes als Dokument der Geschichtswissenschaft, die Pragmatik der Kulturwissenschaft und die Registrierung von Topoi und Gattungen der Literaturwissenschaft zuordnen. Allerdings hat die Beschränkung auf jeweils eine dieser Lesarten, so sinnvoll sie punktuell auch sein mag, immer den Nachteil, dass sie ihren Gegenstand heuristisch reduziert. Im Gegensatz dazu kann man die literaturwissenschaftliche Perspektive aber auch als Wahrnehmung eines Text-Phänomens im Ganzen verstehen. In diesem Fall muss sich die Lektüre zum Text in seiner ganzen Komplexität verhalten, also auch zu allen möglichen Lesarten und ihren unterschiedlichen Vorstellungen von Weltbezug. Der Plural der Lesarten ist also integraler Bestandteil der hier vorgeschlagenen Lektüre.[37] Dieses Vorgehen schließt auch ein, dass die Hierarchisierungen der Lesarten wechseln. Das ist gerade aufgrund des Bekenntnisses zur literaturwissenschaftlichen Perspektive nicht selbstverständlich. Die genannten Lesarten bieten nämlich auch ein Unterscheidungskriterium jenseits der Dreiteilung an. Diejenigen Verständnisweisen, die hier als Dokument und als Handlung beschrieben werden, lehnen sich an gewisse Vorstellungen über unseren primären Sprachgebrauch an, während die dritte Lesart eine metasprachliche Position einnimmt. Aus ihrer Sicht können die Formen von ihren primären Gebrauchsweisen abgelöst und in ihrer Eigenschaft als historische Artefakte, als Gegenstände der Philologie befragt werden, was die Möglichkeit einer Kritik ihrer Benutzung ermöglicht, jenseits der Frage, ob eine bestimmte Aussage als wahr gelten kann oder nicht. Als historische Rhetorik beispielsweise kommen nicht nur Gattungsmuster und Topoi in den Blick, als Begriffe für das, was die Texte eines bestimmten Autors mit denen seiner Vorgänger gemein haben, sondern gerade die Innovationen werden anhand der Tropen als Ersetzungsfiguren beschreibbar. Die Eigenständigkeit dieser Perspektive fordert förmlich dazu auf herauszufinden, wie ausschließlich man im kritischen Umgang mit Text Philologe bleiben kann. So unverzichtbar mir das aufklärerische Potential dieser Möglichkeit erscheint, so wenig scheint mir ein konsequentes Verharren in dieser Perspektive möglich, da ich nicht sehe, wie eine solche Kritik auf das verweisende Sprechen anders als unterbindend wirken kann. Fragen wir uns wie man eine Sache *besser* oder *angemessener* – nach welchem Maßstab auch immer – sagen kann, müssen wir wohl die Perspektive wechseln.

Doch wie verhält sich nun Lejeunes Konzept des autobiographischen Pakts zur Frage der Referenzialität? Lejeune macht hier ein Verhältnis zweier Ebenen aus, die er für den autobiographischen Bereich als »deckungsgleich« bezeichnet.[38] Die eine Ebene bildet der autobiographische Pakt, der die Beziehung zwischen Autor, Erzähler und Protagonist bestimmt, die andere Ebene bildet der »Referenzpakt«, der die Beziehung

---

[37] Ich möchte noch einmal betonen, dass »alle möglichen Lesarten« hier nicht alle möglichen Interpretationen oder Verständnisweisen des Textes meint. Meine Rekonstruktion hat darüber hinaus rein analytischen Charakter. Vermutlich würden sich, auch wenn man sich auf eine der drei Lesarten beschränken wollte, doch immer Anteile der Anderen einschleichen.

[38] Lejeune, 1994, 40.

des Textes zur Wirklichkeit außerhalb seiner selbst regelt. Auf der Ebene des autobiographischen Pakts ist die Beziehung der fraglichen Instanzen eine der Identität, auf der Ebene des Referenzpakts eine der Ähnlichkeit:

> Die Identität ist eine unmittelbar erfasste Tatsache, die auf der Ebene der Äußerung akzeptiert oder abgelehnt wird; die Ähnlichkeit ist ein aufgrund der Aussage hergestellter Bezug, der sich endlos diskutieren und nuancieren läßt.
> Die Identität wird anhand von drei Elementen definiert: Autor, Erzähler und Protagonist. [...] Die Biographie und die Autobiographie sind, im Gegensatz zu allen Formen der Fiktion, *referentielle* Texte: Sie erheben genauso wie der wissenschaftliche oder der historische Diskurs den Anspruch, eine Information über eine außerhalb des Textes liegende Realität zu bringen und sich somit der Wahrheitsprobe zu unterwerfen. Sie streben nicht nach bloßer Wahrscheinlichkeit, sondern nach Ähnlichkeit mit dem Wahren.[39]

Bleibt man zunächst auf der Ebene des Referenzpakts, zeigt sich, dass Referenzialität hier konsequent als Ähnlichkeitsbeziehung beschrieben wird. Referenzielle Texte (historische, naturwissenschaftliche) streben nach Ähnlichkeit im Gegensatz zur Wahrscheinlichkeit fiktionaler Texte. Ähnlichkeit und Referenzialität werden auch dort noch übereinstimmend verwandt, wo Lejeune zwei Formen der Ähnlichkeit unterscheidet, als Exaktheit hinsichtlich der einzelnen Teile und als Treue hinsichtlich des ganzen Textes.[40] Hier scheint mir ein Problem in der Konzeption Lejeunes deutlich zu werden, das in einem zu exklusiven Rückgriff auf die poetische Tradition bestehen könnte.[41] Gerade auf der Ebene der einzelnen Aussage kann man durchaus in Frage stellen, ob Referenzialität sinnvollerweise als Ähnlichkeitsbeziehung beschrieben werden sollte. Im Hinblick auf die oben dargestellten Lesarten scheint mir eine solche Auffassung zu eingeschränkt. Dazu ein Beispiel:

Wenn Wilhelm Ostwald im dritten Kapitel des dritten Bandes der *Lebenslinien* schildert, dass er sich ein Haus in dem nahe Leipzig gelegenen Großbothen kauft, könnte ein referenziell orientierter Lektüreansatz die hierdurch eingetretene Veränderung in der Gesamtdarstellung vernachlässigen und stattdessen die Frage stellen, ob dieses Haus noch existiert. Genau diese Frage habe ich mir im Zuge meiner Lektüre auch gestellt, habe das Haus gesucht und festgestellt, dass es heute ein Museum und einen Tagungsort der Wilhelm-Ostwald-Gesellschaft beherbergt. Auch

---

39 Ebd., 39.
40 Ebd., 41.
41 Die entsprechende Problematik wird in der Literaturwissenschaft meistens unter dem Stichwort der Mimesis verhandelt und soll hier nicht diskutiert werden. Es soll lediglich hervorgehoben werden, dass Ähnlichkeit, selbst wenn sie das Verhältnis des literarischen Kunstwerks zur Welt adäquat beschriebe, nicht ausreichen würde, um alle Formen des sprachlichen Weltzugriffs zu bezeichnen, die im autobiographischen Text relevant sind.

ein solches Verständnis einer konkreten Aussage ist durch den spezifischen Gattungscharakter des Autobiographischen möglich. Das bedeutet wie gesagt nicht, dass der Wahrheitswert einer Aussage in dieser Lesart grundsätzlich zweifelsfrei formuliert wird, sondern nur, dass man sinnvoll danach fragen kann. Nun leuchtet intuitiv ein, dass das Verständnis der Aussage in diesem Beispiel nicht als Nachvollziehen einer exakten Ähnlichkeitsbeziehung zu begreifen ist. Das Haus war nicht deshalb auffindbar, weil die Aussage der Wirklichkeit ähnelt. Tatsächlich kommen hier grundsätzliche Überlegungen zum Funktionieren von Sprache ins Spiel. Für einen adäquaten Begriff der Referenzialität in autobiographischen Texten müsste die Perspektive der Poetik daher durch linguistische und sprachphilosophische Bedeutungstheorien ergänzt werden. Zwar ist ein abschließender Begriff für meine Lektüre nicht notwendig, wohl aber ein Verständnis für die Komplexität des Gegenstandes. Die Betonung der dokumentarischen Funktion soll dabei nicht suggerieren, dass sie der wichtigste Aspekt der Auseinandersetzung mit der Autobiographik wäre, sondern lediglich derjenige, dem in der literaturwissenschaftlichen Theoriebildung am schwersten beizukommen ist.

Diese Schwierigkeit zeigt sich auch am Umgang mit den textinternen Instanzen, wie dem Erzähler und dem Protagonisten, im Unterschied zum Autor als textexterner Instanz. Die Lektüre des Dokuments scheint ständig aus dem Text hinauszuführen und zieht damit Aufmerksamkeit von den textinternen Instanzen ab. Lejeunes autobiographischer Pakt behauptet aber die Identität von Autor, Erzähler und Protagonist. Dieser Formulierung muss jetzt die Lektüre in unterschiedlichen Lesarten gegenübergestellt werden, von denen einige alle drei Instanzen berücksichtigen und andere nicht. Aus solch einer Perspektive scheint die Formulierung des autobiographischen Pakts, Aspekte unterschiedlicher Lesarten zusammengezogen zu haben. Ich möchte daran erinnern, dass Erzähler und Protagonist, als eigenständige Entitäten, keine fraglos vorliegenden Gegebenheiten sind, sondern in sich bereits Ergebnisse gewisser Lesarten darstellen. Es sind Abstraktionen, die zu bestimmten Zwecken konstruiert werden, beispielsweise, um eine, in einem Roman geäußerte, Meinung von derjenigen des historischen Autors unterscheiden zu können. Das Konstatieren dieser Instanzen ist also kein reines Aufzeigen, sondern ein zweckgeleitetes Einfordern bestimmter Unterscheidungen. Nun sagt aber Lejeune, dass diese Unterscheidungen hinsichtlich der Autobiographie hinfällig werden; Autor, Erzähler und Protagonist sind identisch. Die Formulierung des autobiographischen Pakts wird durch gleichzeitige Anwendung und Ablehnung einer Unterscheidung diffus bei dem Versuch, den Plural der möglichen Lesarten in eine einzige Formel zu gießen.

In der hier vorgeschlagenen Lektüre soll dagegen der Plural der Lesarten aktiv bleiben, so dass Inhalte von heterogenen Standpunkten aus als signifikant integriert werden können. Wird beispielsweise eine Diskrepanz zwischen autobiographischen Aussagen und Aussagen von Biographen über den Autor derselben thematisiert, impliziert dies schon einen anderen Kontextbezug als die Thematisierung der Veränderung eines Topos gegenüber Formen, die ihm zeitlich voraus gehen. Keine dieser beiden Perspektiven soll in der Lektüre ausgeklammert bleiben.

Entsprechend ist auch der Sprachgebrauch meiner Arbeit geregelt. So wird die explizite Differenzierung in Autor, Erzähler und Protagonist nicht überall dort durchgeführt wo sie möglich, sondern nur wo sie im Sinne des Gedankengangs notwendig ist. Wo sie nicht notwendig ist, wird sie durch die Eigennamen Wilhelm Ostwalds und Santiago Ramón y Cajals vertreten. Die Namen bilden in meinem Verständnis also eine übergeordnete Instanz mit der Fähigkeit, Aspekte unterschiedlicher Lesarten des autobiographischen Textes in sich zu vereinen. Es sind Zeichen, die den Unterschied zwischen Objekt- und Metasprache einebnen, indem sie genauso auf die im Text hergestellten Instanzen wie auf die textexternen Produzenten verweisen oder genauer gesagt Immanenz und Transzendenz als Ergebnisse der Lektüre vereinen.

Die geographischen Orte werden ihren Namen nach in der Sprache belassen, in der sie im Text auftauchen, um die Differenz zur rein verweisenden Lesart zu markieren. Die spanischen Ortsnamen werden daher weitestgehend in ihren spanischen Varianten genannt. Besonders entscheidend ist die Regelung im Bezug auf Ostwalds Studienort Tartu, der in den *Lebenslinien* noch mit dem deutschen Namen Dorpat bezeichnet wird. Nur aus dem genannten Grund wird hier dieser Name und nicht die aktuelle lettische Bezeichnung verwandt.

2.3 Zum Gegenstand der Autobiographik

Nach der Frage der Referenzialität soll nun noch das Verhältnis meiner Arbeit zum *Selbst* als Thema der Autobiographik, im Folgenden als *autobiographisches Selbst* bezeichnet, herausgearbeitet werden. Dieses Selbst bildet unter wechselnden Bezeichnungen nicht nur ein zentrales Thema, sondern in der Forschung häufig das gattungsbildende Merkmal der Autobiographik. So bemerkt Georg Misch, als er in seiner *Geschichte der Autobiographie* die Gattung zu bestimmen versucht:

> Und keine Form ist ihr fremd. Gebet, Selbstgespräch und Tatenbericht, fingierte Gerichtsrede und rhetorische Deklamation, wissenschaftlich oder künstlerisch beschreibende Charakteristik, Lyrik und Beichte, Brief und literarisches Porträt, Familienchronik und höfische Memoiren, Geschichtserzählung rein stofflich, pragmatisch, entwicklungsgeschichtlich oder romanhaft, Roman und Biographie in ihren verschiedenen Arten, Epos und selbst Drama – in all diesen Formen hat die Autobiographie sich bewegt [...].[42]

Das gattungsspezifische Moment findet sich also kaum in einer bestimmten Form. Misch macht es stattdessen im gemeinsamen Thema autobiographischer Texte aus; im menschlichen Selbstbewusstsein.[43]

Diese Ansicht ist vielfach aufgegriffen und ab der zweiten Hälfte des vergangenen Jahrhunderts ebenso häufig kritisiert worden. Die entsprechenden Kritikpunkte sind in der Forschung zur Autobiographik ausführlich diskutiert worden und sollen daher hier nur knapp kommentiert werden. Im Wesentlichen geht es dabei um zwei Probleme: jenes der Repräsentanz und jenes des Subjekts. Im Fall der Repräsentanz muss darauf beharrt werden, dass der Zusammenhang zwischen einem grundlegenden Aspekt des Menschseins (falls Selbstbewusstsein als solches verstanden wird und nicht erst als Ergebnis des Autobiographischen) und einer kulturell-kontingenten Ausdrucksform (Autobiographie) nicht als bikonditional gedacht werden kann. Selbstbewusstsein mag eine notwendige Bedingung der Autobiographik sein, aber das Vorhandensein oder Fehlen autobiographischer Texte kann nicht als zuverlässiger Indikator für den Entwicklungsstand des Selbstbewusstseins betrachtet werden. Dafür liegen dem tatsächlichen Entstehen eines Textes zu viele Faktoren zugrunde. Noch problematischer wird eine solche Vereinfachung, wenn sie den Stand des Selbstbewusstseins an das Gelingen des autobiographischen Projekts nach bestimmten Kriterien binden, etwa, wenn die Trias Augustinus, Rousseau, Goethe als normatives Modell dient. Hierdurch wird nicht nur die kontingente Form, sondern zusätzlich eine kontingente Auswahl verbindlich gemacht.[44]

Komplexer verhält sich die Diskussion um den Subjektbegriff selbst, wobei sich als Kern die Kritik an der Vorstellung ausmachen lässt, dass das Subjekt als erkennende und handelnde Instanz gleichzeitig autonomes Individuum sei. Michaela Holdenried, die in ihrer Arbeit zur Autobiogra-

---

42 Misch, Georg. *Geschichte der Autobiographie: Das Altertum*. Bern: A. Francke Verlag, 1949³. 6.

43 Ebd., 9ff.

44 So weist beispielsweise Eva Kormann auf die mangelnde Präsenz autobiographischer Texte von Frauen in der Auswahl Georg Mischs hin: Kormann, 2004, 45. Vgl. auch Holdenried 2000, 52. Umfassender wird die Fragestellung allerdings, wenn man sie allgemein auf die hermeneutische Bedeutung des Kanons bezieht.

phik das enge Verhältnis der Gattung zu historischen Subjektivitätskonzepten betont, schreibt dazu:

> In moderner Autobiographik finden sich als Negativ der klassischen Identitätsdefinition die Spuren der Desintegration des bürgerlichen Individuums, seine »problematische Identität«. Heteronomie, Asozialität, Multiplizität von Persönlichkeit wären Stichworte, die hierfür zu nennen wären. Maßstab der Beurteilung von literarischen Tendenzen kann aber angesichts der literarischen Praxis nicht mehr länger die gelungene literarische Abbildung eines heute grundsätzlich in Frage stehenden Paradigmas »klassischer« d.h. gelungener Subjektivität sein, sondern dieses ist in der stets neu zu erörternden Verknüpfung von ästhetischer Form und zeitgebundenen Subjektdiskursen immer erst zu ermitteln.[45]

Hinsichtlich der Spezifik des Autobiographischen ließe sich demnach sagen, dass es Subjektbegriffe herstellt und derartige Begriffe im Laufe seiner Entwicklung transportiert und verändert. Neben den einzelnen Inhalten jedes konkreten Textes präsentiert die Autobiographie immer ein Selbst und muss explizit oder implizit Antworten auf die Frage nach dem Wie und dem Warum der Selbstdarstellung geben. In diachroner Perspektive ist daraus niemals *die* Geschichte *des* Selbstbewusstseins ableitbar, sondern lediglich *eine* Geschichte von Subjektkonzepten.

Diesem Gedanken folgend, geht auch die vorliegende Arbeit von einem Subjektbegriff aus. Unter Subjekt wird hier der Gegenstand der Autobiographik verstanden, der aufgrund der Beschaffenheit des autobiographischen Textes nicht nur eine inhaltliche Instanz sein kann, sondern auch eine den Text hervorbringende Instanz, die mit dem Hervorgebrachten nicht in jeder möglichen Lesart zusammenfällt. Hier schließe ich direkt an meine Überlegungen zu den verschiedenen Lesarten an. Das Subjekt ist nicht einfach ein dargestelltes Selbst, sondern ein Selbst, das sich in seiner Darstellung zur Selbstdarstellung befähigt erklärt. Letzteres aber wiederum als Ergebnis einer Lektüre des Textes, die so den Unterschied von innerhalb und außerhalb (textintern und -extern) erst herstellt. Die so beschriebene Instanz hat die Autorschaft im Autobiographischen inne und ist gleichzeitig sein Gegenstand. Im Folgenden wird sie als »autobiographisches Selbst« bezeichnet. Das autobiographische Selbst ist also gemeint, wenn in der Lektüre die verschiedene Lesarten verschränkenden Eigennamen gebraucht werden. Um zu verdeutlichen, welche Form das Kontextwissen haben soll, das hier herangezogen wird, werde ich im kommenden Abschnitt einige begriffliche Grundlagen vorschlagen. Die Konzeption, die dabei entwickelt werden soll, steht unter dem Titel des »biographischen Lebenswissens«.

---

[45] Ebd., 53.

Nun wirft die Behauptung von Autorschaft noch eine Frage auf. Auch wenn man zugesteht, dass die Einbeziehung der referenziellen Lesart auf eine textexterne Instanz verweist, heißt das nicht, dass dieser als sprechender oder schreibender ein Subjektstatus zuzusprechen wäre. Die Problematisierung der Autorschaft besagt ja gerade, dass die Verwendung von Sprache als Verwendung sozialer Formen keinen Einzelnen als Urheber haben kann. Eine Studie, welche Subjektivität als Gegenstand ihres Gegenstandes identifiziert, gerät leicht in den Verdacht, hinter den oben mit Holdenried beschriebenen Stand der Diskussion zurückzufallen. An dieser Stelle muss also geklärt werden, wie das autobiographische Selbst als Subjekt gedacht werden könnte, ohne das Verständnis der Autobiographik auf den Ausdruck einer sich selbst erkennenden und souverän über die Mittel der Darstellung verfügenden Instanz zurückzudrehen. Eine Möglichkeit hierzu bietet Christoph Menkes Arbeit *Kraft: ein Grundbegriff ästhetischer Anthropologie*, deren Argumentation ich hier knapp wiedergebe.[46]

Menke sieht im Beginn der Ästhetik auch den Beginn der modernen Philosophie und konkret in der Ästhetik Baumgartens die Ausprägung des »Begriff[s] des Subjekts als Inbegriff von Vermögen, als Instanz von Fähigkeiten; des Subjekts als Könner«.[47] Der subjektorientierten Auffassung von Ästhetik tritt eine andere gegenüber:

> die Ästhetik der Kraft. Sie fasst das Ästhetische nicht als sinnliches Erkennen und Darstellen (von etwas), sondern als Spiel des Ausdrucks – angetrieben von einer Kraft, die nicht wie ein Vermögen in Praktiken ausgeübt wird, sondern die *sich* verwirklicht; die nichts wiedererkennt und nichts repräsentiert, weil sie »dunkel«, unbewußt ist; eine Kraft nicht des Subjekts, sondern des Menschen im Unterschied zu sich als Subjekt.[48]

Anhand der kritischen Rezeption Baumgartens durch Herder, Sulzer und Mendelssohn entwickelt Menke den Begriff der ästhetischen Kraft als anthropologische Bestimmung, die nicht zuletzt auch einen Ansatzpunkt für die Ethik bieten soll.[49] Das Subjekt wird hier nicht als Instanz vor der Praxis, sondern als Instanz in der Praxis, also als »Instanz des Vollzugs der Praxis«, gedacht.[50] Ein Subjekt zu sein heißt, durch Üben und Lernen eine Handlung gelingen zu lassen. Eine Handlung gelingen zu lassen heißt,

---

46 Menke, Christoph. Kraft: Ein Grundbegriff ästhetischer Anthropologie. Frankfurt a.M.: Suhrkamp, 2008.

47 Ebd., 8.

48 Ebd., 9.

49 Ebd., 107ff.

50 Ebd., 37.

in einer je besonderen Situation eine allgemeine Form wiederholen zu können und die allgemeine Form ist stets die Form einer sozialen Praxis.[51]

Daraus folgt, dass auch das Subjekt der Vollzug des Allgemeinen ist und kein Individuum. Hier tritt nun der Gedanke der Kraft hinzu. Die Kraft ist keine dem Subjekt zur Verfügung stehende Ressource, sondern eine den Menschen jenseits seiner Subjekthaftigkeit bestimmende Instanz, aber nicht als ein Äußeres, sondern als in ihm Liegendes. Beschrieben wird sie zunächst durch eine dreifache Negation. Sie fällt nicht mit einer der drei folgenden Möglichkeiten zusammen: 1. der Kraft eines Subjekts, die darin bestünde, die Normen, die eine Praxis ausmachen, verwirklichen zu können, 2. der Kraft als mechanischem Vorgang, die in der berechenbaren Wechselwirkung der Körper läge oder 3. der Kraft als biologischer Größe, die teleologisch den Zwecken diente, die eine Lebensform definieren. Alle diese Fälle bezeichnen die Präsenz eines Allgemeinen im Besonderen.[52] Die ästhetische Kraft dagegen hat kein Allgemeines. Auch wenn sie dem Subjekt nicht zur Verfügung steht, ist sie doch die Kraft eines bestimmten Menschen und sie wird im kontinuierlichen Umbilden ihrer Ausdrücke konkret:

> Jede Wirkung einer mechanischen und biologischen und praktischen Kraft ist daher von gleicher Gültigkeit: Sie stehen nebeneinander, exemplifizieren denselben allgemeinen Gehalt, stimmen miteinander überein. Die Ausdrücke der ästhetischen Kraft dagegen haben nichts, worin sie übereinstimmen können; sie sind ohne allgemeinen Gehalt. Im Wirken derselben Kraft wird Bild durch Bild ersetzt.[53]

Entscheidend ist, dass das Subjekt der Kraft nicht als ein Anderes gegenübersteht, sondern in ihr gründet. Die Kraft steht als regelloses Spiel am Ursprung der übend erworbenen Vermögen, ermöglicht sie, geht aber niemals vollkommen in ihnen auf, sondern versetzt sie selbst wieder in ein Spiel.[54] Das Wirken der Kraft im kontinuierlichen Umbilden der Ausdrücke vollzieht sich also nicht jenseits der Vermögen des Subjekts, sondern an ihnen.

Im Gegensatz zum gängigen Sprachgebrauch in den Literaturwissenschaften steht der Subjektstatus des Einzelnen also nicht dem sozialen Charakter seiner Praxis entgegen, sondern der Einzelne ist eben Subjekt, weil und indem seine Praktiken eine allgemeine Form wiederholen. In seinen Handlungen äußert sich aber nicht nur das Vermögen, sondern eben auch das Spiel seiner ästhetischen Kraft und an diesen Zusammen-

---

[51] Menke, Christoph. Die Kraft der Kunst. Berlin: Suhrkamp, 2013, 13.
[52] Menke 2008, 59.
[53] Ebd., 61.
[54] Ebd., 73.

hang wäre die Frage der Autorschaft heranzutragen. Auf die Bedeutung der ästhetischen Kraft für die Lektüre der hier behandelten Texte gehe ich im letzten Kapitel ein.

2.4 Zum Begriff des biographischen Lebenswissens

Die Auseinandersetzung mit dem Kompositum Lebenswissen ist nicht auf den Bereich der Biographie- und Autobiographietheorie beschränkt. Ottmar Ettes 2004 veröffentlichter Band *ÜberLebenswissen: Die Aufgabe der Philologie* steht am Beginn der neueren Diskussion über die Frage, in wie weit das Kompositum die Fähigkeit der Geisteswissenschaften bezeichnen kann, entgegen Alleinvertretungsansprüchen der sogenannten *Life Sciences* ein Wissen über das Leben bereitzustellen.[55] Die Diskussion entwickelte sich unter anderem in den Folgebänden *ZwischenWeltenschreiben: Literaturen ohne festen Wohnsitz* (2005) und *ZusammenLebensWissen: List, Last und Lust literarischer Konvivenz im globalen Maßstab* (2010) sowie durch eine Debatte in der Zeitschrift *Lendemains* und der Arbeit des DFG Graduiertenkollegs »Lebensformen und Lebenswissen« weiter.[56] In direktem Bezug zur Thematik stehen aber auch parallele Diskussionen wie sie der 2009 von Astrid Deuber-Mankowsky, Christoph F. E. Holzhey und Anja Michaelsen herausgegebene Band *Der Einsatz des Lebens: Lebenswissen, Medialisierung, Geschlecht* dokumentiert, der auf den Ergebnissen einer ganzen Reihe wissenschaftlicher Veranstaltungen beruht, die ebenfalls bis ins Jahr 2004 zurückreichen.[57]

Bereits im ersten der *Lebenswissen*-Bände betont Ette, dass die ganze Breite an Bedeutungsmöglichkeiten, die das Kompositum grammatikalisch zulässt, mitgemeint ist, wenn von Lebenswissen gesprochen wird:

> Der Begriff des Lebenswissens beruht auf einer komplexen Relation zwischen den beiden semantischen Polen dieses Kompositums. Die Deutbarkeit dieser Relation als *genitivus obiectivus*, *partitivus*, *possesivus*, *qualitatis* und nicht zuletzt als *genitivus subiectivus* verdeutlicht, daß ebenso ein Wissen über das Leben wie ein Wissen des Lebens von sich selbst, ebenso ein Wissen als wesentlicher

[55] Ette, Ottmar. *ÜberLebenswissen: Die Aufgabe der Philologie*. Berlin: Kulturverlag Kadmos, 2004.

[56] Ette, Ottmar. *ZwischenWeltenschreiben: Literaturen ohne festen Wohnsitz*. Berlin: Kulturverlag Kadmos, 2005. Ette, Ottmar. *ZusammenLebensWissen: List, Last und Lust literarischer Konvivenz im globalen Maßstab*. Berlin: Kulturverlag Kadmos, 2010. Die Beiträge aus *Lendemains* wurden inzwischen in einem Sammelband zusammengefasst: Asholt, Wolfgang und Ottmar Ette. *Literaturwissenschaft als Lebenswissenschaft: Programm – Projekte – Perspektiven*. Tübingen: Narr Francke Attempto Verlag, 2010.

[57] Deuber-Mankowsky, Astrid; Christoph F.E. Holzhey und Anja Michaelsen. *Der Einsatz des Lebens: Lebenswissen, Medialisierung, Geschlecht*. Berlin: b_books Verlag, 2009. 10.

> Bestandteil des Lebens (und Überlebens) wie eine fundamentale Eigenschaft von Leben überhaupt, ebenso ein Wissen zum Leben wie ein Wissen im Leben mitgedacht sind. Lebenswissen erscheint in dieser Perspektive als ein je spezifischer Modus von Lebensführung und Lebenspraxis, kann als modellhafte Vorstellung wie als beschreibende Aneignung von Leben verstanden werden, wobei die Selbstreferentialität und Selbstreflexivität aller Prozesse des Lebenswissens von herausgehobener Bedeutung sind.[58]

Der beachtliche semantische Raum, der hiermit eröffnet ist, ermöglicht eine Vielzahl an Lektüreprojekten von ganz heterogener Ausrichtung. Dabei kann das Kompositum, den jeweiligen Anforderungen nach, in unterschiedlichem Grad und in unterschiedlicher Weise spezifiziert und die daran geknüpften Bedeutungsmöglichkeiten hierarchisiert werden.

In der vorliegenden Untersuchung soll »biographisches Lebenswissen« als ein Begriff verstanden werden, der die Bedeutungsbreite von Lebenswissen in produktiver Weise einschränkt. Nun sind aber »Leben« und »Wissen« bereits Worte, die ein so breites Spektrum begrifflicher Möglichkeiten erlauben, dass sie, auch vor der Verknüpfung, schon minimal spezifiziert werden müssen, um zu klären, welche Rolle sie in einer konkreten Lektüre spielen können.

Unter Wissen verstehe ich ein (Mit)teilbares, also soziale Formen, die aber nicht an bestimmte Evidenz- oder Wahrheitsbegriffe gekoppelt sind und damit keine klare Trennung von Wissen und Glaube, von Mythos und Logos oder Erkenntnis und Ideologie implizieren. Alle diese Formen können gemeint sein, wenn hier von Wissen gesprochen wird. Andere Begriffe, die sich anbieten würden, wären »Sagbarkeit« bzw. »Schreibbarkeit« oder »Artikulation«.[59]

Zum Leben will ich vorausschicken, dass hier, wie der biographische Gegenstand es nahe legt, das Leben eines einzelnen Menschen gemeint ist, also nicht die Mensch*heit* und schon gar nicht die Biosphäre. Bezüge in beide Richtungen sind vorstellbar, aber austauschbar sollen die Begriffe in ihrer Leitfunktion für meine Lektüre nicht werden.

Es ist nicht einfach, Worte für das einzelne Leben jenseits einer konkreten Geschichte zu finden. Erst recht zum Dilemma wird diese Aufgabe, wenn man das einzelne Leben eben in seiner sprachfindenden Funktion, seinem Anteil an der Autorschaft, beschreiben möchte, also als die Ebene, auf welcher die Artikulation mittels sozialer Formen erst stattfindet und die man nur zähneknirschend einer der sprachlichen Lösungen zuordnen möchte, die sie selbt erst mit Sinn erfüllt. Ein solcher Schritt (er darf seine

---

58 Ette, 2004, 12.

59 Selbstverständlich sind grundsätzlich auch Wissensformen denkbar, die nicht mit Sprachlichkeit zusammenfallen. Solche sind aber hier nicht gemeint.

Willkür nicht verbergen) ist aber notwendig, um das *Leben* dem *Wissen* überhaupt gegenüberstellen zu können und es nicht einfach darin aufgehen zu lassen. Als entsprechende Größe möchte ich hierfür den Begriff eines Kräftehaushalts vorschlagen. Ein bestimmter Kräftehaushalt steht hier für das Leben eines bestimmten Menschen. Dabei können, der Unterscheidung Christoph Menkes folgend, unterschiedliche Kraftbegriffe gemeint sein, z. B. die Kraft eines Subjekts, die darin bestünde, die Normen, die eine Praxis ausmachen, verwirklichen zu können, Kraft im biologischen Sinne, die teleologisch den Lebensfunktionen dient oder in anderer Perspektive auch die weiter unten erläuterte ästhetische Kraft.[60]

Ohne die gewisse Unschärfe, die den einzelnen Gliedern noch anhängt, gänzlich beheben zu müssen, kann das Kompositum nun seinen Teil der Begriffsschärfung aufnehmen. Demnach wäre biographisches Lebenswissen als *grundlegend für das Schreiben über das Leben eines bestimmten Menschen* zu verstehen. »Grundlegend« heißt dabei, sowohl grundlegend für das beschriebene Leben als auch grundlegend für die Möglichkeit vom Leben zu Schreiben.

Auf der erstgenannten Ebene bedeutet dies, dass Themen angesprochen werden, die im Bezug zur vitalen Ökonomie des Einzelnen stehen, d. h. auf einen Haushalt an Zeit und Kraft bezogen sind, der das Leben des Einzelnen grundsätzlich bestimmt. Es geht dabei um die Endlichkeit des Lebens im Zeitlichen (Sterblichkeit) wie im Räumlichen (Körperlichkeit) und darauf bezogen, um Motive, wie sie aus der moralistischen und existenzialistischen Literatur bekannt sind, z. B. Tod, Angst, der Andere, Formen des zwischenmenschlichen Umgangs, aber auch scheinbar triviale Momente, die durch eine spezifische Lebensführung in den Vordergrund treten. Gleichzeitig kommen unterschiedliche Lebensstadien (Kindheit und Alter) in ihrer Spezifik für die Selbstbeschreibung in den Blick. Von der Seite des Wissens her betrachtet entspricht dies bestimmten Wertungen und Hierarchisierungen, die an die Vorstellung der eigenen Endlichkeit gebunden sind. Auf der zweiten Ebene sind diese Themen aber immer auch Darstellungsfragen hinsichtlich des eigenen Lebens.

Ein für die vorliegende Arbeit besonders entscheidender Aspekt des Lebenswissens ist auch die Partikularität der Teilhabe an den sozialen Formen, die nie gänzlich umfasst werden können. Einander widerstrebende evtl. nicht zu vereinbarende Sinnangebote müssen geordnet werden. Auf die besondere Bedeutung der Literatur für das Lebenswissen wird auch bei

---

[60] Menke, Christoph. *Kraft: Ein Grundbegriff ästhetischer Anthropologie*. Frankfurt a. M.: Suhrkamp, 2008. 59.

Ette mit Bezug auf die Heterogenität möglicher Weltzugriffe eingegangen. Zu Beginn des dritten Bandes der Trilogie *ÜberLebenswissen* heißt es:

> Vor diesem Hintergrund ist Lebenswissen – etwa in vielkulturellen Kontexten – sehr unterschiedlich strukturiert, insoweit sich Dynamik, Mobilität, Diskontinuität und Fragmentiertheit von Beständen des Lebenswissens immer auch am Flexibilitätsgrad und der Stärke multi-, inter-, und transkultureller Prozesse orientieren. Lebenswissen ist hier an spezifische Lebenserfahrung, nie aber an eine einzige Logik zurückgebunden; vielmehr ist in diesem Begriff gerade die (Überlebens-)Fähigkeit enthalten, gemäß verschiedener Logiken *zugleich* denken und handeln zu können.[61]

Die Betonung der vielkulturellen Kontexte muss auch vor dem Hintergrund des Stellenwerts der gesellschaftlichen Bringschuld verstanden werden, die Ette der Philologie abverlangt. Gerade die hochkomplexen Sinnzusammenhänge literarischer Texte könnten demnach Wissen zur Bewältigung des Lebens im Zeichen beschleunigter Globalisierung bereitstellen.[62] Die Heterogenität ist aber nicht nur als Teil einer dynamisierten Demographie, sondern auch als Aspekt des Lebenswissens allgemein zu verstehen und entfaltet besondere Relevanz für den engeren Begriff des biographischen Lebenswissens. Hier tritt sie im Verhältnis all der unterschiedlichen Wissensgebiete und Denkweisen auf, die im Verlauf eines bestimmten Lebens relevant werden. Ausgehend von Ettes Begrifflichkeit ließe sich sagen, dass niemand mit dem Wissen, das einer einzigen Logik verhaftet bleibt, durchs ganze Leben kommt. Gerade im Bezug auf fachlich spezialisiertes Wissen gilt, dass es für den bestimmten Menschen nur umgeben von anderen Formen des Weltzugriffs, wie anderem Spezialwissen, persönlichem Wissen, Alltagswissen, etc. vorkommt.[63]

Unverzichtbar bleibt dabei aber immer das Bewusstsein der doppelten Bedeutung von »grundlegend für das Schreiben«. Es geht beim biographischen Lebenswissen nicht um eine Motivsammlung – etwa ›Gewalt in der Literatur‹ o. Ä. Schreiben über Gewalterfahrung ist nicht automatisch eine Frage des Lebenswissens, daraus resultierende Sprachlosigkeit, das Trauma, die Risse im Selbst- oder Weltverständnis, die sich der Artikulation verweigern und so im Schreiben eines bestimmten Menschen über sein Leben aktiv bearbeitet werden müssen, dagegen schon.

Daraus ergibt sich noch eine weitere Beziehung zwischen Lebenswissen und Literatur. Die Hierarchisierungen vom biographischen Lebenswissen

---

[61] Ette, 2004, 12.
[62] Ebd., 13.
[63] Diese Begriffe sind willkürlich gewählt, um durch die Aufzählung die Heterogenität deutlich zu machen. Es soll nicht behauptet werden, *persönliches Wissen* oder *Alltagswissen* seinen bestimmte, klar von einander abgrenzbare Gebiete.

aus haben das Potential, Ausgangspunkte bestimmter anthropologischer und biographischer Entwürfe zu werden. Wenn etwas als grundlegend bezeichnet wird, setzt das zumindest in Ansätzen die Vorstellung eines Ganzen voraus. Wenn nun aber die Hierarchisierungen von ganz heterogenen Standpunkten erfolgen, dann strebt die Darstellung der Vorstellung einer symmetrischen Wechselseitigkeit in der Erklärung beider Teile des Kompositums zu, d.h. Leben im Modus des Wissens und Wissen im Modus des Lebens, einem Lebensverlauf als Wissensverlauf und der sprechenden oder schreibenden Sinnverwaltung als lebendigem Prozess. Diesem strenggenommen nicht darstellbaren Moment wird vermutlich der literarische Text am ehesten gerecht.

Die hier zugrunde gelegte Vorstellung von Kräfteökonomie steht in einer gewissen gedanklichen Beziehung zu energetischen Überlegungen und damit auch zu Erhaltungsbegriffen. Hierdurch ist der Lebensbegriff dieser Arbeit auch an quantitative Begriffe, an ein Mehr oder ein Weniger, an Aufwand und Entlastung gebunden. Quantifizierbarkeit soll aber keinesfalls den Gedanken einer umfassenden mathematischen Auflösbarkeit oder einer Übertragung von Erklärungskompetenz an die messenden Disziplinen nahelegen. Der Unterschied lässt sich kurz anhand zweier psychologischer Entwürfe darstellen.

Ohne hier schon tiefer in die Lektüre der Primärtexte einzutauchen, möchte ich auf einen Abschnitt im dritten Teil der *Lebenslinien* hinweisen. Wilhelm Ostwald beginnt diesen Band mit einer allgemeinen Überlegung zum glücklichen Leben:

> Ich ging von der Tatsache aus, dass alles Leben durch ein fließendes Gleichgewicht gekennzeichnet ist, nämlich durch einen Zustand, in welchem ein beständiger Energiestrom das Gebilde durchfließt. Dieses verliert also stets Energie, der Verlust wird aber in dem Maße (durch Nahrungsaufnahme) gedeckt, als er eintritt. [...] Nun kann das bewusste Erleben allgemein proportional dem gesamten Energiefluss gesetzt werden, der die betreffenden Vorgänge betätigt. Dieser zerfällt somit in einen Anteil – wir nennen ihn A – der die willkommenen oder willensgemäßen Vorgänge bewirkt, und einen anderen W, der mit den unwillkommenen oder willenswidrigen Erlebnissen, den Widerständen verbunden ist. Der erste bedingt das Gefühl des Glücks, der andere das des Unglücks. Je nachdem der Unterschied A—W positiv oder negativ ist, ist das Erlebnis ein glückliches oder unglückliches.
>
> Anfangs dachte ich, dass damit die gesuchte Antwort schon gefunden sei und war wenig zufrieden mit dem dürftigen Ergebnis, dass man, um glücklich zu sein, den Betrag der willkommenen Betätigungen und Erlebnisse so groß, den der unwillkommenen so klein, wie möglich machen müsse. Denn so klug ist man meist schon ohne alle Wissenschaft.
>
> Dann aber überlegte ich mir, dass früher schon die bloße Überwindung von Schwierigkeiten und Hindernissen positive Glücksgefühle erbracht hatte, die allerdings jetzt bei weitem nicht so stark empfunden wurden. Es muss also

> eine Glücksquelle in der Energiebetätigung selbst liegen, und diese ist gleichfalls in dem gesuchten Gesetz unterzubringen. Die gesamte Energiebetätigung ist die Summe der willkommenen und unwillkommenen, also A + W. Da alle Glücksgefühle aufhören, sowohl wenn A – W, wie wenn A + W gleich Null ist, so müssen die beiden Anteile als Faktoren eines Produkts, nicht etwa als die Glieder einer Summe miteinander verbunden werden. Fügt man noch einen Faktor k hinzu, welcher die Umwandlung des energetischen Vorganges in den psychologischen ausdrückt, so hat man die Glücksformel, in der G die Stärke des Glücks bedeutet: $G = k (A - W) (A + W)$.[64]

Die Stelle wirkt unfreiwillig komisch. Was hier zum Schmunzeln reizt, ist aber, meiner Ansicht nach, nicht die Verbindung von Emotionalem und Energie. Irritierend wirkt hier die Vorstellung, man könne einen, auf den spezialisierten Epistemen einer bestimmten Wissenschaft aufgebauten Begriff (Energie im physikochemischen Sinne) an ein so allgemeines und umgangssprachlich unbestimmtes Wort wie Glück heften und das Verhältnis dann mathematisieren. Ist ein Mehr oder Weniger an willkommener Beschäftigung im eigenen Leben vielleicht noch zu identifizieren, dürfte das Einsetzen konkreter Werte in die Formel, die zur Errechnung des Produktes notwendig wären, schwierig werden. Wo sollten diese Werte herkommen? Was sollte hier gemessen werden?

Dass aber die Koppelung von Sinnstiftungen an einen Kräftehaushalt auch ohne diese direkte Form der Mathematisierung vorstellbar wäre, zeigt Sigmund Freud in seinem Aufsatz *Der Witz und seine Beziehung zum Unbewussten.* Für Freud liegt das Geheimnis des Witzes in einem Lustgewinn, der dadurch eintritt, dass es zur Einsparung eines psychischen Aufwands kommt, der sonst zur Errichtung und Aufrechterhaltung psychischer Hemmungen verwandt worden wäre. Verschiedene Formen des Witzes stellen verschiedene Formen derartiger Einsparungen dar:

> In einer Gruppe dieser Witze, (den Wortspielen) bestand die Technik darin, unsere psychische Einstellung auf den Wortklang anstatt auf den Sinn des Wortes zu richten, die (akustische) Wortvorstellung selbst an Stelle ihrer durch Relationen zu den Dingvorstellungen gegebenen Bedeutungen treten zu lassen. Wir dürfen wirklich vermuten, daß damit eine große Erleichterung der psychischen Arbeit gegeben ist und daß wir uns bei der ernsthaften Verwendung der Worte durch eine gewisse Anstrengung von diesem bequemen Verfahren abhalten müssen.[65]

Freuds Psychologie liefert ein Beispiel dafür, wie die Verwendung bestimmter, sprachlicher Formen mit der Vorstellung eines Kräftehaushalts verbunden werden kann, ohne notwendig Mathematisierbarkeit zu be-

---

64 Ostwald, 2003, 374f.

65 Freud, Sigmund. *Der Witz und seine Beziehung zum Unbewussten.* Frankfurt a. M.: Fischer Verlag, 1961^3.134.

haupten. Entscheidend sind hierfür die Begriffe des »Aufwands« und der »Einsparung« bzw. der »Entlastung«. Eben diese Begriffe unterscheiden seine Überlegungen zum Witz auch von der Idee einer rhetorisch evozierbaren Affektebene. Den Lustgewinn als Einsparung zu beschreiben, heißt eben nicht einfach den möglichen Affekt nachzuzeichnen, sondern ihn hinsichtlich eines beschränkten Kräftehaushalts zu denken; andernfalls gäbe es nichts einzusparen.

Dass sich in der Psychologie am leichtesten Beispiele für den vorgestellten Gedanken finden lassen, liegt vermutlich an deren Zwitterstellung zwischen Geisteswissenschaft und Naturwissenschaft. Meine Lektüre sucht aber keine größere Nähe zur Sprache einer bestimmten Psychologie. Es geht beim Lebenswissen nicht um die Rekonstruktion einer Autorenpsyche, sondern um den Kräftehaushalt als terminologisch minimal spezifizierte Ebene, welche die herausgehobene Bedeutung des Lebenswissens für das Leben deutlich machen soll.

Der terminologisch grundlegende Begriff des Kräftehaushalts ist dabei auch Gegenstand dieser Arbeit, wird also jenseits der klärenden Funktion, die ihm im Bezug auf das Leben zugesprochen wird, auch in seiner Form und seinen Geltungsansprüchen historisiert und somit dem Schicksal aller Grundbegriffe – der Einsicht, das jeder Grund nur im Rahmen einer bestimmten Pragmatik bestand hat – ausgeliefert. Das Bemühen um begriffliche Klärung soll also primär eine Grundlage für die folgende Lektüre bereitstellen, daneben aber auch einen Beitrag zur Diskussion um die Frage liefern, ob und wie *Leben* eine kulturwissenschaftliche Kategorie sein kann. Dies ist nicht möglich, ohne wenigstens punktuell auf die Konjunktur von Lebensbegriffen zu Beginn des vergangenen Jahrhunderts hinzuweisen. Mehr als punktuell kann der Verweis ohne eine ausführliche Auseinandersetzung mit Autoren wie Nietzsche, Scheler, Bergson oder Dilthey sicher nicht sein.

In *Vom Nutzen und Nachtheil der Historie für das Leben* des erstgenannten Autors lassen sich Verwendungsweisen von *Leben* auffinden, die eben auf die historische Konstellation meiner Ausgangsbetrachtung, also auf die Bedingungen des Wissens in der funktional ausdifferenzierten Moderne, bezogen scheinen und die eben deswegen eine Abgrenzung notwendig machen.[66] Den Nietzscheleser wird es weder überraschen noch stören, dass die Bedeutung von *Leben* in diesem Text nicht eindeutig bestimmt ist. Was darunter verstanden werden soll, ergibt sich wesentlich

[66] Nietzsche, Friedrich. »Vom Nutzen und Nachtheil der Historie für das Leben.« 1874. Giorgio Colli und Mazzino Montinari, Hg. *Kritische Studienausgabe* Band I. Berlin: de Gruyter, 2003. 243–334.

aus der Assoziation mit anderen Begriffen wie »Thätigkeit«, »Glück«, »Gesundheit«, »Blut«, »plastische Kraft«, »Natur« oder »Jugend«. Auch hinsichtlich der Frage, *wessen* Leben durch die Historie bedroht oder gefördert wird, bleibt Nietzsche durch Wiederholung des Dreischritts »eines Menschen, eines Volkes, einer Cultur« zunächst uneindeutig.[67] Nietzsche unterscheidet drei verschiedene Formen des Umgangs mit der Geschichte, welche dem Leben dienlich, falsch verstanden aber auch schädlich sein können. Hinsichtlich seiner Zeit kommt er zu einem negativen Fazit. Durch »die Forderung, dass die Historie Wissenschaft sein soll«, entsteht ein Überangebot historischen Wissens, das nicht mehr lebensdienlich verarbeitet werden kann und deshalb schädlich ist.[68]

So schillernd der Lebensbegriff hier auch ist, so harsch formuliert sind die darauf gestützten Wertungen. Demnach gibt es einen gewissen »Grad, Historie zu treiben und eine Schätzung derselben, bei der das Leben verkümmert und entartet«.[69] Gewisse widerstreitende Typen werden identifiziert, wie die »unkünstlerischen und schwachkünstlerischen Naturen«, welche »ihre Erbfeinde, die starken Kunstgeister«, durch eine fehlgeleitete Verehrung für die Monumente der Vergangenheit bekämpfen.[70] Wer die Geschichte andererseits nutzt wie die »Thätigen und Mächtigen« (nämlich im Sinne des Lebens), den »muss es verdriessen, neugierige Reisende oder peinliche Mikrologen auf den Pyramiden großer Vergangenheiten herumklettern zu sehen«.[71] Durch »reine Wissenschaft« wird die Geschichte dem Leben ebenso entzogen[72] wie die Wissenschaft selbst durch den »Schlacht- und Opferruf ›Theilung der Arbeit! In Reih' und Glied!‹«.[73] Wie ist das zu verstehen?

Das Motiv der Überforderung des Einzelnen, sofern er Vollständigkeit des Wissens anstrebt, wird in der fraglichen Zeit zum Allgemeinplatz, findet sich beispielsweise auch in den Schriften der hier behandelten Autoren und bildet – durch den Begriff des Kräftehaushalts – selbst einen theoretischen Bezugspunkt dieser Arbeit. Allerdings scheint Nietzsches Gleichsetzung von der Problematik des Einzelnen mit der des »Volkes« und der »Cultur« das Spannungsverhältnis, von dem ich ausgehe, nicht ohne weiteres zuzulassen, denn dieses entwickelt sich ja eben zwischen dem einzelnen Kräftehaushalt und bestimmten in der Kommunikation aufgeladenen Vorstellungen. Die Gleichsetzung macht aus dem Problem

---

67 Ebd., 251.
68 Ebd., 271.
69 Ebd., 245.
70 Ebd., 236.
71 Ebd., 258.
72 Ebd., 257.
73 Ebd., 306.

einer bestimmten Perspektive ein absolutes Problem, welches die Bedingungen modernen Wissens, Ausdifferenzierung, Spezialisierung, Abstraktion, tendenziell als ein zu überwindendes Übel darstellt. Die positive Größe, anhand deren die Verurteilung erfolgt, ist der selbst kaum spezifizierte Lebensbegriff. Von diesem aus werden bestimmte Wissensfomen als mehr oder weniger dienlich hierarchisiert. Die Frage wäre nun, in wie weit sich diese Perspektive überhaupt produktiv machen lässt für Problemstellungen, die eben deshalb auftreten, weil die moderne Ausdifferenzierung akzeptiert bzw. bejaht wird. Es ist auch klar, dass diese Lesart nicht dem in vielerlei Hinsicht anregenden Text und schon gar nicht dem Autor Nietzsche gerecht wird.[74] Was sich daran aber zeigen lässt, ist die Gefahr, dass *Leben* als kulturwissenschaftliche Kategorie den letztlich romantischen Gebrauch einer Rationalitäts- oder Modernekritik nahelegt.

Dieser Möglichkeit kann nicht dadurch begegnet werden, dass man eine abschließende Definition dessen fordert, was jeweils mit Leben gemeint ist. Den Status eines Grundbegriffs gewinnt Leben nur dadurch, dass es (ähnlich wie »Raum«) selbst eine bestimmte Grenze der Sagbarkeit markiert. Spezifiziert und geschichtlich eingeordnet werden können und sollten aber diejenigen Begriffe, die als konkrete Funktionen von Leben in die jeweilige Argumentation eingehen – hier der Begriff des Kräftehaushalts.

2.5 Zum Korpus und zum Lektüreverlauf

Das Korpus meiner Untersuchung umfasst hauptsächlich diejenigen Texte Cajals und Ostwalds, die eindeutig autobiographisch angelegt sind. Somit gerät für Ostwald zunächst das dreibändige Werk *Lebenslinien eine Selbstbiographie* in den Blick.[75] Die Editionsgeschichte des Textes ist verhältnismäßig übersichtlich. Der erste Band *Riga, Dorpat, Riga, 1853–1887* erscheint 1926 bei Klasing & Co GmbH in Berlin. Ihm folgen ein Jahr später im selben Verlag der zweite und dritte Band *Leipzig, 1887–1905* und *Gross-Bothen und die Welt, 1905–1927*. Zu Beginn der dreißiger Jahre erscheint bei Klasing auch eine sogenannte Volksausgabe, welche die drei Teile ungekürzt in einem einzigen Band präsentiert.[76] Dies bleibt für lange Zeit die letzte Ausgabe, bis Karl Hansel 2003 noch einmal eine

---

[74] Vgl. Safranski, Rüdiger. *Nietzsche. Biographie seines Denkens*. München, Wien: Carl Hanser Verlag, 2000. 331 ff. Einerseits ist Nietzsches Lebensbegriff weitergehend interpretierbar und andererseits müsste man die Problematik auch von der Seite seiner sprachtheoretischen Überlegungen betrachten.

[75] Ostwald, 2003.

[76] Ostwald, Wilhelm. *Lebenslinien; Eine Selbstbiographie*. Berlin: Klasing & Co, 1933.

überarbeitete und kommentierte Fassung in einem Band besorgt, die von der Sächsischen Akademie der Wissenschaften in Leipzig herausgeben wird.[77] Diese Ausgabe liegt auch meiner Arbeit zugrunde. Karl Hansel hat in seiner Überarbeitung auf handschriftliche Vermerke Ostwalds zu künftigen Änderungen im Text zurückgegriffen. Eine vollständige Liste der Änderungen ist mir freundlicherweise von der Wilhelm-Ostwald-Gesellschaft in Großbothen zur Verfügung gestellt worden. Es handelt sich allerdings nur um Details, die an keiner Stelle meiner Untersuchung relevant werden.

Auch in den einbändigen Ausgaben bleibt die Dreiteilung über die raumzeitliche Bestimmung der Überschriften als oberste Strukturebene erhalten. So ergibt sich eine lückenlose Zeitachse von Ostwalds Geburtsjahr 1853 bis ins Jahr 1927, dem Erscheinungsjahr des ursprünglich letzten Bandes. Dabei wird die zeitliche Einteilung in einmal 34, einmal 18 und einmal 22 Jahre durch bestimmte geographische Stationen erläutert. Am Anfang steht Ostwalds Zeit im Baltikum, anschließend sein Leben als Professor in Leipzig und schließlich sein Rückzug nach Großbothen. Der Zusatz *und die Welt* im Titel des dritten Teils bezieht sich vermutlich auf die Welt als Adressat der verschiedenen Projekte, die hier dargestellt werden.[78] Auf der nächst tieferen Ebene sind die Teile in 13, 17 und 14 Kapitel unterteilt. Diese zerfallen wiederum in einzelne Abschnitte, gekennzeichnet durch nicht nummerierte Zwischentitel.

Im Jahr 1917 erscheint Cajals zweibändiges *Recuerdos de mi vida* (*Meine Lebenserinnerungen*), dessen autobiographischer Anspruch unschwer zu erkennen ist. Es umfasst die beiden Teile *Mi infancia y juventud* (*Meine Kindheit und Jugend*), der als einzelner Band bereits 1901 erstmalig erschien, und *Historia de mi labor científica* (*Geschichte meiner wissenschaftlichen Arbeit*).[79] Insgesamt wird der Zeitraum von der Geburt des Autors 1852 bis zum Erscheinen des Werks behandelt. Eine 1923 entstandene Neuauflage führt den Bericht bis in dieses Jahr fort.[80] Diese Auflage wird für viele Jahre (bis 2006) die letzte sein, die beide Teile versammelt. In der Zwischenzeit erscheinen sie nur in Einzelausgaben. Da insgesamt 16 Jahre zwischen dem ersten Erscheinen der beiden Teile liegen und die Herausgabepraxis immer wieder eine theoretische Trennbarkeit beider

77 Ostwald, 2003.
78 Vgl. hierzu ausführlicher Krajewski, 2006.
79 Ramón y Cajal, Santiago. *Recuerdos de mi vida I: Mi infancia y juventud*. Madrid: Librería de Nicolás Moya, 1917 und Ramón y Cajal, Santiago. *Recuerdos de mi vida II: Historia de mi labor científica*. Madrid: Librería de Nicolás Moya, 1917.
80 Ramón y Cajal, Santiago. *Recuerdos de mi vida*. Madrid: Impresa de Juan Pueyo, 1923.

Teile nahe legt, drängt sich die Frage auf, wie stark der Zusammenhang der Titel ist und ob sie tatsächlich als zwei Teile eines Textes oder besser als zwei unterschiedliche Texte gelesen werden sollten. In jedem Fall scheint es unerlässlich, sie zunächst einzeln zu betrachten, um dann nach Parallelen und Differenzen fragen zu können.

Mi infancia y juventud stellt bis heute den am häufigsten neu aufgelegten Text Ramón y Cajals dar. Nachdem *Espasa Calpe* ihn seit den neunzehnhundertfünfziger Jahren kontinuierlich als einzelne Taschenbuchausgabe auf dem Markt gehalten hat, erscheint er seit 2006 wieder als Teil der vollständigen *Recuerdos* in einem Band im *Editorial Crítica*.[81] Diese Ausgabe, die auf der dritten Auflage der *Recuerdos* von 1923 beruht, wird die Grundlage meiner Lektüre bilden. *Mi infancia y juventud* gliedert sich in 27 Kapitel. Diese behandeln in chronologischer Reihenfolge die frühe Kindheit Ramón y Cajals, seine Schulzeit, das Studium und die Zeit beim Militär. Der Text endet mit der ersten Berufung auf den Lehrstuhl für deskriptive Anatomie an der medizinischen Fakultät der Universität von Valencia 1883. Editionsgeschichtlich stellt der Text in meinem Korpus eine Besonderheit dar, weil sein Autor zwischen der ersten und der zweiten Auflage umfangreiche Veränderungen, in der Regel Streichungen, vorgenommen hat. Die Passagen, die nach 1901 weggefallen sind, tangieren aber zum Teil die Argumentation, weshalb die Erstausgabe partiell in die Untersuchung einbezogen wird.[82]

Der zweite Teil der *Recuerdos*, die *Historia de mi labor científica*, besteht seit der Ausgabe von 1923 aus 28 Kapiteln und schildert getreu seinem Titel in erster Linie die Arbeiten Cajals im Bereich der Histologie und der Physiologie. Auch das Privatleben und einige besondere Erlebnisse kommen zur Sprache, aber sie nehmen weniger Raum ein und sind allgemeiner gehalten, decken z. B. größere Zeiträume in wenigen Sätzen ab. Der Schwerpunkt dieses Bandes liegt tatsächlich auf der Schilderung histologischer Strukturen, den Techniken, die zu ihrer Erkundung angewandt werden, und dem Forschungsstand, von dem bestimmte Untersuchungen ihren Ausgangspunkt nehmen. Die Beschreibungen werden von einem Anhang mit insgesamt 224 Zeichnungen begleitet, in denen Santiago Ramón y Cajal unterschiedliche Zelltypen, Gewebeschichten und Verknüpfungen verschiedener Gefäße darstellt. Diese Zeichnungen, die auch ästhetisch einen gewissen Reiz haben, helfen die ausführlichen Strukturbeschreibungen im Text besser nachzuvollziehen, sie können

[81] Ramón y Cajal, 2006.

[82] Ramón y Cajal, Santiago: *Recuerdos de mi vida: Mi infancia y juventud*. Madrid: Fortanet. 1901.

aber kaum etwas daran ändern, dass die *Historia de mi labor científica* für Leser ohne ausgeprägtes Interesse an der wissenschaftlichen Arbeit Cajals oder an der Geschichte von Medizin und Biologie eine eher trockene Lektüre darstellt.[83] In den beiden Teilen der *Recuerdos* kommen Zwischentitel zum Einsatz, allerdings nicht, wie in den *Lebenslinien*, um den Fließtext in Unterabschnitte zu teilen, sondern zu Beginn jedes Kapitels zwischen Überschrift und Fließtext. Sie geben grob den Inhalt der folgenden Abschnitte an.

Ergänzt wir das Korpus durch den Text *El mundo visto a los ochenta años: Impresiones de un arterioesclerótico* (*Die Welt betrachtet mit 80 Jahren: Eindrücke eines Arteriosklerotikers*).[84] Er ist 1934 im Sterbejahr Ramón y Cajals erschienen und wird regelmäßig der Autobiographik des Autors zugerechnet. Der Form nach ist dies nicht unmittelbar plausibel. Aufbau und Stil erwecken zunächst den Eindruck eines populärwissenschaftlichen Buches über die psychische und physische Seite der Phänomene Alter, Sterben und Tod. Erst ein Blick in das Vorwort macht deutlich, dass es sich hier um eigene Erfahrungen des Autors handelt, die, wie er sagt, aus ästhetischen Gründen in entpersonalisierter Form erscheinen. In der konkreten Lektürearbeit wird also auch der autobiographische Status dieses Textes noch einmal zu erörtern sein. Ohne an dieser Stelle tiefer auf die inhaltliche Spezifik des Werks einzugehen, glaube ich deutlich gemacht zu haben, dass die formale Heterogenität in der Autobiographik Cajals beträchtlich ist.

Zur besseren Lesbarkeit verwende ich im Fließtext folgende Kurzformen der Titel:

Recuerdos de mi vida – Recuerdos
Mi infancia y juventud – Infancia
Historia de mi labor científica – Historia
El mundo visto a los ochenta años – El mundo

Aspekte des biographischen Lebenswissens, die hinter der Wahl bestimmter Ausdrucksmittel stehen, sind nicht immer einfach aus der Thematik eines Textes abzulesen. Besonders bei fiktionalen Texten setzen Rückschlüsse auf das Lebenswissen immer einen Entschlüsselungsvorgang voraus, wobei für jedes konkrete Lektüreprojekt jeweils zu entscheiden wäre, was dieses Vorgehen im Einzelnen leisten kann. Der vorliegenden Arbeit sind aber aus dem bisher Gesagten bereits eine Reihe von Ansätzen erwachsen, die

---

83 Das zeigt sich auch in der Quantität von Nachdrucken des zweiten im Vergleich zum ersten Teil der Autobiographie. Vgl. Fernández, 2006, 78.

84 Ramón y Cajal, Santiago. *El mundo visto a los ochenta años: Impresiones de un arteriosclerótico*. Madrid: Espasa Calpe, 1970^8.

sich direkt aus der Ausgangsfrage und der Spezifik autobiographischer Texte ergeben. Autobiographik als Gattung, in der Vorstellungen der eigenen Handlungsfähigkeit weitergegeben werden, ist in der Tat anfällig für Probleme des Lebenswissens, die sich hinsichtlich der Rede des autobiographischen Selbst ergeben. Ist die Selbstbeschreibung an ein bestimmtes Wissensgebiet, also eine Spezialisierung gebunden, besteht, aufgrund des endlichen Kräftehaushalts ein Problempotential im Verhältnis dieses Wissensbereichs zu anderen Wissensformen. Die Art, wie die Autoren mit diesem Spannungsverhältnis umgehen, zu beschreiben, ist das primäre Ziel der Lektüre. Zum Teil liegt der darstellungstheoretische Aspekt des Lebenswissens sofort auf der Hand, zum Teil führt die Argumentation erst in längeren, die Gesamtheit der drei Kapitel umfassenden, Schritten darauf hin. Im Rahmen dieses umfassenden Argumentationsstranges sollen zunächst allgemein die Darstellungsformen herausgearbeitet werden, mit denen die jeweiligen Texte Lebenswissen artikulieren. Diese Formen werden dann ins Verhältnis zur speziellen Wissenskonfiguration gesetzt, welche die Autobiographik der beiden Naturwissenschaftler darstellt, und schließlich werden die Probleme der Sagbarkeit in den Blick genommen, die sich wiederum aus den gewählten Ausdrucksformen ergeben.

Meine Lektüre wird sich also an den Erzählungen von der Entwicklung des autobiographischen Selbst orientieren und, entlang der angebotenen Chronologie, jene Textabschnitte fokussieren, welche die Sagbarkeit hinsichtlich des Selbst in besonderer Weise herausfordern. Im ersten Schritt (Lektüreabschnitt I) wird es um die Frage gehen, wie das Selbst sich in der Erzählung einen Anfang gibt. Die Lektüre wird hier zwischen den Texten von Ostwald und Cajal hin und her pendeln, um die signifikantesten Parallelen und Unterschiede auf Inhalts- und Stilebene herauszuarbeiten. Am Anfang jedes neuen Abschnitts wird der Name des entsprechenden Autoren oder Textes groß gedruckt, so dass eine schnellere Orientierung möglich wird. Im anschließenden Fazit soll der Vergleich zwischen beiden Autoren dazu genutzt werden, die Charakteristik der jeweiligen Darstellungsmuster besser zu verstehen.

Die Textgrundlage im Bezug auf Cajal bildet *Mi infancia y juventud*. Ich werde mich hauptsächlich auf die Neuauflage der Ausgabe von 1923 stützen, an ausgewählten Stellen aber auch auf die Erstauflage von 1901 zurückgreifen. In Bezug auf Ostwald konzentriere ich mich auf den ersten Teil der *Lebenslinien* mit dem Titel *Riga, Dorpat, Riga 1858–1887* von 1926.

In Lektüreabschnitt II werde ich zeigen, dass sich die im vorangehenden Abschnitt herausgearbeiteten Darstellungsmuster in direktem Zusammenhang mit der wissenschaftlichen Spezialisierung von Cajal und Ostwald verstehen lassen. Dafür wird es notwendig werden, die wesentlichen Inhalte der wissenschaftlichen Arbeiten zu referieren. Aus diesem Grund können die Texte nicht, wie im ersten Abschnitt, durch häufiges Wechseln anhand thematischer Parallelen behandelt werden, sondern ich werde sie nacheinander bearbeiten. Die Lektüre wird hier ihren Ausgangspunkt im zweiten Teil der *Lebenslinien* und der *Historia de mi labor científica* nehmen. Beide Texte beschäftigen sich schwerpunktmäßig mit der wissenschaftlichen Arbeit ihrer Autoren und mit deren Rahmenbedingungen. Ich werde aber zur Vertiefung einiger Aspekte auch auf andere Texte zurückgreifen, die an den entsprechenden Stellen eingeführt werden. Im Fazit dieses Abschnitts erfolgt auch die Rückbindung an den in der Einleitung aufgerufenen historischen Kontext.

Im letzten Kapitel (Lektüreabschnitt III) werden die Grenzen des Selbst auf der inhaltlichen Ebene wie auch die spezifischen Grenzen, die sich aus den herausgearbeiteten Darstellungsmöglichkeiten selbst ergeben, thematisiert. Der Plural der Lesarten zwingt auch der Lektüre eine gewisse Form auf. Während nämlich das Interesse an bestimmten Topoi sich auf das Anführen weniger und prägnanter Stellen beschränken kann, ist die Signifikanz einer isolierten Form in der referenziellen Lesart fraglich. Hier müssen längere Abschnitte in Beziehung gesetzt werden, um nachzuweisen, dass die benannten Darstellungsformen auch rein quantitativ relevant für den Text sind. Dieser Nachweis kann nur erbracht werden, indem entsprechend viel Material referiert wird, was dem Leser Geduld abverlangt und den Schreibenden selbst zu einer Art Biograph werden lässt. Wenn also die Argumentation lediglich anhand der Ergebnisse der Interpretation, ohne die entsprechenden Belege, nachvollzogen werden soll, können auch die Fazits der einzelnen Kapitel direkt hintereinander gelesen werden.

3
Lektüreabschnitt I: Die Bewältigung der Anfänge

> Yo no me acuerdo de haber nacido. Esto de que yo naciera – y el nacer es mi suceso cardinal en el pasado, como el morir será mi suceso cardinal en el futuro – esto de que yo naciera es cosa que sé de autoridad y, además por deducción.
> *Miguel de Unamuno*

Autobiographik hat keinen selbstverständlichen Anfang. Zwar lässt sich, ohne die formale Spitzfindigkeit ins Bodenlose zu treiben, ein Beginn des Textes ausmachen, aber welchen der möglichen Einsatzpunkte eines dargestellten Lebens bildet ein erster Satz? Nennt er Ort und Datum einer Geburt und wählt seinen Einsatz damit eindeutig jenseits der persönlichen Erinnerung? Dringt er noch weiter in dieses Jenseits vor, um anhand der Geschichten von Eltern und Großeltern zu erklären, was später geschieht? Wo und wie setzt die Erinnerung ein? Und wo liegt der Anfang dessen, was hier als autobiographisches Selbst bezeichnet wird? Werden Anlass oder Beginn des autobiographischen Schreibens thematisiert, so dass sich die Retrospektive von hinten aufrollen ließe?

Man muss nicht erst an Lejeunes Definition der rückblickenden Prosaerzählung erinnern, um sich die zentrale Bedeutung der Retrospektive für die Autobiographik vor Augen zu führen. Erinnerung ist sowohl als inszenierende Rhetorik wie auch in referenzieller Dimension grundlegend für den Wissensbegriff des Autobiographischen. In der folgenden Lektüre sollen zwei Formen der Erinnerung unterschieden werden. Niemand erinnert sich daran, auf die Welt gekommen zu sein. Dennoch wäre es vorschnell zu behaupten, eine Schilderung der eigenen Geburt oder frühen Kindheit sei keine oder wenigstens keine eigene Erinnerung. Eine Erinnerung ist es in jedem Fall, es kann nur sein, dass man sich nicht an den Vorgang als solchen, sondern an die Erzählungen Dritter erinnert. Um diese beiden Ebenen klar unterscheiden zu können, möchte ich den Begriff des *Erlebens* einführen. Im Gegensatz zur *Erfahrung*, die sich aus ganz heterogenen Quellen (z. B. auch aus Berichten) speisen kann, verlangt das Erleben Bewusstsein in körperlicher Präsenz. Diese Benutzung von

Erleben entspricht auch einem Aspekt, den Hans-Georg Gadamer als Teile der Wort- und Begriffsgeschichte von Erlebnis herausarbeitet. Demnach ist das Erlebte immer das mit einer gewissen Unmittelbarkeit erfasste, das *Selbst*erlebte.[85] Gadamer weist selbst auf die besondere Affinität des Begriffs zum Biographischen und Autobiographischen hin.[86]

Erinnerung kann aber auch ein Problem des Lebenswissens sein, weil die aufscheinende Diskrepanz zwischen erzähltem Ich und erzählendem Ich im autobiographischen Narrativ in irgendeiner Weise überbrückt werden muss. In jedem Fall werden in den Formen und Bedingungen des Erinnerns Grenzen der Sagbarkeit thematisiert. Diese Thematisierung, die bei beiden Autoren stattfindet, wird zunächst auf Parallelen und Unterschiede hin befragt, um die spezifische Art des Umgangs der Texte mit diesen Herausforderungen darzustellen.

Der chronologische Beginn der Familiengeschichte gibt Anlass über die Darstellung der Eltern und des Verhältnisses zu ihnen zu reflektieren. Einerseits behandelt die Abstammung einen Bereich, der nicht dem Selbst unterliegt, sondern das Selbst von früher her bestimmt, andererseits kann das Selbst sich die Abstammung autobiographisch zu eigen machen, um seinen autonomen Status zu untermauern. Dieses Spannungsverhältnis setzt sich im frühen Umgang mit den Eltern fort. Die Frage nach der Entwicklung des Selbst ist unbedingt an die Darstellung des elterlichen Anteils an dieser Entwicklung geknüpft.

Konkret wird die Entfaltung der eigenen Handlungsfähigkeit an der Entwicklung bestimmter Interessen und dem Umgang mit bestimmten Gegenständen berichtet. Diese frühen Interessen werden daher ebenfalls einen wesentlichen Teil meiner Lektüre bilden.

Die letzte Frage des Lebenswissens, auf welche die Rede vom autobiographischen Selbst in den Jugenderzählungen der Autoren reagieren muss, besteht in der Eingliederung in einen sozialen Kontext jenseits der Familie. Ich gehe hier der Frage nach, wie die ersten Erlebnisse mit den Anderen dargestellt werden und welche Formen von Anderen dabei in Betracht kommen. Im anschließeden Fazit sollen die Darstellungsformen, die sich in der Lektüre gezeigt haben, noch einmal prägnant nebeneinander gestellt werden.

---

85 Gadamer, Hans-Georg. *Wahrheit und Methode: Grundzüge einer philosophischen Hermeneutik*. Tübingen: Mohr Siebeck. 2010. 66.

86 Ebd., 67, 72. Es kommt mir bei dieser Unterscheidung nicht auf ein Mehr oder Weniger an Wahrheit, sondern nur auf die Unterscheidbarkeit zweier Momente in der Rede von der Erinnerung an. Das Erlebnis soll nicht, wie Gadamer es von Dilthey sagt, den Status einer letzten Gewissheit bekommen.

3.1 Erinnerung: Cajal besucht einen fremden Geburtsort, und Ostwald bereist ein abstraktes Schweden

Das erste Kapitel der *Infancia* schildert mit der eigenen Geburt und der Geschichte seines Vaters Ereignisse, die nicht dem erinnerten Erleben Cajals entstammen. Erst am Ende des Kapitels setzt das Erleben ein. Die frühesten Bilder beziehen sich auf den Ort Larrés, in dem die Familie lebt als Santiago zwei Jahre alt ist. Er erinnert sich an die Weberwerkstatt des Großvaters mütterlicherseits.[87] Der Wechsel vom Erfahrenen zum Erlebten ist durch die Schilderung eines extremen Moments markiert. Eines Tages kommt der Drei- oder Vierjährige auf die Idee, ein Pferd zu schlagen. Das Pferd tritt ihm gegen die Stirn und der Junge schwebt mehrere Tage zwischen Leben und Tod.[88] Ähnlich schwebt die Schilderung zwischen Erfahrung und Erlebnis, denn das Wissen darüber, was geschieht, nachdem Cajal das Bewusstsein verloren hat, kann wiederum nicht seinem Erleben entstammen. Ein wenig zusammenhangslos scheint diese auch im Textbild abgesetzte Anekdote am Ende des ersten Kapitels zu stehen. Sie nimmt allerdings nur im Kleinen vorweg, was das folgende Kapitel in Vollendung vorführt.

Die Retrospektive wird im zweiten Kapitel indirekt anhand einer Reisebeschreibung thematisiert. Cajal erzählt von einem Besuch in seinem Geburtsort Petilla, der nicht konkret datiert ist, der Zeitangabe nach »vor achtzehn Jahren«, allerdings um 1883 stattgefunden haben könnte.[89] Er misst dem Ort als Hintergrund seiner ersten Sinneseindrücke Bedeutung bei, obgleich er selbst keine konkrete Erinnerung an Petilla hat. Tatsächlich muss das Dorf zunächst ausfindig gemacht und die Reiseroute über Jaca, Berdún sowie das Thermalbad Tiermas geplant werden, bevor Cajal sich, ausgestattet mit einem Maultier und einem ortskundigen Führer, auf den Weg macht. Am Beginn des erinnerten Erlebens, an der Stelle also, an der über den Vorgang des Erinnerns reflektiert werden könnte, findet sich die Beschreibung einer Reise in die Vergangenheit. Es ist keine Reise im übertragenen Sinne, als Metapher für den Erinnerungsvorgang, sondern eine Reise, die sich ganz konkret und physisch vollzieht, um die fehlende Erinnerung auszugleichen.

Die Exkursion wird als melancholische Unternehmung dargestellt. Bereits die knappen Landschaftseindrücke, die den Weg auf der allmählich schlechter werdenden Straße beschreiben, weisen zweimal den Begriff

87 Ramón y Cajal, 2006, 102.
88 Ebd.
89 Ebd., 104.

triste bzw. *tristísima* auf und als Cajal sich dem Dorf nähert, befällt ihn eine »unerklärliche Melacholie«:[90]

> Tatsächlich war meine Gefühlslage die ganze Zeit über etwas speziell. Bei der Rückkehr zum Geburtsort genießen alle Menschen die Vorfreude auf das Vergnügen, die Kameraden aus Kindheit und Jugend zu umarmen. Die willkommene Erinnerung an gemeinsame Vergnügungen und Streiche erfreut das Gemüt. Alle sehnen sich schließlich danach, die Straßen wieder entlang zu gehen, an der Kirche, dem Brunnen und in der Umgebung des Ortes, wo jeder Baum und jeder Stein ein Gefühl oder eine angenehme Erinnerung hervorruft. »Ich allein – sagte ich mir – werde das traurige Privileg haben, bei meiner Ankunft einzig von vermutlich etwas feindseliger Neugierde und Herzenskälte empfangen zu werden. Niemand erwartet mich, denn niemand kennt mich. Doch ich täuschte mich.[91]

Der Bürgermeister und der Priester des Ortes, von Cajals Ankunft im Voraus unterrichtet, bereiten ihm, wider Erwarten, einen feierlichen Empfang, wobei sich der junge Mediziner vor allem über das Erscheinen einer alten Frau freut, die ihn daran erkennt, dass seine Gesichtszüge denen seines Vaters ähneln.[92]

Obwohl nun der Grund der anfänglichen Betrübnis beseitigt ist, bleibt der Tonfall des Erzählers melancholisch, als er sich erneut der Landschaft und dem kargen Erscheinungsbild des Dorfes zuwendet. Ein rauer, zerklüfteter Berg beherrscht den gesamten Horizont. Der steile Hang ist als einziger kultivierbarer Platz mit kleinen Feldern übersät, die durch Steinmauern gegen das bei Regen herab laufende Wasser geschützt werden müssen. Die Straßen sind verwinkelt und rissig und die engen Häuser weisen auf keinerlei Sinn für Annehmlichkeiten hin. Heldenhaft scheint dem Erzähler der Einsatz jener Menschen, die dieser schwierigen Umwelt eine Existenz abtrotzen und ungerecht nennt er das oftmals herablassende Urteil der Schriftsteller aus den glücklichen »grünen Ländern« über das Land und seine Bewohner.[93] Die patriotische Note, auf die ich weiter un-

---

90 »inexplicable melancolía«. Ebd., 105.

91 »No dejaba, en efecto, de ser algo singular mi situación sentimental. Al regresar al pueblo natal, todos los hombres saborean anticipadamente el placer de abrazar a camaradas de la infancia y adolescencia; alegra su espíritu el grato recuerdo de comunes placeres y travesuras; todos, en fin, ansían recorrer las calles, la iglesia, la fuente y los alrededores del lugar, en los cuales cada árbol y cada piedra evoca una emoción o un recuerdo agradable. »Yo sólo – me decía – tendré el triste privilegio de hallar a mi llegada por único recibimiento la curiosidad, acaso algo hostil, y la frialdad de las corazones. Nadie me espera, porque nadie me conoce. Y sin embargo, me engañaba.« Ebd.

92 Ebd.

93 »países de yerba«. Welches Land und welche Autoren wird nicht präzisiert. Ebd., 107. Die Schilderung steht offensichtlich im Zusammenhang mit der viel besprochenen (Wieder-)Entdeckung und symbolischen Aufladung vor allem der kastilischen Landschaft im späten 19. Jahrhundert. Vgl. beispielsweise Ortega Cantero, Nicolás. »Paisaje e identidad. La visión de Castilla como paisaje nacional (1876–1936).« *Boletín de la A. G. E.*, 51 (2009): 25–49.

ten ausführlicher eingehen werde, klingt bereits in den Zwischentiteln des Kapitels an: »Ein armes und einsames Dorf, das wie ein Symbol Spaniens wirkt«, heißt es dort.[94] Cajal freut sich über die Besichtigung des Ortes und der Umgebung, zu der ihn die Bewohner einladen, aber der Abschied stimmt ihn wieder traurig, da er dessen Endgültigkeit spürt.

Auch wenn man sich den angesprochenen Emotionen nicht verschließen möchte, könnte eine wiederholte Lektüre des Kapitels ein Moment unfreiwilliger Komik offenbaren, angesichts dieses Ichs, das bei der vergeblichen Suche nach einem Heimatgefühl, auf nur vier Seiten, von einer Traurigkeit in die nächste tappt. Dieser Leseeindruck ist den Kürzungen geschuldet, die der Autor an seinem 1901 erschienenen Text, vor Herausgabe der zweiten Auflage 16 Jahre später, vorgenommen hat. In jener ersten Auflage war das entsprechende Kapitel noch zweieinhalb Seiten länger. Was den Versionen ab 1917 fehlt, ist die persönliche Reflexion, mit der Cajal die Schilderung seines Besuchs im Geburtsort beschließt. Es seien häufig die Abschiede, die ihn traurig stimmten, heißt es dort, besonders, wenn er keine Gelegenheit hätte, die betreffenden Menschen näher kennenzulernen. Hiermit sind aber nicht nur bestimmte Personen gemeint, sondern: »diese Menge meschlicher Wesen, die so fremd an uns vorübergehen als seien es die Wellen eines Flusses oder die Bäume einer Allee und unter denen es doch so viele Seelen geben muss, die es wert wären gekannt und geliebt zu werden!«[95] Mit der Erfahrung der Fremdheit zwischen den Menschen, für die im Text nicht nur der Zufall der Geburt und die soziale Stellung, sondern auch schlicht Raum und Zeit verantwortlich gemacht werden, ist ein Aspekt des Lebenswissens angesprochen. Verstärkt wird es für Cajal, wenn er sich mit endgültigen Abschieden konfrontiert sieht, da diese in ihm das Bild des Todes heraufbeschwören.[96] Im Bericht über die Exkursion zum Geburtsort wird also nicht nur implizit die Retrospektive thematisiert, sondern auch die Auseinandersetzung mit grundlegenden Begrenzungen des Menschen. Dabei geht es einerseits um die Grenzen des Einzelnen, die sich darin äußern, dass er von den Anderen getrennt ist, und andererseits um die Begrenzheit der eigenen Lebenszeit. Beides ist hier Anlass zur Traurigkeit. Die existenzielle Einsamkeit äußert sich in der Abwesenheit einer gemeinsamen Geschichte, weil sich Cajal selbst nicht an die Anderen erinnern kann, und der geringen Wahrscheinlichkeit einer gemeinsamen Zukunft, weil er nicht glaubt, noch einmal wiederzukommen. Über die

---

94 »Un pueblo pobre y aislado que parece símbolo de España« Ebd., 104.

95 »esa muchedumbre de seres, que pasan á nuestro lado tan extraños á nosotros como si fueran las ondas de un río ó los árboles de una avenida, y entre los cuales ¡habrá tantas almas dignas de ser conocidas y amadas!« Ramón y Cajal, 1901, 36f.

96 Ebd., 37.

fehlende Erinnerung wird darüber hinaus noch auf ein weiteres Problem verwiesen, nämlich auf die Grenzen des menschlichen Bewusstseins. Die damit verbundenen Fragen sollen für Cajal auch durch seine Arbeit über die physische Seite des Denkens relevant bleiben.

Auffällig ist, dass in der Reisebeschreibung durchaus ein sehr konkreter Bezug zu den anderen Menschen aufgezeigt wird. Die alte Frau erkennt Cajals Vater in den Zügen des Sohnes und spricht ihn an, womit sie die vorhandenen genealogischen Verbindungen betont und den Protagonisten in einem Netz aus familiären und nachbarschaftlichen Beziehungen situiert. In gewisser Weise ist der Hinweis auf die Physiognomie des 31-Jährigen ein folgerichtiges Ergebnis der ganzen Exkursion. Cajal, der keine persönlichen Erinnerungen an Petilla hat und nicht erwartet, Bekannte zu treffen, begründet seinen Wunsch, die Reise anzutreten, damit, den Ort zu sehen, wo »die Natur meine jungfräuliche Retina verletzte und mein Gehirn erweckte«.[97] Da die Sprache des Mediziners hier nicht metaphorisch für frühkindliche Erinnerungen steht, bleibt die Wendung als Verweis auf eine diffuse Vorstellung der Spur bestehen, die Petilla durch frühe Sinneseindrücke im Körper des Protagonisten hinterlassen haben könnte. In der familiären Ähnlichkeit zeigt sich nun, dass andersherum die Körper eine Spur in Petilla hinterlassen haben, die nur von den älteren Einwohnern gelesen werden kann und die dem Protagonisten bestätigt, dass er tatsächlich eine Beziehung zu diesem Ort hat.

Der melancholische Grundton des Kapitels wird durch diese Bestätigung jedoch nicht überwunden. Das Leiden beruht hier auf so fundamentalen Kategorien wie Raum und Zeit, die gerade in der Körperlichkeit des Menschen konkret werden. So ist auch die daran geknüpfte Traurigkeit fundamental auf den Körper bezogen, eine Verbindung, die in spanischer Sprache kaum jemals so klar formuliert worden sein dürfte wie von Ortega y Gasset in seinem 1957 erschienen Essay *Der Mensch und die Leute*:

> Der Körper, in den eingetaucht und eingesperrt ich lebe, macht mich unweigerlich zu einer räumlichen Persönlichkeit. Er versetzt mich an einen bestimmten Platz und hindert mich an der gleichzeitigen Anwesenheit auf allen übrigen Plätzen. Er verbietet mir also, allgegenwärtig zu sein. Im jeweiligen Augenblicke nagelt er mich an dem gegebenen Orte fest und hält mich von allem übrigen fern. Alles übrige, will sagen, die übrigen Dinge der Welt, sind an anderen Plätzen, und sehen, hören, bisweilen auch berühren kann ich sie nur von dem Orte aus, an dem ich bin. Diesen aber bezeichnen wir im Spanischen mit *aquí* (= hier) einem Klanggebilde, das mit seinem Akut, seiner knappen Zweisilbigkeit, seinem blitzartigen Niedersausen, seinem Übergang von offenem *a* zu spitzem *i*, seiner

[97] »la Naturaleza hirió mi retina virgen y desentumeció mi cerebro«. Ramón y Cajal, 2006, 104.

> vertikalen Betonung den Keulenschlag, mit dem das Schicksal mich festnagelt herrlich zum Ausdruck bingt. Aquí ... hier [...].[98]

Die Reise in die Vergangenheit, die jenes zweite Kapitel präsentiert, ist nicht nur eine konkrete Form der Retrospektive, sondern auch eine Reflexion über deren allgemeine Rahmenbedingungen, vielleicht auch über ihre Notwendigkeit. Die Rückschau erfolgt stets vom Standpunkt eines *aquí*. Die Begrenzung in Raum, Zeit und Bewusstsein, die den Menschen zuweilen wie ein Pferdetritt an der Stirn trifft, kann nicht grundsätzlich überwunden werden. Allerdings lassen sich den Begrenzungen auf bestimmten Ebenen Bewegungen auf anderen Ebenen ausgleichend gegenüberstellen. Cajal begegnet der Begrenzung des Bewusstseins durch die Bewegung im Raum. Der Begrenzung im Raum durch die eigene Körperlichkeit wird eine Persistenz körperlicher Merkmale in der Zeit gegenübergestellt. Die Begrenzung der eigenen Zeit in der Vorstellung des Todes lässt wiederum die überwindenden Gesten der Erinnerung und des Schreibens – denn im Schreiben scheint auch die Erinnerung eine Art von Materialität zu gewinnen – relevant werden.

Zu Beginn des 14. Kapitels der *Infancia*, welches Cajals Erinnerungen an den Zeitabschnitt Mitte der sechziger Jahre zum Gegenstand hat, er ist damals 15 oder 16, wird der Vorgang der Retrospektive noch einmal explizit über die Analogie zur Fotografie beschrieben:

> Es gibt im Kinematographen der Erinnerung unscharfe Bilder und sogar richtige Leerstellen, Epochen zugehörig, während denen die Aufmerksamkeit, gleich der Momentaufnahme an einem nebligen Tag, nicht über genug Energie verfügt, um den zerebralen Film zu belichten. Und wenn mittels energischer Rückbesinnung irgendein Ereignis auf dem schwarzen Grund des Unbewussten erscheint, zeigt es sich isoliert, gleich einem einsam leuchtenden Stern bei zugezogenem Himmel: Das auftauchende Ereignis lässt sich gut im Raum situieren, aber nur schwer in der Zeit; es verweist mehr oder weniger vage auf einen Zeitabschnitt, aber nicht auf eine bestimmte Seite des Kalenders.[99]

Derart beschreibt Cajal seine Erinnerungen an die Jahre 1865 und 66, die er nur grob in eben diesen Zeitraum einordnen kann. Das Bild aus dem Bereich der fotografischen Technik weist wiederum, diesmal ohne

---

98 Ortega y Gasset, José. *Der Mensch und die Leute*. Stuttgart: dtv, 1963. 63f.

99 »Hay en el cinematógrafo de la memoria imágenes borrosas, y aun verdaderas lagunas, correspondientes a épocas durante las cuales la atención, como la fotografía instantánea en día nublado, no dispuso de energía bastante para impresionar la película cerebral Y si, mediante enérgica evocación, surge algún suceso en el negro fondo del inconsciente, muéstrase aislado, a modo de estrella que brilla solitaria en cielo encapotado: El hecho emergido suele situarse bien en el espacio, pero difícilmente en el tiempo; cabe referirlo más o menos vagamente a una época, mas no a página determinada del almanaque.« Ramón y Cajal, 2006, 195.

ausdrücklichen Bezug auf den menschlichen Körper, die Notwendigkeit einer Spur im Materiellen aus. Auffällig ist auch, dass es gar nicht bei der Retrospektive, sondern bereits bei der Wahrnehmung ansetzt, die durch einen Mangel an Aufmerksamkeit defizitär sein kann. Sowohl das erste Abspeichern einer Erinnerung, das hier mit der Belichtung des Films verglichen wird, als auch das spätere Abrufen werden als Aufwand betrachtet. Wenn der erinnerte Umstand letztlich als einzelner Stern im leeren Raum hängt, scheint dies ein Ergebnis nicht geleisteter Arbeit zu sein. Diese Konsequenz soll für den weiteren Verlauf der Lektüre im Auge behalten werden. In jedem Fall sind der bewusst Wahrnehmende, der sich energisch Erinnernde und auch der die fehlende Erinnerung kompensierende Reisende aktive Instanzen, die ihre Subjektstellung zur Retrospektive behaupten wollen.

In den *Lebenslinien* Wilhelm Ostwalds wird die Metaebene zur Retrospektive anhand einer Schilderung aufgerufen, die beide bei Cajal verwendeten Darstellungsmodi in sich vereint. Sie ist sowohl Reisebeschreibung als auch Analogie. Der entsprechende Abschnitt ist – wie bei Cajal – dem zweiten Kapitel zugeordnet, nimmt allerdings nur einen geringen Teil desselben ein. Dieses Kapitel, das den Titel *Knabenjahre* trägt, widmet sich einer Reihe früher Eindrücke und Beschäftigungen des jungen Wilhelm. Ein mit *Tonkunst* überschriebener Abschnitt berichtet von einem beeindruckenden musikalischen Erlebnis, dem ein allgemeiner Gedanke über das Erinnern vorangestellt ist:

> Die Erinnerungen an die eigenen Kinderjahre haben eine Beschaffenheit, die sich am besten mit der Einfahrt in die finnischen oder schwedischen Schären vergleichen lässt. Zunächst tauchen ganz vereinzelte Inseln des Bewusstseins aus dem unbestimmten Meer des Daseins auf, die ganz klein sind und nur wenige Pflänzchen anschaulicher Erlebtheit tragen. Dann werden sie zahlreicher, größer und mannigfaltiger mit Einzelheiten bewachsen, bis sie sich endlich zu dem festen Lande des dauernden Bewusstseins zusammenschließen. Auch hier erheben sich deutlich einzelne höhere Gipfel aus dem Felde des Erlebens, sie werden aber im Zusammenhange mit dem Tage empfunden und nicht mehr als vereinzelte Inseln.[100]

Dem Leser der Ostwald'schen Texte wird sofort die Parallele zum Begriff der wissenschaftlichen Entwicklung auffallen, den der frisch berufene Professor für physikalische Chemie 1887 in seiner Leipziger Antrittsvorlesung ebenfalls mit einer geographischen Analogie erläutert. Dort wird die Entwicklung des Wissens mit einem Kontinent verglichen, der sich allmählich aus dem Wasser hebt. Die Berggipfel, die für die einzelnen

[100] Ostwald, 2003, 22.

Disziplinen stehen, scheinen zunächst unverbundene Inseln zu sein. Erst wenn das Land vollständig aufgetaucht ist, zeigt sich, dass alle Inseln nur Gipfel sind, die letztlich auf gemeinsamem Grund stehen.[101] Was die Schären-Analogie mit der des erscheinenden Kontinents verbindet, ist die Vorstellung eines inneren Zusammenhangs allen Wissens. Er wird in dem einen Bild durch die Bewegung im Raum, in dem anderen durch das Verstreichen der Zeit sichtbar.

Die konkrete Erinnerung nun, die mit der Fahrt in die schwedischen Schären eingeleitet wird, bezieht sich auf den Besuch eines »Weihnachts- oder Osteroratoriums« in der Rigaer Kirche.

> Ich weiß nicht mehr, welches Werk ich angehört habe. Wohl aber ist mir der Himmelsklang der Geigen aus der Höhe des Orgelchors an einer zarten Stelle und die Gewalt des Vollklangs von Orgel, Orchester und Chor, der darauf einsetzte, in unvergesslicher Erinnerung. Ich konnte von meinem Platz aus zufällig den Kapellmeister gut sehen und die Gewalt, die er mit seinem dünnen Stäbchen über all die tönenden Massen ausübte, erschien mir als eine wunderbare Gipfelhöhe menschlichen Könnens, höher als alles andere, wovon ich Kenntnis hatte. Von den mancherlei Idealen, die bei solchen Gelegenheiten in mir erwachten und deren Erreichung mich im späteren Leben beglückt hat, ist dies eins der wenigen, dem dauernd die Erfüllung versagt blieb. Ich habe sie freilich auch, eingedenk meiner Grenzen, niemals ernstlich angestrebt.[102]

Betrachtet man diese Passage in ihrer Einbettung im zweiten Kapitel, bleibt zunächst unklar, warum sie und nur sie durch eine allgemeine Reflexion zum Thema Erinnerung hervorgehoben wird. Es handelt sich hier nicht um die vereinzelten ersten Bilder, ähnlich dem Pferdetritt bei Cajal. Das Konzerterlebnis ist weder die erste noch die letzte Erinnerung, die dargestellt wird und bei weitem nicht die wichtigste. Es wird hier auch nicht, wie bei Cajal, der Übergang von erinnertem Erfahrenen zu erinnertem Erlebten markiert. Inhaltlich hervorgehoben wird die Passage durch Ostwalds Bemerkung, dass es sich bei dem Eindruck, den der Kapellmeister hinterlassen hat, um eines seiner wenigen unerreichten Ideale handelt. Die Formulierung »Gipfelhöhe menschlichen Könnens« verweist wiederum auf das Bild des auftauchenden Kontinents.

Tatsächlich bezieht sich der Großteil der in diesem Kapitel geschilderten Erinnerungen auf die Anlagen von Interessen und Tätigkeiten, die sich durch Ostwalds gesamte Lebensbeschreibung ziehen, häufig Grundlagen seiner Erfolge werden und so jene Lebenslinien bilden, denen der Text seinen Titel verdankt. Wie genau die Kontinuität dieser Linien darge-

---

[101] Auch Karl Hansel weist in einer Fußnote auf die Ähnlichkeit zwischen den beiden Bildern hin. Ebd., 22.

[102] Ebd.

stellt wird, soll weiter unten betrachtet werden. Wichtig ist hier, dass die meisten der geschilderten Erinnerungen damit in einer Relation zu späteren Textabschnitten stehen, die bei der Erinnerung an das Oratorium durch das Eingeständnis des Unerreichten und die Erwähnung der persönlichen Grenze nicht hergestellt wird. Gerade dieser Erinnerung wird nun die Schären-Analogie vorangestellt, die verdeutlicht, dass auch das oberflächlich Unabhängige untergründig verbunden ist, wie um damit das Fehlen der expliziten Verbindung auszugleichen. Es wird sich zeigen, dass in Ostwalds Text wenige formal oder inhaltlich isolierte Episoden auftreten. Wo sie erscheinen, erweisen sie sich immer als signifikant. Im direkten Vergleich der Analogien bei Cajal und Ostwald zeigt sich, dass das isolierte Moment im Bewusstsein bei ersterem als endgültig gedacht wird »gleich einem einsam leuchtenden Stern«, während es bei letzterem nur temporär auftritt, bis sich der Kontinent vollständig erhoben hat oder das Festland erreicht ist.

Als einen Versuch, die Episode doch noch in anderer Weise zu verknüpfen, kann ein Hinweis Ostwalds auf das biogenetische Grundgesetz Ernst Haeckels kurz vor dem oben zitierten Abschnitt verstanden werden. Haeckel ging davon aus, dass die Ontogenese die Phylogenese rekapituliere, d. h. dass jeder individuelle Organismus in seiner Entwicklung zurückliegende Stadien der Stammesentwicklung durchlaufe, in dem er phasenweise die entsprechenden Merkmale aufweise.[103] Ostwald vermutet, dass seine Eltern ihn mit dem Oratoriumsbesuch an die Musik heran führen wollten und bescheinigt dem Vorhaben Folgerichtigkeit, da sich die ernsthafte Musik aus der Kirchenmusik entwickelt habe.[104] Der eigene musikalische Bildungsweg soll also eine zurückliegende Phase aus der Entwicklung der Kunstform rekapitulieren. Ob es bei dieser eigenwilligen Anwendung des Haeckel'schen Gedankens nur darum geht, die entsprechende Episode wenigstens theoretisch einzugliedern, oder ob der stets kirchenkritische Autor hier seine Ergriffenheit von der religiös geprägten Kunst rechtfertigen muss, bleibt offen. In jedem Fall gelingt die Verknüpfung dieser Episode in weit geringerem Maße als die der umliegenden Abschnitte.

Zusammenfassend lässt sich sagen, dass die explizite Reflexion über die Retrospektive in den *Lebenslinien* als Thematisierung der Möglichkeit von Verbindung gelesen werden kann. Dabei wird eine gewisse Spannung zwischen deren theoretischer Behauptung in der Schären-Analogie und dem

---

103 Haeckel, Ernst. *Allgemeine Entwicklungsgeschichte der Organismen*. Berlin: Verlag von Georg Reimer, 1866. 300.

104 Ostwald, 2003, 22.

Hinweis auf das biogenetische Grundgesetz einerseits sowie der expliziten Behauptung von Unverbundenheit der Episode andererseits sichtbar.

Im zweiten Kapitel der *Infancia* zeigt sich die Auseinandersetzung mit der Retrospektive durch ihren Bruch mit der Chronologie der Diegese ebenfalls isoliert. Dem entspricht allerdings auf der inhaltlichen Ebene auch die Darstellung der Begrenzung des Menschen durch das raumzeitliche Bestehen seiner Körperlichkeit. Getrenntheit im Körperlichen und Verbundenheit im Wissen stehen sich also im Vergleich der beiden Texte als Begleiter retrospektiver Reisebewegungen gegenüber.

Die Bewegungen selbst unterscheiden sich ebenfalls stark. Bei Cajal soll eine erlebte Reise die fehlende Erinnerung an das Erleben der ersten Jahre ersetzen. Die Exkursion nach Petilla folgt der Phantasie einer Reise zum Ursprung. Das frühe Erleben wird als körperlicher Eindruck in Netzhaut und Gehirn analog zur Belichtung des Films gedacht und soll durch die körperliche Präsenz am Geburtsort, also die erneute Belichtung, eingeholt werden. Damit wird auch eine altbekannte Verknüpfung zwischen Raum und Gedächtnisinhalten aufgerufen, die aus antiken Mnemotechniken stammt und aus der sich, wie Aleida Assmann gezeigt hat, eine Vielzahl räumlicher Metaphern entwickelt haben, die versuchen, die Distanz zwischen dem erinnernden und dem erinnerten Ich zu überwinden.[105]

Bei Ostwald ist die Art der Reisebewegung eine ganz andere. Hier hat man es nicht mit einer Anekdote, sondern mit einem ideellen Erreichen des schwedischen Festlands zu tun, das einzig der Analogie dient. Dabei wäre die Möglichkeit der Anekdote durchaus gegeben. Die Reise, auf der Ostwald die schwedischen Schären kennenlernt, ereignet sich im August 1884 und ist in den *Lebenslinien* beschrieben. Er fährt von Riga mit dem Dampfer nach Stockholm und von dort nach Uppsala, um den jungen Chemiker Svante Arrhenius persönlich kennenzulernen, der ihm im Juni jenes Jahres eine seiner Abhandlungen geschickt hatte.[106] In der Schilderung der Reise wird die Einfahrt nach Stockholm nicht erwähnt, dafür notiert Arrhenius 29 Jahre später, anlässlich von Ostwalds 60. Geburtstag:

> Ich erinnere mich noch lebhaft an die Eindrücke, welche Schweden auf Ostwald bei seinem Besuch 1884 machte. Schon beim Einlaufen des aus Riga kommenden Dampfers durch die Menge von kleinen Inseln, welche die schöne Einfahrt nach Stockholm umgeben, erhielt er von der anmutigen Natur und den fröhlichen Bewohnern einen sympathischen Eindruck. Besonders freute es ihn, wenn der Dampfer einem Boot begegnete, das von einigen jungen, kräftigen Mädchen

---

[105] Assmann, Aleida. *Erinnerungsräume: Formen und Wandlungen des kulturellen Gedächtnisses.* München: Verlag C.H. Beck, 2006. 158ff. Assmann findet hier die Formulierung »Das Problem des Gedächtnisses [...] drängt in die Bilder.« Ebd., 177.

[106] Ostwald, 2003, 104.

> gerudert wurde, die die Passagiere des Dampfers durch Wehen mit Tüchern willkommen grüßten. Die große Freiheit und die schöne körperliche Entwicklung der jungen Damen war ihm etwas Unbekanntes.[107]

Diese Eindrücke, die Arrhenius vermutlich von Ostwald selbst hat, verdeutlichen noch einmal den Gegensatz zu Cajal. Er veranschaulicht nicht durch die Schilderung des konkreten Einzelfalls, sondern durch die abstraktere Analogie und bringt den Leser damit auch um die körperliche Dimension der Retrospektive, vom Blick auf die Körper der schwedischen Mädchen, die auch an die Körperlichkeit des Blickenden selbst erinnern, hin zu einem rein geistigen Durchschweben der von Mensch und Maschine gereinigten, ideellen Landschaft.

Die Erinnerung als primäre Wissensquelle des autobiographischen Selbst ist also bei Cajal an Begriffe von Begrenzung, Körperlichkeit bzw. Materialität und konkreter Situation gebunden, während es bei Ostwald die Verbindung und die Abstraktion sind.

3.2 Abstammung: Gottfried Ostwald verlernt das Zeichnen, und Justo Ramón verbietet es

Im ersten Kapitel der *Lebenslinien* macht Wilhelm Ostwald Angaben zu seinen Großeltern väter- und mütterlicherseits, denn bis zu diesen reiche die »Familienerinnerung« zurück. Der chronologische Beginn der Erzählung wird also gleichzeitig als Grenze des retrospektiven Familienwissens dargestellt. Väterlicherseits handelt es sich um die Familie eines aus Berlin stammenden Böttchermeisters. Die Eltern der Mutter Ostwalds, Elisabeth, geborene Leuckel (1832–1920), sind, als jene noch ein kleines Mädchen war, von Moskau nach Riga übergesiedelt. Ihr Vater, Johann Heinrich Leuckel, war in Hessen geboren und hatte in Moskau als Bäcker gearbeitet. Als Fazit der Geschichten seiner Großeltern schreibt Ostwald:

> Wie man sieht, waren es überall kleinbürgerliche Zustände, in denen ich aufwuchs. Not leidend im schweren Sinne war niemand, aber jedermann musste sich kräftig dazuhalten, um durch den Tag und das Jahr zu kommen, und für Entbehrliches waren im Allgemeinen keine Mittel übrig.[108]

Wilhelm Ostwalds Vater, Wilhelm Gottfried Ostwald (1824–1903), wird als der Begabteste unter seinen Geschwistern beschrieben. Besonders heben die *Lebenslinien* sein Zeichentalent hervor. In den dreißiger Jahren des

---

[107] Arrhenius, Svante. *Aus meiner Jugendzeit. Seinem lieben Freunde Wilhelm Ostwald zu seinem 60. Geburtstag*. Leipzig: Akademische Verlagsgesellschaft, 1913. 5.

[108] Ostwald, 2003, 11.

19. Jahrhunderts ließ Nikolaus I. die geeignetsten Schüler seines gewaltigen Reiches ermitteln, um Nachwuchs für die Kaiserliche Akademie der Künste in Petersburg zu beschaffen. Wilhelm Gottfried wurde für Riga ausgewählt, doch sein Vater ließ ihn nicht gehen. Also lernte er zunächst das Böttcherhandwerk und verbrachte anschließend einige Wanderjahre als Geselle in Russland. Dort war er unter anderem als Hauslehrer bei der Familie eines Grafen Tolstoi tätig. Ob der spätere Schriftsteller Lew Tolstoi zu seinen Schülern gehört hat, kann Ostwald nicht mit Bestimmtheit sagen.[109] Als der Hauslehrer engere Zuneigung zu einer der erwachsenen Töchter des Hauses fasste, was diese wohl erwiderte, hielt es die Familie für geraten, ihn zu verabschieden. Anschließend arbeitete er in leitender Stellung für eine große Brauerei in Petersburg, wo er Fässer herstellte. Diese Beschäftigung wurde beendet, als die verwitwete Besitzerin der Brauerei versuchte, sich persönlich mit dem jungen Böttcher zu verbinden.[110] Wilhelm Gottfried kehrte nach Riga zurück, legte dort seine Meisterprüfung ab und heiratete Elisabeth Leuckel.

Das Wenige, was Ostwald über die Vorgeschichte seines Vaters festhält, bildet eine Linie, die ihre eigene Kontingenz zeigt. Die Schilderung folgt den Momenten, in denen alles hätte anders kommen können, auf ein klar formuliertes Ziel hin. Von dem Zeichentalent des Vaters schreibt er, dass es ihn beinahe die Existenz gekostet hätte, denn wäre Wilhelm Gottfried damals an die Akademie gegangen, hätte er in Petersburg vermutlich eine andere Frau gefunden und die besondere Kombination väter- und mütterlichen Erbguts, die für die Beschaffenheit von Ostwalds Person verantwortlich sei, wäre nicht zustande gekommen.[111] Der Weg, den der Vater beruflich einschlägt, wird hier als Vorlauf der Geschichte Wilhelm Ostwalds betrachtet und ganz auf die Möglichkeit seiner Geburt hin ausgerichtet. Die Erlebnisse mit den beiden Frauen während der Wanderjahre des Vaters führt Ostwald mit der Formulierung ein: »Außer mehrfacher äußerer Gefahr in Winter, Schnee und Einsamkeit umzukommen, hat er manche inneren Gefahren glücklich bestanden, die den jungen, frischen und energischen Burschen aus seiner Laufbahn herauszuwerfen drohten.«[112] Die Punkte, an denen die Gefährdung konkret wird, sind jeweils solche, an denen andere Durchmischungen des Erbguts denkbar gewesen wären.

In der Beschreibung des Vaters mischen sich offensichtlich Erinnerungen an frühes Erleben mit der Reflexion des Älteren. So haben Wilhelm und

109 Ostwald, 2003, 10.
110 Ebd.
111 Ebd., 9.
112 Ebd., 10.

seine Brüder eine nicht geringe Scheu vor dem Mann, der von aufbrausendem Temperament und darüber hinaus meistens in der Werkstatt und selten zu Hause ist.[113] Andererseits bescheinigt Ostwald seinem Vater, alle Möglichkeiten den Söhnen Bildung und berufliches Fortkommen zu ermöglichen ausgenutzt zu haben. Auch die Kränkungen, die ihm im Kontext der stark hierarchisierten Rigaer Gesellschaft aus der Tatsache erwachsen konnten, dass seine Söhne ihn schließlich beruflich übertrafen, hat er in Kauf genommen. Diese Einstellung bezog sich nicht nur auf den Bereich der schulischen und beruflichen Ausbildung. Die zahlreichen Interessen, die der junge Wilhelm neben der Schule verfolgt und die seine Zeit immer mehr beanspruchen, hat der Vater ebenfalls, wo nicht gefördert doch immerhin geduldet. Als Wilhelm beginnt, sich anhand eines Buches mit der Herstellung von Feuerwerkskörpern zu beschäftigen, scheint dies seine Eltern, die immerhin in einem Haus voll Holz und leicht brennbarer Späne leben, nicht wesentlich beunruhigt zu haben:

> Und selbst als einmal ein ganzer Stoß Leuchtkugeln, die ich zum Trocknen in den Backofen gestellt hatte, zum schreienden Entsetzen des Küchenmädchens abbrannte, wurde mir mein Treiben nicht verboten, sondern die Eltern räumten mir eine Bodenkammer ein, wo ich meine Zauberkünste treiben durfte.[114]

Tatsächlich besteht der schärfste Widerstand, den Wilhelm Gottfried den Hobbys seines Sohnes entgegengesetzt, darin, dass er sie, als sie das Interesse am regulären Schulstoff zu sehr verdrängen, nicht durch finanzielle Zuwendungen unterstützt. Dies ist umso beachtlicher, als sich die beiden in Temperament und Interessen offensichtlich unterscheiden. So schildert Ostwald, dass er den Vater selten sieht, da dieser den Tag über arbeitet und an den Wochenenden vom Samstagnachmittag bis Sonntagabend seiner einzigen Leidenschaft nachgeht, der Jagd. Wilhelm kann damit nichts anfangen, die Tiere tun ihm leid und die endlosen Jagdgeschichten am Küchentisch langweilen ihn, während sein älterer Bruder die Leidenschaft des Vaters teilt und von diesem schon früh mitgenommen wird. Dass also, trotz deutlich unterschiedlicher Charaktere, hier keine grundlegenden Konflikte dargestellt werden, lässt sich aus der Lektüre nur bedingt erklären. Ein bestimmter Hinweis scheint mir aber beachtenswert; Ostwald, der das Zeichentalent seines Vaters explizit hervorhebt, erinnert sich nicht, diesen selbst jemals zeichnen gesehen zu haben. Zwei alte Kreidezeichnungen hängen im Elternhaus »unter Glas und Rahmen« an der Wand und nötigen dem Kind Bewunderung ab. Als Ostwald seinen Vater fragt, warum dieser seine Kunst nicht mehr ausübe, erhält er als Antwort, die Hand sei durch

113 Ebd., 11.
114 Ebd., 18.

die lange Arbeit in der Werkstatt zu schwer geworden.[115] Die Zeichnungen des Vaters gehören also einem unwiderruflich beendeten Lebensabschnitt an. Das Handwerk, das die Kunst durch das großväterliche Votum zuerst als Beruf verdrängt hat, nahm sie schließlich ganz aus der Lebensführung. Mit welchem Gefühl Ostwalds Vater diese Tatsache konstatiert, bleibt unklar, aber immerhin hängen in seinem Haus die alten Zeichnungen, sorgfältig gerahmt, wie Erinnerungen an andere Möglichkeiten und dürfen seine Kinder faszinieren. Ein ausgeprägter Möglichkeitssinn könnte auch ein Grund für hohe Toleranz gegenüber Abweichungen sein. Diese bestätigt sich später, als Ostwald sich gegen die Ingenieurslaufbahn, die sein Vater für ihn vorgesehen hat, und für das Studium der Chemie entscheidet. Es wird nicht berichtet, dass hierüber größere Konflikte entstanden wären.[116]

Das distanzierte Verhältnis zu den Interessen des Vaters bindet Ostwald entsprechend eng an die Mutter. Hierdurch wird diese für die Handlung der *Lebenslinien* zum ersten Mal wichtig, was auf eine signifikante Asymmetrie hinweist. Als Ostwald darüber schreibt, wie der berufliche Weg des Vaters schließlich zu der besonderen Kombination väter- und mütterlichen Erbguts führt, die ihn selbst ausmachen, stellt er, in biologischer Perspektive, beide Teile gleichberechtigt nebeneinander. In seinem retrospektiven Blick auf die Vorgeschichte der Eltern dagegen hängt die erfolgreiche Kombination des Erbguts einzig vom Lebenslauf seines Vaters ab; dessen Schicksal und dessen Entscheidungen ermöglichen die spezifische Mischung. Dagegen wird nicht erwogen, dass auch Elisabeth sich theoretisch für einen anderen Mann hätte entscheiden können. Tatsächlich wird das Vorleben der Mutter, außer in dem Hinweis, dass sie als kleines Mädchen von Moskau nach Riga kam, überhaupt nicht erwähnt. Dafür wird ihr Erbgut ausdrücklich als relevant beschrieben, wenn Ostwald über seine Stellung unter den Geschwistern schreibt: »Zwischen meinen Brüdern, welche den hohen Wuchs und die robuste Kraft des Vaters geerbt hatten, erschien ich, der ich mehr nach der Mutter gebildet war, ein wenig als der Schwächling«[117] Festzuhalten ist also, dass durch den Verweis auf die Mischung des Erbguts eine Ambivalenz in die Vorstellung der Abstammung gebracht wird. Sie wird gleichzeitig biologisch von beiden Eltern, unter Betonung des mütterlichen Anteils, und biographisch nur vom Vater her gedacht.[118]

115 Ebd., 10.
116 Ebd., 38.
117 Ebd., 11.
118 In der Darstellung, die Wilhelm Ostwalds Tochter Grete in der Biographie ihres Vaters gibt, kehrt sich dies Verhältnis um. Dort wird, nachdem Gottfried Wilhelm mit einigen, anerkennenden Adjektiven bedacht wurde, ausführlich Elisabeths Tatkraft und Organisationstalent sowie ihre besondere Rolle für den jungen Wilhelm hervorgehoben. Grete

Die Mutter ist Wilhelms besondere Vertraute im häuslichen Umfeld. Er selbst bezeichnet sich als ihren Lieblingssohn. Elisabeth Ostwald hat als Hausfrau und Meisterin täglich, außer den Familienmitgliedern, 6–12 Böttchergesellen und Lehrlinge zu verköstigen. Wilhelm registriert mit Staunen, wie sie es schafft, neben der umfangreichen Hauswirtschaft noch etwas Muße für Bücher und Zeitschriften zu finden. Ihre geistigen Interessen, auch gelegentliche Theaterbesuche zählen dazu, kann sie innerhalb der Familie nur mit ihrem Lieblingssohn teilen, was die beiden zu einer »stillen Interessengemeinschaft« werden lässt.[119] Ostwalds Bedürfnisse überschreiten dabei schnell den Rahmen der Möglichkeiten, die sich innerhalb des elterlichen Hauses bieten, und er entwickelt sich zu einem immer hungrigen Allesleser, was seine Mutter »liebevoll doch kopfschüttelnd« geschehen lässt. Dieses eher passive Gewährenlassen liefert das Modell für die Beschreibung der Ostwaldschen Erziehung in den *Lebenslinien*. Ist der Vater in seinem Vorleben noch als aktiv handelnde Instanz dargestellt, wird sein direkter Einfluss auf den Sohn als ein Raumlassen nach dem Vorbild der Mutter gezeichnet. Damit geht einher, dass die Beziehung zu beiden Eltern insgesamt bei Ostwald nur punktuell thematisiert wird, während das Verhältnis zum Vater bei Cajal die gesamte Darstellung seiner Kindheit und Jugend bestimmt. Dieses Verhältnis wird daher im Folgenden anhand einiger besonders prägnanter Abschnitte dargestellt.

CAJAL begründet die Schilderungen aus dem Leben seines Vaters, die im ersten Kapitel der *Infancia* gegeben werden, explizit mit der Bedeutung, die sie für den eigenen Lebensweg gehabt haben. Diese Bedeutung nimmt sich indes ganz anders aus als diejenige, die in den *Lebenslinien* geschildert wird. Justo Ramón Casasús war ein Bauernsohn aus einfachen Verhältnissen, der, nachdem er zehn Jahre als Gehilfe eines Landchirurgen gearbeitet hatte, mit großem Einsatz das Ziel verfolgte, Arzt zu werden. Unter anderem wanderte er zu Fuß die über 200 Kilometer von Javierre de Latre in Aragón nach Barcelona, wo er sich als Barbiersgehilfe durchschlug und die Veranstaltungen der medizinischen Fakultät besuchte, die er schließlich als Chirurg verließ.[120] Damit hatte er sich zwar die Grundlage für einen selbstständigen Broterwerb geschaffen, das Handwerk des Chirurgen aber stand in der gesellschaftlichen Anerkennung wie auch in der Vergütung deutlich hinter dem des Mediziners zurück. Justos Ehrgeiz war

Ostwald beschließt die Charakterisierung ihrer Großmutter mit der Bemerkung, dass diese »in diesem ausgesprochen rauen Männerstaate sich als einzige Frau ohne jeden Minderwertigkeitskomplex durchzusetzen wußte.« Ostwald, G., 1953, 10.

[119] Ostwald, 2003, 12.

[120] Ramón y Cajal, 2006, 101.

damit eindeutig nicht befriedigt, und Jahre später, er ist bereits mehrfacher Familienvater, gelingt ihm die Promotion zum Doktor der Medizin. Die Jahre in Barcelona haben aus der Sicht Cajals die Grundeinstellung seines Vaters maßgeblich geprägt:

> Dort, in diesem dumpfen und düsteren Kampf um die Eroberung des Brotes für Körper und Seele, während er diese Atmosphäre der Gleichgütigkeit und Kälte atmete, welche das schutzlose Talent umgibt, lernte mein Vater die *Angst vor der Armut* und die etwas einseitige Verehrung der *praktischen Wissenschaft*, welche später, durch die seelische Reaktion seiner Söhne, ihm und uns so viel Kummer bereitete.[121]

Diese Verstimmungen nehmen einen nicht unbedeutenden Raum in der *Infancia* ein. Tatsächlich ist die Schilderung von Konflikten der Modus, in dem das Verhältnis von Justo und Santiago hauptsächlich dargestellt wird. Neben dem Zusammenstoß zweier starker Charaktere gibt es einen konkreten Streitpunkt zwischen beiden, der im sechsten Kapitel zur Sprache kommt. Er entbrennt, als Santiago mit acht oder neun Jahren seine Leidenschaft für das Zeichnen entdeckt. Die »etwas einseitige Verehrung der *praktischen Wissenschaft*«, die sich der Vater nach Meinung seines Sohnes in Barcelona angeeignet hat, bringt ihn dazu, Musik und die bildenden Künste genauso wie das Lesen von Romanen als fragwürdigen Zeitvertreib zu verbieten. Deshalb ist er auch niemals bereit, Geld für die kulturellen Bedürfnisse seiner Familie aufzuwenden. Zu Beginn des sechsten Kapitels artikuliert Cajal seine Meinung zu diesem Thema. Dabei erkennt er an, dass Sparsamkeit der Familie ihren gesellschaftlichen Aufstieg erlaubt hat, macht aber gleichzeitig deutlich, dass er die rigide Haltung seines Vaters übertrieben findet. Konkret sieht er den familiären Zusammenhalt dadurch gefährdet, dass das Heim frei von jeder angenehmen Zerstreuung gehalten wird und der Vater den Bedürfnissen der Söhne ständig als verbietende und verhindernde Autorität gegenübertritt. Cajal betont dagegen, dass jedes Lebensalter seine eigenen Freuden und Beschwerden habe, und dass es falsch sei, diejenigen der Jugend gänzlich denen des Erwachsenen zu opfern.[122] Diese explizite Grundsatzkritik zu Beginn des Kapitels ist deshalb so relevant, weil sie in den konkreten Schilderungen erinnerter Episoden kaum zum Ausdruck kommt. Cajal enthält sich weitgehend wertender Kommentare, sofern sie nicht die ei-

---

[121] »Allí, en esa lucha sorda y obscura por la conquista del pan del cuerpo y del alma, respirando esa atmósfera de indiferencia y despego que envuelve al talento desvalido, aprendió mi padre el *terror de la pobreza* y el culto, un poco exclusivo, de la *ciencia práctica*, que más tarde, por reacción mental de los hijos, tantos disgustos había de proporcionarle y proporcionarnos.« Ebd., 101f.

[122] Ebd., 135f.

gene Person betreffen, und hebt eher die humoristischen Komponenten des Erinnerten hervor.

Da er nicht auf seine Zeichnungen verzichten will und seiner Beschäftigung heimlich weiter nachgeht, lädt der Vater eines Tages einen Anstreicher ein, der entscheiden soll, ob der Junge das Zeug zum professionellen Maler habe. Cajal muss seine Zeichnungen vorlegen und der Anstreicher erklärt ihn für völlig talentfrei. Die Schilderung ist hoch ironisch und ergeht sich in der Absurdität der Situation. Offensichtlich gibt es in Ayerbe niemanden, dem Justo einen größeren Sachverstand hinsichtlich der künstlerischen Fähigkeiten seines Sohnes zutraut, als einen ortsfremden Handwerker, der damit beauftragt wurde, die Kirche zu tünchen. Dieser tritt dazu sehr selbstbewusst auf und fällt sein Urteil »*ex cathedra*«. Entsprechend wird es auch aufgenommen: »Tatsächlich wurde die Meinung des Anstreichers in meiner Familie aufgenommen wie das Urteil einer Kunstakademie.«[123]

Danach ist das Thema für Justo erledigt. Er nimmt dem Sohn Stifte, Papiere und Kohlen weg und erwartet von ihm, dass er sich auf die medizinische Laufbahn vorbereitet.[124] Immer wieder setzt sich Santiago über den Willen des Vaters hinweg und erduldet dessen Strafen sowie drastische Erziehungsmethoden. In der Retrospektive konstatiert er, dass es seinem Vater nie gelungen sei, den künstlerischen Impuls gänzlich auszurotten. Wohl aber seien die daran geknüpften Hoffnungen des Jungen, als Künstler Bedeutsamkeit erlangen zu können, irgendwann erlahmt.

Im Verdikt des Anstreichers kommt deutlich zum Ausdruck, welche unterschiedlichen Logiken sich hier gegenüberstehen. Wie wenig sich der Vater auf das kreative Streben des Sohnes einlässt, wird gerade in dem Moment deutlich, in dem er seine Autorität anscheinend zurück stellt, um die Meinung eines unbeteiligten Dritten einzuholen. Doch in der absurden Wahl dieses ›Sachverständigen‹ zeigt sich umso deutlicher, dass Santiagos Neigungen in der rein praktischen Weltsicht seines Vaters keinen Platz haben.

Wichtig ist aber, dass Cajal zwar die übertriebene Reglementierung durch den Vater verurteilt und grundsätzlich das Recht auf altersgemäße Beschäftigung betont, dies aber nicht zu einer vollständigen Apologie seines Zeichendrangs nutzt. Er selbst bezieht sich auf seine »Piktomanie« an mehreren Stellen wie auf eine Krankheit oder dämonische Besessenheit, die ihn dazu bringt, Wände, Mauern und Buchränder zu bemalen.[125] Dabei wäre es durchaus möglich gewesen, das Zeichnen durch einen Verweis auf

123 »En efecto, la opinión del manchaparedes cayó en mi familia como el dictamen de una Academia de Bellas Artes.« Ebd., 136.

124 Ebd.

125 Ebd., 132.

die weitere Entwicklung Cajals zu rechtfertigen. Seine präzisen, histologischen Zeichnungen bilden einen wichtigen Teil seines wissenschaftlichen Erfolgs und *standings*. Die Darstellungen der unterschiedlichen Nervenzellen finden sich bis auf den heutigen Tag in Lehrbüchern, und insgesamt 198 von ihnen wurden als Bildtafeln im Anhang der *Historia de mi labor científica* reproduziert. Während des Medizinstudiums in Zaragoza fällt diese besondere Gabe auch dem Vater auf, der daraufhin plant, einen anatomischen Atlas mit Santiagos Zeichnungen zu veröffentlichen; ein Sinneswandel, der auffällig kurz konstatiert und überhaupt nicht kommentiert wird.[126] Ausführlichere Rechtfertigungen passen offensichtlich nicht in das stilistische Konzept, z. B. zur ironischen Distanz, die der Erzähler der *Infancia* über weite Strecken zum Protagonisten des Textes herstellt. Andererseits ließe sich hier auch indirekt die Präsenz der väterlichen Weltsicht ausmachen. Obwohl Cajal Wert auf die Feststellung legt, dass die strikte Haltung seines Vaters gegenüber der Kunst nicht ursprünglich in dessen Charakter angelegt, sondern durch die entbehrungsreiche Zeit der Ausbildung befördert worden sei, gibt es keinerlei Anhaltspunkte, aus seiner Darstellung des väterlichen Lebenslaufs eine Kontinuität des künstlerischen Interesses auszumachen. Dem Vater scheint alles Musische völlig ferngelegen zu haben.

Anders als bei Ostwald, der ebenfalls in frühen Jahren ein Interesse an der Malerei entwickelt, kann die Affinität zur bildenden Kunst nicht vom Vater hergeleitet werden. Stattdessen wird ihr Auftauchen wie der Einbruch einer fremden Macht beschrieben. Gottfried Ostwald lässt der Möglichkeit der bildenden Kunst Raum und sein Sohn kann auch seine spielerischen und unzulänglichen Versuche in diesem Bereich bejahen und ihnen als Anfang einer Lebenslinie Sinn beimessen. Justo lässt dem zeichnerischen Interesse seines Sohnes keinen Raum und das Interesse bleibt in dessen Darstellung, obgleich es nominal verteidigt wird, immer problematisch.

Dies führt zu einer weiteren, entscheidenden Feststellung: Nicht alle Konflikte zwischen Vater und Sohn bei Cajal entzünden sich an der Unnachgiebigkeit des Älteren. In der Selbstbeschreibung zeigt Cajal Züge eines sehr wilden und ungezogenen Kindes. Die erste Erinnerung; der Junge schlägt ein Pferd und das Pferd tritt zurück, kann hier als symptomatisch gelten. Als er acht Jahre alt ist, zieht die Familie von Valpalmas nach Ayerbe, wo der Vater den Posten des Arztes übernimmt. In Ayerbe schließt sich Santiago rasch einer Gruppe von Dorfjungen an, die den Großteil ihrer Zeit damit verbringen, Unruhe in der Nachbarschaft zu verbreiten.

[126] Ebd., 251.

Sie prügeln sich mit anderen Jungen, stehlen und werfen Scheiben und Laternen ein. Beete und Obstbäume werden geplündert. Mit selbstgemachten Pfeilen jagen sie Wildvögel, Hühner, Kaninchen, Hunde und Katzen. Santiago tut sich hier durch Erfindungsreichtum beim Entwickeln neuer Streiche hervor und macht sich einen Namen unter den Altersgenossen, genau wie unter den Nachbarn. Justo, der aufgrund seiner Arbeit viel unterwegs ist, hat den Jungen selten im Blick und erfährt häufig erst durch fremde Klagen von dessen ›Heldentaten‹. Dann allerdings reagiert er heftig und häusliche Prügel werden für Santiago und seinen jüngeren Bruder zu einer regelmäßigen Erfahrung.[127] In einem Fall fürchten sie die Strafe so sehr, dass sie davonlaufen und sich mehrere Tage außerhalb des Dorfes versteckt halten, bis Justo sie eines Nachts schlafend in einem Kalkofen findet.[128] Ein anderes Mal lässt der Vater es zu, dass sein Sohn für die Beschädigung einer Tür vom Dorfpolizisten mitgenommen und ins Gefängnis geworfen wird. Er bleibt dort drei Tage lang und sein Vater verfügt darüber hinaus, dass er bei knapper Verpflegung gehalten wird.[129]

Der Schilderung der einzelnen mehr oder weniger phantasievollen Übertretungen und der zum Teil drakonischen Strafen haftet in Form und Inhalt etwas Pikareskes an.[130] Der Außenseiter, der immer wieder, auch unabsichtlich, mit der geltenden Ordnung in Konflikt gerät, verbunden mit der Darstellung in gereihten Episoden, die stärker ihrer jeweiligen Pointe als einem Entwicklungsnarrativ verpflichtet sind, lassen sich leicht mit dieser wichtigen Form spanischer Romantradition assoziieren. Zu den vermuteten Vorbildern der *Infancia* steht der pikareske Roman aber nur in mittelbarer Beziehung. Pedro Laín Entralgo verweist diesbezüglich auf Alessandro Luigi Parravicinis *Gianetto* und auf Mark Twains *Tom Sawyer*:

> Tom Sawyer war und blieb für viele Jahre Monument und Anreiz jugendlicher Rebellion gegen die durch Allgemeinplätze vermittelten Wertvorstellungen der Welt ihrer Eltern. Der Junge Tom wird ständig angetrieben durch freie und spontane Impulse seines unverzagten, jugendlichen Innelebens und der Kompass dieser Impulse ist immer im Gegensatz zu den Konventionen seines Heimatortes eingestellt. […] Aber die rüstige Jugend Cajals erschöpft sich nicht in der Reinkarnation des Helden Mark Twains; in ihr gewinnt auch »Gianetto« oder »Juanito« neues Leben, der exemplarische Bursche, der zwischen der romantischen und der positivistischen Ära in Italien die kluge Pädagogik des Alessandro Parravicini zierte. »Juanito«: das Kind, das angesichts der verschiedenen Probleme des menschlichen Lebens – der Wissenschaft, der Ethik, des

[127] Ebd., 130.
[128] Ebd., 139.
[129] Ebd., 163.
[130] Vgl. Fernández, 2006, 76.

> Zusammenlebens – sich folgsam die Kriterien zu eigen macht, welche ihm die vorausschauende Lehrerschaft des Vaters anbietet.[131]

Auch wenn der direkte Einfluss der beiden Texte nur vermutet werden kann, Laín Entralgo belegt ihn nicht, lassen sich an ihnen deutlich zwei Seiten der Selbstdarstellung Cajals in der *Infancia* unterscheiden. Sie finden ihren deutlichsten Ausdruck in Ablehnung und Annahme des väterlichen Modells. Dem mit Tom Sawyer assoziierten Aspekt kommt dabei die deutlich größere Bedeutung zu; das Verhalten des Protagonisten produziert in der Regel Konflikte. Gerahmt werden diese Berichte jedoch von einem andersartigen Vater-Sohn-Verhältnis, das nur zu Beginn und am Ende des Textes deutlich wird und das Laín Entralgo mit Gianetto in Verbindung bringt. Hier nimmt sich auch Cajals Bezug auf seinen Vater durchaus positiv aus:

> Ich kann mich über das biologische Erbe väterlicherseits nicht beklagen. Mein Erzeuger verfügte über eine kraftvolle Wesensart, in der die hervorragendsten Qualitäten zusammenkamen. Mit seinem Blut vermachte er mir moralische Eigenschaften, denen ich alles verdanke, was ich bin: die Religion des überlegenen Willens, den Glaube an die Arbeit, die Überzeugung, dass die beharrliche und zielsrebige Anstrengung in der Lage ist, vom Muskel bis zum Gehirn durch Modellierung und Organisation natürliche Defizite auszugleichen, und sogar das Schicksalhafte des eigenen Charakters, des hartnäckigsten und widerborstigsten Lebensphänomens, zu bändigen.[132]

Im dritten Kapitel unterrichtet Justo den Sohn noch in Mathematik, Geographie und Französisch. Cajal kann mit sechs Jahren schreiben und auch wenn er sich selbst nicht eben als fleißig bezeichnet, setzt er dem Ehrgeiz

---

131 »Tom Sawyer fue, y por muchos años seguirá siendo, monumento y pábulo de la rebeldía del joven frente a las estimaciones tópicas en el mundo de sus padres. El niño Tom se mueve siempre animado por impulsos libre y espontáneamente nacidos en su briosa intimidad adolescente, y el norte de esos impulsos se halla siempre construido por la oposición contra las convenciones vigentes en su aldea natal. [...] Pero la reencarnación del héroe de Mark Twain no agotó la vigorosa muchachez de Cajal; en ella ganó también vida de nueva »Gianetto« o »Juanito«, el ejemplar mozuelo que entre la era romántica y la era positivista alumbró en Italia la pedagógica minerva de Alessandro Parravicini. »Juanito«: el infante que ante los varios problemas de la vida humana – la ciencia, la ética, la convivencia – dócilmente hace suyos los criterios que le brinda el providente magisterio paterno.« Laín Entralgo, Pedro. »Cajal por sus cuatro costados.« *Expedientes administrativos de grandes Españoles*. Madrid: Ministerio de educación y de ciencia. 1979, 20, 21.

132 »No puedo quejarme de la herencia biológica paterna. Mi progenitor disponía de mentalidad vigorosa, donde culminaban las más excelentes qualidades. Con su sangre me legó prendas morales, a que debo todo lo que soy: la religión de la voluntad soberana; la fe en el trabajo; la convicción de que el esfuerzo perseverante y ahincado es capaz de modelar y organizar desde el músculo hasta el cerebro, supliendo deficiencias de la Naturaleza y domeñando hasta la fatalidad del carácter, el fenómeno más tenaz y recalcitrante de la vida.« Ramón y Cajal, 2006, 100.

des Vaters auch keinen aktiven Widerstand entgegen. Nach etlichen, konfliktreichen Jahren scheint sich das Verhältnis dann wieder zu bessern als Cajal 16 Jahre alt ist. Im 17. Kapitel wird geschildert, wie Justo seinen Sohn in den Grundlagen der Anatomie unterrichtet. Santiago erweist sich als durchaus gelehrig, und sein Vater präsentiert stolz die Kenntnisse des Jungen gegenüber befreundeten Kollegen.[133] Damit schließt sich ein Kreis, in dem die Darstellung als Lehrer-Schüler-Beziehung begonnen hat und genau so endet.

Die Asymmetrie in der Darstellung der beiden Elternteile, die in den *Lebenslinien* sichtbar wurde, findet sich bei Cajal noch in gesteigertem Maße. Das erste Kapitel, das laut Zwischentitel von beiden Eltern berichten soll, handelt fast ausschließlich vom Charakter und der Vorgeschichte des Vaters. Über die Mutter wird nur gesagt, dass sie aus dem gleichen Ort wie der Vater stammt, diesen seit der Kindheit kennt und, als er sie heiratet, eine schöne Frau gewesen sein soll. Die Beschreibung des Verhältnisses zu ihrem ältesten Sohn geht nicht weit hierüber hinaus. Im Wesentlichen wirkt die Mutter als Puffer auf das strenge Regime des Vaters. Sie bleibt im gesamten Text namenlos und Cajal erwähnt sie nur in knappen Wendungen. Als sein Vater ihn nach Jaca an die Piaristenschule bringt, heißt es:

> Ich dachte an das Schluchzen meiner Mutter bei der Trennung von ihrem Sohn und an die Ratschläge, mit denen sie versuchte, mich zu der Liebe und Gehorsamkeit anzuhalten, die ich meinem Onkel und meiner Tante schuldig war, sowie zu Respekt und Hochachtung gegenüber meinen zukünftigen Lehrern.[134]

Als er schließlich, gezeichnet vom vielen Fasten, nach Ayerbe zurück kommt, schreibt er: »Dank der Führsorge durch meine Mutter, des Lebens an frischer Luft und der saftigen Verpflegung kam ich bald wieder zu Kräften.«[135] Jenseits dieser punktuellen Erwähnungen spielt die Mutter keine Rolle. Dabei zeugen die spärlichen Hinweise davon, dass es, ähnlich wie bei Ostwald, eine Interessengemeinschaft als Lesende gegeben haben könnte, da sie aus ihrer Jugendzeit noch einige Unterhaltungsromane besitzt, die sie ihren Söhnen, heimlich das väterliche Gebot übertretend, zu lesen gibt. Dem wird aber in der *Infancia* nur nebenher Rechnung getragen, während die signifikanten, ersten Erlebnisse mit der Literatur unabhängig davon geschildert werden.[136]

---

133 Ebd., 230.

134 »Pensaba en los sollozos de mi madre al desgarrarse de su hijo y en los consejos con que trató de persuardirme del cariño y obediencia debidos a mis tíos y del respeto y veneración a mis futuros maestros.« Ebd., 144.

135 »Gracias a los mimos de mi madre, a la vida de aire libre y a la suculenta alimentación, recobré pronto las fuerzas.« Ebd., 161.

136 Ebd., 190.

Die Vorlieben und der Charakter Antonia Cajals bleiben im Dunkeln. Es werden auch keine sie betreffenden Anekdoten berichtet. Besonders auffällig ist das hinsichtlich des oben zitierten Verweises auf das väterliche Erbe. Obgleich die Wortwahl das Motiv der biologischen Vererbung aufgreift, wird hier gar nicht erst von einer spezifischen Mischung väter- und mütterlichen Erbguts ausgegangen. Sichtbar wird lediglich »das biologische Erbe väterlicherseits«. Die Impulse, die offensichtlich nicht vom Vater kommen, wie das künstlerische Interesse, bleiben ambivalente Größen, zu denen Cajal sich zwar bekennt, die er aber nicht rückhaltlos bejahen kann. Das fast vollständige Fehlen des mütterlichen Einflusses in seinem Bericht steht in auffälliger Parallele dazu. Die Darstellung in der *Infancia* erlaubt es somit nicht, die künstlerische Neigung Cajals von seiner Mutter herzuleiten, doch die Art der Leerstellen eröffnet einen Interpretationsspielraum, der diese Möglichkeit denkbar werden lässt.

Abschließend lassen sich die Rollen von Vater und Mutter in beiden Texten hinsichtlich der Dominanz, mit der sie bestimmte Positionen einnehmen, vergleichen. Diese Positionen sind 1. der Begriff der biologischen Abstammung im Unterschied zu 2. der narrativen Entwicklung einer Vorgeschichte der Geburt des erzählenden Ichs und 3. das Verhältnis zu beiden Eltern in Kindheit und früher Jugend.[137] In diesem Zusammenhang zeigt sich auch die enge Durchdringung natur- und geisteswissenschaftlicher Perspektiven im Begriff der Genealogie, die Sigrid Weigel bereits dokumentiert hat.[138] Die deutlichste Übereinstimmung findet sich hinsichtlich des zweiten Punktes. Beide Texte präsentieren fast ausschließlich die Vorgeschichte der Väter, die nach einer gewissen Phase der Abwesenheit in Russland bzw. in Barcelona in ihre Heimatorte zurückkehren und dort heiraten. In den *Lebenslinien* ist diese Asymmetrie jedoch Teil einer komplexeren Konstellation, in der die Mutter auf anderen Positionen dominant vertreten ist. Ihr biologischer Einfluss wird betont, genauso wie die »stille Interessengemeinschaft«, die sie mit Wilhelm teilt. Ihre Haltung des Gewährenlassens bildet das Modell, nach dem die Darstellung des Verhältnisses zu den Eltern in den *Lebenslinien* überhaupt gestaltet ist. In der *Infancia* bleibt die Asymmetrie dagegen auf allen Positionen erhalten. Die Vorgeschichte wird genauso vom Vater gedacht wie das biologische Erbe und der maßgebliche Einfluss der frühen Jahre.

---

137 Hier ließen sich eine Reihe von Überlegungen zur Gestaltung von Geschlechterrollen und Darstellung von Mutterschaft im Autobiographischen anknüpfen. Sie würden allerdings eine weitergehende Auseinandersetzung mit der Problematik der kulturellen Verfasstheit von Geschlecht in Spanien und Deutschland zu Beginn des 20. Jahrhunderts voraussetzen, die hier nicht geleistet werden kann.

138 Weigel, Sigrid. *Genea-Logik: Generation, Tradition und Evolution zwischen Natur- und Kulturwissenschaften*. Wilhelm Fink Verlag: München, 2006.

Die Dominanz der väterlichen Rolle für die Söhne ist nicht schwer zu begreifen, da sie ein Rollenvorbild liefert, welches seinerzeit kaum hinterfragbar ist. Damit verbunden ist in beiden Fällen auch die Beschreibung eines deutlichen, beruflichen Fortschritts gegenüber der Großelterngeneration. Bei Ostwalds Vater handelt es sich vor allem um einen wirtschaftlichen Aufstieg, durch den erfolgreichen Ausbau des ererbten Gewerbes, bei Cajals Vater findet sich obendrein ein gesellschaftlicher Aufstieg vom Bauernsohn zum Doktor der Medizin. Während in den *Lebenslinien* der Eintritt in den akademischen Stand durch den Vater vorbereitet und gefördert, letztlich aber erst durch Wilhelm Ostwald vollzogen wird, hat Justo Ramón Casasús selbst durch große Willensanstrengung schon einen solchen Bildungsweg hinter sich gebracht. Entsprechend liegt ihm das Modell eines solchen Weges vor und der Konflikt mit seinem Sohn besteht vor allem darin, dass dieser sich dem Modell nur widerstrebend fügt.

Die inhaltlichen Unterschiede zwischen beiden Texten schlagen sich hinsichtlich des Verhältnisses zu den Eltern auch rein quantitativ nieder. Ostwald handelt das Verhältnis als einen Punkt unter anderen ab. Bei Cajal dagegen bleibt die Auseinandersetzung mit dem Vater ein dominantes Thema der ganzen Erzählung. Während die Schilderung der eigenständigen Tätigkeiten und Interessen bei Ostwald die Beschreibung des Verhältnisses zu den Eltern ersetzt, werden die Interessen bei Cajal immer nur in Konfrontation mit dem Vater entwickelt. Hierbei deuten die starke stilistische Formung nach pikareskem Muster und die Ambivalenz in der Beurteilung des Vaters auf eine Frage des Lebenswissens hin, dem sich die Rede vom autobiographischen Selbst verstärkt gegenübersieht, wenn sie den Ursprung desselben darzustellen versucht. Sich als selbständig handelnde Einheit zu präsentieren, bringt zunächst einmal die Abgrenzung zum ständig intervenierenden Vater mit sich. Andererseits kann dessen Logik nicht vollständig verworfen werden, weil das autobiographische Selbst sich ja vom Standpunkt des 49-jährigen entwickelt, der letztlich mit Hilfe des Vaters genau den Weg gegangen ist, den dieser ihm vorgezeichnet hat. Die frühen Abweichungen können daher nicht einfach als Emanzipationsnarrativ berichtet werden, sondern nehmen die Form mehr oder weniger unterhaltsamer Anekdoten an. Cajal gibt zwar ein explizites Urteil über den Erziehungsstil des Vaters ab, dieses wird aber durch den Lauf der Erzählung nicht unterstützt oder illustriert, sondern steht etwas unverbunden dazwischen, als hätte der Erzähler einen Augenblick – wie es umgangsspachlich heißt – den ›Spaß beiseite‹ gelassen, um ihn anschließend weiterzuführen.

3.3 Ausbildung: Sichtbarmachungen, Phänomene, Eingliederung und Zusammenleben

Unter dem Stichwort *Ausbildung* sollen die unterschiedlichen Anfänge des autobiographischen Selbst als selbständig Handelndem erörtert werden. Dazu gehören sowohl bestimmte Tätigkeiten, die in der Beschreibung als charakteristisch präsentiert werden, als auch der Eintritt *in* und die Bewältigung *der* Ausbildungssituation als solcher, d. h. die Konfrontation mit dem angebotenen Wissen und dem sozialen Kontext, den Schule und Universität mit sich bringen.

Ich möchte hinsichtlich dieser frühen Tätigkeiten zunächst einigen auffälligen Häufungen nachgehen, als da wären: die Auseinandersetzung mit Formen und Techniken visueller Darstellung sowie mit bestimmten Naturphänomenen. Es überrascht nicht, dass beide Bereiche als Verweise auf den späteren Beruf betrachtet werden können. Anschließend werden anhand der Erfahrungen in Schule, Universität und Militär grundsätzlich die Themen, die im Aufeinandertreffen mit dem Anderen entspringen, besprochen. Der weitere Verlauf der Argumentation soll zeigen, dass in diesen Themen der Eintritt in Sinnzusammenhänge thematisiert wird, aus denen heraus das Leben schließlich autobiographisch gefasst wird.

3.3.1 Sichtbarmachung: Cajal sitzt gefangen in der Camera obscura, und Ostwald nimmt »Das moralische Schwungrad« in Betrieb

Wenn CAJAL von der Inspiration für seine Zeichnungen spricht, werden zwei unterschiedliche Ansätze deutlich, deren Diskrepanz nicht explizit thematisiert wird.

Einerseits spiegelt die Motivwahl die Phantasiewelt des Jungen, andererseits wird das Abzeichnen von Vorlagen als wichtig beschrieben. Hinsichtlich des ersten Punktes wird zunächst seine Affinität zu Kriegsdarstellungen genannt. Vor allem die Schlachten der griechischen und römischen Antike haben es ihm angetan. Moderne Kriege interessieren Cajal weniger, da ihm die Benutzung von Feuerwaffen als unehrenhaft erscheint.[139] Von den Kriegsbildern geht er zur Darstellung von Heiligen über, wobei er sich eher für »die Handelnden« als für »die Kontemplativen« interessiert.[140] Mehrmals hat er seinen Namensgeber, den heiligen Jacobus, gezeichnet, dessen Darstellung als berittener Krieger in der katholischen Ikonographie Spaniens eine lange Tradition hat.[141] Im Som-

[139] Ramón y Cajal, 2006, 134.
[140] »los de acción«, »los contemplativos«
[141] Ebd., 135.

mer 1864 wendet er sich, beeinflusst von Cadalsos *Noches lúgubres* und romantischen Texten Esproncedas, dunkleren, morbiden Motiven wie Winterlandschaften und Friedhofsszenen zu. In all diesen Fällen werden keine konkreten Vorlagen – etwa illustrierte Ausgaben – erwähnt, die den Übergang des Gelesenen in die visuelle Darstellung leiten könnten.

Deutlicher ist das Verhältnis zu den Vorlagen, wenn es um die Auseinandersetzung mit Naturmotiven geht. Da er zu Hause nicht zeichnen darf, zieht sich Cajal ins Freie, an abgelegene Orte zurück, um dort Aspekte der Landschaft zu kopieren.[142] So entsteht nach und nach ein Album mit Pflanzenzeichnungen und der Junge entwickelt den Ehrgeiz, möglichst viele verschiedene Exemplare naturgetreu abzubilden. Dabei fällt ihm die Reproduktion der Formen leicht, während ihm die Farben Schwierigkeiten bereiten. Aus diesem Grund beginnt er ein Farblexikon anzulegen, in dem zu jedem Farbton eine entsprechende Pflanze abgebildet wird. Nachdem er alle möglichen Exemplare wilder Pflanzen erfasst hat, versucht er sich an Kulturpflanzen, die aber schwer zu bekommen sind. Am Ende des 12. Kapitels wird der Einbruch in einen Garten geschildert, dem eine wilde Verfolgungsjagd mit den Knechten des Besitzers folgt. Ziel des Abenteuers ist es, eine bestimmte Rose zu erbeuten, die Cajal gerne für sein Album kopieren möchte.[143]

Zunächst fällt also auf, dass beide Quellen der Inspiration mit dem Konflikt zwischen Cajal und seinem Vater in Zusammenhang gebracht werden. Das Zeichenverbot hindert ihn daran, der aufkeimenden Faszination offen nachzugehen. In der Folge entwickelt er zwei verschiedenen Arten, sich dem Willen des Vaters zu entziehen. Die Phantasiebilder werden entsprechend als Flucht durch die Beschäftigung mit dem eigenen Innenleben dargestellt.[144] Das Kopieren von Vorlagen steht im Zeichen eines Rückzugs in die Einsamkeit. Hier jedoch findet Cajal wiederum im pikaresken Moment eine Möglichkeit sich einer moralisierenden Bewertung des Konfliktes zu entziehen. Die Schilderungen seiner Fluchtbewegungen dienen nicht der Anklage eines verfehlten Erziehungskonzepts. Auch, dass durch das Album mit den Pflanzenabbildungen und das Farbenlexikon ein systematisches Interesse entsteht, wird nur kurz erwähnt. Der Verweis auf die spätere Arbeit, der sich hier aufdrängt, bleibt implizit. Im Narrativ der *Infancia* werden all diese Dinge nur als Einleitung zur nächsten pikaresken Anekdote berichtet, die das Sammeln der Pflanzen mit sich bringt.

---

142 Ebd., 132.
143 Ebd., 184.
144 Ebd., 134.

Vor dem Hintergrund der im 19. Jahrhundert teilweise sehr polemisch geführten Debatten um die empirischen Wissenschaften und ihre spezifische Erkenntnisweise, kann die Gegenüberstellung von Wiedergabe der Natur einerseits und überspanntem, zeichnerischem Phantasieren andererseits, kaum als unschuldig betrachtet werden. Ich werde weiter unten (4. 2) zeigen, wie die beiden Inspirationsquellen in den heuristischen Reflexionen Cajals im Zusammenhang mit seiner wissenschaftlichen Arbeit wiederkehren und dabei eindeutig hierarchisiert werden. In der *Infancia* zeigen sich aber beide Inspirationsquellen nur durch das Konfliktmotiv verknüpft und der Zeichnung, als Ergebnis eines obskuren Dranges, wird allgemein der Status einer überwundenen ›Kinderkrankheit‹ zugesprochen.

Der Konflikt, mit dem dieser Drang verknüpft wird, kommt auch noch in einer dritten und ungleich deutlicheren Weise zu bildlichem Ausdruck, als Cajal beginnt, in der Schule Karikaturen seiner Lehrer anzufertigen, zu deren Ärger und dem Vergnügen seiner Mitschüler. In Huesca kommt er eines Tages nach der Schule an einer frisch geweißten Wand vorbei, die augenblicklich seine Piktomanie provoziert. Cajal zeichnet die lebensgroße Karikatur eines Lehrers an die Wand. Als er sein Werk eben beendet hat, kommt eine Gruppe von Mitschülern vorbei, versammelt sich um das Bild, beginnt Steine darauf zu werfen und den Dargestellten lautstark zu verspotten. Unglücklicherweise erscheint dieser nun selbst und meint, in dem Urheber der Zeichnung auch den Verantwortlichen des gegen ihn gerichteten Aufruhrs zu identifizieren. Am nächsten Tag stellt er den Jungen zur Rede, wirft ihn aus der Klasse und ist nur Dank der Intervention von Cajals Vater schließlich bereit, ihn weiter zu unterrichten.[145]

Die Wand bleibt ein Motiv, das den bildnerischen Drang Cajals kontinuierlich begleitet und die einhergehende Problematik verdeutlicht. Schon bei der ersten Erwähnung seiner Leidenschaft heißt es: »Eine glatte, weiße Wand übte eine unwiderstehliche Anziehungskraft auf mich aus.«[146] Die Wand provoziert ein Anlaufen gegen Grenzen auf mehreren Ebenen. Zunächst stellt schon das Zeichnen selbst eine Überschreitung des väterlichen Gebots dar; weiterhin ist die Wand konkreter Ausdruck einer Begrenzung des Raumes, wobei ihre Beschränkung auf diese Funktion durch die Bemalung unterwandert wird. Diese Bemalung wiederum ist eine Grenzüberschreitung, gemessen an den allgemeinen Normen. In der Anekdote mit der Karikatur des Lehrers kommt noch dazu, dass jene durch übertreibende Verzerrung der begrenzenden Kontur des Körpers eine Autorität verspottet und damit wiederum eine Grenze übertritt, um

145 Ebd., 207.

146 »Una pared lisa y blanca ejercía sobre mí irresistible fascinación.« Ebd., 132.

so stärker, als die Wand dann stellvertretend für diese Autorität gesteinigt wird.

Das Verbot des Vaters erschwert auch den Zugang zu den Materialien, die Santiago benötigt, um seiner Leidenschaft nachzugehen. Stifte und Kohlen muss er vor dem Zugriff des Vaters verstecken. Papier stiehlt er, und Farben muss er selber herstellen. Zu diesem Zweck weicht er beispielsweise die Umschläge von Zigarettenpapier ein, die mit löslichen Farben bedruckt sind oder kratzt Pigmente von Hauswänden ab.[147] Ob die Wand mit Steinen beworfen, die weiße Wand bemalt oder die farbige Wand ihrer Farbe beraubt wird, man sieht dem Protagonisten förmlich zu, wie er im Zuge der konfliktreichen Entwicklung seines Zeichentalents wieder und wieder gegen die Wand (an)rennt.

Bei anderer Gelegenheit muss Cajal für das Anfertigen von Karikaturen in der Schule einige Stunden eingesperrt in einer dunklen Kammer absitzen. Dabei wird er Zeuge eines eigenartigen Schauspiels. Durch einen schmalen Spalt dringt Licht herein und projiziert das Bild des außerhalb liegenden Platzes verkehrt herum an die Decke. »Was kümmert es mich« – denkt sich der Junge – »gefangen zu sein? Man verbietet mir auf dem Platz herumzulaufen, aber dafür kommt der Platz mich besuchen.«[148] Cajal begreift das Phänomen der einfallenden Lichtstrahlen intuitiv und es inspiriert ihn zu ersten, optischen Überlegungen. Erst später erfährt er, dass die entsprechende Beobachtung keinesfalls neu ist. Die Beschreibung ähnelt hier stark einer Schilderung aus Ostwalds Schulzeit, in der dieser seine Beobachtungen mit einer Sammellinse schildert. Die Entdeckung, dass es zwei Punkte zwischen Objekt und Bildfläche gibt, an denen die Linse ein scharfes Bild produziert, erfüllt ihn mit großer Aufregung, bis er erfährt, dass dieses Phänomen hinlänglich bekannt ist.[149]

Während der Protagonist also in der Camera obscura gefangen sitzt, versammeln sich an dieser Stelle der *Infancia* noch einmal die bekannten Motive in hoch verdichteter Form. Als Strafe für seine Zeichnungen – wobei die Karrikatur sicherlich die konfrontativste Form dieser Tätigkeit darstellt – findet sich das Ich, festgenagelt »am gegebenen Orte«, in akuter räumlicher Beschränkung. Doch die hindernde Wand wird selbst zum Träger des Bildes, mit dem eben diese Beschränkung überwindbar scheint, in jener eigentümlichen Mischung aus Entzug und Konfrontation, die für die Darstellung in der *Infancia* charakteristisch ist.

---

[147] Ebd.

[148] »›¿Qué me importa – pensaba yo – carecer de libertad?‹ Se me prohíbe corretear por la plaza, pero en compensación la plaza viene a visitarme.« Ebd., 141.

[149] Ostwald, 2003, 25.

In Ostwalds Leben spielt, ähnlich früh wie bei Cajal, eher das Malen als das Zeichnen eine Rolle. Unmittelbares Vorbild ist ein Maler aus der Nachbarschaft namens Schwendowski, der den Jungen in seinem Skizzenheft blättern lässt. Die Bilder prägen sich ein und nähren Ostwalds Wunsch, Ähnliches zu schaffen.[150] Nicht das elterliche Verbot, sondern die knappen Ressourcen zwingen auch ihn, Farben selbst herzustellen, was zunächst den Bedarf nach entsprechendem Wissen aufkommen lässt. Ostwald beginnt unter seinen Schulkameraden herumzufragen, bis ihm ein Buch in die Hände fällt, aus dem er die richtige Menge Gummi arabicum als Bindemittel zur Herstellung von Wasserfarben lernen kann. Als ihm Schwendowski eines Tages Reste seiner Ölfarben überlässt, ist er begeistert, beginnt in der Folge auch diese selber herzustellen und in Schweinsblasen aufzubewahren. Da der Künstler jedoch meist auswärtig ist, kann er Ostwald beim Malen nicht unmittelbar anleiten und dieser empfindet den Mangel der eigenen Bemühungen. Was mögliche Vorlagen betrifft, ist er auf zufällige Begegnungen angewiesen, etwa auf Ölgemälde, die beim örtlichen Vergolder zum Rahmen gegeben wurden und daraufhin einige Zeit in dessen Schaufenster hängen. »Von der Bilderflut, die den heutigen Menschen zu ersäufen droht, war noch nicht das geringste Vorzeichen sichtbar.«[151] In genauer Umkehrung der Feststellung Cajals gibt Ostwald an, sich in der Wirkung der Farben mehr zugetraut zu haben als in der Form, daher habe er sich während seiner Jugendjahre nie an das selbstständige Entwerfen eines Bildes gewagt.[152] Das ist aber auch nicht notwendig, um die Darstellung dieses Interesses im ersten Band der *Lebenslinien* zu rechtfertigen. Der folgende Abschnitt, der den Titel *Zusammenhang mit späteren Arbeiten* trägt, begründet die ausführliche Darstellung dieser »kindlichen und kindischen Bemühungen«, um ihren Nutzen als Vorarbeit zur messenden Farbenlehre, die Ostwald hier als seine wichtigste Leistung bezeichnet, hervorzuheben. Er kommt in diesem Abschnitt auch zu einem Fazit, das sich wie ein Schlüssel zur Darstellungsform seiner Jugendjahre insgesamt liest:

> Überhaupt komme ich beim Überblick über den Inhalt meines Arbeitslebens zu dem Ergebnis, dass jede der recht mannigfaltigen Betätigungen und Liebhabereien meiner jungen Jahre, so unnütz sie auch meinen Eltern und Lehrern erscheinen mussten, sich in der Folge als nutzbringend, oft sogar als grundlegend, für spätere Leistungen erwiesen hat, die von meinen Zeitgenossen als brauchbar, ja wertvoll anerkannt worden sind. […] Es liegt also nicht das Walten einer geheimnisvollen Macht vor, die mir während der Kindheit gerade solche Dinge zugeführt hat,

150 Ebd., 19.
151 Ebd., 20.
152 Ebd.

> die ich später benutzen konnte. Sondern der Stil und auch weitestgehend der Inhalt meiner späteren Arbeit ist maßgebend durch das bestimmt worden, was In- und Umwelt meiner jungen Jahre in den Bereich meiner Hände und Sinne gebracht haben.[153]

Tatsächlich bilden die frühen Versuche in Malerei, die eigenständige Herstellung der Farben nach Anleitung aus Fachbüchern wie auch die meisten anderen der dargestellten Beschäftigungen, den Ausgangspunkt thematischer Lebenslinien, die sich durch alle drei Bände des entsprechend benannten Textes ziehen. Die Malerei taucht dabei nicht erst im wissenschaftlichen Gewand der Farbenlehre, sondern auch als bevorzugte Beschäftigung während der Ferien und regenerativer Phasen wieder auf (vgl. Kapitel 5). Während Cajal den Unterhaltungswert einzelner Anekdoten und insgesamt die Abgeschlossenheit des Textes nach außen betont, findet sich bei Ostwald in kaum zu überbietender Deutlichkeit der Wille zur Verknüpfung, in dem diese als Rechtfertigung dafür dient, dass die Einzelheiten überhaupt zur Sprache kommen.

Die eigenständige Herstellung von Öl- und Wasserfarben gehört zu den geringeren handwerklichen Herausforderungen, denen sich der junge Rigaer stellt. Deutlicher kommen sein Talent und sein Ehrgeiz in der Schilderung seiner ersten fotografischen Arbeiten zum Ausdruck. Ostwalds großes, offen gezeigtes Selbstvertrauen erregt den Widerspruch seiner Altersgenossen und so kommt es schließlich zur Wette mit einem Klassenkameraden, dem er verspricht, nach Ablauf einer festgesetzten Frist mit selbst hergestellten Mitteln eine Fotografie anzufertigen. Das gängige Verfahren der sechziger Jahre des 19. Jahrhunderts war die Belichtung einer Kollodium-Nassplatte. Ostwald erläutert das Verfahren beinahe lehrbuchreif:

> Eine sorgsam geputzte Glasplatte wurde mit Kollodium übergossen, in welchem Jodammonium und Jodkadmium gelöst waren und das erst einen bestimmten Zustand der »Reife« erreicht haben musste, ehe es brauchbar war. Im rechten Augenblick, wo die Schicht zwar erstarrt, aber noch feucht war, wurde die Platte in das Silberbad getaucht, das gleichfalls einer sehr genauen Zurichtung (schwach sauer, mit Silberjodid gesättigt) bedurfte. Nachdem sich das Jodsilber gebildet hatte, musste die Platte abtropfen und kam feucht in die Kassette, wo sie sich fünf bis zehn Minuten lang brauchbar erhielt; man konnte also nur in der Nähe der Dunkelkammer photographieren. Diese Einzelheiten entnahm ich einem Lehrbuch der Photographie von Monkhoven, das ich mir hatte verschaffen können.[154]

---

153 Ebd.
154 Ebd., 27.

Der Junge verwendet Zigarrenkisten seines Vaters als Kassetten und das Opernglas der Mutter als Objektiv. Für das Silberbad tritt man ihm einen zerbrochenen Teelöffel ab, der sich allerdings als stark kupferhaltig erweist und daher ebenfalls bearbeitet werden muss. Schließlich gelingt die Unternehmung und Ostwald fertigt zunächst eine Fotografie des Blicks aus seinem Fenster und anschließend eine seines Mitschülers an. Er bedauert an dieser Stelle, dass ihm die Aufnahme nicht verblieben sei, da sie den Spott und Unglauben, mit dem der Andere die Unternehmung bis zuletzt begleitet habe, so deutlich gezeigt hätte.[155]

Hier wiederholen sich Motive, die schon beim Herstellen der Malfarben hervorgetreten sind. Ostwald arbeitet selbstständig nach Angaben in Büchern. Soviel er kann, stellt er selber her und hat damit Erfolg. Das betreffende Erlebnis wird nicht als unabhängige Episode geschildert, sondern im Nachhinein zum Teil eines Bildungsprogramms, welches direkt auf seine späteren Arbeiten wirkt. Durch diese Form der Darstellung wird auch ein starker, inhaltlicher Bezug zu den kommenden beiden Bänden der *Lebenslinien* hergestellt. Was in den Abschnitten über die Fotografie noch hinzutritt, ist die Rolle des Wettpartners, dessen Unglauben Ostwald motiviert. Diesen Zusammenhang beschreibt er als quasi mechanisches Verfahren, dem er den Namen »Das moralische Schwungrad« verleiht und das er später noch häufig anwendet. Entscheidend dabei ist, dass ein möglicher Widerstand, wenn man den Unglauben oder Spott der Anderen als solchen bezeichnen möchte, positiv als Antrieb ausgelegt wird, der letztlich zur Ausweitung der Handlungsfähigkeit beiträgt. Der Auslöser eines potentiellen Konflikts wird in die eigene Bildungsgeschichte integriert.

Im 17. Kapitel der *Infancia* werden Begegnungen beschrieben, die der Zwischentitel als *Zwei Erfindungen, die mich in unaussprechliches Erstaunen versetzten: die Eisenbahn und die Fotografie* einführt.[156] Die Begegnung mit letzterer vollzieht sich im Jahre 1868 in Huesca und auch hier handelt es sich um das oben von Ostwald beschriebene Verfahren der Kollodium-Nassplatte. Cajal ist inzwischen 16 Jahre alt und das Thema Fotografie zeigt sich, anders als das der Zeichnungen, im Kontext eines allmählichen Übergangs in die Welt der Erwachsenen. In Huesca scheint Santiago dem Phänomen noch als staunender Beobachter gegenüber zu stehen. Über einen Freund, der Kontakte zu Fotografen hat, erhält er Zutritt zu deren Werkstätten und kann ihnen über die Schulter sehen. In der Retrospektive werden vor allem zwei Eindrücke hervorgehoben. Zum

155 Ebd.

156 »Dos inventos que me causaron indecible asombro: el ferrocarril y la fotografía«. Ramón y Cajal, 2006, 223.

einen fasziniert Cajal das allmähliche Erscheinen des latenten Bildes im Entwicklungsbad. Besonders geht er auf die analytische Präzision ein, mit der die kleinsten Details vom undurchdringlichen Dickicht des Waldes bis zu komplizierten geometrischen Formen reproduziert werden. Zum anderen erstaunt ihn die Selbstverständlichkeit, mit der die Fotografen das Phänomen handhaben, ohne dessen chemische Grundlagen zu verstehen oder verstehen zu wollen. Für Cajal birgt die Tatsache, dass der belichtete Film, noch unsichtbar, den Keim zu derart präzisen Abbildungen enthält, Fragen, die unbedingt beantwortet werden müssen.[157] In diesen Eindrücken spiegelt sich noch die Distanz zur Erwachsenen-Welt. Der Protagonist ist nicht aktiv, sondern wird beeindruckt und zwar genau von dem Moment, der dem Zuschauer des gesamten Prozesses, nicht aber unbedingt den Akteuren, als der spektakulärste erscheinen muss. Die belichtete Platte ihrerseits wird vom erinnerten Faszinosum zur Entsprechung für Erinnerung allgemein (vgl. 3.1). Gleichzeitig äußert sich die Distanz aber nicht mehr in Form von aggressiver Abgrenzung, sondern im Wunsch nach persönlicher Überwindung eines Defizits. Cajal möchte verstehen. Dies lässt sich sowohl im Sinne eines individualpsychologischen Motivs wie auch im Rahmen eines Verweises auf der Textebene als Schritt ins Erwachsensein begreifen. Dem Verweis auf der Textebene folgend, gelangt man ins 27. und letzte Kapitel der *Infancia.* Cajal berichtet hier, dass ihn die Fotografie inzwischen aktiv beschäftigt, sie ist: »dafür geschaffen, bildnerische Bedürfnisse zu befriedigen«.[158] Er verlässt die Chronologie der Ereignisse, um in einer Prolepse die Ergebnisse seiner Auseinandersetzung mit der fotografischen Technik zu berichten. In der nicht näher datierten Epoche ist er bereits verheiratet und stellt mit Hilfe seiner Frau fotografische Platten in einer Scheune her. Es handelt sich hier um die weiterentwickelte Technik der Gelatine-Trockenplatten, die gegenüber der Nassplatte den Vorteil hatten, auch unbelichtet haltbar zu sein, was den Fotografen von der Notwendigkeit befreite, seine Aufnahmen in unmittelbarer Nähe der Dunkelkammer anzufertigen. Darüber hinaus zeichneten sie sich durch eine geringere Belichtungszeit aus und ermöglichten so Momentaufnahmen. Cajal demonstriert das Funktionieren seiner Platten durch Aufnahmen während eines Stierkampfs, die für Aufsehen unter den örtlichen Fotografen sorgen. Da die Nachfrage daraufhin steigt, beginnt er die Platten in großer Zahl herzustellen und zu verkaufen. Angesichts der wirtschaftlichen Möglichkeiten bemerkt er:

---

[157] Ebd., 225f. Cajal setzt an dieser Stelle auch eine Fußnote, die Kürzungen gegenüber der Ausgabe von 1901 rechtfertigt, weil er die entsprechenden Überlegungen später ausführlich in seinem Buch *La fotografía de los colores* behandelt habe.

[158] »destinada a satisfacer tendencias pictóricas« Ramón y Cajal, 2006, 343.

> Wäre ich in dieser Situation einem intelligenten Partner mit ein wenig Kapital begegnet, hätte sich in Spanien eine wichtige und durchaus lebensfähige Produktion entwickelt. In meinen Versuchen war ich nämlich zufällig auf ein Verfahren zur Emulsion gestoßen, feiner als die damals bekannten und daher leicht gegen die unvermeidliche ausländische Konkurrenz zu verteidigen.[159]

Es ist auffällig, wie sehr die Materie hier im Grunde nach dem Modus der Darstellung Wilhelm Ostwalds verlangt. Von einer Ursprungsfaszination aus, führen die Notwendigkeit oder der Drang, selbst handwerklich tätig zu werden, zur erfolgreichen Umsetzung, wodurch ein »Zusammenhang mit späteren Arbeiten« und der Beginn einer Lebenslinie impliziert sind – die Fotografie wird später zur bevorzugten Freizeitbeschäftigung Cajals. Doch dieser Zusammenhang wird nicht artikuliert. Stattdessen bleibt der erste Kontakt mit der Fotografie als eine von zwei abgeschlossenen Anekdoten unter dem Zwischentitel: *Erfindungen, die mich in unaussprechliches Erstaunen versetzten* stehen. Der Ausblick im letzten Kapitel betont ebenfalls nicht den Zusammenhang mit anderen Abschnitten der eigenen Biographie, sondern thematisiert die nicht verwirklichte Möglichkeit einer industriellen Herstellung fotografischer Platten in Spanien.

Die frühen Auseinandersetzungen mit visuellen Darstellungstechniken werden bei beiden Autoren jeweils als wichtig für die Entwicklung der Selbständigkeit präsentiert. Ihre jeweilige Ausarbeitung folgt dabei bestimmten Mustern, die sich in meiner Lektüre als zunehmend dominant erweisen. Bei Cajal wiederholen sich das Motiv des Konflikts und das der Begrenzung, häufig in direkter Verknüpfung. Sie binden den Drang zur bildlichen Darstellung einerseits an die Beziehung zum Vater und andererseits an die Begrenzungsthematik, die in der einleitenden Reflexion über die Retrospektive als grundlegend, körperlich und problematisch markiert wurde. Bei Ostwald dagegen finden sich die Motive des Zusammenhangs und der Integration bzw. der aktiven Selbstbestätigung. Offensichtlich lässt sich auch hier eine Verbindung zu dem oben genannten Erinnerungsmotiv ziehen. Ostwalds Analogie zur schwedischen Schären-Landschaft will eben auf den Zusammenhang und die Integration der vermeintlichen Einzelheiten hinaus. Er interessiert sich nicht für Begrenzungen. Die stärkere Tendenz zur Abstraktion, die sich in seinem Reisemotiv ausdrückt, welches allgemein für den Erinnerungsprozess steht, kehrt auch in der Begriffsbildung des *moralischen Schwungrads* wieder, die den Typus ei-

[159] »Si en aquella ocasión hubiera yo topado con un socio inteligente y en posesión de algún capital, habríase creado en España una industria importantísima y perfectamente viable. Porque, en mis probaturas, había dado yo, casualmente, con un proceder de emulsión más sensible que los conocidos hasta entonces, y por tanto, de facilísima defensa contra la inevitable concurrencia extranjera.« Ebd., 344.

nes Integrationsvorgangs fasst, der in den *Lebenslinien* wiederholt zum Einsatz kommt. Beide Tendenzen finden ihr Äquivalent in der jeweiligen Erzählhaltung wieder. Während der Erzähler der *Lebenslinien* eine Kontinuität beschreibt, die das erzählte Ich der geschilderten Zeitabschnitte problemlos zum erzählenden Ich der Retrospektive führt, zeigt der Erzähler der *Infancia* durch seine Ironie und die Wiederholung selbstkritischer Äußerungen seine Distanz zum früheren Ich. Die Anleihen bei der *novela picaresca* scheinen auch in diesem Punkt nicht zufällig, wenn man an das entsprechende Merkmal denkt, welches Hans-Jörg Neuschäfer mit Bezug auf Mateo Alemáns *Guzmán de Alfarache* als »Aufspaltung in das sündige und das bereuende, das unterwegs befindliche und das angekommene Ich« bezeichnet.[160]

3.3.2 Phänomene: Ostwald folgt einer »wohl bedachten Stufenfolge«, und Cajal trifft einen lebenden Toten

Der Eintritt des Protagonisten in den Status der handelnden und erkennenden Instanz ist in den *Lebenslinien* deutlich markiert. Die Schilderung der unterschiedlichen Interessen des jungen Wilhelm Ostwald wird von einem Abschnitt mit der Überschrift *Beginn der geistigen Selbstständigkeit* eingeleitet. Darin erzählt Ostwald, wie er sich nach und nach durch selbst gewählte Beschäftigungen vom vorgegebenen Schulstoff entfernt. Neben der Herstellung der Farben und Fotografien beschäftigt ihn auch der Bau von Feuerwerkskörpern. Er geht dabei nach demselben Muster vor wie bei den oben genannten Tätigkeiten: Zunächst besorgt er sich ein Buch mit dem Titel *Gründliche und fassliche Anweisung zur Verfertigung kleiner Luftfeuerwerke, zunächst für Dilettanten der Feuerwerkskunst.* Auf der Grundlage dieses Buches beginnt er selbst Feuerwerkskörper herzustellen und, unter reger Teilnahme seiner Kameraden, abzubrennen. Auch diese Tätigkeit wird gänzlich im Hinblick auf ihre Bedeutung für spätere Arbeiten betrachtet. Die Basteleien mit Salpeter und Schwefel stellen die erste Begegnung mit der Chemie dar. Darüber hinaus hilft ihm die Darstellung der Feuerwerkerei, seinen Arbeitsstil zu verdeutlichen. Vor allem zwei Aspekte spielen dabei eine Rolle: erstens das selbstständige Arbeiten nach Büchern, welches ihm großen Respekt vor dem gedruckten Wort beibringt, und zweitens die Gewohnheit, möglichst viele der benötigten Hilfsmittel selbst herzustellen.[161]

---

160 Neuschäfer, Hans-Jörg. *Spanische Literaturgeschichte.* Stuttgart: J.B. Metzler Verlag, 2001²,137. Dieses Moment scheint bei Cajal tatsächlich relevanter als das Bekehrungsmotiv der autobiographischen Tradition nach Augustinus und Ignacio de Loyola.

161 Ostwald, 2003, 18.

Bücher sind in seinem Umfeld zunächst nur in beschränkter Zahl zu haben. Unter den Rigaer Schülern werden sie daher regelmäßig getauscht. Von besonderer Bedeutung sind außerdem die ersten Jahrgänge der illustrierten Familienzeitschrift *Die Gartenlaube*, die im Elternhaus gesammelt werden. Die Ausgaben enthalten jeweils eine Mischung aus Reiseberichten, fiktionaler Literatur, Biographischem, Anekdoten und populärwissenschaftlichen Darstellungen aus den unterschiedlichsten Bereichen. In der Retrospektive lobt Ostwald die Auswahl sowie die »kräftige Vaterlandsliebe« der Herausgeber.[162] Später, auf der Universität, wird ihm die Arbeit mit Büchern erlauben, sein Studium sehr weitgehend von eigenem Rhythmus und Interessen leiten zu lassen. Der *Beginn der geistigen Selbstständigkeit* ist also in den *Lebenslinien* unbedingt an das Arbeiten nach gedruckter Anleitung gebunden. Die deutliche Orientierung am Text lässt eine hohe Sensibilität hinsichtlich der konkreten Gestaltung entstehen. Über den Autor des Feuerwerksbuches, Martin Websky, sagt Ostwald:

> Der Verfasser [...] hatte seinen Gegenstand sehr ordentlich und methodisch behandelt. Er begann sachgemäß mit der Beschreibung der verschiedenen erforderlichen Stoffe und hatte neben die Gebrauchs- und Fachnamen auch die chemischen Formeln gesetzt. Sie sagten mir zunächst nichts, da mich die Anleitung zur Anfertigung der verschiedenen Feuerwerkskörper leidenschaftlich fesselte. Für die Zukunft sollten sie sich aber als höchst wichtig erweisen.[163]

Diese Zukunft tritt schnell ein, nämlich in dem Moment als der Junge seinen Lehrer nach der Bedeutung der chemischen Formeln fragt und zur Antwort erhält, die würde er in der Prima lernen:

> Bis zur Prima aber wollte ich keinenfalls warten [...] Also hieß es wieder, jene spärlich, aber mannigfaltig fließende Quelle: die zufälligen Büchervorräte der Kameraden, in Anspruch nehmen. Das Glück war mir diesmal besonders wohl, denn ich erlangte ein Exemplar der »Schule der Chemie« von Stöckhardt. [...] Denn er stellt an die Hilfsmittel und Geschicklichkeit des Schülers zunächst die allergeringsten Anforderungen, um ihn dann in wohl bedachter Stufenfolge zu schwierigeren Dingen emporzuführen.[164]

Diese Erfahrungen im Arbeiten nach Beschreibung lassen sich später in Ostwalds eigenen Texten als ein Streben nach Systematik wiederfinden, das sich sowohl in der großen Zahl und der inneren Ordnung seiner Lehrbücher als auch im Aufbau seiner Naturphilosophie äußert. Nicht zuletzt findet sich das Vorwärtsschreiten »in wohl bedachter Stufenfolge«, aber auch in der Darstellungsform der *Lebenslinien* selbst wieder, indem die

---

162 Ebd., 16.
163 Ebd., 17.
164 Ebd., 26.

Aufnahme der »kindlichen und kindischen« Beschäftigungen immer als jeweils erster Schritt der kommenden Zusammenhänge präsentiert wird.

Für die Unabhängigkeit, die ihm seine handwerkliche Geschicklichkeit und Bereitschaft in späteren Jahren gewährt, gibt Ostwald auch noch ein Beispiel. So habe ihm die Aussicht, Instrumente nötigenfalls selbst herstellen zu können, den frühen Abschied von der Universität und ihren gut ausgestatteten Laboratorien erleichtert.[165] Diese Begabung erlaubt es ihm tatsächlich, im Laufe seiner Karriere wiederholt der technischen Seite chemischer Arbeiten mit sehr einfachen Mitteln Genüge zu tun oder sie sogar innovativ weiterzuentwickeln.

Cajal ist ungefähr zur selben Zeit mit sehr ähnlichen Dingen beschäftigt. Nachdem er und seine ›Bande‹ alle möglichen Varianten von kriegerischen Geländespielen ausprobiert haben, steht ihm der Sinn nach etwas Handfestem, und er beginnt eine Kanone zu bauen. Dafür höhlt er ein Stück Balken aus, glättet die Innenseite des Schachtes mit Sandpapier und verstärkt das Rohr von außen mit Seilen und Draht. Kaum ist das Gerät fertig, drängen die anderen Jungen ihn, sofort einen ersten Schuss zu wagen. Der Humor, der Cajals Schreibstil auszeichnet, wird an dieser Stelle besonders schön deutlich, wenn er berichtet, wie die Jungen »nach reiflicher Erörterung«[166] zu dem Schluss kommen, die Kanone über die Gartenmauer von Cajals Elternhaus zu lehnen und auf die nagelneue Tür des Nachbarn zu zielen. Sie laden das Geschoss mit Pulver, Nägeln und Kies. Der Erfolg übertrifft ihre kühnsten Erwartungen. Nach einem ohrenbetäubenden Knall zeigt die Tür des Nachbarn ein riesiges Loch, hinter dem wütendes Schimpfen vernehmbar wird. Dieser Streich ist es, der Cajal drei Tage Gefängnis einbringt, aber seine Faszination für das Schießpulver ist damit nicht verflogen, und dem ersten Versuch folgen weitere. Weder die drakonischen Strafen noch eine Augenverletzung, die er erleidet, als ihm und seinem Bruder eines der selbstgebauten Schießwerkzeuge explodiert, können seinen Enthusiasmus dämpfen.[167] Da er nicht die Mittel hat das Pulver zu kaufen, ist auch er darauf angewiesen, das Objekt seiner Begierde selbst herzustellen. Schwefel erhält er im Laden, Salpeter findet er im Keller des Hauses und Kohle gewinnt er aus leicht angesengtem Holz. Um nicht entdeckt zu werden, führt er all diese Arbeiten auf dem Dach seines Elternhauses aus, und das Kapitel schließt mit dem Ausruf: »Gott weiß, was hätte passieren können!«[168]

165 Ebd., 18.
166 »madura deliberación«
167 Ramón y Cajal, 167.
168 »¡Dios sabe lo que hubiera podido ocurrir!« Ebd., 166.

Hier lassen sich die unterschiedlichen Stoßrichtungen der beiden Texte punktuell noch einmal sehr gut vergleichen. Wilhelm Ostwald bekommt, nach dem Ereignis mit den Leuchtkugeln im Ofen, eine Kammer im Dachboden eingeräumt, wo er seine Feuerwerkskörper basteln darf. Seine Eltern lassen der Faszination des Jungen also im wahrsten Sinne des Wortes Raum unter ihrem Dach und beweisen gleichzeitig Vertrauen in den Sohn, der ja buchstäblich mit dem Feuer spielt. Cajal muss sich dagegen auf das Dach zurückziehen, weil sein Vater seinem Treiben keinen Raum lässt. Seine Selbstdarstellung erweckt nicht den Eindruck, als habe er selbst eine klare Vorstellung vom Risiko dieser Unternehmungen besessen. Der Schreck scheint sich erst in der Retrospektive einzustellen.

Auch hier kommen die bereits herausgearbeiteten Darstellungsmodi zum Einsatz. Die handwerkliche Motivation, die sich implizit äußert, wird bei Cajal nicht in einem Verhältnis zu späteren Arbeiten gesehen. Die Darstellung eines Entwicklungsschritts tritt hinter der Erzählung der spektakulären Anekdote zurück. Diese wiederum behandelt einen Streich, der mit dem Schuss durch die Tür zunächst eine ausgesprochen bildliche Grenzüberschreitung vollzieht, die ihrerseits wieder zum Konflikt mit der Autorität führt. Woher Cajal sein Wissen über die Herstellung von Pulver bezieht, bleibt im Dunkeln. Allerdings wird am Ende des zehnten Kapitels knapp über den Hintergrund der Faszination reflektiert und als Antrieb schlichte Neugier genannt – ausgelöst durch die Kräfte der Natur.[169] Ähnlich wie schon das latente Bild der belichteten Fotoplatte, reizt Cajal die verborgene Kraft des Pulvers.

Die Faszination für die verborgenen Kräfte der Natur, mit denen Santiago sein explosives Hobby rechtfertigt, gewinnt an Bedeutung, wenn man sie im Kontext des Motivs der Naturbetrachtung liest, das an verschiedenen Stellen der *Infancia* auftaucht. Im vierten Kapitel berichtet Cajal von drei Schlüsselerlebnissen seiner Kindheit. Das erste ereignet sich, als er acht Jahre alt ist, im Schulhaus von Valpalmas. Die Kinder sind im Klassenzimmer versammelt und beten. Bei den Worten »Herr, befreie uns von allem Bösen« lässt ein Donnerschlag das Gebäude in seinen Grundfesten erzittern und wirbelt eine Staubwolke gemischt mit Splittern von Putz auf. Desorientiert und verängstigt fliehen die Kinder hinaus auf den Platz, wo einige Frauen sich um sie kümmern. Erst nach und nach erfahren sie, was geschehen ist. Während sie in der Schule saßen, brach ein Gewitter los und ein Blitz schlug in die Kirchturmglocke, tötete den Priester und:

[169] Ebd.

> drang durch ein Fenster in die Schule ein, durchschlug die Decke des unteren Stockwerks, wo wir Jungen uns befanden, wobei er einen Großteil des Dachwerks zum Einsturz brachte, fuhr hinter der Lehrerin entlang, welche in Ohnmacht fiel, und verschwand dann, nachdem er ein Bild des Erlösers, das an der Wald hing, zerstört hatte, durch eine Art Mauseloch nahe der Wand im Boden.[170]

Der Eindruck, den das Ereignis hinterlässt, wird als der erste Zweifel an der väterlichen Liebe und Vernunft dargestellt, mit der Gott die Welt vorgeblich eingerichtet hat und ihren Lauf überwacht. Sie wird durch eine andere Kraft ersetzt: »Zum ersten Mal erschien mir in all ihrer imposanten Majestät diese blinde, unumstößliche, den Kosmos beherrschende Kraft, die gleichgültig gegenüber dem Gefühl ist und nicht zwischen Unschuldigen und Bösewichten unterscheidet.«[171]

Diese Erinnerung, deren Schilderung sorgfältig die Dimension des Erlebens (Donner, Staub, Verwirrung) von der Dimension der Erfahrung (Einschlag eines Blitzes, Reihenfolge der Zerstörungen, Interpretation) trennt, lässt sich als Einleitung der Berichte von Cajals Schießpulverexperimenten lesen. Das Motiv der Naturkräfte wird hier mit dem Motiv des Infragestellens von Autoritäten verbunden. Mit dem Tod des Priesters und der Ohnmacht der Lehrerin sowie der Zerstörung des Erlöserbildes werden die Kirche als geistliche und die Schule als weltliche Autorität in Zweifel gezogen. An ihrer Stelle bietet sich die Kraft der Natur als neue Verbündete an, wobei sie dem Achtjährigen zunächst noch als unbeherrschbare Gewalt gegenübertritt. Schon anlässlich der zweiten genannten Begebenheit wandelt sich dieser Eindruck jedoch: Gemeint ist die Sonnenfinsternis des Jahres 1860. Cajal erinnert sich daran, wie die Bewohner des Ortes das Schauspiel durch rußgeschwärzte Glasscheiben beobachten. Ihn beeindruckt vor allem die Präzision der Vorhersage. Wie kann es sein, dass der Mond so genau weiß, was von ihm erwartet wird, und dass er es sich nicht im letzten Moment anders überlegt?[172] In ihrer Wirkung als Schlüsselmomente ergänzen sich der Blitz und die Mondfinsternis zu einer Figur, in der die Natur als zerstörerische Macht

---

170 »... penetró en la escuela por una ventana, horadó el techo del piso bajo, donde los chicos estábamos, derrumbando buena parte de la techumbre; pasó por detras de la maestra, a quien privó de sentido, y, después de destrozar un cuadro del Salvador, colgante del muro, desapareció en el suelo por un boquete, especie de madriguera ratonil, labrada junto al la pared.« Ebd., 119.

171 »Por la primera vez apareciose ante mí, con toda su imponente majestad, esa fuerza ciega e incontrastable imperante en el Cosmos, fuerza indiferente a la sensibilidad y que parece no distinguir entre inocentes y malvados.« Ebd., 118.

172 Ebd., 121.

auftritt, aber gleichzeitig bestimmten Gesetzmäßigkeiten folgt und daher potenziell beherrschbar ist.[173]

Neben der Faszination für verborgene Kräfte kommt in der *Infancia* noch ein weiterer Phänomenbereich in den Blick. Als sich das Verhältnis zwischen Cajal und seinem Vater in den späten Kapiteln des Textes bessert, übernimmt Justo wieder die Rolle des Lehrers, der seinen Sohn in die Grundlagen der Anatomie einführt. Dass er so großen Wert auf Anatomie legt, wird mit dem damaligen Stand medizinischen Wissens begründet. Vor dem Durchbruch der Mikrobiologie mit Robert Koch und Louis Pasteur hing der günstige Ausgang einer Operation in hohem Maße von der Schnelligkeit und Präzision des Eingriffs ab. Cajal schreibt, dass der Körper für den guten Chirurgen geradezu durchsichtig sein müsse, so dass das Skalpell mit der Präzision eines genau berechneten Geschosses seine Bahn finde. Die Worte des Vaters paraphrasierend, gibt er an, dass die Pathologie des Inneren den beschreibenden Wissenschaften nahe stehe wie die Astronomie, die eine Eklipse zwar nicht verhindern, aber voraussagen könne. Die Pathologie des Äußeren dagegen sei eine eingreifende Wissenschaft, die direkten Einfluss auf organische Prozesse nehme.[174] Große Aufmerksamkeit widmet das väterliche Bildungsvorhaben dem Aufbau des menschlichen Skeletts und hierbei der direkten Betrachtung der unterschiedlichen Knochenpartien. Da ein Modellskelett nicht zur Verfügung steht, müssen die Anschauungobjekte einzeln zusammengesucht werden. Zu diesem Zweck schleichen Vater und Sohn sich nachts auf den Friedhof zu einer Mulde, in der die Überreste alter, aufgelöster Gräber aufbewahrt werden. Hier sammeln die beiden unter Justos Anleitung brauchbare Exemplare aller möglichen Knochen, bis sie ein vollständiges Gerüst des menschlichen Körpers in Einzelteilen beisammen haben. Die Szene lässt Cajal alles andere als unbeeindruckt und auf dem Weg nach Hause beschleicht ihn mehrmals die Angst, die Toten könnten sich für den Diebstahl rächen.[175]

Die Dominanz des pikaresken Elements der *Infancia* dürfte bereits deutlich geworden sein. Sie überdauert den Konflikt mit dem Vater, der hier sogar zum Komplizen beim Knochenraub wird. Wenn auch der Akt

---

[173] Silke Jakobs weist auf die Bedeutung dieser Konstellation in der Autobiographik von Naturwissenschaftlern hin, die sich in dieser Gattung interessanterweise auch noch nachweisen lässt, nachdem sich in der Nachfolge der Quantenphysik die einfache Subjekt-Objekt-Beziehung aus den Rede der Naturwissenschaftler von ihrem Gegenstand zurück zieht. Jakobs, 2006, 163ff.

[174] Ebd., 227f. Cajal räumt hier ein, sich nach fünfzig Jahren nicht mehr genau an die Worte des Vaters erinnern zu können und deren Inhalt daher nur ungefähr wiederzugeben.

[175] Ebd., 229.

selbst ganz im Zeichen der väterlichen Rationalität steht, wird die Lust des Erzählers am Unerhörten der nächtlichen Friedhofsszene deutlich.

Hinsichtlich dieser Passage lohnt es sich ebenfalls, einen vergleichenden Blick in die Erstausgabe des Textes zu werfen. Sie ist dort deutlich länger als in den späteren Versionen und beinhaltet eine Reflexion, die der Junge auf dem Rückweg von jenem makaberen Raubzug anstellt. Angesichts des Schreckens, den er selber spürt, fragt er sich, was der Ursprung jener Angst sein könnte, die den Menschen befällt, wenn er mit den sterblichen Resten seiner Spezies konfrontiert wird. Warum geht die Angst vor dem Tod mit dieser diffusen Scheu vor dem Toten einher? Cajal unterstellt einen konkreten Vorteil im Sinne der Evolutionstheorie. So könnte die Vorsicht gegenüber einem Kadaver unbewusst den Schutz vor bakteriellen Infektionen befördern. Dieser Gedanke wird anschließend in einer der bildhaftesten Szenen des Textes wieder aufgegriffen. In den ersten Tagen nach dem Erlebnis auf dem Friedhof wird der Protagonist von Albträumen geplagt. Die zusammengesetzten Gerippe beginnen sich zu bewegen und zu ihm zu sprechen:

> Du denkst, ich sehe bedrohlich aus und zitterst. Falsch. Meine leeren Höhlen sind keine Pupillen, um nach draußen zu sehen, sondern Trichter, um nach innen zu blicken, wahre Ferngläser – die Teleskope der Ewigkeit – die den Sterblichen einladen, den Grund der Dinge zu erkunden und seine hoffnungslose Leere zu begreifen. Umsonst sprichst du mich an, ich höre nichts; der Laut deiner Stimme hallt in dem nervenlosen Schädel wider. [...] Gemacht bin ich auf Beschluss des Schicksals, nicht um zu hören oder zu lernen, sondern um Gedanken hervorzurufen. Religion und Philosophie sind mein Werk. Das dunkle Geheimnis, welches ich hüte, ist nicht Qual, sondern Ansporn. [...]
> Wisse, dass der erste Grund, der Demiurg der Maschine des Lebens sich ausschließlich mit der Menschheit befasst. Obskurer Helfer bei einem Werk dessen Plan und Ziel sich Dir entziehen, beschränkt sich deine Rolle darauf, deinen Nachkommen die Flamme der Existenz weiterzugeben und der Gesellschaft die Früchte deines Wissens. Ohne Sinn für diese Wahrheit hälst du dich für so etwas wie ein Individuum und verfällst auf den Gedanken, dich als Ziel zu betrachten, während du lediglich ein Mittel bist.[176]

[176] »Crees que miro amenazador, y tiemblas. Error. Mis hueras órbitas no son pupilas para ver hacia fuera, sino embudos para mirar hacia dentro; verdaderos anteojos – los telescopios de lo eterno – que convidan al mortal á sondear el fondo de las cosas y percibir su desconsoladora vacuidad. En vano me hablas; no oigo; el rumor de tu voz retumba en la caja craneal, huérfana de nervios. [...] Hecho estoy, por decreto del destino, no para escuchar ni aprender, sino para hacer pensar. Obra mía son la religión y la filosofía: el obscuro enigma que guardo no es tormento, sino espuela. [...]

Sabe que la causa primera, el *demiurgo* de la máquina de la vida, se preocupa exclusivamente de la *humanidad*. Obscuro colaborador de una obra cuyo plan y finalidad se te escapan, tu papel se reduce á comunicar á tus descendientes la llama de la existencia, y á la sociedad el fruto de tu saber. Ignorante de esta verdad, crees ser algo como *individuo*, cayendo en la ilusión de suponerte *fin*, cuando eres simplemente un *medio*.« Ramón y Cajal, 1901, 267f.

Die geisterhafte Erscheinung, darauf werde ich in Lektüreabschnitt II zurückkommen, weist große Ähnlichkeit mit einem kurzen Text aus Cajals Erzählband *Cuentos de vacaciones* (*Urlaubsgeschichten*) auf und ist eine komplexe Figur, die eine Interpretation in mehreren Schritten notwendig macht. Zunächst scheint das sprechende Skelett ein Paradox. Es ist ein Anthropomorphismus, der sich gegen den Anthropomorphismus wendet. Dem Inhalt seiner Rede nach, soll man ihm keinen Subjektstatus zusprechen; es sieht nicht, sondern wird gesehen und es hört nicht, sondern soll die wissenschaftliche Neugier als Triebfeder des Fortschritts inspirieren. Warum, könnte man fragen, kann es dann sprechen? Warum bleibt es nicht konsequent ein Haufen Knochen auf der Gegenstandsebene? Offensichtlich besteht hier Bedarf nach einer Stimme und damit einer Autorität, die anders nicht gefunden werden kann. Das Dilemma wird greifbar, wenn man sich fragt, wie die handelnde Instanz in diesen frühen Vorstellungen Cajals konzipiert ist. Als nach dem Sinn jener Scheu vor dem Toten gefragt wird, heißt es: » [...] aber vergessen wir nicht, dass das Leben in all seinen Vorgängen nach einer erlesenen Ökonomie der Mechanismen verfährt [...].«[177] Hier ist es also das Leben als Mechanismus, das handelt. Ein weiterer Agens ist der im Zitat genannte Demiurg, also eine göttliche Instanz, die zwar das Schicksal der Welt nicht bestimmt, aber deren Mechanismus »die Maschine des Lebens« ursprünglich eingerichtet hat, so dass man mit gutem Recht nach der Absicht und der inhärenten Vernunft der einzelnen Naturvorgänge fragen kann.

Diese stark literarische Stelle, die Cajal später offenbar als so unangemessen empfand, dass er sie aus den neueren Auflagen seiner *Recuerdos* entfernte, ist ein eigentümlicher Ort für ein deistisches Glaubensbekenntnis. Dennoch scheint Cajal dieser Glaubensrichtung zumindest nahegestanden zu haben.[178] Das Problem mit der deistischen Gottheit besteht darin, dass sie nicht direkt ansprechbar ist. Auch wenn der Wissenschaftler durch das Herausarbeiten der Naturgesetze dem göttlichen Bauplan auf der Spur ist, gibt es keinen Moment der Offenbarung und keine Autorität, die ihm bestätigt, auf dem rechten Weg zu sein oder die ihn korrigiert. Die geschilderte Szene verdeutlicht einen Mangel, indem die Autorität der Wissenschaft sich in der selbstwidersprüchlichen Figur des Gerippes äußert, die zu einem Subjekt wird, um zu erklären, dass sie kein Subjekt ist. Was also in letzter Instanz zum Ausdruck kommt, ist das Bedürfnis nach einer Stimme, die mit größerer Autorität spricht,

---

177 »[...] pero no olvidemos, que la vida procede en todas sus operaciones con una exquisita economía de mecanismos [...].« Ebd., 265.

178 Rodriguez, Enriqueta L. *Santiago Ramón y Cajal: El Hombre, el Sabio y el Pensador*. Madrid: C.S.I.C., 1987. 57.

als der einzelne Mensch es vermag. Da das Gerippe der Gegenstand der Wissenschaft ist, der sich hier aktiv als solcher zu erkennen gibt, liegt man wohl nicht ganz falsch mit der Annahme, dass die Autorität, die hier inszeniert wird, die Stimme der Naturwissenschaft ist. Diese Autorität offenbart nun auch ihre Notwendigkeit, weil sie sich gegenüber dem menschlichen Fassungsvermögen als transzendent darstellt. Der göttliche Plan und sein Ziel entziehen sich dem Menschen, der lediglich als Rad im Getriebe des geheimnisvollen Mechanismus wirkt, um sein Erbgut und sein Wissen weiterzugeben.

Die Unsinnigkeit, den Menschen als Individuum zu begreifen, wird anhand einer Formulierung verdeutlicht, die zugleich auf frühere Stellen des Textes verweist: »[...] als ob man einen Funken Bewusstsein und eine Muskelbewegung, die einsam zwischen zwei Ewigkeiten des Unbewussten und der Ruhe erscheinen, als Leben bezeichnen könnte«, führt das Skelett seinen Monolog fort.[179] In Cajals Alptraum wird das Individuum einer quasi diskursiven Auflösung unterworfen. Zunächst wird der Einzelne als vorgängiger Synthesebegriff ausgelöscht und anschließend werden die ehemaligen Teile zu einzelnen Ereignissen erklärt. Damit ist das Paradox des lebenden Toten in seiner negierenden Funktion auch ein zu wuchtiges Bild, um sich problemlos in die Stimme der Naturwissenschaft rückübersetzen zu lassen. Möglicherweise war das auch der Grund für seine spätere Verbannung aus Cajals autobiographischem Korpus und sein Wiedererscheinen in verwandelter Gestalt als Teil der fiktionalen *Urlaubsgeschichten*.[180]

Die endgültige Fassung des Textes kommt von der stimmungsreichen Friedhofsszene auf den damit erzielten didaktischen Erfolg zu sprechen, denn Cajal zeigt sich erstmals, nach langen Jahren des Konflikts, als der gelehrige Schüler, den der Vater sich wünscht. Während aber Justo die schnellen Fortschritte im anatomischen Wissen seines Sohnes als Beweis für dessen frühere Faulheit wertet, sieht Santiago in der konkreten Anschaulichkeit des Materials den Schlüssel zu seinem Erfolg. Er nennt es den Unterschied zwischen der »Erinnerung der Dinge« und derjenigen der Bücher.[181] Ersterer gibt er den Vorzug und unterscheidet sich damit prägnant von Ostwald und dessen ersten Erlebnissen im Gebiet seiner späteren Wissenschaft. Obwohl der Verweis wiederum implizit bleibt, hat Cajal damit auch eine Aussage zur Heuristik der Histologie getätigt.

---

179 »[...] como si pudiera llamarse vida á una chispa de conciencia y á una ondulación muscular que surgen aisladas entre dos eternidades de inconsciencia y de reposo«. Ebd., 268.

180 Dort tritt er in der Gestalt des *Numen de la ciencia* auf und bestätigt so die Interpretation als Stimme mit der Autorität der Naturwissenschaft. Vgl. 4.2.1.

181 »la memoria de las cosas y la de los libros.« Ramón y Cajal, 2006, 223.

Dass Ostwald an derselben Stelle von der Fähigkeit spricht, »Dinge selbst herzustellen«, und das gestufte Vorgehen anhand systematischer Begriffszusammenhänge betont, wird sich als symptomatisch erweisen.

Nicht nur die Phantasien, die den makaberen Friedhofsbesuch begleiten, führen den Tod in die Gedankenwelt des jungen Cajal ein. Im 15. Kapitel werden die Ereignisse des Jahres 1867 beschrieben, in dem sich ein zentrales Ereignis der spanischen Geschichte mit dem persönlichen Erleben Cajals verbindet. Die Unzufriedenheit mit der Regierung Isabellas II., die Cajal auch in seinem Umfeld deutlich registriert, führt bereits im Jahr vor der Revolution zu einem gescheiterten Umsturzversuch. Einheiten der regierungstreuen Truppen unter der Führung des Generals Manso de Zúñiga ziehen durch Ayerbe und beeindrucken den Jungen mit ihrem stolzen, militärischen Auftreten, kurz bevor es, nahe des Ortes, zur Schlacht mit den Aufständischen kommt.[182] Um so tiefer erschüttert es ihn, als die Soldaten, die in dieser Schlacht unterliegen, schmutzig und zum Teil tödlich verwundet nur wenige Stunden nach ihrem triumphalen Auszug nach Ayerbe zurückkehren. Cajals Vater hat in der nächsten Zeit viel damit zu tun, Verwundete beider Seiten zu verarzten, was dem Jungen das Leiden sehr unmittelbar vor Augen führt. Der Erzähler reflektiert über den Eindruck, den diese Begegnung mit dem Tod auf ihn gemacht hat. Besonders beschäftigt ihn der Kontrast zwischen den Spasmen, dem Todeskampf und der Angst der Sterbenden sowie dem Eindruck der friedlichen Ruhe, welche die Toten ausstrahlen.[183] Tragisch scheint ihm der Gedanke an die Vergänglichkeit der Organe:

> Wie außerordentlich tragisch erscheint diese Abwesenheit des Geistes und die fügsame Auslieferung unserer Organe an all die zersetzenden Beleidigungen durch die kosmischen Kräfte! Und welch hoffnungslose Gleichgültigkeit, mit welcher die Natur das Meisterwerk der Schöpfung, den erhabenen, zerebralen Spiegel, in dem es das Bewusstsein seiner selbst erlangt, wie Abfall auf den Mist wirft![184]

Wie schon beim Anblick des menschlichen Skeletts werden die Ideen der Körperlichkeit, der Sterblichkeit und der Selbsterkenntnis des Menschen kombiniert. Cajal lokalisiert dabei die Erkenntnis in eben jenem Organ, das später einer der Hauptgegenstände seiner Arbeit werden wird – wie üblich, ohne direkten Verweis. Des Weiteren wird deutlich, dass der

---

182 Galdós verweist im letzten Band der vierten Reihe seiner *Episodios nacionales* auf diese Ereignisse. Pérez Galdós, Benito. *La de los tristes destinos*. Madrid: Alianza Editorial, 2011.

183 Ebd., 214.

184 ¡Cuán soberanamente trágico aparece ese abandono del espíritu y la dócil entrega de nuestros órganos a todas las disolventes injurias de las fuerzas cósmicas! ¡ Y qué desconsoladora indiferencia la de la Naturaleza al arrojar cual vil escoria la obra maestra de la creación, el sublime espejo cerebral donde aquélla adquiere conciencia de sí misma! Ebd.

Stellenwert des Toten sich nicht darauf beschränkt, ein Lebloses zu sein, um als Gegenstand der biologischen Forschung in Betracht zu kommen, sondern eben ein Totes, das die Abwesenheit seiner einstigen Lebendigkeit klar ausstellt. Das Tote als Gegenstand biologischer Forschung kehrt als konkretes Problem in der *Historia de mi labor científica* wieder.

Wie im dritten Kapitel berichtet wird, interessiert sich Cajal jedoch auch für die lebendige Natur. Er sammelt Vögel, die er in selbstgebauten Käfigen hält und intensiv pflegt. Als reine Fortsetzung dieses ornithologischen Vergnügens bezeichnet er das Sammeln und Klassifizieren von Vogeleiern. Diese Leidenschaft begleitet ihn bis in seine späte Jugend und wird mit einer knappen aber signifikanten Bemerkung versehen »(die mein Vater mit freundlichen Augen ansah)«[185]. Die Eiersammlung wächst kontinuierlich, bis ein besonders heißer August die Schalen brüchig werden und den Inhalt faulen lässt. Die Faszination für das Fangen und Halten junger Vögel wird explizit von jeder Form der Jagdleidenschaft abgegrenzt. Cajal sieht hier nur das Interesse »des Naturforschers« für die Entwicklung der Tiere vom Küken zum ausgewachsenen Vogel.[186] Diese Schilderungen, die sich auf den lebenden Teil der Natur beziehen, sind knapper gehalten als die Darstellung der Anekdoten und Streiche, anhand derer der Protagonist hauptsächlich charakterisiert wird. Auffällig ist darüber hinaus, dass die Auseinandersetzung mit dieser Klasse von Gegenständen ein so enttäuschendes und übel riechendes Ende nimmt, das beinahe zwangsläufig zur Frage nach der Vergänglichkeit des Lebendigen führt.

Ganz ähnlich gestaltet sich auch Ostwalds Kontakt mit dem lebenden Objekt. Trotz Bücherstudium und Experimenten in der Bodenkammer gibt er an, den Großteil seiner Zeit im Freien verbracht zu haben. Die Sandberge in der Umgebung der Rigaer Vorstadt werden von ihm und seinen Brüdern gründlich durchstreift. Dabei stoßen sie auf einen Tümpel mit Kammmolchen, von denen sie einige Exemplare mit nach Hause nehmen. Der Junge füttert seine neuen Haustiere mit Regenwürmern, bis er eines Tages aus Versehen einen heruntergefallenen Molch zertritt. Danach trägt er, getrieben von schlechtem Gewissen, die übrigen Tiere zurück in ihren Tümpel.

Bei beiden Autoren findet sich hier eine Parallele, welche direkt das dargestellte Subjekt-Objekt-Verhältnis betrifft. Sie besteht in einem gewissen Widerstand, den die organischen Objekte der Neugierde ihrer jungen

---

185 Ebd., 113.
186 Ebd., 114.

Beobachter entgegensetzen. Das Leben, im biologischen Sinn, erweist sich als schwer handhabbar.

3.3.3 Eingliederung: Cajal tritt dem Expeditionsheer bei und Ostwald der Fraternitas Rigensis

CAJALS Verhältnis zur Schule stellt sich – die Episode mit dem Blitzeinschlag lässt es bereits vermuten – als sehr konfliktreich dar. Ähnlich wie im Verhältnis zum Vater schwankt die Darstellung dabei zwischen der distanzierten Schilderung der eigenen Streiche und der impliziten Kritik an den, zum Teil überzogenen, Reaktionen der Lehrer. Häufig tritt das Motiv des Einschließens auf, wenn der Junge bestraft wird, und ausführlich schildert er die Fluchtversuche, in deren Verlauf er sich immer wieder an der bekannten Wand abarbeitet. Interessant an der Schulerfahrung ist aber der Rückblick auf das Zusammentreffen einer bestimmten, charakterlichen Disposition mit der unausweichlichen Vielzahl der unterschiedlichen Wissensgebiete.

Schon als Justo seinen Sohn zu den Piaristen nach Jaca schickt, tut er dies mit Blick auf die berühmten Lateinkenntnisse der Brüder. Dass er Wert auf die Ausbildung in klassischen Sprachen legt, könnte überraschen, wenn man sich Cajals Charakterisierung seines Vaters als überzeugten Positivisten ins Gedächtnis ruft. Tatsächlich ist die Überlegung dahinter keine bildungstheoretische, sondern der Beobachtung geschuldet, dass der soziale Status des Arztes weniger auf seiner Kunstfertigkeit als auf seiner Gesellschaftsfähigkeit und Allgemeinbildung beruht. Es ist also eine eher moralistische Überlegung, welche die altphilologische Bildung zum Gegenstand des Ehrgeizes werden lässt, mit dem er seinen Sohn vorantreibt. Cajal bezieht sich an dieser Stelle auf Goethe, um die Idee anzuführen, dass der Vater im Sohn verwirklichen möchte, was er im eigenen Leben nicht erreichen konnte.[187]

Hinsichtlich der Lateinkenntnisse Santiagos wird dieses hehre Ziel kaum erreicht. Nicht nur steht Cajal mit der Schule und den Lehrern auf Kriegsfuß, nicht nur ist von allen Lehrern der Lateinlehrer, ein gewisser Padre Jacinto, der brutalste und lässt es zu einer Frage der persönlichen Ehre werden, den Widerstand des Jungen zu brechen, sondern vor allem entwickelt Cajal in Jaca eine tiefe Abneigung gegen die Grammatik und ihre Vermittlung. Die zahlreichen Ausnahmen der Regeln wollen ihm

[187] Ebd., 168.

nicht einleuchten, und der Unterricht besteht größtenteils in wortgetreuem Memorieren, wofür er keinerlei Ader hat.[188]

Das ändert sich auch in Huesca nicht, wo er auf einen wesentlich gutmütigeren und beinahe tauben Lateinlehrer trifft, in dessen Unterricht die Jungen lesen, rauchen und Karten spielen. Cajals Abneigung betrifft aber nicht nur die alten Sprachen, sondern dehnt sich auch auf andere Fächer des schulischen Curriculums wie Ethik, Logik und Psychologie aus. Dies hat nicht nur mit den Inhalten, sondern auch mit den Lehrern zu tun. Während Cajal seinen Lehrer in Rhetorik und Poetik respektiert und dementsprechend, trotz Schwierigkeiten beim Memorieren größerer Textabschnitte, gute Ergebnisse erzielt, beschreibt er den Lehrer der oben genannten Fächer als religiös inspiriert.[189]

Erst als Cajal nach seiner einjährigen Zeit als Schustergehilfe 1868 in die Schule zurückkehrt, beginnt er von sich aus ein Verhältnis zum Stoff zu entwickeln. Widerwillig hat sein Vater gebilligt, dass der Sohn auch Kurse im Zeichnen belegt und hier erreicht er seine ersten exzellenten Ergebnisse. Auch die Fächer Physik, Chemie und Naturgeschichte interessieren ihn. Ob er erst zu diesem Zeitpunkt die notwendige Reife erlangt hat oder ihm diese Fächer einfach mehr liegen, vermag er im Rückblick nicht zu entscheiden. In jedem Fall hebt Cajal positiv hervor, dass sein Lehrer für Physik und Chemie in seinen Erklärungen die Mathematik so weit wie möglich meidet, um die zur Frage stehenden Gesetzmäßigkeiten durch konkrete Versuche anschaulich zu machen. Später allerdings, als er sich in den siebziger Jahren intensiv mit physikalischer Optik beschäftigt, fehlen ihm die mathematischen Fähigkeiten und er ist gezwungen, einiges davon autodidaktisch nachzuholen. Ähnlich geht es ihm mit der Geometrie. Um die Arbeiten von Pierre-Simon Laplace zu verstehen, versucht Cajal sich Wissen anhand von populärwissenschaftlichen Texten anzueignen. Die Lektüre von Flammarion lässt ihn unbefriedigt, weil er dessen Stil nicht mag. Dafür lobt er das Buch *Le Ciel, lectures et leçons pour tous* des Insektenforschers Jean-Henri Fabre: »Auch hier blüht die Rhetorik auf, doch mit Zurückhaltung und Maß (es ist bekannt, dass der ›*Prinz der Insekten*‹ ein großer Poet war) und die Sätze ersticken nicht die Ideen.«[190] In der Retrospektive führt die Beschäftigung mit dieser Wissenschaft zu einem Ergebnis, das einen weiteren Hinweis auf Cajals Deismus liefert: »Das ganze Universum, sowohl im Reich des unendlich Großen als im Geheimnis des unendlich Kleinen, ist gemäß den Formeln einer weisen

188 Ebd., 149.

189 Ebd., 217.

190 »Aquí florece también la retórica, usada con discreción y mesura (sabido es que el ›*príncipe de los insectos*‹ fue excelso poeta); pero las frases no ahogan las ideas.« Ebd., 240.

Geometrie und einer bewundernswerten Dynamik eingerichtet.«[191] Auch bei Cajal tritt also das Motiv des Erkenntnisfortschritts durch autodidaktische Arbeit mit Büchern auf, nur wird sie hier nicht positiv als Fähigkeit hervorgehoben, sondern als notwendige Kompensation des nicht rechtzeitig erworbenen Schulstoffs behandelt. Entscheidender ist aber der Umgang mit der eigenen Disposition. Seine Affinitäten und Abneigungen werden klar sichtbar, die Darstellung erlaubt es aber nicht, hier objektivierend zu werten. Wo Cajal das Latein missfällt, kann erstens der mangelhafte Kopf des »sündigen, noch auf dem Weg befindlichen Ich« schuld sein oder der brutale Padre Jacinto. Die Fächer, die ihn interessieren, werden andersherum hierdurch nicht inhaltlich geadelt, sondern tauchen erst am Horizont des Jungen auf als er reif genug ist, sich für sie zu interessieren. Es wäre daher nicht naheliegend, die Aussagen des autobiographischen Selbst als Beitrag zum Konflikt der zwei Kulturen zu begreifen.

Silke Jakobs betont in ihrer Studie zur Reflexion der sogenannten zwei Kulturen in autobiographischen Texten von Naturwissenschaftlern allgemein, aber auch explizit im Hinblick auf Ostwalds *Lebenslinien*, die Notwendigkeit, sich sowohl die Zeit des Schulbesuchs als auch den Moment des Schreibens bzw. die in der Zwischenzeit gesammelten Erfahrungen zu vergegenwärtigen.[192] Für den hier folgenden Lektüreschritt ist das von besonderer Wichtigkeit, weil die Darstellung der unterschiedlichen Schulfächer in Ostwalds Retrospektive von verschiedenen Ressentiments gekennzeichnet ist, die sich nur durch ihre Kontextualisierung in den zwanziger Jahren verstehen lassen. Sie betreffen zum Teil Fragen des nationalen Selbstverständnisses, die im kommenden Abschnitt besprochen werden, und zum Teil Fragen im Hinblick auf den Konflikt der zwei Kulturen.[193]

Nach dem Besuch der Elementarschule stellt bereits die Wahl des Gymnasiums eine Entscheidung dar, die Ostwald in der Retrospektive nachdrücklich hervorhebt. Zur Wahl stehen ein Lateingymnasium und eine als Realgymnasium neugegründete ehemalige Domschule, die eigentlich den Nachwuchs für die ebenfalls neugegründete Rigaer polytechnische Anstalt liefern soll. Während eines kurzen Zeitfensters, in welches auch Wilhelms Abschluss fällt, wird den Abgängern der Schule auch die Aufnahme naturwissenschaftlicher Studiengänge an der Landesuniversität in

---

[191] »El Universo entero, tanto en los dominios de lo infinitamente grande como en el arcano de lo infinito pequeño, está construido con arreglo a las fórmulas de una sabia geometría y de una admirable dinámica.« Ebd., 241.

[192] Jakobs, 2006. 88.

[193] Zum Begriff der *zwei Kulturen* vgl.: Snow, Charles Percy. *The Two Cultures and the Scientific Revolution.* New York: Camebridge University Press, 1961.

Dorpat gestattet. Ostwald lässt selten eine Gelegenheit aus, Inhalte und Vertreter der neuhumanistischen Bildungstradition zu kritisieren, und so betont er auch hier, welches Glück er hatte, von seinem Vater auf das Realgymnasium geschickt worden zu sein. Auf dem Lateingymnasium wären, durch den »unheilvollen Einfluss Wilhelm von Humboldts« seine naturwissenschaftlichen und organisatorischen Fähigkeiten, »wenn nicht unterdrückt, so doch arg verkümmert«.[194] Ostwalds stärkstes Feindbild sind hier die Philologen, gegen deren Widerstand das Realgymnasium überhaupt nur gegründet werden kann, in dem entsprechende Zugeständnisse gemacht werden. Auch als kurz nach Ostwalds Abgang den Abgängern des Realgymnasiums der Eintritt in die Landesuniversität wieder verwehrt wird, schreibt Ostwald dies dem »Betreiben der Philologen« zu.[195]

Silke Jakobs nennt zwei Gründe für diese drastische Ablehnung. Zum einen die Ungleichbehandlung der Fächer in den Gymnasien des 19. Jahrhunderts. Erst im letzten Drittel des Jahrhunderts wurden die naturwissenschaftlichen Fächer verbindlich in die Lehrpläne aufgenommen und die Abschlüsse der stärker mathematisch-naturwissenschaftlich ausgerichteten Realgymnasien berechtigten nur eingeschränkt zum Besuch der Universität. Eine Gleichstellung der Realgymnasien mit den humanistischen erfolgte erst um 1900.[196] Jakobs stellt dar, dass entsprechende Ressentiments typisch für autobiographische Texte von Naturwissenschaftlern seien, deren Schulzeit in die Mitte des 19. Jahrhunderts fällt, während sie hinsichtlich der letzten Jahrzehnte des Jahrhunderts kaum noch zum Ausdruck kämen.[197] Zum anderen sei die Frage der Ausbildung auch mit der allgemeinen Diskussion um den humanistischen Bildungsbegriff verbunden. Im Laufe des 19. Jahrhunderts mussten sich die Vertreter der Naturwissenschaften wiederholt den Vorwurf gefallen lassen, ihre auf puren Nutzen abzielende Tätigkeit sei nicht bildungsrelevant.[198] Ostwalds Antwort fällt auch hier sehr aggressiv aus, in dem sie die entsprechende Argumentation schlicht umdreht:

> Die in den Knabenjahren gutgläubig übernommene Verehrung der »humanistischen« Bildung war bei der Berührung mit meinen Erfahrungen Stück für Stück abgebröckelt und hatte sich langsam und unwiderstehlich in ihr Gegenteil verkehrt. Von großem Einfluss war hierbei, dass gerade die menschlichen Eigenschaften der Vertreter des Humanismus, die ich in Dorpat und später in Leipzig kennenlernte, durchaus keine Belege für die Hebung ihrer seelischen Werte durch ihre Beschäftigung mit der Antike erkennen ließen, was doch zur

194 Ostwald, 2003, 14f.
195 Ebd., 15.
196 Ebd., 85.
197 Jakobs, 2006, 87.
198 Ebd., 84.

> Begründung des Lateinunterrichts im Gymnasium stets behauptet wird. Ich fand im Gegenteil diese Männer vielfach beschränkt, unfähig die wichtigsten Vorgänge ihrer Zeit zu verstehen und am stärksten mit den üblen Eigenschaften behaftet, die als Kehrseite des Professorenberufs auftreten.[199]

Die Beurteilung der Philologen entstammt also weniger der eigenen Schulzeit als den Problemen, die sich aus der Zusammenarbeit an der Universität ergeben, wobei auch hier eine institutionelle Konstellation zur Eskalation beiträgt. Als Ostwald in Leipzig den Lehrstuhl für physikalische Chemie übernimmt, gehört das entsprechende Institut noch zur Philosophischen Fakultät. In diesem Kontext berichtet Ostwald häufig über Unstimmigkeiten mit den Kollegen aus den Geisteswissenschaften. Als er ein Jahr lang in Leipzig den Posten des Dekans innehat, soll ein altphilologischer Lehrstuhl neu besetzt werden und Ostwald schildert die unterschiedliche Haltung des Kollegiums folgendermaßen:

> Wir Naturforscher waren gewöhnt, in solchen Fällen den besten Mann zu wählen, der erreichbar war, in dem Vertrauen, dass, je wirksamer er sich als Forscher und Lehrer erwies, die Universität um so höher dastehen und umso mehr Schüler heranziehen würde. Bei den Philologen aber war der erste Gesichtspunkt, einen Mann zu finden, der den vorhandenen Fachgenossen, durch sein Arbeitsgebiet am wenigsten Konkurrenz machen würde. Das wurde bei den Besprechungen als selbstverständliche Forderung, offenbar behufs Wahrung der »Kollegialität« offen geltend gemacht und danach wurde auch verfahren. Dies musste ich als einen weiteren Experimentalbeweis gegen den Wert der klassischen Philologie erkennen.[200]

Ostwalds negatives Bild von den Philologen und ihrer Wissenschaft prägt auch den Rückblick auf seinen Sprachunterricht, der, verteilt auf fünf Schuljahre, immerhin Grundkenntnisse in Französisch, Latein, Englisch und Russisch vermitteln soll. Auf Betreiben der Regierung wird dabei gerade in den mehrsprachigen Gebieten des Reichs verstärkt Wert auf das Erlernen des Russischen gelegt. Bei Ostwald mischt sich hier das bei vielen Deutschen im Baltikum vorherrschende Überlegenheitsgefühl gegenüber der russischen Kultur mit den subjektiven Schwierigkeiten beim Erlernen der russischen Sprache. Seine Kenntnisse reichen nicht für das erfolgreiche Bestehen der Abschlussprüfung und er muss diese wiederholen. Hier bedient er sich eines Weges, der an seinem Gymnasium zum eingespielten Prozedere gehört und den er als »echt russisch« bezeichnet.[201] In der Vorbereitungszeit bis zur Prüfung nimmt man für ein gewisses Entgelt Nachhilfe bei einem bestimmten Russischlehrer, wobei die Vermittlung

---

199 Ostwald, 2003, 434.
200 Ebd.
201 Ebd., 36.

von Kenntnissen hier eher zweitrangig ist. Kurz vor dem Examen verliert der Lehrer zufällig einen Zettel mit den Angaben des deutschen Textes, der während der Prüfung ins Russische übertragen werden soll, so dass eine entsprechende Übersetzung vorher vorbereitet werden kann. Ostwald unterzieht sich dieser Prozedur und besteht, wie erwartet. Da der Betrug sich so offensichtlich vollzieht, geht er in der Retrospektive davon aus, dass er mit Wissen der Schulleitung stattfindet, die sonst angesichts der amtlich geforderten Russischkenntnisse niemals genug Absolventen produziert hätte.[202] Auch mit dem Unterricht der anderen Sprachen wird Ostwald nicht warm, was sich immer auch in der Beurteilung der Lehrer des entsprechenden Faches niederschlägt, die entweder als zu unsympathisch oder als zu unfähig beschrieben werden, um ihn in irgendeiner Weise zu beeinflussen. Grete Ostwald bemerkt in ihrer Biographie: »[...] wenn er später als freier Forscher mit tiefer Überzeugung für die Schaffung einer Zweitsprache für jedermann, einer allgemeinen Welthilfssprache außer der Muttersprache sich einsetzte, so war dies eigentlich ein Jugendproblem.«[203]

Unabhängig davon, ob man mit Grete Ostwald die spätere Arbeit aus der frühen Neigung erklärt oder dem Hinweis Silke Jakobs' folgend, die Darstellung der frühen Einschätzungen aus den späteren Erfahrungen, deutlich bleibt, dass Ostwald unterschiedliche Strategien zur objektivierenden Rechtfertigung des eigenen Standpunktes nutzt. Die Anforderungen des Russischunterrichts sind ein politischer Angriff auf das baltischdeutsche Selbstverständnis, die Lehrer sind schlecht, die russische Kultur minderwertig, der Betrug, obgleich mit Billigung der deutschsprachigen Schulleitung durchgeführt, ist »echt russisch«, die Lehrer der anderen Sprachen sind bestenfalls uninteressant und die Philologie überhaupt wissenschaftlich zweifelhaft. Selbstzweifel, Ironie oder wie auch immer geartete Formen der Distanznahme zwischen der Haltung des Protagonisten und der des Erzählers gibt es hier nicht. Auch darin wird der Unterschied zwischen den Darstellungsformen in der *Infancia* und den *Lebenslinien* deutlich. Cajals Text ist in höherem Maße von einer literarischen Autonomie, die es schwerer macht, ihn zur Illustration bestimmter Ressentiments heranzuziehen. Ostwalds Darstellungsprinzip ist einfacher. Die einzelnen Erlebnisse stehen als Beginn einer Lebenslinie im Zusammenhang mit späteren Arbeiten. Wo eine Integration in das Schema nicht gelingt, fällt die Abgrenzung entsprechend harsch aus. Unabhängig von der Frage nach Ostwalds konkreten Erfahrungen mit den Kollegen aus den Philologien – sie mögen wirklich so unerfreulich gewesen sein, wie er es

---

202 Ebd., 37.
203 Ostwald, G., 1953, 11.

darstellt – strapazieren die unterschiedlichen Fachkulturen in Natur- und Geisteswissenschaften das Bild der untergründigen Verbundenheit allen Wissens. Die Analogie des auftauchenden Kontinents suggeriert, dass die unterschiedlichen Disziplinen einfach jeweils andere Ausschnitte der Welt betrachten, die sich zu einem vollständigen Bild summieren ließen. Dass verschiedene Wissensformen radikal unterschiedliche Perspektiven einnehmen können, ist mit diesem Bild schwer vereinbar. Entsprechend gliedert Ostwald die widerstrebende Materie gleich vollständig aus dem Bereich des wissenschaftlich Sinnvollen aus.

Die insgesamt sieben Jahre, die er auf der Schule verbringt, erlebt Ostwald als glückliche Zeit, obgleich Potential für Reibungen dabei durchaus vorhanden ist. Nachdem er auf der Elementarschule immer ein guter Schüler war, beginnen die vielen außerschulischen Interessen in der Gymnasialzeit das Engagement für den Schulstoff zu dämpfen, was sich schließlich auch in den Noten widerspiegelt. Eine wichtige Rolle spielt in diesem Zusammenhang Gotthard Schweder, sein Lehrer für Mathematik, Physik und Naturgeschichte.[204] Als Ostwalds Leistungen nachlassen, muss er in der Quarta zunächst ein halbes Jahr nachlernen und in der Tertia sogar ein Jahr wiederholen. In den Jahren darauf gibt es weniger Probleme bei der Versetzung, was er selbst aber nicht seinen Leistungen zuschreibt; die seien eher noch schlechter geworden. Stattdessen erkennen seine Lehrer die außerschulischen Aktivitäten als Reifezeugnis an und lassen ihm Versäumnisse im regulären Stoff daher eher durchgehen. Hauptverantwortlich dafür ist Schweder, dem Ostwalds offensichtliches Talent und Interesse für die Naturwissenschaften imponiert und der sich daher in den Konferenzen nachdrücklich für ihn einsetzt.[205]

An wenigen Punkten lassen sich die schulischen Erfahrungen der Autoren so prägnant vergleichen wie hier. Als Cajal am Ende seines Psychologiekurses zum mündlichen Examen erscheint, erklärt einer seiner Lehrer – es ist derjenige, dessen Karikatur Cajal an die Hauswand gezeichnet hat – er könne ihn nicht prüfen, da er sich nicht dem Verdacht aussetzen wolle voreingenommen zu sein, und bittet die anderen Mitglieder der Kommission, die Prüfung dieses schwierigen Schülers zu übernehmen. Eingeschüchtert durch die öffentliche Bloßstellung will Cajal vom Examen zurücktreten, doch einer der Prüfer fordert ihn auf zu beweisen, dass er tatsächlich etwas wisse. Nun wird er über eine halbe Stunde befragt, wobei seiner Wahrnehmung nach der Schwierigkeitsgrad deutlich das Niveau überschreitet, das bei seinen Mitschülern zum erfolgreichen Bestehen der

[204] Ostwald, 2003, 15.
[205] Ebd., 25.

Prüfung gereicht hat. Die Kommission ist erst zufrieden, als der Prüfling sich durch die kritischen Nachfragen tatsächlich verwirren lässt.[206] Der Ruf, den Ostwald und Cajal bei ihren Lehrern haben, wirkt, jenseits der objektiven Leistung, in gegenteiliger Weise auf ihren schulischen Erfolg. Dieser Unterschied verliert sich dann in den Schilderungen des Studiums.

Im Januar 1872 beginnt Ostwald sein Chemiestudium an der Universität in Dorpat. Die Schilderungen der Studienzeit stellen in den *Lebenslinien* einen Übergang zwischen der Jugend, in der alles Vorausdeutung und Anlage für später ist, und den ersten wissenschaftlichen Arbeiten dar, die direkt in die Fragestellungen der physikalischen Chemie führen. Doch zuvor wird das Korporationsleben ausführlich geschildert, das Ostwald während der ersten anderthalb Jahre in Dorpat fast ausschließlich beschäftigt. Als er in den Sommerferien 1873 nach Hause kommt, muss er sich dafür rechtfertigen und gibt schließlich seinem Vater das Versprechen, sich unverzüglich auf die ersten Prüfungen vorzubereiten, um sie bei nächster Gelegenheit zu absolvieren. Im Herbst meldet er sich zum Examen und besteht dieses aufgrund des entgegenkommenden Wohlwollens einiger Professoren, die ihm die Lückenhaftigkeit seiner Kenntnisse aufzeigen, ohne ihm daraus einen Strick zu drehen. Das wiederum beschämt ihn so, dass er das Versäumte anschließend nachlernt. Auch in diesem Passus, der den Protagonisten und seinen Vater in größter Uneinigkeit zeigt, ist der Junge keinem unmittelbaren Zwang unterworfen. Der Druck bringt ihn dazu, eine Entscheidung zu treffen, ein Versprechen zu geben und damit das schon erwähnte moralische Schwungrad erneut in Gang zu setzen. Ebenso motiviert ihn anschließend das Entgegenkommen der Professoren. In beiden Fällen verweist die Darstellung auf ihn selbst als Zentrum der Handlung, dem wenige äußere Kriterien hinzutreten müssen. In sich trägt er bereits die geistigen Fähigkeiten und das moralische Empfinden, um sich selbst zu leiten und seine Ziele zu erreichen, die obendrein meistens selbst gesteckt sind. Auch die Bücher gewinnen im Studium wieder an Bedeutung, denn Ostwald bemerkt ausdrücklich, dass ihm das Zeitmaß der Vorlesungen, die sich nicht anhalten oder beschleunigen lassen, wenig behagt. Insgesamt gibt er an, kaum mehr als eine Vorlesung während seines Studiums vollständig besucht zu haben, und betont damit den eigenen Rhythmus.[207] Bei der beginnenden Labortätigkeit ist er dagegen selbstverständlich auf kundige Anleitung angewiesen und findet diese in dem Chemieprofessor Karl Schmidt, einem ehemaligen Schüler von Justus Liebig und Friedrich Wöhler, sowie in dessen Assistenten Johann Lemberg.

---

[206] Ramón y Cajal, 2006, 221.
[207] Ostwald, 2003, 45.

Der Unterricht im Labor mündet schnell in selbstständige Experimente. Die offensichtliche Begeisterung, die Ostwald hier artikuliert – er bezeichnet das Labor als Paradies – ist, wie Hans- Jörg Rheinberger zeigt, eine wiederholt auftretende Figur in den Selbstzeugnissen von Laborwissenschaftlern und kann aus dem Gefühl einer Interaktion mit dem klug entwickelten Experimentalsystem folgen.[208]

Das System akademischer Grade in Dorpat sah damals vor, das Studium mit Prüfungen und einer Abschlussarbeit zu beenden, die den Titel des Kandidaten einbrachte. Dieser Grad war ausreichend für den Eintritt in praktische Berufe. Für das Weiterführen einer akademischen Karriere wurden zunächst einige Semester darauf verwandt, eine umfangreichere Arbeit zu schreiben, die gedruckt und auch verteidigt werden musste und zum Tragen des Titels Magister berechtigte. Das gleiche Prozedere, auf gesteigerter Schwierigkeitsstufe, brachte schließlich den Doktortitel, der auch zur Annahme einer ordentlichen Professur berechtigte.[209]

Ostwalds Themenwahl für die Kandidatenarbeit bezieht sich auf Fragen der chemischen Verwandtschaft. In dem Begriff artikuliert sich die alte Vorstellung, dass Stoffe, die eine hohe Affinität zeigen, miteinander chemische Bindungen einzugehen, eine Art innerer Gemeinsamkeit aufweisen. Die Fragestellung, an der sich Ostwald orientiert, geht nun vom Problem der Bestimmbarkeit der relativen Affinität aus, also der Frage, wie der Grad der Verwandtschaft vergleichend messbar gemacht werden könnte. In seinem Kandidatenexamen beschäftigt er sich mit den thermochemischen Studien des dänischen Chemikers Julius Thomsen, der zur Lösung dieses Problems die Messung der Wärme bei unterschiedlichen Reaktionen vorschlägt. Da das Labor in Dorpat seiner Ausstattung nach derartige Messungen nicht zulässt, verfällt Ostwald auf den Gedanken, dass anstelle der Wärmeentwicklung auch andere physikalische Eigenschaften gemessen werden könnten, wenn sie sich im Zuge der chemischen Reaktion verändern. So wählt er als Größe das Volumen und beginnt auf dieser Grundlage die Versuche Thomsens zu wiederholen, mit dem Ergebnis, dass sich die gewählte Größe als ebenso aussagekräftig erweist wie die Wärme. Diese Arbeit führt zu seiner ersten Veröffentlichung, die unter dem Namen *Volumchemische Studien* 1877 in der Zeitschrift *Annalen der Physik* erscheint.[210] Für seine Doktorarbeit baut er das Thema weiter aus, indem er dieselbe Base mit unterschiedlichen Säuren reagieren lässt, und die Änderungen des Volumens tabellarisch erfasst. Die Schilderung

[208] Ebd., 47. Rheinberger, Hans-Jörg. *Experimentalsysteme und epistemische Dinge: Eine Geschichte der Proteinsynthese im Reagenzglas.* Frankfurt a.M.: Suhrkamp, 2006. 20f.
[209] Ostwald, 2003, 46.
[210] Ebd., 59.

der Zeit in Dorpat geht damit nicht nur fließend in die Schilderung der wissenschaftlichen Arbeit über, indem Ostwald ausführlich die Problemstellung und seine Lösungsansätze thematisiert, sondern offenbart bereits die charakteristische Ausrichtung innerhalb seiner Disziplin. Im folgenden Kapitel werde ich hierauf ausführlicher eingehen. Die Lebenslinie, die mit dem Basteln der Feuerwerkskörper begann, ist über den Hörsaal, das Labor und die akademische Qualifikation zum ersten, fachwissenschaftlichen Beitrag gezogen worden und demonstriert die Kontinuität des autobiographischen Selbst.

CAJAL geht 1869 nach Zaragoza, um sein Medizinstudium zu beginnen. José López Piñero weist darauf hin, dass sich dieser Lebensabschnitt Cajals gänzlich im *Sexenio Democrático* – den sechs Jahren zwischen der Revolution gegen Isabella II. von 1868 und dem Ende der ersten spanischen Republik 1874 vollzieht. Auf Betreiben des Ministers Manuel Ruiz Zorilla, der sich auch maßgeblich für die Verstaatlichung der Bibliotheken kirchlicher Institutionen sowie für die Durchsetzung der akademischen Freiheit einsetzt, werden überall im Land wissenschaftliche Einrichtungen mit häufig sehr beschränkten Mitteln gegründet. Dazu gehört auch die *Escuela Libre de Medicina* an der Universität von Zaragoza.[211] Der Mangel macht sich rein materiell in der Ausstattung, aber auch in der Wahl des Personals bemerkbar, dessen Kenntnisse, was den Diskussionsstand in den Wissenschaften betrifft, häufig rückständig scheinen. Als Beispiel hierfür führt López Piñero den Dekan Genaro Casas an, einen Freund von Justo Ramón, der vitalistische Ideen des späten 18. Jahrhunderts vertritt. Im 20. Kapitel der *Infancia* schildert Cajal, wie er eben diese Auffassung in einer Diskussion mit Casas angreift, als es um die Frage von Entzündungen als Reaktion auf Verletzungen des Gewebes geht. Cajal beruft sich auf die Zellularpathologie Rudolf Virchows und behauptet, dass die verstärke Blutansammlung in dem irritierten Gewebe aus Vorgängen auf zellularer Ebene und nicht aus der Abwehrreaktion einer Lebenskraft herrühre. Auffällig ist das nachdrückliche Bedauern, das Cajal an dieser Stelle über seine Insubordination äußert. So gibt er an, die Episode nur zu erwähnen, um deutlich zu machen: »bis zu welchem Grad die Aufmüpfigkeit meines Charakters reichte«. Die Reaktion des Lehrers, der mit ihm diskutiert, ohne böse zu werden, bezeichnet er als väterlich und großzügig.[212] In ähnlicher Weise äußert er sich auch über den enttäuschend gleichgültigen Empfang seiner ehemaligen Mitschüler aus Huesca, die ihm nach seiner

[211] López Piñero, 2006, 121.
[212] Ramón y Cajal, 2006, 257f.

Zeit als Schustergehilfe alle ein Jahr in den Studien voraus sind und neue Bekanntschaften geschlossen haben. »Nicht sie hatten sich von mir entfernt, ich war es, der sich von ihnen entfernt hatte, indem ich mich in den Studien verspätet hatte.«[213] Die Motive sind inzwischen bekannt, *Vereinzelung* und *Konfrontation* – dennoch kommt in der Schilderung des Studiums ein neuer Ton, eine größere Vorsicht hinzu, als zögere Cajal, die Darstellung dieses Lebensabschnitts derselben Logik anzuvertrauen, die den Rest des Bandes beherrscht. So ließe sich auch erklären, warum dem Studium nur drei der insgesamt 27 Kapitel gewidmet sind und diese nicht einmal vollständig. Gerade am zentralen Konflikt mit dem Vater und anderen Autoritäten ändert sich etwas. In dem neuen Umfeld kann Cajal schnell Erfolge verbuchen. So wird er wegen seiner Geschicklichkeit beim Obduzieren zum Hilfssezierer ernannt und leitet in dieser Funktion selbst Studenten an. In Zaragoza arbeitet er eng mit seinem Vater zusammen, der 1870 eine Stellung in einem lokalen Krankenhaus annimmt und dort ebenfalls Unterricht im Sezieren erteilt. In dieser Phase zeigt sich Justo auch erstmals positiv beeindruckt von der Geschicklichkeit, mit der sein Sohn die anatomischen Details zeichnerisch festhält. All dies passt nicht ins Konzept des Textes; die einzelnen Fächer und ihre Lehrer werden rasch abgehandelt. Die Schilderung der Diskussion mit Casas bleibt die stärkste Einlassung auf die Inhalte des Studiums, als ob der Modus der Konfrontation eine notwendige Bedingung des Berichts wäre. López Piñero weist daraufhin, dass Justos Einfluss auf seinen Sohn noch einige Jahre relevant ist, bis Cajal seinen ersten Lehrstuhl bekommt und nach Valencia zieht. Bis dahin kommt es noch zu einigen Konflikten, allerdings stellt Justo auch mehrmals berufliche Weichen für seinen Sohn.[214] Beide Aspekte kommen in Cajals Schilderung seiner Zeit in Zaragoza nicht zur Sprache. Das Studium scheint eine schwer beschreibbare Zwischenstellung einzunehmen. Cajal kann sich noch nicht als autonom handelnd darstellen, aber die Lebensphase liefert auch keinen Stoff für pikareske Anekdoten mehr. Stattdessen wird es Zeit für ein richtiges Abenteuer, das ihn aus der Reichweite seines Vaters in einen gänzlich neuen sozialen Kontext führt. Die Möglichkeit stellt sich ein, als er nach Abschluss des Studiums seinen Militärdienst antritt.

Nach der auffällig knappen Darstellung des Studiums nimmt die Zeit beim Militär wieder größeren Raum ein. Cajal tritt 1873, Dank einer eigens abgelegten Prüfung, nicht als einfacher Soldat, sondern als Arzt

213 »No se alejaron ellos de mí; fui yo quien se alejó de ellos al retrasarme en la carrera.« Ebd., 245.

214 López Piñero, 2006, 154.

im Rang eines Leutnants in die Armee ein. Die Teilnahme am dritten Karlistenkrieg verläuft weitgehend ereignislos, denn in den Monaten, in denen er mit seinem Regiment durch Aragón und Catalunya zieht, trifft er kein einziges Mal auf den Feind. Im April 74 erreicht ihn der Befehl sich zur Unterstützung des Expeditionsheeres nach Cuba einzuschiffen. Cajal schreibt die spontane Begeisterung, mit der er den Befehl aufnimmt, einer romantisch verklärten Vorstellung von den Tropen zu. Sein Vater, der möchte, dass Santiago sich möglichst bald wieder um seine Karriere kümmert, ist weniger begeistert und malt die Gefahren, die dem Jungen in der Karibik bevorstünden, in den schwärzesten Farben. Doch hier zeigt sich, dass sich nicht länger das Kind und der Erwachsene gegenüberstehen. Cajal argumentiert mit der dringend empfundenen Pflicht für das Vaterland und setzt sich schließlich durch. Nachdem Justo die Entscheidung akzeptiert hat, beginnt er sofort damit, Empfehlungsschreiben zu verfassen, die dem Jungen den Aufenthalt in der Kolonie erleichtern sollen.[215]

Abgesehen von kurzen Aufenthalten in La Habana zu Beginn und am Ende seiner Exkursion spielt sich Cajals Einsatz vollständig in der Provinz Camagüey, in der östlichen Hälfte der Insel, ab. Zunächst wird er in Vista Hermosa, ca. 20 Kilometer südlich der Stadt Puerto Príncipe (heute Camagüey), später im Hospital San Isidro auf der östlichen Trocha stationiert. Die Trochas sind ein Instrument der spanischen Kriegsführung während des Zehnjährigen Kriegs von 1868–1878. Dabei handelt es sich um drei befestigte Verteidigungslinien, mit denen die Insel in mehrere Abschnitte geteilt wird. Der strategische Zweck besteht darin zu verhindern, dass sich die revolutionäre Erhebung auf die wirtschaftlich interessanten Gebiete ausbreitet. Die östliche Trocha erstreckt sich von der Stadt Nuevitas ca. 52 Kilometer nach Süden ins Landesinnere. Sie besteht aus Blockhütten, die alle fünfhundert Meter errichtet werden und permanent bemannt sind. Im Abstand von jeweils einem Kilometer finden sich befestigte Forts. Auch das Militärkrankenhaus von San Isidro, in dem Cajal die Verantwortung für 300 Patienten trägt, befindet sich in einer derartigen Befestigung. In der *Infancia* wird die Trocha als ineffektiv und hinsichtlich des Stadiums, in dem sich der Konflikt damals befindet, als überholt bezeichnet. Der ursprüngliche Plan, die Mobilisierung der bis dato ruhigen Gebiete zu verhindern, trägt keine Früchte, weil die zur Agitation benötigten kleinen Gruppen der *mambises* unbemerkt zwischen den Posten hindurchschlüpfen können. Außerdem binden die Befestigungslinien viele tausend Soldaten permanent. Die Ineffektivität der Befestigungslinie verbindet sich in der Darstellung Cajals mit anderen Eindrücken zu einer allgemein negativen

---

215 Ramón y Cajal, 2006, 285.

Einschätzung des Kolonialprojektes auf Cuba. Cajal ist permanent von Kranken umgeben und leidet selbst an Malaria, die ihm zeitweilig kaum erlaubt, sich auf den Beinen zu halten. Innerhalb der Armee herrschen Misswirtschaft und Korruption. So erhalten die im Hinterland stationierten Soldaten ihren Sold oft erst mit vielen Monaten Verspätung. In San Isidro entdeckt Cajal, wie die Offiziere und das Küchenpersonal ihre eigenen Essensrationen auf Kosten der Kranken aufstocken. Um den Missbrauch zu unterbinden, legt er sich nicht nur mit dem Personal, sondern auch mit seinem unmittelbaren Vorgesetzten, dem Kommandanten des Stützpunktes, an. Dieser hat die Angewohnheit, bei Angriffen auf das Fort seine Pferde im Krankensaal, als dem sichersten Ort der Anlage, unterzustellen. Cajal verwehrt ihm das aus hygienischen Gründen, macht im folgenden Streit seine Autorität innerhalb des Krankenhauses geltend und gewinnt so in seinem Vorgesetzten einen persönlichen Feind. Beide schicken in der Folge Briefe nach Puerto Príncipe. Cajal, um den Missbrauch in San Isidro anzuzeigen, und der Kommandant, um mit Hilfe einflussreicher Bekannter eine Verurteilung wegen Befehlsverweigerung gegen den Garnisonsarzt zu erreichen. Schließlich wird die Trocha kritisch inspiziert und die Garnison von San Isidro, die zum größten Teil aus kampfunfähigen Kranken besteht, wird aufgelöst. In Cajals Interpretation hat die Anzeige der Betrügereien verhindert, dass er wegen Befehlsverweigerung angeklagt wurde. Möglicherweise war den zuständigen Generälen daran gelegen, die Verhältnisse in der Garnison nicht publik werden zu lassen.[216]

Die allgegenwärtige Korruption, die tropischen Krankheiten und die ineffektive Kriegsführung ergänzen sich für Cajal zu dem Fazit, dass Spanien die Insel spätestens in den siebziger Jahren hätte aufgeben müssen. Dazu kommt das abwertende Bild, das Cajal allgemein von den Kreolen zeichnet. Während die kreolische Frau gesund und anmutig sei, degeneriere der europäisch-stämmige Mann in den Tropen. Er sei den Anforderungen, die das Klima stelle, nicht gewachsen und lebe parasitär von der Arbeitskraft der versklavten Afrikaner. Letztere wiederum bezeichnet er als beinahe immun gegen Malaria und beschreibt den Eindruck ihrer Körper: »[...] die Sonne rief metallische Lichtreflexe auf dem Relief ihrer Muskulatur hervor.«[217] Die undurchdringliche Haut der Schwarzen in Kontrast zur Durchlässigkeit der Trocha verdichtet sich zu einem Bild, in dem wiederum die Grenze eine entscheidende Rolle spielt. Der Körper des Europäers ist, genau wie seine militärische Linie, nicht sicher vor der Invasion des Fremden. Diese Unsicherheit entsteht, wenn man sich selbst

[216] Ebd., 309.

[217] »[...] el sol arrancaba a sus relieves musculares reflejos metálicos.« Ebd., 312f.

zu weit über die eigenen Grenzen hinaus wagt. Nicht nur der persönliche Aufenthalt in der Karibik, sondern die dortige Präsenz der Spanier allgemein, bekommt in der *Infancia* den Status einer Pathologie zugesprochen. Dabei erfolgt die Schilderung aus der Perspektive nach 1898 und entsprechend selbstverständlich mit Blick auf das Ende der Kolonien in Übersee.

Die Darstellung von OSTWALDS Studienbeginn in Dorpat ist durch das Motiv einer sozialen Eingliederung geprägt, nämlich vom Einstieg in das ausgesprochen umfangreiche Korporationsleben der Fraternitas Rigensis. Die Verbindung war die entscheidende Institution des studentischen Lebens und der studentischen Selbstverwaltung. Sie verfügte über eine eigene Gerichtsbarkeit, die im universitären Rahmen allgemein akzeptiert wurde und die stark ausdifferenzierte, studentische Hierarchie nach innen befestigte. Diese orientierte sich zum einen an der Nähe zum innersten Kreis der Fraternitas und zum anderen an den bereits verbrachten Studienjahren. Entsprechend war man nach aufsteigendem Jahrgang zunächst *Fuchs*, dann *junges Haus*, *altes Haus* und schließlich *bemoostes Haus*.[218] Die Wohnungen der Jungen hießen *Fuchsquartiere*, die der Älteren *Burgen*.

Der Alltag in der Korporation war ebenfalls stark durchstrukturiert. Um 10 Uhr vormittags hatte man sich in der Kneipe einzufinden, wo man bis 13 Uhr blieb. »Der Nachmittag war frei, wenn nicht eine kleinere Gesellschaft sich im Fuchsquartier zu einer Nachmittagsbowle ansagte.« Um 19 Uhr gab es Fuchstee. Das bedeutete, dass sich kleinere Gruppen in den Burgen der Älteren zu gemeinschaftlichem Abendbrot zusammenfanden, wobei immer mindestens ein Gedeck für einen Fuchs freigehalten wurde. Kurz vor sieben begannen die Füchse dann in den Burgen herumzufragen, bis sie eine fanden, in der sie bleiben konnten. Diese Veranstaltungen sind Ostwald in seinem ersten Jahr in Dorpat die liebsten, da es die einzigen sind, bei denen nicht gesoffen wird und daher die Themenwahl breiter und differenzierter ist als bei anderen Anlässen, was auch ein besseres Kennenlernen der einzelnen Mitglieder ermöglicht. Vom Tee ging es dann wieder in die Kneipe und wenn diese um 22 Uhr schloss in ein Fuchsquartier um dort weiterzuzechen, wobei die Gastgeber Bier und Tabak bereitstellen mussten. Dies war in der Regel nur möglich, indem man Schulden machte.[219]

---

218 Ostwald, 2003, 41.
219 Ebd.

Das Trinken selbst war ebenfalls reglementiert, und es gehörten immer zwei dazu. Der Ältere füllte das Glas und wandte sich mit der Formel »Ich steige dir vor« an einen Jüngeren. Dann trank er das Glas zur Hälfte leer. Der Angesprochene nahm dann das Glas, sagte »Prosit« und trank die zweite Hälfte. Auch für Streitigkeiten am Biertisch gab es feste Regeln. Ältere konnten jüngere Burschen zur Leerung eines ganzen Glases verurteilen, wobei jeweils ein, dem Jahrgang des Verurteilten angemessener, Strafgesang angestimmt wurde, etwa: »Der Fuchs, der hat verschiss gemacht, drum wird er billig ausgelacht« oder »Unserem alten Hause, unserem alten Hause ist ein scheußlich Pech widerfahren. Zieh, Schimmel zieh.«[220]

Aus der Beschreibung wird sehr deutlich, was Ostwald auch explizit bestätigt: Das Korporationsleben sah nicht unbedingt Zeit für das Studium vor und statt der offiziellen sechs Semester waren acht und mehr die Regel.[221] Von den burschenschaftlichen Verpflichtungen war man nur durch unmittelbare Examensvorbereitungen ausgenommen. Ostwalds schärfste Kritik aber richtet sich gegen den ungezügelten Alkoholkonsum und die Kultur, die es als besonders burschikos betrachtet, möglichst wenig auf seine Gesundheit zu achten. Tatsächlich kann er mehr als einen Bekannten und Freund nennen, der den ausschweifenden Lebenswandel der ersten Semester nicht überlebt. Er bezeichnet diese Einstellung als Ergebnis der vorwiegend geisteswissenschaftlichen Erziehung der baltischen Jugend, die für ihn zu Unwissenheit hinsichtlich der elementarsten physiologischen Zusammenhänge genauso wie zur Verachtung jeglicher handwerklicher Tätigkeit führt.[222]

Zusammenfassend lassen sich charakteristische Darstellungsformen bei der Schilderung des Studiums in beiden Texten vergleichen. Bei Ostwald ergibt sich ein fließender Übergang zu den Fragestellungen seiner wissenschaftlichen Laufbahn. Bei Cajal werden eben die Momente, an denen solch ein Übergang möglich wäre, knapp gehalten, da sie mit dem konfrontativen Erzählstil des Bandes nicht in Einklang stehen. Der einzige Abschnitt, der gesondert auf die Inhalte eingeht, ist der Vitalismusstreit mit Genaro Casas. Erst das Einschiffen nach Cuba, geleitet von, wie Cajal es ausdrückt, quijotesken Impulsen und gegen den ausdrücklichen Rat des Vaters, bringt den Erzählstrom wieder in Schwung. Dabei zeichnen sich vor allem zwei Tendenzen ab: Zum einen bekommt das Motiv der Auflehnung in den militärischen Vorgesetzten Cajals einen neuen

---

220 Ebd., 41.
221 Ebd., 46.
222 Ebd., 60.

Gegenstand und im Gegensatz zum Widerspruch gegen den Vater oder seine akademischen Lehrer sieht sich die Kritik hier in der Position moralischer Überlegenheit. Zum anderen werden über den Eintritt in einen bestimmten sozialen Kontext, das spanische Expeditionsheer auf Cuba, Überlegungen zum Patriotismus und zur Nation thematisiert, die ich im folgenden Unterkapitel diskutieren werde.

Bei Ostwald stellt das Eintauchen in den sozialen Kontext der Studentenverbindung einen bedeutenden Einschnitt dar. Es strukturiert sein Leben in der ersten längeren Abwesenheit aus dem Elternhaus. Zunächst hält es ihn von den Studien ab, dennoch kommt es nicht zu einer Konfrontation. Stattdessen ist er unter den Gleichaltrigen der Erste, dem die Aufnahme in die Fraternitas gelingt. Die einzigen Meinungsverschiedenheiten, die berichtet werden, wirken im Sinn des moralischen Schwungrads, um ihn, als er sich endlich dem Studium widmet, zu großen Leistungen anzuspornen. Zwar scheint er erleichtert, als mit dem letzten Examen auch die korporativen Pflichten aufhören, aber die entscheidende Auseinandersetzung mit dem Lebensstil der Burschen findet erst in der Retrospektive statt. Ostwald integriert sich problemlos und kann die Zeit in der Verbindung ohne weiteres in seine Lebenserzählung integrieren.

3.3.4 Zusammenleben: Ostwald trifft fremde Letten in Riga und Cajal fremde Spanier in Ayerbe

Eine bestimmte, grundlegende Art von Anfängen steckt im Motiv der mehr oder weniger gelungenen sozialen Eingliederung. Die Beziehung zur Familie, als erstem sozialen Kontext, ist in der Regel nicht durch ein Eintrittserlebnis charakterisiert. Kindheit und Jugend sind aber dennoch Phasen, die stark durch solche Erlebnisse strukturiert werden. Die Einschulung und das Verlassen des Elternhauses können solche Erlebnisse sein. Von der Art der Eingliederung kann die soziale Position und damit ein wesentlicher Teil des Selbstverständnisses abhängen. Die Begegnung mit *dem* oder *den* Anderen, in einer Zeit, in der sich Identitäten auf verschiedenen Ebenen ausbilden, liefert auf die eine oder andere Weise immer Bausteine des sozialen Lebenswissens, ist aber auch prädestiniert dafür, Probleme des Lebenswissens herzustellen. Andere Menschen konfrontieren den Einzelnen mit Sinnstiftungen, deren Integration in die eigene Sagbarkeit immer eine Herausforderung darstellt.

Signifikante Aussagen, das Verhältnis zu den Anderen betreffend, finden sich auffälligerweise bei beiden Autoren in den Schilderungen ihres ersten Zusammentreffens mit literarischen Texten.

Über eine örtliche Leihbücherei kommt Ostwald mit Gedrucktem jenseits der *Gartenlaube* in Berührung. Dabei handelt es sich vor allem um Romane der fünfziger und sechziger Jahre des 19. Jahrhunderts, über deren Stilrichtung er sagt: »Der Naturalismus begann erst am Horizonte aufzusteigen und hatte die Herrschaft der neueren Romantik noch nicht angetastet.«[223] Als einziges Beispiel nennt er den Roman *Problematische Naturen* von Friedrich Spielhagen, dessen Handlung um einen jungen Erzieher Namens Oswald ihn in den letzten Schuljahren sehr beschäftigte. In der Retrospektive bezeichnet Ostwald diese Literatur als einseitige und unzulängliche Quelle von Wissen über das Leben und die Welt, die mitschuldig an gewissen Defiziten in der Behandlung anderer Menschen sei, die ihm bis ins hohe Alter zu schaffen machen.[224] Der hergestellte Zusammenhang wird nicht weiter erläutert, doch wenn schlechte Romane unzureichendes Wissen über Leben und Welt vermitteln, können gute Romane hier möglicherweise positiv wirken. Was gute Romane sind, lässt sich vage aus dem enthaltenen Hinweis auf den Naturalismus ableiten und legt den Verdacht nahe, dass es die Vorstellung einer Literatur sein könnte, die versucht, dem Ideal der empirischen Methoden in den Naturwissenschaften nachzueifern.

In jedem Fall inspirieren die Texte Ostwald, gemäß seinem Drang, alles Mögliche selbst auszuprobieren, zu eigenen Experimenten. Ein Romanprojekt bleibt allerdings auf den ersten Seiten stecken, weil ihm die notwendige Lebenserfahrung fehlt. Dafür gibt er an seiner Schule mehrere Ausgaben einer selbstgefertigten Zeitschrift mit dem Titel *Humor* heraus, die ihm erste Erfahrungen mit Publikumsreaktionen einbringen. So veröffentlicht er Szenen, die sich wie Liebesabenteuer anlassen, doch im Moment der größten Spannung in eine alberne Pointe umschlagen. Interessiert registriert er die Bereitschaft seiner Leser, sich rühren zu lassen, und den Unwillen, in diesem Genuss unterbrochen zu werden.[225] Später feiert Ostwald einen Erfolg mit seinem Humor, als er anlässlich eines Tanzabends, der einen privat veranstalteten Tanzkurs im Haus der befreundeten Familie Seeck abschließt, einen kurzen Sketch verfasst, bei dem sämtliche Teilnehmer des Kurses nacheinander aufs Korn genommen werden.[226] Ein Interesse an der Karikatur ist also auch bei Ostwald zu erkennen, nur dass es sich nicht zeichnerisch, sondern sprachlich äußert. Die Karikatur scheint, im Gegensatz zum Roman, für den seine Menschenkenntnis nicht ausreicht, ein gangbarer Weg zu sein und zu bleiben, über Menschen zu schreiben.

---

[223] Ebd., 24.
[224] Ebd.
[225] Ebd., 25.
[226] Ebd., 36.

In den *Lebenslinien* finden sich etliche Beschreibungen, denen satirische Lust anzumerken ist. So beschreibt er den Direktor seines Gymnasiums folgendermaßen:

> Während meiner sieben Jahre im Realgymnasium wurde dieses vom Direktor Haffner regiert, einem alten Stockphilologen, der vorher als von der Regierung ernannter Rektor der Universität Dorpat angestellt gewesen war. Dort wurden auf seine Kosten zahlreiche Geschichten erzählt, die ihn als formalistischen Bürokraten kennzeichneten. So hatte er einmal seinen nächsten Vorgesetzten, den Kurator, der verreist war, zu vertreten und als solcher entdeckte er irgendeine kleine Vorschriftswidrigkeit, die er sich als Rektor hatte zuschulden kommen lassen. Er schickte alsbald als stellvertretender Kurator an sich selbst als Rektor eine geharnischte Rüge ab, und wurde am nächsten Tage in Tränen vor seinem eigenen Reskript gefunden.
>
> Da er aber im Grunde ein wohlwollender Mann war, [...] hatten wir von seiner Philologie nicht viel zu leiden. Vielmehr gab es in der Quarta am Anfange jedes Semesters einen großen Festtag für uns, da er eine Stunde darauf verwendete, uns vorzumachen, wie ein guter Schüler sich auf seine bevorstehende Lateinstunde präpariert. Er hatte ein großes, rasiertes Gesicht, in welchem zwischen Nase und Mund sich ein ungewöhnlich weitläufiges Gefilde erstreckte und stellte darin die verschiedenen Stufen des Nachdenkens, der beginnenden und der vollendeten Erkenntnis beim Übersetzen so drastisch dar, dass wir Buben nicht wussten, wie wir unseren Lachreiz unterdrücken sollten.[227]

Auffällig schnell mündet also bei Ostwald das Problem des Wissens über den Anderen in Fragen der Darstellung des Anderen und von hier in eine Darstellungspraxis, d. h. eine bestimmte Form, Alteritätserlebnisse sagbar zu halten.

Wie viele der Schilderungen Cajals bekommt auch das erste signifikante Zusammentreffen mit der Literatur die Form eines Schlüsselmoments. Als er eines Tages aufs Geratewohl vom Dach des Elternhauses aus die Nachbarhäuser erkundet, entdeckt er hinter einem offenen Bodenfenster eine umfangreiche Bibliothek. In der folgenden Zeit gelingt es ihm, ohne entdeckt zu werden, nach und nach die interessantesten Bücher zu ›entleihen‹ und, nach dem er sie verschlungen hat, unauffällig an ihren Platz zurückzustellen. So macht er die Bekanntschaft des Quijote, des Robinson Crusoe, der drei Musketiere, des Glöckners von Notre Dame, des Grafen von Monte Christo und Atalas. In der *Infancia* reflektiert er vor allem seine Lektüre der Romane von Defoe und Cervantes. An *Robinson Crusoe* interessiert ihn die Vorstellung einer einsamen Insel, die der Mensch, trotz lauernder Gefahren, urbar macht und die sich ihm nach und nach erschließt, als ob sie nur für ihn gemacht sei.[228] Auch dieser Passus ist

[227] Ebd., 28f.
[228] Ramón y Cajal, 2006, 193.

in der Ausgabe von 1901 einige Absätze länger. Hier fügt Cajal noch an, fasziniert von der Möglichkeit der absoluten Selbstgenügsamkeit des Einzelnen zu sein. Das Motiv der Aneignung wird stärker betont als in den Ausgaben ab 1917. So heißt es: »Welch großes Glück müsste es sein, unsere Persönlichkeit frei in den Raum zu projizieren, ohne andere Raster als diejenigen, welche Vernunft und Instinkt vorgeben!«[229] Die Antwort auf die Frage, was das bedeuten und wovon dabei abgesehen werden soll, hat mit der Schwierigkeit zutun, dass ein so vorraussetzungsreicher Begriff wie »Vernunft« (razón) nicht näher erläutert wird. Denkt man ihn aber mit dem Robinsonmotiv und den bisherigen Ergebnissen der Lektüre zusammen, scheint sich herauszukristallisieren, dass es sich um die Abwesenheit der Anderen und ihrer Regeln handelt. Diese Phantasie begeistert den jungen Leser so sehr, dass er Robinsons Heimkehr beinahe bedauert. Es wäre soviel interessanter gewesen, sein Grab schließlich in der Einsamkeit dieser exotischen Insel zu finden und als einzigen Nachruf die Stimmen der Papageien, die den eigenen Namen endlos wiederholen: »Einzig die Götter dürfen so sterben!«[230] Die Lektüre des *Robinson* inspiriert Cajal auch zu eigenen literarischen Versuchen. Im 18. Kapitel schildert er seine Zeit als Abiturient und zitiert aus einer Laudatio, die sein ehemaliger Mitschüler, der spätere Kriminologe Rafael Salillas, einmal auf ihn gehalten hat. Dieser erinnert sich an Cajal als mürrischen Einzelgänger, den er erst näher kennen lernt, als er eines Tages einen selbstillustrierten Roman von ihm zu sehen bekommt. Die Handlung ist, soweit sich Salillas erinnert, stark an Robinson angelehnt. In der Folge spielen die beiden, mit zwei weiteren Freunden, den Roman nach und das mit solchem Enthusiasmus, dass der schulische Erfolg wieder einmal darunter leidet. Salillas sieht einen Zusammenhang zwischen dem Idealismus, mit dem Cajal ihre phantasierte Expedition vorantreibt und der Zielstrebigkeit seiner späteren Forschung. Nachdem er den Freund einige Jahre aus den Augen verliert, hört er erst gelegentlich seiner wissenschaftlichen Erfolge wieder von ihm und knüpft sofort die Verbindung: »Cajal glaubte weiterhin an seine *Insel.* Er segelte, fand seinen Weg und legte ruhmreich an. In den Nervenzentren, im Rückenmark und im Gehirn liegt tatsächlich die *Cajalinsel.*«[231]

---

229 »¡Que gran ventura debe ser proyectar libremente nuestra personalidad por el espacio, sin más trabas que las impuestas por la razón y el instinto!«

230 Ramón y Cajal, 1901, 148.

231 »Cajal siguió creyendo en su *isla*. Navegó, se orientó y llegó victoriosamente. ¡La isla existía! En los centros nerviosos, en la médula y en el cerebro se encuentra efectivamente la *Isla de Cajal.*« Ramón y Cajal, 2006, 244.

Der Passus liefert einen wichtigen Aspekt der Darstellung von Cajals Versuch, seine Robinsoninterpretation zu leben. Ein einsamer Held im Roman ist ja nie wirklich allein, weil es den Leser gibt. Er ist, was er ist, als kommunikative Funktion. Diese Dimension wird in Cajals Phantasie von absoluter Autonomie nicht explizit, dafür fügt er, eben an dieser Stelle, das Zeugnis eines Anderen ein, der in doppeltem Sinne zum Leser eines Robinsonromans wird, dessen Held Cajal ist.

Ausführlich beschreibt Cajal auch sein erstes Zusammentreffen mit dem Quijote. Zunächst kann er mit den Texten von Dumas und Victor Hugo mehr anfangen als mit Cervantes. Während er sich mit dem Idealismus des Protagonisten identifizieren kann, ärgern ihn die wiederholten Darstellungen seines Scheiterns, besonders jener Niederlage in Barcelona, die der Karriere des fahrenden Ritters schließlich ein Ende macht. Der Realismus des Romans stößt ihn ab und erst viele Jahre später kann er ihn tatsächlich würdigen. Mit Realismus ist hier die Vorstellung einer getreuen Abbildung der Wirklichkeit gemeint, die offensichtlich in Analogie zum Ideal der empirischen Wissenschaften gedacht wird und folgerichtig in dem entsprechenden Abschnitt der Ausgabe von 1901 als genaue Naturbeobachtung bezeichnet wird.[232]

Die Jugendlektüren, die ihn am stärksten prägen, führen Cajal also in Variationen das Thema des Einzelnen und seiner Verortung in der Welt vor. Dabei bevorzugt er die Phantasie einer Autonomie und Hegemonie des Einzelnen, der sein Wesen der Welt aufzwingt. Wo er das Motiv in den Texten zu finden glaubt, akzeptiert er sie als Modelle des Lebens. Seine Lektüre zeugt dabei selbst von jenem Streben, in dem er danach trachtet, die unpassenden Stellen zu korrigieren und so einen eigenen Roman zu entwickeln. Den Roman von Cervantes zu lesen, ohne dem Scheitern des Protagonisten einen unbedingten Stellenwert zuzubilligen, heißt schließlich, dem Buch in nachdrücklicher Weise eine eigene Realität aufzuzwingen. Für den jungen Cajal wird der Quijote tatsächlich wieder zu einem Ritterroman.

Sowohl bei Ostwald als auch bei Cajal artikuliert sich also ein Zusammenhang zwischen dem ersten Zusammentreffen mit Literatur und einer sozialen Verortung im autobiographischen Schreiben. Dabei beschreiben beide, hinter dem möglichen Potential der Auseinandersetzung mit der Textsorte Roman zurückzubleiben. Beide, könnte man sagen, stellen Karikaturen her; Ostwald im Schreiben und Cajal im Lesen. Bei Ostwald beziehen sich diese Karikaturen auf die Anderen, bei Cajal auf die Ver-

---

[232] Ramón y Cajal, 1901, 187.

ortung des Einzelnen zwischen den Anderen. Die Frage dieser Verortung taucht in der *Infancia* wiederholt auf.

Als Cajals Familie nach Ayerbe zieht, ist der Junge acht Jahre alt. Die Eingliederung in die neue Umgebung wird ihm nicht leicht gemacht:

> Mein Erscheinen auf dem öffentlichen Platz von Ayerbe wurde von den Jungen durch allgemeinen Spott begrüßt. Aus ihren Witzen wurde schnell Ernst. Sobald sich einige versammelt hatten, so dass sie sich ihrer Straflosigkeit sicher sein konnten, beleidigten sie mich, schlugen mich mit Fäusten oder traktierten mich mit Steinwürfen. Was für Barbaren waren wir Jungen aus Ayerbe! Warum diese dämliche Aversion gegen den fremden Jungen? Ich verstand es nicht und auch heute kann ich es mir nur schwer erklären.[233]

Hält man sich vor Augen, dass das größte Konfliktpotential, das in der *Infancia* dargestellt wird, zwischen dem jungen Cajal und den Erwachsenen besteht, scheint der zitierte Abschnitt nur ein temporäres Problem dazustellen. In diesen kurzen Passus lassen sich jedoch bereits grundlegende Züge der sozialen Verortung ablesen, die der Text im Ganzen entwirft. Auffällig ist hierbei besonders der Wechsel der grammatikalischen Person und des Numerus. Von der ersten Person Singular und damit der Perspektive dessen, der sich retrospektiv der aggressiven Horde fremder Jungen gegenübersieht, zum Plural, der ihn selbst zu einem Teil der Horde werden lässt, und zur dritten Person, die von außen auf den fremden Jungen blickt, der man eben noch selbst war. So schmerzhaft der Zusammenstoß, der mit Fäusten und Steinen ausgetragen wird, auch sein mag; er schafft keine bleibende Front, sondern ein Zusammentreffen, das in der Retrospektive aus verschiedenen Richtungen betrachtet werden kann, in dem die Rollen des Selbst und des Anderen vertauschbar sind. Diese Dynamik bleibt dennoch nicht das letzte Wort in der Angelegenheit, denn Cajal formuliert sein bleibendes Unverständnis gegenüber der Feindseligkeit, als deren Ursache er Sozialneid vermutet. So wird eine Grenze aufrechterhalten, die auch den Plural der *exclamatio* »Was für Barbaren waren wir ...« in seiner Wirkung beschränkt. Wie man sieht, sind die Verortungsprozesse, die hier am Motiv des fremden Jungen vorgeführt werden, alles andere als einfach.

---

[233] »Mi aparición en la plaza pública de Ayerbe fue saludada por una rechifla general de los chicos. De las burlas pasaron a las veras. En cuanto se reunían algunos y creían asegurada su impunidad, me insultaban, me golpeaban a puñetazos o me acribillaban a pedradas ¡Qué bárbaros éramos los chicos de Ayerbe! ¿Por qué esta imbécil aversión al chico forastero? Lo ignoraba y aún hoy no me lo explico bien.« Ramón y Cajal, 2006, 123.

Besonders deutlich wird das durch den Vergleich mit einem weiteren fremden Jungen, der in den *Lebenslinien* eindeutig die Stelle des Anderen einnimmt. Ostwald trifft ihn auf der Elementarschule in einem Kontext, der stark ethnisch hierarchisiert ist:

> Die Kronsschule wurde vorwiegend von den Kindern der kleinen Leute besucht, insbesondere fanden sich dort die Söhne aus aufsteigenden lettischen und russischen Familien ein. So hatten wir stets eine kleine Anzahl Letten unter uns, die meist nur sehr unvollkommen deutsch sprachen, an Reinlichkeit und Anstand sehr zu wünschen übrig ließen und nicht recht in die Gesamtheit hineinpassten. Waren sie begabt, so lernten sie bald, sich unserem Treiben und Denken anzuschließen. Daneben gab es aber meist einige, die nur den zähen Willen mitbrachten, um jeden Preis aufzusteigen, ohne die erforderliche Begabung zu besitzen. Sie arbeiteten sich bald in eine feindselige Gesinnung gegen die Kameraden und den Lehrer hinein, da sie ihr mangelhaftes Fortkommen dem Übelwollen der Schule zuschrieben. Das ergab häufige Reibungen, die nach Jungenart bald mit den Fäusten ausgetragen wurden. So ist mir bildhaft gegenwärtig die Endszene eines solchen Zusammentreffens. Der lettische Junge war, nachdem er mit Nägeln und Zähnen gekämpft hatte, schließlich überwunden worden und saß nun als Besiegter geduckt da, mit zerzausten Haaren und Kleidern, blutigem Schaum vor dem Mund, Wut und Hass im Gesicht und unter gesenkter Stirn seinen Gegner mit tückischen Blicken streifend. Die Letten sind kein schöner Volksstamm und dieser lettische Junge wäre auf einer Stufenleiter der Schönheit auch unter seinen Landsleuten ziemlich weit nach unten eingestellt worden. Obwohl einem Knaben solches sonst nicht aufzufallen pflegt, fasste mich ein Schreck bei diesem Anblick tierischer Wut in einer kaum mehr menschlichen Gestalt. Der Eindruck trat in den Hintergrund, da jener Junge bald aus der Schule verschwand. Er war aber so stark gewesen, dass er sich dauernd meinem Gedächtnis eingeprägt hatte. Als dann sechzig Jahre später, gegen Ende des Weltkrieges die lettischen Nationalisten die Oberhand in Liv- und Kurland gewannen und an ihren deutschen Landesgenossen die gröbsten Grausamkeiten verübten, kam mir jenes Erinnerungsbild wieder in das Bewusstsein.[234]

Die Abgrenzung in dieser Szene könnte nicht nachdrücklicher und nicht eindeutiger sein, ist der andere Junge doch nicht nur Angehöriger einer ›hässlichen‹, ›unsauberen‹ und ›wenig begabten‹ Ethnie, sein Erscheinungsbild im Moment größter Erregung sondert ihn darüber hinaus beinahe aus dem Bereich des Menschlichen aus.

Diese eindrucksvolle Schilderung steht unter dem Titel *Vorausgeworfene Schatten*, und zeigt dem heutigen Leser Schatten auf, die sich über den Bereich der Ostwald'schen Retrospektive hinaus spannen. Sie erinnern daran, dass die große Alexanderstraße, in der die Familie Ostwald damals lebt, neun Jahre nach Ostwalds Tod Adolf-Hitler-Straße heißt und die sogenannte Moskauer Vorstadt, in der seine frühesten Erinnerungen verortet sind, das Rigaer Ghetto beherbergen wird, in dem auf engstem Raum ca.

[234] Ostwald, 2003, 13.

30.000 lettische Juden untergebracht sind, die Ende 1941 fast alle von lettischen und deutschen SS-Leuten ermordet werden, um das Lager für Deportierte aus Deutschland frei zu machen.[235] Das ist wichtig, um den Höhepunkt der ethnischen Konflikte, in deren Geschichte sich das Motiv des lettischen fremden Jungen einschreiben lässt, im Auge zu behalten.

Die Bedingungen des Zusammenlebens im mehrkulturellen Riga der sechziger Jahre verlangt selbstverständlich Kontextinformationen über diese Zeit, die den Stellenwert von Ostwalds Äußerungen einschätzen helfen. Doch auch der Hinweis Silke Jakobs, den Moment des Schreibens, also die zwanziger Jahre des 20. Jahrhunderts zu berücksichtigen, muss beachtet werden.

In Riga leben in der zweiten Hälfte des 19. Jahrhunderts Letten, Deutsche und Russen christlichen und jüdischen Glaubens zusammen. Im zweiten Kapitel der *Lebenslinien* findet sich ein Abschnitt mit dem Titel *Unser Deutschtum.* Darin beschreibt Ostwald die Selbstwahrnehmung der deutschsprachigen Balten als politisch dem russischen Reich, aber geistig der deutschen Kultur zugehörig. Politische Anschlussbestrebungen an Deutschland habe es schon deshalb nicht geben können, weil noch kein deutsches Reich vorhanden war. Zwischen den russischen Herrschern und den Deutsch-Balten habe es traditionell ein gutes Verhältnis gegeben, da Letztere immer wieder für leitende Aufgaben in Heer oder Verwaltung herangezogen wurden und die Zentralregierung daher den baltischen Provinzen immer einen gewissen Sonderstatus zubilligte. Die ersten Störungen dieser Verhältnisse schreibt Ostwald der »Seuche des angriffswütigen Nationalismus der slavischen Welt« zu.[236] Inwieweit diese Identitätsmuster dem Selbstverständnis der beschriebenen Zeit entstammen und inwieweit sie Konstruktionen der Retrospektive sind, kann hier nicht abschließend geklärt werden. Ulrike von Hirschhausen weist in ihrer Untersuchung zum Zusammenleben von Letten, Deutschen, Russen und Juden in Riga zwischen 1860 und 1914 darauf hin, dass sich die deutschsprachigen Schichten im Baltikum bis in die siebziger Jahre des 19. Jahrhunderts hinein tendenziell eher geographisch als Livländer, Estländer oder Kurländer bezeichnet haben. Der Begriff des *Deutschtums* ist demnach in der Region erst um 1900 etabliert gewesen, also deutlich *nach* dem von Ostwald beschriebenen Zeitabschnitt. Das allerdings, und so ließe sich Ostwalds Text auch interpretieren, unter Zugzwang, ausge-

[235] Curilla, Wolfgang. »Schutzpolizei und Judenmord. Die Dienststelle des Kommandeurs der Schutzpolizei in Riga.« *NS-Gewaltherrschaft: Beiträge zur historischen Forschung und juristischen Aufarbeitung.* Alfred Gottwaldt, Norbert Kampe und Peter Klein, Hg. Berlin: Edition Hentrich, 2005. 253, 257ff.

[236] Ostwald, 2003, 16.

löst durch den erstarkenden lettischen Nationalismus einerseits und durch die zunehmende Russifizierungspolitik der Regierung andererseits.[237] Auf diese Politik kommt Ostwald auch im folgenden Abschnitt zu sprechen. Er schreibt sie dem wachsenden Einfluss der panslavischen Bewegung zu, die z. B. konkret zum hohen Stellenwert des Russischen in den Lehrplänen führt, der ihm persönlich so zu schaffen macht. Konsequenz davon ist der passive Widerstand der Deutsch-Balten, der sich beispielsweise in dem allgemein geduldeten Betrug bei der russischen Abschlussprüfung niederschlägt. Ostwald spricht zwar im Präteritum, aber ohne irgendwelche relativierenden Marker von der Verachtung gegenüber der russischen Kultur. Er empfindet sie als niedrigstehend; die Sprache sei primitiv und die Geschichte des russischen Volkes noch blutiger als die Geschichte der westlichen Völker.[238]

Wenn Ostwald von dem fremden Jungen seiner Schulzeit direkt zu den »gröbsten Grausamkeiten« springt, die den Deutschen von Seiten der Letten am Ende des Krieges widerfuhren, scheint das selektiv, denn der Konflikt hat sich bis 1918 durchaus weiterentwickelt. Die revolutionären Ereignisse 1905 in Russland führen auch in Riga und Livland zu Aufständen, in deren Verlauf mehrere hundert Deutsch-Balten getötet werden. Diese wiederum töten im Zuge einer mit Hilfe russischer Bataillone geführten Strafexpedition 2000 lettische und estnische Nationalisten.[239] Die Vorgänge, auf die sich Ostwald bezieht, haben sich vermutlich in der hochkomplexen Situation des Jahres 1918 ereignet. Im Zuge des Weltkriegs besetzt Deutschland Teile des Baltikums. Ein lettischer Volksrat erklärt Lettland gleichzeitig zur unabhängigen Republik. Prosowjetische Kräfte unter den Letten unterstützen mit Hilfe der bolschewistischen Armee den Anschluss an die Union, wogegen die Deutsch-Balten massiv vorgehen, die wiederum mit Hilfe der deutschen Besatzungsarmee versuchen, ihren Führungsanspruch zu behaupten und auf den Gebieten des heutigen Lettlands und Estlands einen eigenen Staat errichten wollen.[240] Im Zuge dieser Konflikte kommt es zu einer großen Zahl ziviler Opfer auf beiden Seiten, vor allem in Riga. Die bolschewistische Armee und die, zum Großteil aus deutsch-baltischen Freiwilligen bestehende baltische Landwehr, führen in den jeweils von ihnen kontrollierten Gebieten zahllose standrechtliche Erschießungen durch. 1919 kommt es dann auf Betreiben der deutsch-

[237] Hirschhausen, Ulrike von. *Die Grenzen der Gemeinsamkeit: Deutsche, Letten, Russen und Juden in Riga 1860–1940*. Göttingen: Vandenhoeck und Ruprecht, 2006. 25.

[238] Ostwald, 2003, 16.

[239] Hirschhausen, 2006, 187.

[240] Kiverik, Indrek. »Die Deutschbalten und die jungen Nationalbewegungen in den Ostseeprovinzen des Russischen Reiches 1885–1914/17.« *Nordost-Archiv: Zeitschrift für Regionalgeschichte*. 19 (2010): 38.

baltischen Großgrundbesitzer zu einem Putschversuch gegen die lettische Regierung, der das Verhältnis der Ethnien noch weiter verschlechtert.[241] Die Situation stellt sich in der Aufarbeitung aktueller Geschichtsschreibung also facettenreicher dar als in Ostwalds Retrospektive.

Der Verweis auf den Ausgang des Ersten Weltkriegs könnte aber symptomatisch für die Haltung sein, die Ostwalds Perspektive in den zwanziger Jahren bestimmt. Er sieht Deutschland hier in einer Opferrolle. Der Krieg sei ihm aufgezwungen und auch nach Friedensschluss durch die Politik der Siegermächte fortgeführt worden.[242] Die im Versailler Vertrag festgeschriebene, alleinige Kriegsschuld wurde in Deutschland vielerorts als ungerecht empfunden. Im Fall Ostwalds kommt noch die Einschätzung hinzu, dass der Krieg maßgeblich von Seiten französischer Wissenschaftler auch in die *scientific community* getragen worden sei und er sich persönlich verleumdet sieht.[243] Der harsch abwertende Ton gegenüber den Anderen muss also im Zusammenhang mit dieser Perspektive einer doppelten Opferrolle verstanden werden, nicht um ihn historisch zu rechtfertigen, sondern um ihn zu begreifen.

Die nationale Identität wird hier nicht als inhärent problematisch, sondern als von außen bedroht dargestellt. Im Bezug auf die andere Ethnie verfahren die *Lebenslinien* also ähnlich wie im Bezug auf die andere Wissenschaft bzw. auf die Philologen. Ostwalds auf Zusammenhang und Integration ausgerichtete Schreibpraxis stößt dabei an eine Grenze. Was sich nicht in seinem Sinne als integrierbar erweist, wird vollständig aus dem Bereich des Akzeptablen gestrichen. Die problematische Blickrichtung deutet sich dabei schon in seinem frühen Umgang mit Literatur an. Es ist die wertende Einschätzung des Anderen, die zur Karikatur gerät.

Cajals fremder Junge, der sowohl der Andere als auch Cajal selbst sein kann, in jedem Fall aber Spanier ist, verweist dagegen auf ein inhärentes Problem des nationalen Selbstverständnisses. Auch hier ist der historische Moment, von dem aus geschrieben wird, entscheidend. Zu Beginn des 20. Jahrhunderts war das Ende des Spanisch-Amerikanischen Krieges, in dem Spanien mit Kuba, Puerto Rico und den Philippinen seine letzten überseeischen Kolonien verlor, gerade zwei Jahre her. Das nationale Selbstverständnis ist entsprechend eines der Hauptthemen jener Generation

---

[241] Lenz, Wilhelm. »Die deutsche Reichspolitik, das Bermondt-Unternehmen und die Deutschbalten 1918/1919.« *Die deutsche Volksgruppe in Lettland während der Zwischenkriegszeit und aktuelle Fragen des deutsch-lettischen Verhältnisses*. Boris Meissner, Dietrich A. Loeber und Detlef Henning, Hg. Hamburg: Baltica, 2000. 26.

[242] Ostwald, 2003, 510.

[243] Ebd., 331.

spanischer Intellektueller, die häufig unter dem Datum 98 zusammengefasst wird. Auch in Cajals Texten ist das Problem, bis in seine letzten Veröffentlichungen hinein, präsent. Der nachdrücklich artikulierte Patriotismus auf der einen, trifft auf die Kritik der nationalen Verhältnisse auf der anderen Seite. Das Erwachen des Bewusstseins einer nationalen Identität wird, wie so vieles in der *Infancia*, anhand eines Schlüsselmoments geschildert. Es ist einer der drei entscheidenden Momente des vierten Kapitels, neben der Mondfinsternis und dem Einschlag des Blitzes. Cajal erinnert sich an die Siegesfeiern, die in Valpalmas anlässlich der Einnahme der marokkanischen Stadt Tetuán veranstaltet werden:

> »Endlich« – hörte ich sagen – »sind die Lanzen und Schwerter, mit denen wir so oft uns selbst bekämpft haben, wieder gegen die verhassten Feinde unserer Rasse gerichtet.« [...] Dies war das erste Mal, dass das Gefühl für das Vaterland und seine historischen Wurzeln einigermaßen klar vor meinem Geist erschien. [...] Diese Begriffe überschreiten und erweitern das kleinliche Konzept der Familie, und ohne die Ehrfurcht vor dem Glockenturm [campanario] zu mindern, zeigen sie uns, dass jenseits des Begriffs der Region millionen von Brüdern leben, die gemeinsam mit uns lieben, hoffen, kämpfen und hassen, die, im Ganzen, dieselbe Sprache sprechen, dieselbe Herkunft und dasselbe Schicksal haben.[244]

Auffällig ist, dass sogar der Sieg gegen die Marokkaner zunächst als Entlastungsmoment auf das von Bürgerkriegen und internen Konflikten stark strapazierte Nationalempfinden wirkt. Die Hauptfeinde der Spanier sind die Spanier und der militärische Erfolg nach außen hat vor allem die Funktion, nach innen die Einigkeit zu befördern.

Neben der konkreten Gefahr des Bürgerkriegs, zeigt das Zitat auch noch eine weitere Herausforderung an die nationale Einheit auf: das Verhältnis von Region und Nation. Das Thema klingt bereits im ersten Satz des Textes an: »Ich wurde am 1. Mai 1852 in Petilla de Aragón geboren, einem ärmlichen Ort, der zu Navarra gehört, aber, durch besondere geographische Willkür, mitten in der Provinz Zaragoza gelegen ist [...].«[245] Petilla ist, als Enklave von Navarra in Aragón, eine einzelne Zelle, die irgendwie nicht zu ihrer Umgebung passt – eine widerstrebende Entität.

---

[244] »›Por fin – oía yo decir – las lanzas y espadas, a menudo esgrimadas contra nosotros mismos, se han vuelto contra los odiados enemigos de la raza.‹ [...] Fue ésta la primera vez que surgieron en mi mente, con alguna clarividencia, el sentimiento de la patria y sus raíces históricas. [...] Estas nociones exceden y dilatan el mezquino concepto de familia, y, sin mitigar la devoción al campanario, nos enseñan que más allá de los términos de la región viven millones de hermanos nuestros que aman, esperan, luchan y odian al unísono con nosotros; que hablan, en suma, la misma lengua y tienen iguales prosapia y destino.« Ramón y Cajal, 2006, 116f.

[245] »Nací el 1° de mayo de 1852 en Petilla de Aragón, humilde lugar de Navarra, enclavado por singular capricho geográfico en medio de la provincia de Zaragoza [...].« Ebd., 99.

Daraus leitet Cajal am Beginn des zweiten Kapitels die Feststellung ab: »Mir fehlt also die kleine Heimat [...] vorteilhaft für meine patriotischen Gefühle, die sich umso freier über das weite und großzügige Feld des gesamten Spaniens bewegen konnten.«[246] Hier ist deutlich gesagt, wie die Frage des Verhältnisses von Region und Nation, die sich im Laufe des 20. Jahrhunderts zu einem der großen spanischen Themen auswachsen wird, von Cajal beantwortet wird. Er braucht die Nation als Ersatz für die nicht-vorhandene »kleine Heimat«. Entsprechend kritisch sieht er das Erstarken der regionalen Nationalismen innerhalb Spaniens. Die Schilderung der Militärzeit vor der Abreise nach Cuba ist der einzige Moment, in dem die Retrospektive nostalgische Töne anstimmt. Cajal berichtet von der Gastfreundschaft der Katalanen und ihrer Loyalität gegenüber dem Zentralstaat sowie dem selbstverständlichen Gebrauch des Kastilischen im Verkehr außer Haus. Dieser Zustand scheint ihm 1917 bereits rettungslos verloren.

Die Mischung aus Patriotismus und nationaler Selbstkritik beherrscht auch die Darstellung des Aufenthalts auf Cuba. Die Erfahrungen in den Militärhospitälern, die eigene Malariaerkrankung, die Geringschätzung der Kreolen als degenerierte Europäer, die Korruption im spanischen Heer und die Ineffektivität seiner Kriegsführung fließen zusammen in einer Einschätzung, die den ganzen Konflikt letztlich zu einem innenpolitischen Problem macht. Cajal kommt zwar zu dem Schluss, dass die Unabhängigkeit Cubas früher hätte erfolgen sollen, aber nicht aus dem eigenen Recht der Kubaner, sondern aus der Überlegung heraus, dass ein solcher Schritt Spanien vor großen Verlusten bewahrt hätte.[247]

Obgleich Cajal den Patriotismus als Tugend begreift, wird er dennoch nicht als unproblematisch dargestellt. Schon im Moment seiner Genese, im vierten Kapitel, wird die Gefahr angeführt, dass er zur Ablehnung oder sogar zum Hass gegen das Fremde führen kann.[248] In der Summe spielt das Thema der Nation bei Cajal eine wesentlich größere Rolle als bei Ostwald. Die Einschluss- und Ausschlussverfahren, die an entsprechenden Identitätsmustern hängen, werden deshalb auch deutlicher reflektiert.

Nun enthalten die beiden angeführten Abschnitte nicht nur Aussagen über den Anderen in ethnischen Kategorien, sondern auch über das alltägliche Zusammentreffen der Jungen in der Schule und auf der Straße. Wie Ostwald den Zweifel, den die Anderen ihm entgegenbringen in den

---

246 »Carezco, pues, de patria chica [...] ventaja para mis sentimientos patrióticos, que han podido correr más libremente por el ancho y generoso cauce de la España plena.« Ebd., 104.

247 Ebd., 306.

248 Ebd., 118.

Lebenslinien wiederholt als Motivation nutzt, um selbst gesteckte Ziele zu erreichen, berichtet auch Cajal von Konflikten, die ihn zu konzentrierter Aktivität animieren. Die Konstellation ist allerdings anders als bei Ostwald. In Huesca wird Cajal von älteren Schülern gemobbt. Da er sehr stolz ist, arten diese Auseinandersetzungen schnell in Schlägereien aus, in denen er unterliegt, da er jünger als seine Gegner ist und diese darüber hinaus in der Überzahl sind. Um seine ungünstige Situation zu verbessern, beginnt er gezielt damit, Krafttraining zu machen. Nach einigen Wochen kontinuierlichen Muskelaufbaus fordert er den stärksten seiner Gegner zum Zweikampf heraus und triumphiert. In Zukunft hat er nicht nur seine Ruhe, sondern die Jungen akzeptieren nun ihn als Anführer.[249]

Später, als Student, hält sich Cajal aufgrund seiner ländlichen Herkunft den Kommilitonen aus der Stadt gegenüber immer für körperlich überlegen und ist sehr überrascht, als einer ihn im Armdrücken besiegt. Auch dieser gibt an, regelmäßig zu trainieren. Cajal kündigt draufhin an, ihn innerhalb der kommenden sechs Monate zu besiegen, was auch gelingt. In dieser Zeit trainiert er zwei Stunden täglich. Fotos des 18-Jährigen zeigen die ausgesprochen stark entwickelte Oberarmmuskulatur. Auch diese neue Beschäftigung, die man als ein Beispiel des Ostwald'schen Schwungrads sehen könnte und die Cajal als »gymnastische Manie« bezeichnet, wird in der Retrospektive vor allem kritisch betrachtet. Cajal nennt die Veränderung des körperlichen Erscheinungsbildes grotesk und meint aus eigener Erfahrung bestätigen zu können, dass ein Übermaß an körperlicher Kräftigung die Abnahme der intellektuellen Fähigkeiten sowie eine verstärkte Neigung zu körperlicher Gewalt befördere.[250] Der neuen Beschäftigung wird lediglich zugestanden, den Stoff zu einer weiteren pikaresken Anekdote zu stiften. Ein Mädchen, welches den jungen Studenten ab und zu auf der Straße begegnet, macht durch seine auffällige Schönheit von sich reden. Cajal nennt sie für sich die Venus von Milo. Wo sie wohnt, hat sich schnell herumgesprochen und häufig treffen sich junge Schwärmer vor ihrem Haus. Eines Tages trifft Cajal dort auf einen sehr selbstbewussten Rivalen, der ihm kurzerhand verbietet, sich in der entsprechenden Straße aufzuhalten und dem jungen Medizinstudent Prügel androht. Dieser nimmt die Herausforderung an, und die beiden begeben sich an einen abgelegenen Platz, um dort ihre Ansprüche auszukämpfen, wobei Cajal seinen Gegner wieder überwindet.[251]

---

249 Ebd., 179.
250 Ebd., 266.
251 Ebd., 269.

Die bekannten Motive der Konfrontation und der Körperlichkeit bestimmen auch die Darstellung dieser Verortung im sozialen Kontext. Cajal trainiert seinen Körper und die Ausdehnung der Körperkontur durch Überentwicklung der Muskulatur wird fotografisch dokumentiert. Das erlaubt ihm wiederum, seinen Platz durch körperliche Auseinandersetzungen zu erobern und zu behaupten. Dem wiederholten Erfolg durch Überwindung des Widerstands steht Ostwalds Erfahrung des moralischen Schwungrads und der Integration des Widerstands als Motivation im eigenen Bildungsprogramm gegenüber.

Das Mädchen, um das die Schlägerei sich drehte, hat Cajal nie selbst kennengelernt, überhaupt werden Kontakte zum anderen Geschlecht in der *Infancia* kaum geschildert, bis der Protagonist am Ende des Bandes heiratet.[252] Seine Frau Silveria Fañanás bleibt, wie schon seine Mutter, namenlos. Einige Freunde Cajals halten den Schritt für einen Fehler, der möglicherweise das Ende seiner Karriere bedeuten könnte. Er lässt sich davon nicht beirren, weil er sich vom Charakter seiner zukünftigen Gattin überzeugt hat und ihn komplementär zu seinem eigenen findet. Das heißt konkret, dass sie ihre Wünsche seinem Lebensideal unterordnet und damit den Vorrang seiner Arbeit klar akzeptiert. Cajal betont, wie berechtigt die Bedenken seiner Freunde anderen Falls gewesen wären.[253] In seinen *Regeln und Ratschlägen zur wissenschaftlichen Forschung* diskutiert er auch die Frage, ob Wissenschaftler heiraten sollten. Er bejaht das und wendet sich den Kriterien der Partnerwahl zu. Dabei identifiziert er vier Typen von Frauen, die geeignete Partnerinnen für den Wissenschaftler darstellen können: die Intellektuelle, die reiche Erbin, die Künstlerin oder die »emsige Frau«. Die Intellektuelle wäre die beste Wahl, allerdings gibt er an, dass sie in Spanien schwer zu finden sei, daher müsse man sich aus den anderen Gruppen behelfen. Nacheinander werden diese nun auch aussortiert, bis nur noch die Emsige übrig bleibt, die ihrem Mann in Hoffnung auf dessen künftigen Ruhm den Rücken frei hält.[254]

Auch OSTWALD muss sich Unkenrufe gefallen lassen, als er sich zur Hochzeit mit Helene von Reyher entschließt, allerdings kommen die nur aus einer einzigen Richtung. Der Verlobte sieht sich schnell mit der Frage konfrontiert, wie er den neuen Hausstand finanzieren soll und hofft auf eine Dozentenstelle in Dorpat. Das Vorhaben scheitert an der

---

252 Eine frühe Verlobung wird vorzeitig wieder gelöst. Ebd., 322.

253 Ebd., 346.

254 Der Band ist tatsächlich in deutscher Übersetzung erschienen: Ramón y Cajal, Santiago. *Regeln und Ratschläge zur wissenschaftlichen Forschung*. München: Verlag von Ernst Reinhardt, 1938. 100.

mangelnden Initiative des Physikprofessors Arthur von Oettingen, der Ostwalds Heirat nicht befördern möchte, weil er darin eine mutwillige Zerstörung von dessen wissenschaftlicher Zukunft sieht.[255] Erst als Ostwald eine Stelle als Lehrer für Mathematik und Naturwissenschaften in der Kreisschule Dorpat bekommt, ist die Heirat möglich. Obgleich sich Ostwald in diesem Punkt weniger grundsätzlich äußert als Cajal, sagt er bezüglich der ehelichen Arbeitsteilung dasselbe. Helene, die zunächst nur für die Bewirtschaftung einer Zweizimmerwohnung verantwortlich ist, fühlt sich unterfordert:

> Insbesondere wünschte sie angesichts der sehr weit ausschauenden Pläne, die ich für die künftige Gestaltung meines wissenschaftlichen Arbeitslebens der teilnahmsvoll, ja begeistert lauschenden Zuhörerin entwickelte, auch ihrerseits etwas Großes zu unternehmen. Nun begannen aber die ersten Vorzeichen ihrer künftigen sehr anspruchsvollen Pflichten (sie hat inzwischen fünf Kinder großgezogen) am Horizont unseres Lebens zu erscheinen; somit hieß es für sie, auf anderweitige Arbeitspläne zu verzichten und sich auf das kommende Ereignis vorbereiten. In den wechselnden Stimmungen hierbei hat ihr nun nichts so lebendigen Trost, ja Erfrischung gebracht, als die Worte, die gleich am Anfang von GOETHES Maximen und Reflexionen stehen. Sie lauten: Wie kann man sich selbst kennenlernen? Durch betrachten niemals, wohl aber durch Handeln. Versuche deine Pflicht zu tun, und du weißt sogleich, was an dir ist. Was aber ist deine Pflicht? Die Forderung des Tages.‹
> Es war ein folgenreiches Erlebnis für mich, zu beobachten, wie durch dies Wort die unklar drängenden Wünsche und Bestrebungen alsbald in ein ruhiges Bett geleitet wurden, in dem sie sich in ganz bestimmter Richtung betätigten und vielfältigen Segen gebracht haben.[256]

Bei beiden Autoren findet sich ein Bild ehelicher Arbeitsteilung, das am Ende des 19. Jahrhunderts vermutlich weder für den deutsch- noch für den spanischsprachigen Raum ungewöhnlich war, allerdings kann man festhalten, dass die *Lebenslinien* eine implizite Fragestellung formulieren. Helene Ostwald scheint, wenigstens vorübergehend, unzufrieden gewesen zu sein, und der Text hebt deshalb den ›segensreichen‹ Ausgang der Verbindung hervor. Als entscheidend für meine Argumentation werden sich genau die beiden Formulierungen erweisen, anhand derer die Einordnung der Ehefrau ins eigene Leben beschrieben wird. Bei Ostwald ist von der Leitung bzw. der Kanalisierung einer bestimmten Dynamik die Rede, bei Cajal vom Auffinden des richtigen Typus.

[255] Ostwald, 2003, 72.
[256] Ebd., 78.

3.4 Fazit: Die Darstellung der Anfänge des autobiographischen Selbst

Im Fokus dieser Arbeit steht wie gesagt nicht die philologische Einordnung in die Gattungsgeschichte, welche die im Text sichtbaren Strukturen ins Verhältnis zu Vorgängern und Nachfolgern stellt. Dennoch muss angemerkt werden, dass verschiedene Leser Cajals bereits auf die innovativen Momente der *Infancia* hingewiesen haben. So stellt Ricardo Fernández Cajal und Unamuno an den Anfang einer ganz neuen Art des autobiographischen Schreibens in Spanien, nämlich des Schreibens über die eigene Kindheit.[257] Sánchez Blanco-Parody sieht vor allem in Cajals Interesse an den körperlichen Prozessen ein Novum.[258]

Ein entsprechend innovatives Potential wird Ostwalds Autobiographie in der Regel nicht zugeschrieben.

> [...] hat er doch auch die allgemeine Aufgabe, die er sich selbst stellte, gelöst, nicht nur »Zeitbildliches zu geben«, sondern anschaulich zu machen, wie in den ersten Lebensjahren »der ganze Mensch steckt«. Es gelang ihm das vor allem durch die künstlerische und menschlich schöne Art, in der er den Gegensatz von Vater und Mutter seiner Darstellung zu Grunde gelegt hat; in der Verbindung der charakterisierenden Erblichkeiten und nationale Eigenschaften hervorhebenden Beurteilung [...].[259]

Derart äußert sich Georg Misch nicht über Ostwald, sondern über Fontanes *Meine Kinderjahre* von 1893. Der zentrale Themenkomplex der Kindheitsschilderungen in den *Lebenslinien* ist also spätestens hier vorgeprägt. Näher an die spezifische Qualität der Ostwald'schen Autobiographik kommt Misch vermutlich mit dem letzten Autoren, dessen autobiographische Schrift er in seiner *Geschichte der Autobiographie* überhaupt behandelt, mit Hermann von Helmholtz. Bei diesem sieht Misch die Darstellung eines Menschen, der aus natürlichen Anlagen und den Mitteln der Wissenschaft »eine Welt erbaut hat«. Wobei der Erfolg seiner Unternehmungen jeweils sowohl zum Maßstab seiner selbst wurde als auch für das, »was er weiter versuchen durfte«.[260] Überblicksdarstellungen jüngeren Datums betonen eher die ungeheure Vielfalt autobiographischer Texte deutscher Sprache im späten 19. und frühen 20. Jahrhundert.

---

[257] Fernández, 2006, 71.

[258] Sánchez-Blanco Parody, Francisco. »La conciencia del cuerpo: los escritos autobiográficos de Santiago Ramón y Cajal.« *Asdepio, Archivo Iberoamericana de la Medicina y Antropología Médica.* 12, 2 (1984): 244.

[259] Misch, Georg. *Geschichte der Autobiographie: Von der Renaissance bis zu den autobiographischen Hauptwerken des 18. und 19. Jahrhunderts.* Frankfurt a.M.: Verlag G. Schulte-Bulmke, 1969. 977.

[260] Ebd., 979.

»Da die Autobiographie ein Massenphänomen in allen gesellschaftlichen Bereichen wird, gibt es auch unter den Naturwissenschaftlern im Laufe der Zeit verhältnismäßig immer mehr Personen, die eine Autobiographie schreiben, als noch um 1800.«[261]

Das Interesse an den behandelten Texten beruht also nicht auf augenscheinlichen Formalia, deren Analyse einen Sprung in der Gattungsentwicklung offenbaren würde, sondern in einer besonderen Entsprechung von Form und Inhalt, die hinsichtlich des Lebenswissens relevant wird. Grenzen einer bestimmten Logik oder Sagbarkeit können in der Selbstdarstellung an verschiedenen Stellen sichtbar werden. Es gibt allerdings bevorzugte Stellen, welche schon aufgrund ihrer Position dafür prädestiniert sind, Sinngebungsprozesse zu strapazieren. Dies ist beispielsweise der Fall, wo sich das Selbst autobiographisch einen Anfang geben möchte.

Im ersten Lektüreabschnitt sind sowohl Anfänge betrachtet worden, die in der Gattung der Autobiographik selbst tradiert werden, wie die Erinnerung bzw. der Unterschied zwischen erlebtem und erfahrenem Erinnern, als auch solche, die spezifisch für die behandelten Texte sind, etwa die Aufnahme charakteristischer Handlungsmuster, anhand deren sich das Selbst autobiographisch bestimmt. Dabei haben sich einerseits Parallelen gezeigt, die mit Blick auf den späteren Beruf das Bild einer gemeinsamen Disposition beider Autoren zeichnen und andererseits typische Darstellungsformen, die jeweils bevorzugt zum Einsatz kommen, wenn die Selbstbeschreibung in besonderem Maße herausgefordert ist. Hinsichtlich der Disposition wären die Relevanz des Visuellen, die handwerkliche Neigung und die Faszination für bestimmte Naturphänomene zu nennen. Die jeweiligen Darstellungsformen dagegen lassen sich gerade anhand ihrer Gegenüberstellung charakterisieren.

In den *Lebenslinien* kommt an signifikanten Stellen ein Hang zur Abstraktion zum Ausdruck. Ostwalds Schären-Analogie, die in direktem Zusammenhang mit der Analogie des sich hebenden Kontinents steht, löst den Teil eines konkreten Erlebnisses von diesem ab und stellt ihn in einen Zusammenhang, in dem ihm allgemeine Geltung zugesprochen wird. Das Bild dient nicht nur der Erläuterung des eigenen Erinnerns, sondern will beschreiben, wie sich die Erinnerung an die eigene Jugend allgemein vollzieht. Doch damit nicht genug, stellt es gleichzeitig die Entwicklung allen Wissens und aller Wissenschaft dar. Das Bild zielt damit auf eine umfassende Gültigkeit ab. Eine andere Form der Abstraktion zeigt sich im Begriff des moralischen Schwungrads, mit dem Ostwald potentielle Konfliktsituationen in triumphale Entwicklungsschritte seiner Selbstän-

[261] Jakobs, 2006, 24. Vgl. auch Holdenried, 2000, 205 ff.

digkeit verwandelt. Die Begriffsbildung suggeriert dabei die Anwendung einer Technik, was wiederum die eigene Handlungsfähigkeit (gleichgesetzt mit dem handelnden Naturwissenschaftler) betont.

In diesen Wissensbegriffen stecken bereits die anderen Darstellungsmuster, die für die Anfänge des autobiographischen Erzählens in den *Lebenslinien* relevant sind. Die geographischen Analogien stimmen darin überein, dass sie das Insuläre des Wissens als defizitären Zustand beschreiben. Beide betonen unbedingt den Zusammenhang und diese Präferenz zeigt sich in den *Lebenslinien* auf allen Ebenen. Neben der begrifflich-vergleichenden Fassung wird der Zusammenhang Teil des Narrativs, wenn die einzelnen Momente des sich entwickelnden Selbsbewusstseins konsequent im »Zusammenhang mit späteren Arbeiten« dargestellt werden. Dies verweist nicht nur auf die inhaltliche Kontinuität, für die das Konzept der Lebenslinie steht, sondern stellt auch eine inhaltliche Verbindung zu den beiden folgenden Bänden her, die auf formaler Ebene ihre Entsprechung in der Einrichtung des Gesamtwerkes findet.

Wie das moralische Schwungrad potentielle Widerstände als Motivationsanschub in das Bildungsnarrativ integriert, bekommen all die disparaten Tätigkeiten und Interessen ihren Stellenwert im Ganzen zugewiesen. Allerdings stößt dieser Darstellungsmodus an seine Grenzen, wenn er etwas nicht integrieren kann. Hier zeigt sich die andere Seite des unbedingten Strebens nach Zusammenhang. Was sich als nicht integrierbar erweist, darf eigentlich nicht sein und wird entsprechend harsch ausgesondert. Dies bezieht sich einerseits auf die ethnische Pluralität im Baltikum (die in Ostwalds Beispiel selbstverständlich auch ein sozialer Konflikt ist) und andererseits auf den Unterschied zwischen Natur- und Geisteswissenschaften. Die jeweiligen Beurteilungen müssen auch im Zusammenhang mit Erlebnissen betrachtet werden, die zwischen dem dargestellten Moment und dem Moment der Darstellung liegen, aber dennoch zeigt sich die Autobiographik der frühen Jahre besonders anfällig für diese Art von Integrationsproblemen. Sie beziehen einen Teil ihrer Brisanz aus der Tatsache, dass das Selbst, noch in der Entwicklung begriffen, seine Geschicke in geringerem Umfang lenkt, als es später beim Erwachsenen geschieht, weshalb die Bandbreite dessen, womit es konfrontiert wird und was durch Aufwand integriert werden muss, sehr hoch ist.

In der *Infancia* zeigt sich im Vergleich eine stärkere Tendenz zum Konkreten. Dies wird einerseits am Beginn der Erinnerung deutlich, in der eine konkrete Reise ersetzen soll, was durch die Vermittlung der Retrospektive nicht mehr zu erreichen ist, andererseits durch die Bevorzugung konkreter Erlebnisse und Anekdoten, wo die *Lebenslinien* in stärkerem Maße auf Gewohnheiten, regelmäßig Stattfindendes und den knappen Überblick hinsichtlich größerer Zeiträume zurückgreifen. Wo Ostwald zur Beschreibung einer charakteristischen Gewohnheit neigt, finden sich bei Cajal bevorzugt die Schilderungen von Schlüsselmomenten oder anderweitig signifikanten Anekdoten. Die Ethymologie von *konkret* aus dem lateinischen *concretus* (*fest*) verweist auf ein weiteres typisches Darstellungsmuster der *Infancia*: die Tendenz zu direkter und metaphorischer Körperlichkeit und Materialität. In der Reisebeschreibung wird die körperliche Verfasstheit des Menschen auf unterschiedliche Weise thematisiert und in der abstrakteren Erinnerungsanalogie des fotografischen Films ist die Erinnerungsfähigkeit eine Eigenschaft des lichtempfindlichen Materials.

Der Körper des Protagonisten ist bei Cajal immer wieder direkt in die Auseinandersetzung mit der Umwelt einbezogen. Er wird durch den Vater körperlich gezüchtigt, er prügelt sich mit Gleichaltrigen und trainiert seinen Körper gezielt auf solche Konfrontationen hin. In dem Maße, in dem sich das Einschwenken auf die spätere Laufbahn abzeichnet, wird der Körper zunehmend Studienobjekt, wobei er gleichzeitig frühe Begegnungen mit der Thematik des Todes bereithält und damit wiederholt zum Ausgangspunkt wird, um die eigene Endlichkeit zu thematisieren.

Körperlichkeit und Materialität führen wiederum zum Thema der Form, der Kontur bzw. der Begrenzung des Konkreten. Dieses kommt in Cajals Zeichendrang, in der wiederholten Darstellung der Wand und im übertragenen Sinne durch Verstoß und die Übertretung dessen, was durch Autoritäten gesetzt wird, zum Ausdruck. Formal zeigt sich die Begrenzung, im Gegensatz zum Zusammenhang bei Ostwald, durch die bereits erwähnte Tendenz zum abgeschlossenen Einzelerlebnis, zur abgeschlossenen Anekdote und zur formalen Trennung der *Infancia* von den anderen Teilen der Autobiographik Cajals. Diese wird nicht zuletzt durch den Erzähler unterstützt, der sich immer wieder vom Protagonisten als einem anderen, früheren Ich abgrenzt.

4
Lektüreabschnitt II: Darstellungsmuster wissenschaftlicher Spezialisierung

> Ich würde sagen, es wird eine Menschheitsaufgabe sein, das große Vermächtnis unserer Wissenschaftskultur in seiner Begrenztheit einzusehen, denn sonst bringen wir uns mit Sicherheit irgendwann um.
>
> *Hans-Georg Gadamer*

Der biographischen Chronologie folgend, geht es in diesem Kapitel um die Darstellung der wissenschaftlichen Arbeit von Santiago Ramón y Cajal und Wilhelm Ostwald. Damit stehen einerseits die *História de mi labor científica* und andererseits der zweite Band der *Lebenslinien* im Mittelpunkt der Untersuchung. Da für den Fortgang der Argumentation ein grundlegendes Verständnis der Arbeit beider Wissenschaftler notwendig ist, wird in diesem Kapitel stärker auf die referenzielle Dimension der Schilderung verwiesen, d. h., dass auch andere Quellen zur Erläuterung der in den entsprechenden Texten geschilderten Sachverhalte herangezogen werden. Ich werde bei der Darstellung der histologischen und physikochemischen Inhalte von einem eher begrenzten Vorwissen ausgehen und die entsprechenden Zusammenhänge so referieren, wie ich sie mir im Zuge meiner Lektüre selber angeeignet habe. Aus demselben Grund werden die Abschnitte, die sich auf die beiden Autoren beziehen, nacheinander und nicht wie im vorangehenden Kapitel im thematisch orientierten Wechsel präsentiert.

Ziel dieses Lektüreabschnitts ist es, die herausgearbeiteten Darstellungsmuster, mit denen Ostwald und Cajal die Rede des autobiographischen Selbst gestalten, ins Verhältnis zur wissenschaftlichen Spezialisierung der Autoren zu setzen. Ich gehe von der These aus, dass sich die herausgearbeiteten Darstellungsmuster direkt aus den spezifischen Disziplinen ergeben. Gleichzeitig werden in den Texten, die hier in Frage kommen, wiederum bestimmte Lebensabschnitte dargestellt und somit wird auch das Lebenswissen auf neuen Ebenen angesprochen.

4.1 1887 – Das Jahr der physikalischen Chemie

Wilhelm Ostwalds Arbeit als Physikochemiker ist Gegenstand des zweiten Teils der *Lebenslinien, Leipzig 1887–1905*. Doch die Dreiteilung des gesamten Werks orientiert sich, wie bereits erwähnt, vorrangig an biographischen und geographischen Stationen. So kommt es, dass frühe Arbeiten schon während des Studiums und erste Schritte im akademischen Leben bereits in den letzten Kapiteln des ersten Bandes behandelt werden, bevor 1887 der Ruf nach Leipzig erfolgt. Dieses Jahr scheint mir aber der geeignete Einsatzpunkt für die Auseinandersetzung mit der Darstellung jener Wissenschaft, deren Verbundenheit mit dem Datum Ostwald selbst hervorhebt. So heißt es im zweiten Kapitel des Bands in einem Abschnitt, der den Titel *Ein Wendepunkt der Wissenschaft* trägt:

> Es ist schon von anderen bemerkt worden, daß für die physikalische Chemie das Jahr 1887 ein kritisches Jahr erster Ordnung war, und zwar im Sinne einer ungewöhnlichen Fruchtbarkeit. Zunächst kann man den Abschluß des »Lehrbuchs der Allgemeinen Chemie« hierher rechnen [...] Ferner begann mit diesem Jahr die »Zeitschrift für physikalische Chemie« zu erscheinen. [...] Ferner war in einem mittleren Heft des ersten Jahrganges der Zeitschrift ein Aufsatz des Mitherausgebers J. H. van't Hoff erschienen mit dem damals seltsam klingenden Titel: Die Rolle des osmotischen Drucks in der Analogie der Lösungen mit den Gasen [...] Neben jenem schöpferischen Gedanken van't Hoffs war im gleichen Jahr 1887 der nicht minder schöpferische Gedanke der elektrolytischen Spaltung (Dissoziation) von Arrhenius an das Licht getreten.[262]

Dieser Überblick strukturiert den Gang meiner folgenden Überlegungen. Ich werde daher wiederholt auf ihn zurückkommen.

4.1.1 Ostwald betreibt negative Chemie

Der letztere der beiden genannten Beiträge aus dem ersten Jahrgang der *Zeitschrift für Physikalische Chemie* stammt von dem schwedischen Chemiker Svante Arrhenius. Er beschäftigt sich mit dem Gedanken der elektrolytischen Dissoziation, der in den *Lebenslinien*, im Anschluss an das obige Zitat, erläutert wird. Seinen Ausgangspunkt hat er im Konzept des Elektrolyts, also eines Stoffs, der in der Lage sein soll, in einer Lösung bei angelegter Spannung elektrischen Strom zu leiten. Die Leitung wird hier als Bewegung von Ionen gedacht, welche, nach einem Bild Ostwalds, den Elektrizitätsmengen die Schiffe liefern, mit denen diese den Strom

---

[262] Ostwald, 2003, 148.

entlang fahren.[263] Damit dies möglich wird, muss der entsprechende Stoff in der Lösung zunächst in Ionen zerfallen und dieser Vorgang wird als Dissoziation bezeichnet. Arrhenius untersuchte Lösungen von Elektrolyten hinsichtlich des Verhältnisses vom Dissoziationsgrad des jeweiligen Stoffes zur Leitfähigkeit der Lösung. Er war von der Frage ausgegangen, warum nur gewisse Anteile der Lösung den Strom leiten und andere nicht. Schließlich kam er zu der Erklärung, dass beispielsweise in einer Salzlösung eben jene Anteile des Salzes, die dissoziiert und so in freie Ionen zerfallen sind, leiten, während Anteile an nicht dissoziertem Salz das nicht tun.[264] Bis zu einem gewissen Punkt erhöht sich so die Leitfähigkeit entsprechend dem Grad der Dissoziation.

Ostwald stellt die Ergebnisse seiner eigenen experimentellen Arbeit jener Zeit in einen direkten Zusammenhang mit dieser Entdeckung. Er untersucht die Leitfähigkeit bestimmter Säuren und stellt dabei fest, dass Lösung und Dissoziation nicht unbedingt zusammenfallen. Während die Lösung nur verlangt, dass zwei Stoffe untrennbar vermischt werden, kann man von Dissoziation nur für den Zerfall von Molekülen in Ionen sprechen. Für Lösungen von Säuren, die den Strom nur schlecht leiten, sogenannte *schwache Elektrolyte*, lässt sich also annehmen, dass sie zwar vollständig gelöst, aber unvollständig dissoziiert sind, womit nur wenige Ionen zur Verfügung stünden, um den Strom zu leiten. Ostwald weist nun nach, dass auch solche Stoffe bei hinreichend starker Verdünnung vollständig dissoziieren. Diese Vorstellung ist als Ostwald'sches Verdünnungsgesetz in die begrifflichen Bestände der Chemie eingegangen.[265]

Untersuchungen, wie Ostwald und Arrhenius sie durchführen, gehören im auslaufenden 19. Jahrhundert noch nicht ins Standardrepertoire chemischer Experimentalpraxis. Der Fokus dieser Arbeiten liegt auf den physikalischen Aspekten des Wandels von Stoffen in Reaktionen; der Änderung von Aggregatszuständen, von elektrischer Leitfähigkeit, der Wärmeentwicklung etc. Ihre Ergebnisse erscheinen oft in Form langer Tabellen, die Veränderungen von Messwerten unter kontinuierlich variierten Bedingungen abbilden.[266]

---

263 Ebd., 152.

264 Ebd.

265 Falkenhagen, Hans. *Theorie der Elektrolyte*. Leipzig: S. Hirzel Verlag, 1971. 64.

266 Damit soll nicht behauptet werden, dass entsprechende Fragestellungen vorher unbekannt gewesen wären, sondern dass, vor allem durch den Erfolg Justus Liebigs, die organische Chemie Ende des Jahrhunderts die akademische Wahrnehmung der Disziplin bestimmte. Vgl.: Hapke, Thomas. *Die Zeitschrift für Physikalische Chemie: 100 Jahre Wechselwirkung zwischen Fachwissenschaft, Kommunikationsmedium und Gesellschaft*. Herzberg: Verlag Traugott Bautz, 1990. 17f.

Im Anschluss an die Darstellung seiner Arbeiten aus den Jahren 1887 und 88 geht Ostwald ironisch auf die überkommene Erwartung dessen ein, was ein Chemiker tun sollte. Die Mehrzahl der Fachkollegen betrachte die Herstellung neuer Stoffe und die Bestimmung ihrer Konstitution als die eigentliche Chemie und nicht selten sei der Vorwurf ergangen, Ostwald sei gar kein Chemiker, da er nie einen Stoff hergestellt habe. Provokativ beansprucht der Beschimpfte nun für sich den Titel des »negativen Chemikers«, denn er habe »die Liste der organischen Verbindungen nicht nur nicht vermehrt, sondern vermindert, allerdings leider nur um ein Glied«.[267] Das genannte Glied war in den frühen sechziger Jahren von Hermann Kämmerer unter dem Namen Isomalsäure eingeführt worden. Ostwald berichtet, wie er, eher zufällig, an eine Probe der Säure gerät und feststellt, dass es sich bei der Isomalsäure um gewöhnliche Zitronensäure handelt. Der Nachweis gelingt mittels einer Untersuchung der Leitfähigkeit und der Stoff verschwindet in der Folge aus dem Katalog der bekannten Verbindungen.[268] Im Spiel mit der bewussten Akzeptanz und Zuspitzung des Etiketts »negativer Chemiker« beschreibt Ostwald seine physikochemische Tätigkeit in Opposition zu anderen Formen der Chemie. Seine Begriffe zielen nicht auf die Entitäten, die als Produkte aus den chemischen Prozessen hervorgehen, sondern auf Aspekte der Prozesse selbst.

Deutlich zeigt sich das auch in seinen Arbeiten über Katalyse, die 1909 mit dem Nobelpreis für Chemie ausgezeichnet werden. Das entsprechende Kapitel in den *Lebenslinien* beginnt, wie man es häufig in Ostwalds Texten findet, mit einem historischen Abriss, der den Forschungsstand, an dem die eigene Frage ansetzt, referiert:

> Seit einem Jahrhundert kennt man Vorgänge, bei denen Stoffe auf andere umwandelnd einwirken, ohne daß sie selbst sich dabei der Art oder Menge nach ändern. So hatte Kirchhof 1811 durch sorgfältige Messungen festgestellt, daß Stärke durch Kochen mit verdünnter Schwefelsäure in Zucker verwandelt wird. Ohne Säure geht es nicht, hernach aber findet man alle Säure wieder, die man angewendet hatte.[269]

Katalytische Vorgänge spielen in Ostwalds Arbeit immer eine Rolle und die wiederholt beobachtete Möglichkeit die Geschwindigkeit einer chemischen Reaktion zu beeinflussen, führt ihn schließlich zu seiner Definition, nach der ein Katalysator ein Stoff ist, der den Verlauf einer chemischen Reaktion beschleunigt, ohne Teil des Reaktionsprodukts zu werden.[270]

---

267 Ostwald, 2003, 164.
268 Ebd., 165.
269 Ebd., 270.
270 Ebd., 272.

In seiner Rede anlässlich der Verleihung des Nobelpreises gibt Ostwald seiner Freude darüber Ausdruck, dass eben dieser Teil seiner Arbeit einer besonderen Auszeichnung für würdig befunden wurde, weil: »ich in meinem eigenen Innern diesen Teil meiner Tätigkeit für den hielt und halte, in welchem sich die persönliche Beschaffenheit meiner Arbeitsweise am bestimmtesten ausspricht ...«.[271] Neben der unverhohlenen Freude artikuliert Ostwald aber auch seine Verwunderung darüber, dass eine rein begriffliche Innovation, wie die Definition des Katalysators, derartigen Anklang findet:

> Als seinerzeit Röntgen die X-Strahlen entdeckte, so bedurfte es nur weniger Wochen, um seinen Namen im Zusammenhange mit dieser Entdeckung über die gesamte Kulturwelt zu tragen, denn die experimentelle Tatsache der Durchstrahlung von Gegenständen, die für gewöhnliches Licht undurchdringlich sind, ist so auffällig, daß jedermann alsbald für ihre Tragweite ein Gefühl, wenn auch nicht immer ein Urteil hatte. Als aber Willard Gibbs das Phasengesetz entdeckte, dessen Bedeutung viel allgemeiner und daher viel größer ist, hat zunächst niemand überhaupt seine Tragweite erkannt und es sind etwa zwei Jahrzehnte hingegangen, ehe es ungefähr soweit begriffen worden war, daß man es in den regelmäßigen Bestand der wissenschaftlichen Gesetze der Chemie aufnahm. In diesem zweiten Falle handelte es sich eben um eine rein gedankliche oder begriffliche Leistung [...].[272]

Ostwald benutzt diesen Moment der höchsten Auszeichnung zur Rechtfertigung der begrifflichen Arbeit und grenzt sein Handlungsfeld damit erneut von anderen Formen wissenschaftlicher Tätigkeit ab. Wieder ist es das Auffinden der konkreten Entität, im Beispiel die Röntgenstrahlen, dem gegenüber er seine eigene Perspektive unterscheidet. Diese wird, dem eigenen Zeugnis nach, in den Arbeiten über Katalyse verdeutlicht. Auch hier gilt, dass die Definition des Katalysators nicht auf die Merkmale einer Klasse von Stoffen zielt, sondern eine Einflussgröße innerhalb von Prozessen beschreibt. Der Katalysator ist ein Regler für die Geschwindigkeit, also die zeitliche Dimension des Verlaufs chemischer Wandlungen. Ostwald stellt die eigene wissenschaftliche Positionierung demnach anhand von Oppositionen dar. Er interessiert sich nicht so sehr für Dinge, sondern für Prozesse und hier eher für den allgemeinen Begriff oder die allgemeine Gesetzmäßigkeit als für die konkrete Beschreibung von Eigenschaften oder Strukturen.

Das zentrale Werkzeug dieser Denkweise bildet für Wilhelm Ostwald die Thermodynamik, auf deren grundlegende Annahmen in Form der

[271] Ostwald, Wilhelm. »Über Katalyse: Rede, gehalten im Dezember 1909 bei Empfang des Nobelpreises für Chemie.« *Annalen der Naturphilosophie* 9 (1910): 1.

[272] Ebd., 3.

ersten beiden Hauptsätze daher kurz eingegangen werden muss. Der erste besagt, dass Energie weder verloren gehen, noch erschaffen werden kann, sondern lediglich umgewandelt, also in eine andere Form gebracht wird. Der zweite Hauptsatz besagt, dass bei jeder Umwandlung ein gewisses Quantum an *freier Energie*, also an Energie, die das Verrichten einer Arbeit bewirken kann, in Wärme verwandelt wird.[273] Dieser als Dissipation bezeichnete Vorgang führt zwar nicht zum Verschwinden der Energie, denn dies stünde ja im Widerspruch zum ersten Hauptsatz, doch die entstehende Wärme ist eine Energieform, die ihrerseits nur durch einen deutlichen Mehraufwand an Energie wieder in Arbeit verwandelt werden kann.[274] Während also das Gesamtaufkommen an Energie nicht weniger wird, verringert sich sehr wohl der Anteil der freien Energie, der zur Verrichtung von Arbeit zur Verfügung steht und der, wie Ostwald es in der Begründung seiner Energetik später formulieren wird, als Bedingung dafür gedacht werden kann, »daß überhaupt etwas geschieht«.[275]

Die Verbindung dieser Gesetzmäßigkeiten zu den Arbeiten Ostwalds ist von Anfang an, also schon zu Zeiten seiner *Volumchemischen Studien* im Baltikum, gegeben. Die Messung des Volumens der Säuren in unterschiedlicher Verdünnung erfolgt erst in einem bestimmten Stadium der Reaktion, nämlich nach Eintreten des chemischen Gleichgewichts. Darunter ist Folgendes zu verstehen: Handelt es sich bei einer chemischen Reaktion um einen reversiblen Vorgang, kann eine Rückreaktion eintreten, in der die entstandenen Produkte wieder zu den Edukten, den Ausgangsstoffen, werden. Die Ausgangsstoffe reagieren dann wieder zu Produkten usw. Dieser Wechsel an Hin- und Rückreaktion ist allerdings nur wahrnehmbar, solange sich beide Vorgänge zeitlich asymmetrisch zueinander verhalten, d.h. einer schneller ist als der andere. Vollziehen sich beide gleich schnell, was bedeutet, dass innerhalb einer Zeiteinheit genausoviel Edukt zu Produkt wie Produkt zu Edukt reagiert, ist keine Veränderung auszumachen und man spricht dann von chemischem Gleichgewicht. Messbar ist das Eintreten dieses Zustands über quantifizierbare physikalische Eigenschaften, die sich in den unterschiedlichen Stadien der Reaktion verändern. Der entscheidende Zusammenhang zwischen den Prinzipien der Wärmelehre und den Untersuchungen der chemischen Verwandtschaft, auf die das Beobachten des Gleichgewichts abzielte, besteht

---

273 Helmholtz, Hermann. »Die Thermodynamik chemischer Vorgänge.« *Abhandlungen zur Thermodynamik von H. Helmholtz.* Max Planck, Hg. Leipzig: Akademische Verlagsgesellschaft, 1921. 18.

274 Ebd., 17.

275 Ostwald, Wilhelm. *Der energetische Imperativ.* Leipzig: Akademische Verlagsgesellschaft, 1912. 70.

nun beispielsweise darin, dass sich der Prozess der chemischen Reaktion anhand einer Energiebilanz darstellen lässt. Die Ausgangssituation, die eine Reaktion zuerst ermöglicht, hat ein höheres Energieniveau als die Situation des chemischen Gleichgewichts im Ergebnis der Reaktion. In diesem Fall ist die Energie also ein Begriff, der das Reaktionspotential beschreibt. Vor erfolgter Reaktion ist es hoch, nach erfolgter Reaktion niedrig.[276]

Aus Ostwalds Beschreibungen seiner Arbeit im Bereich der physikalischen Chemie lassen sich also bestimmte begriffliche Präferenzen herauslesen. Er zielt in der Bergiffsbildung auf den Prozess und nicht auf die Entität. Dabei kommt es ihm auf die größtmögliche Allgemeinheit, also den höchstmöglichen Abstraktionsgrad an. Der Kontext, aus dem sich die Begrifflichkeiten ableiten lassen, mit denen die physikalischen Änderungen, die sich im Laufe chemischer Reaktionen vollziehen, am wirkungsvollsten beschrieben werden können, der Bereich der Thermodynamik, gewinnt damit im Denken des »negativen Chemikers« kontinuierlich an Bedeutung.

Von diesen Feststellungen lässt sich bereits ein Blick zurück auf die dominanten Darstellungsmuster der Jugenderinnerungen im ersten Teil der *Lebenslinien* werfen, in denen ebenfalls Abstraktion und Prozesshaftigkeit im Vordergrund stehen. Die Schären-Analogie und der Begriff des Schwungrades stehen beide für Prozesse, die hinsichtlich des Lebenswissens relevant sind. Dabei steht ihr Abstraktionsgrad im Dienst einer allgemeineren Anwendbarkeit über den Einzelfall hinaus. Die Begriffe *Prozess* oder *Verlauf* können auch als Beschreibung für die ausgewählten Inhalte des ersten Teils der *Lebenslinien* gelten. Es geht hauptsächlich um Handlungen und hauptsächlich um den Protagonisten im temporären Zustand zwischen gewesenen und kommenden Stadien. Im Vergleich dazu findet sich bei Cajal eine deutliche Bevorzugung des bestimmten Moments.

4.1.2 Ostwald hebt den energetischen Kontinent

Kehren wir noch einmal zum Ausgangszitat zurück, in dem Ostwald die zentrale Bedeutung des Jahres 1887 hervorhebt. Neben Arrhenius' Beitrag in der *Zeitschrift für physikalische Chemie* wird auch eine Arbeit des niederländischen Chemikers Jacobus Henricus van't Hoff mit dem Titel *Die Rolle des osmotischen Drucks in der Analogie der Lösungen mit den Gasen* erwähnt. Worum ging es in dieser Arbeit und worin liegt

---

[276] Gegenwärtig wird dieses Potential in der Chemie als Gibbs-Energie bezeichnet. Vgl. Atkins, Peter und Julio de Paula. *Physical Chemistry*. Oxford: University Press, 2010^{9}. 210f.

ihre Bedeutung für Ostwald? Van't Hoff bezieht sich auf Untersuchungen des Botanikers Wilhelm Pfeffer zum Vorgang der Osmose durch Zellmembranen. Nach dessen Beschreibung fertigte van't Hoff künstliche Zellen aus einer halbdurchlässigen Hülle an. Die Zellen wurden mit einer Rohrzuckerlösung gefüllt und waren von klarem Wasser umgeben. In diesem Experiment kann das Wasser die Membran durchdringen, die Zuckermoleküle jedoch nicht. Zunächst dringt das klare Wasser von außen in die Zelle ein. Dadurch wird im Inneren der Zelle ein Druck aufgebaut (der osmotische Druck), der dem eindringenden Wasser entgegenwirkt; auch hier stellt sich schließlich ein Gleichgewicht her.[277] Die Formeln, mit denen sich diese Verhältnisse für Lösungen beschreiben lassen, verhalten sich analog zu den Formeln, die das entsprechende Verhalten von Gasen beschreiben. Das Ergebnis der Untersuchung mündet letztlich auch in eine thermodynamische Pointe. Wie oben dargestellt, verweist der zweite Hauptsatz auf den Begriff der Dissipation, d.h. der Entstehung von Wärme, die bei Wandlung von Energieformen immer zu einem gewissen Teil entsteht. Die Begründung für die Schwierigkeit, Wärme wieder in Arbeit umzuwandeln, liegt in der Vorstellung, dass Arbeit durch eine gerichtete Bewegung vollzogen wird, während Wärme eine ungerichtete Bewegung darstellt, die immer dem größtmöglichen Grad an Verteilung im Raum zustrebt. Die Größe, die den Grad dieser Verteilung angibt, ist die Entropie.[278] Die spontan stattfindenden Verteilungsbewegungen der Gase lassen sich ebenfalls mit Bezug auf den Begriff der Entropie beschreiben. Durch die Untersuchung des osmotischen Drucks erweist sich nun dasselbe Prinzip auch auf Lösungen anwendbar und damit auf den, laut Ostwald, größten Teil der chemischen Verbindungen.[279]

Nachdem Ostwald die Innovation van't Hoffs geschildert hat, beschreibt er in dem Abschnitt *persönliche Einstellung* die Wirkung, die diese Entdeckung auf ihn selbst gehabt hat.

> Man kann sich leicht vorstellen, welchen gewaltigen Eindruck diese Offenbarung auf mich machte. Ich hatte vor kurzem für den letzten Teil meines Lehrbuches alle Arbeiten über chemische Gleichgewichte und Vorgänge zusammen gesucht und vergleichend bearbeitet, und dabei festgestellt, dass alle diese Einzelforschungen zu den gleichen Gesetzen führten. Meine experimentellen Arbeiten hatten keinen anderen Gegenstand gehabt, als die gleichen Fragen. Und hier erschienen alle diese Einzelheiten als Sonderfälle einer ganz allgemeinen Gesetzlichkeit. Die chemische Mechanik trat damit auf die gleiche Stufe der wissenschaftlichen Entwicklung, wie sie etwa die Mechanik des Himmels erreicht hatte. Die durchgreifende und maßgebende Tendenz meines gesamten wissenschaftlichen

277 Ebd., 173.
278 Ebd., 96.
279 Ostwald, 2003, 151.

> Denkens, das Herausarbeiten möglichst allgemeiner und dabei möglichst inhaltreicher Gesichtspunkte und Gesetzlichkeiten fand hier eine ungewöhnlich reiche Befriedigung.[280]

Diese »ungewöhnlich reiche Befriedigung« löst das Ineinandergreifen der Arbeiten von van't Hoff und Arrhenius bei ihrem baltisch-deutschen Kollegen also nicht einfach deswegen aus, weil sie das gemeinsame Arbeitsfeld produktiv umstrukturiert, so dass eine große Zahl an Folgefragen angeschlossen werden kann, sondern weil die theoretischen Bezüge ein Syntheseprinzip herstellen, das bisher getrennt auftretende Phänomene auf dieselben Gesetzmäßigkeiten rückführbar macht.

Die begriffliche Verknüpfung von Einzelerscheinungen stellt selbstverständlich einen normalen, wissenschaftlichen Vorgang dar. Historisch lässt sich aber auch ein verstärktes Streben nach der Herstellung von Zusammenhängen als Nebenerscheinung der Ausdifferenzierung wissenschaftlicher Disziplinen im 19. Jahrhundert und als entscheidender kultureller Faktor um die Jahrhundertwende gerade im deutschsprachigen Raum ausmachen. In der Forschung ist das bereits vielfältig berücksichtigt worden und auch im Denken Ostwalds hat es deutliche Spuren hinterlassen.[281] Silke Jakobs spricht diesbezüglich von »Entdifferenzierungstendenzen«, die sie in unterschiedlicher Form um 1800 und 1900 nachweist.[282] Ostwald selbst bezeichnet diese Tendenz in seiner Arbeit als Synthese und bekennt sich nachdrücklich dazu. In einer Rede mit dem Titel *Biologie und Chemie*, die er 1903 anlässlich der Einweihung des biologischen Labors von Jaques Loeb an der Universität Berkeley in Kalifornien hält, heißt es:

> Wir haben soeben eine Zeit der Vereinzelung aller Wissenschaften, eine Zeit der Spezialisierung hinter uns, und befinden uns in einer Epoche, wo die synthetischen Faktoren in der Wissenschaft eine immer wachsende Bedeutung gewinnen. Betrachten Sie nur, meine Herren, was sie eben vor Augen haben! Im Hörsaale eines *biologischen* Instituts spricht in diesem feierlichen Augenblicke ein Mann zu Ihnen, der selbst nicht Biologe ist, sondern ausdrücklich als Vertreter einer benachbarten Wissenschaft eingeladen wurde. Und dieser Mann ist selber wieder das Produkt einer Synthese zweier benachbarter Wissenschaften, der Physik und der Chemie. Und weiter: Wenn dieser Mann versucht, das beste, was er aus seinem Garten ernten kann, Ihnen darzubringen, so kommt er dazu, kein Wort von Physik und Chemie zu sagen, sondern vielmehr nach Gedanken zu suchen, welche noch über die Triade Physik-Chemie-Biologie hinausgehen und auf Fragen hinzielen, welche diese und noch weitere Wissenschaften umfassen.[283]

---

[280] Ebd.
[281] Vgl. Ziche, 2008.
[282] Jakobs, 2006, 38f.
[283] Ostwald, Wilhelm. *Gedanken zur Biosphäre: Sechs Essays von Wilhelm Ostwald*. Leipzig: Akademische Verlagsgesellschaft, 1978. 16f.

Ostwalds Begeisterung angesichts der Arbeit van't Hoffs bezieht sich also einerseits darauf, dass eine breitere Anwendbarkeit der thermodynamischen Gesetzmäßigkeiten in der Chemie die Synthese zwischen Physik und Chemie stärkt und andererseits darauf, dass sie auch den Zusammenhang der Fragestellungen innerhalb der physikalischen Chemie mit Fragen aus anderen Bereichen befördert. Hier zeigt sich das Primat eines Denkens in Zusammenhängen, das zunehmend größere Kreise zieht, in dem immer neue Phänomenbereiche denselben Gesetzmäßigkeiten unterstellt werden. Ostwald wird diese Synthese weiter, über die physikalische Chemie hinaus, bis in Bereiche führen, in die ihm die meisten seiner Fachkollegen nicht mehr folgen wollen.

Daran lässt sich wiederum eine Verbindung zum ersten Teil der *Lebenslinien* aufzeigen. Die unbedingte Behauptung von Zusammenhängen wurde für den ersten Teil als Darstellungsprizip herausgearbeitet, welches sich auf inhaltlicher wie auf formaler Ebene als relevant erwiesen hat. Diese Präferenz sieht sich nun einer ambivalenten Verortung gegenüber. Einerseits ist sie historisch Teil eines breiten Stroms ähnlicher Überlegungen, welche versuchen, der wissenschaftlichen Ausdifferenzierung einen erkenntnistheoretischen Boden zu geben, andererseits zeigt sich autobiographisch eine Begründung des Strebens nach Einheitlichkeit über die Arbeit im Bereich der physikalischen Chemie.

Die zentrale Größe in der Begriffsbildung der physikalischen Chemie ist die Energie, mit der sich Ostwald erstmals in der Rigaer Zeit beschäftigt. 1887 wählt er den Energiebegriff zum Thema seiner Antrittsvorlesung in Leipzig.[284] Während der nächsten Jahre erörtert er im Gespräch mit seinen Schülern immer wieder das Verhältnis zwischen Energie und Materie. In einem dieser Gespräche wird er mit dem Einwand konfrontiert, dass die Geschwindigkeit eines realen Objekts doch im Gegensatz zu dessen Masse keine Realität sei, sondern ein abstraktes Verhältnis aus Strecke und Zeit. Dabei kommt ihm plötzlich eine Erkenntnis, die er als beinah physische Empfindung, ähnlich dem Umklappen eines Regenschirms, beschreibt. Was, wenn es andersherum wäre und die Energie eine grundlegendere Realität als die Materie ist?[285] Diese Vorstellung trägt er einige Jahre fruchtlos mit sich herum, bis ihm etwa im Jahr 1890, das genaue Datum wird in den *Lebenslinien* als unsicher bezeichnet, der Gedanke der allgemeinen Energetik aufgeht.[286]

---

284 Ostwald, 2003, 216.
285 Ebd., 219.
286 Ebd., 220.

In frühester Morgenstunde bin ich aus dem Gasthof nach dem Tiergarten gegangen und habe dort im Sonnenschein eines wundervollen Frühlingsmorgen ein wahres Pfingsten, eine Ausgießung des Geistes über mich erlebt. Die Vögel zwitscherten und schmetterten von allen Zweigen, goldgrünes Laub glänzte gegen einen lichtblauen Himmel, Schmetterlinge sonnten sich auf den Blumen, indem sie die Flügel öffneten und schlossen und ich selbst wanderte in wunderbar gehobener Stimmung durch diese frühlingshafte Natur. Alles sah mich mit neuen, ungewohnten Augen an und mir war zumute, als wenn ich zum ersten Male alle diese Wonnen und Herrlichkeiten erlebte. Ich kann die Stimmung, von der ich damals getragen war, nur mit den höchsten Gefühlen meines Liebesfrühlings vergleichen, der damals um ein Jahrzehnt hinter mir lag. Der Denkvorgang für die allseitige Gestaltung der energetischen Weltauffassung vollzog sich in meinem Gehirn ohne jegliche Anstrengung, ja mit positiven Wonnegefühlen. Alle Dinge sahen mich an, als wäre ich eben gemäß dem biblischen Schöpfungsbericht in das Paradies gesetzt worden und gäbe nun jedem seinen wahren Namen.

Das war die eigentliche Geburtsstunde der Energetik. Was vor einem Jahre bei jener ersten plötzlichen Empfindung in meinem Gehirn, der Konzeption des Gedankens, mir noch als einigermaßen fremd, ja nicht ohne einen Zug von unheimlicher Neuheit entgegengetreten war, erwies sich jetzt als zu meinem Innern gehörig, ja als ein lebenswichtiger Teil meines Wesens. Er war so assimiliert, organisch an- und eingeschlossen und halb unterbewußt entwickelt worden, daß wie bei dem plötzlichen Aufbrechen einer Knospe mit einem Male alles da war und mein entzückter Blick nur von einem Orte zum anderen zu schweifen hatte, um die ganze neue Schöpfung in ihrer Vollkommenheit zu erfassen. Dieser wundervolle Zustand hielt während der Morgenstunden an und ich konnte nicht müde werden, durch den glänzenden Frühling zu gehen und mein inneres Auge über die plötzlich aufgetanen, unbegrenzt herrlichen und unbegrenzt weiten Fernen schweifen zu lassen.

Dann erwachte allmählich der Großstadttag und nahm mich in seinen Lärm und Staub auf. Als dann die Tagesstunde es einigermaßen erlaubte, habe ich den einen und anderen Fachgenossen besucht und mich bemüht, ihnen meine neuen Erkenntnisse darzulegen. Sie haben mir hernach erzählt, daß ich den Eindruck eines Inspirierten oder Propheten gemacht hatte. Sie seien meinerseits an Ungewöhnlichkeiten gewöhnt gewesen, in einem solchen Zustande aber hätten sie mich sonst nie gesehen. Ich muß wohl hinzufügen, daß ich auch hernach nie wieder einen solchen Zustand erlebt habe. Ein so konzentriertes Glück habe ich nicht nochmals erfahren, wenn auch eine ganze Reihe von erhebenden und wohl auch erschütternden Geburtsstunden neuer und erheblicher Gedanken mir noch hernach beschieden gewesen sind.[287]

Von diesem Moment an wird die Erschließung neuer Bereiche, die sich durch Anwendung von Energiebegriffen verbinden lassen und damit die theoretische Verknüpfung vorher getrennt gedachter Wissensgebiete über diese Begriffe, zur dominanten Geste des Ostwald'schen Schreibens. Sie bestimmt den Aufbau seiner *Lebenslinien* und findet sich in seinem Blick auf die Welt immer wieder bestätigt. Das »Herausarbeiten möglichst allgemeiner und dabei möglichst inhaltsreicher Gesichtspunkte und

---

[287] Ebd., 221f.

Gesetzlichkeiten« als »maßgebende Tendenz« seines »gesamten wissenschaftlichen Denkens« kommt in besonders prägnanter Form durch die Analogie der Hebung des Kontinents aus dem »Meer der Unwissenheit« zum Ausdruck, die er in seiner Leipziger Antrittsvorlesung verwendet.[288] Es wäre sicher verfehlt zu behaupten, dass Ostwald die Energetik bereits für den Urgrund aller Wissenschaft hielte, ihren systematischen Stellenwert für die Gesamtheit des Wissens wird er erst später explizit formulieren. Aber dennoch stellt die Energetik in ihrer Allgemeinheit eine grundlegende und notwendige Stufe des Erkenntnisfortschritts dar.[289]

Der Energiebegriff Ostwalds, der das Hauptinstrument des Synthesestrebens in seinen Schriften darstellt, muss an dieser Stelle etwas ausührlicher betrachtet werden. Bisher ist er als Größe innerhalb der Terminologie der physikalischen Chemie eingeführt worden. Daraus erklärt sich weder *warum* er eine Erklärungsleistung jenseits dieses Spezialgebietes vollbringen soll, noch *wie* er das tut. Wie bereits angedeutet, setzt sich Ostwald verstärkt mit dem Begriff auseinander, seit ihm dieser eine ganz bestimmte Untiefe im »Meer der Unwissenheit« zu überwinden scheint.[290] Jene Untiefe liegt in der dualistischen Geltung zweier Konzepte, die dem physikochemischen Gedankenkreis aus dem naturwissenschaftlichen Denken des 19. Jahrhunderts zugespielt werden: dem Begriff der Materie und dem der Energie. Das Verhältnis zwischen beiden, sowie ihr jeweiliger ontologischer Status, waren in der zweiten Hälfte des Jahrhunderts immer wieder Gegenstand der Diskussion. Ostwalds spezifische Position besteht darin, dieses Verhältnis dergestalt zu hierarchisieren, dass die Materie zu einer Sonderform der Energie und die Energie damit zum übergeordneten Begriff wird, der dabei auch weltanschauliche Tragweite gewinnt.

Einen deutlichen Hinweis diesbezüglich liefert bereits der erste Beitrag, in dem Ostwald seine *Energetik* den Spitzen des Fachpublikums präsentiert. 1895 hält er auf der Versammlung deutscher Naturforscher und Ärzte in Lübeck einen Vortrag mit dem Titel *Die Überwindung des wissenschaftlichen Materialismus*. Sowohl der Vortrag als auch die anschließende Debatte finden weitreichende Beachtung. Prominenten Widerspruch erfahren Ostwalds Thesen beispielsweise in den Beiträgen von Ludwig Boltzmann und Max Planck.[291] Ostwald kritisiert, dass es unter seinen naturwissenschaftlich gebildeten Zeitgenossen einen weitgehenden Konsens hinsichtlich der Beschaffenheit der Welt gebe. Danach seien in

[288] Ebd., 216.
[289] Ostwald, 1912, 12.
[290] Den Ausdruck *Meer der Unwissenheit* benutzt Ostwald im Zusammenhang mit der Metapher des sich hebenden Kontinents. Ostwald, 2003, 216.
[291] Ebd., 234.

letzter Instanz alle Gegenstände und Vorgänge auf Atome und die Kräfte, mit denen diese kleinsten Teile aufeinander wirkten, zurückzuführen. Konsequent angewandt gebe es keinen Bereich der Wirklichkeit, der nicht durch die Mechanik der Atome beschrieben werden könnte. Eine derartige Auffassung bezeichnet er als materialistisches bzw. mechanistisches Weltbild und er kritisiert sie vor allem in zwei Punkten.

Zunächst rekonstruiert er die Genese des physikalischen Materiebegriffs aus dem Begriff der Masse. Masse sei die präzise fassbare, physikalische Größe, die sowohl zur Beschreibung der astronomischen Gesetze als auch der chemischen Vorgänge diene. Dieser Größe würden aber eine Reihe von Attributen beigeordnet, die sie im Bereich der konkreten Phänomene immer begleiten, wie Gewicht, Volumen oder chemische Eigenschaften. So entstünde nach Ostwald aus dem Begriff der Masse der Begriff der Materie und »das physikalische Gesetz von der Erhaltung der Masse ging in das metaphysische Axiom von der Erhaltung der Materie über.«[292]

Das Massenerhaltungsgesetz nach Lavoisier besagt, analog zum später formulierten Erhaltungssatz der Energie, dass im Zuge einer chemischen Reaktion Masse weder dazu gewonnen wird, noch verschwindet. Die Masse von Edukten und Produkten einer Reaktion bleibt gleich.[293] Ostwald problematisiert nun die Anwendung dieses Gesetzes auf den Begriff der Materie, weil Materie über ihre Eigenschaften quasi Identität gewinne und somit im Plural, synonym zum Begriff des Stoffes, gedacht werden müsse.[294] Ändert ein Stoff im Zuge der chemischen Reaktion seine Eigenschaften, bleibe er eben nicht erhalten, sondern würde zu einem anderen Stoff, so dass das »metaphysische Axiom« im Gegensatz zum »physikalischen Gesetz« falsch sei. Die Vorstellung, ein Stoff bliebe erhalten, obwohl sich alle seine Eigenschaften änderten, bezeichnet Ostwald als Nonsens; der Erhaltungssatz macht für ihn nur hinsichtlich der Masse Sinn.

Des Weiteren kritisiert er die angenommene Wirkungsweise der Kräfte zwischen den Atomen und richtet sich gegen die Annahme, alle Vorgänge in der Natur könnten als mechanisch verstanden werden. Dagegen führt er an, dass keine einzige Naturerscheinung durch Anwendung mechanischer Gesetze restlos erklärt werden könne. Die Formeln der Mechanik seien auch mit negativem Vorzeichen denkbar, da alle mechanischen Vorgänge sowohl vorwärts wie rückwärts ablaufen könnten. Das hieße aber, dass Vorgänge in der Natur, wenn sie als mechanisch beschrieben,

---

292 Ostwald, Wilhelm. »Die Überwindung des wissenschaftlichen Materialismus.« *Verhandlungen der sächsischen Akademie der Wissenschaften* 1 (1895): 157.

293 Lavoisier, Antoine. *Traité élémentaire de chimie, présenté dans un ordre nouveau et d'après les découvertes modernes*. Paris: Cuchet, Libraire, rue & hôtel Serpente, 1789. 101.

294 Ostwald verwendet in seinem Vortrag tatsächlich beide Begriffe synonym.

auch als richtungsneutral gedacht würden, so dass der Baum wieder zum Samenkorn werden könnte, was offensichtlich nicht der Fall ist.[295] Das materialistisch-mechanistische Weltbild wird also sowohl vom Begriff der Materie als auch vom Begriff der Mechanik her kritisiert, nicht aber, und dies ist der springende Punkt, vom Begriff des Weltbildes her.

Zunächst scheint sich Ostwald in der Tradition einer Materialismuskritik zu bewegen, die auch von naturwissenschaftlicher Seite in der zweiten Hälfte des 19. Jahrhunderts zunehmend den Erkenntnisoptimismus der eigenen Disziplinen bremst. Den prägnantesten Ausdruck dieser Entwicklung im deutschsprachigen Raum stellt die Rede *Über die Grenzen des Naturerkennens* dar, die der Physiologe Emil Du Bois-Reymond auf der Versammlung der Naturforscher 1872 in Leipzig gehalten hatte. Du Bois-Reymond sah der Naturwissenschaft zwei unüberwindliche Grenzen gesetzt. Zum einen sei sie nicht in der Lage sich über ihre grundlegenden Begriffe, den der Kraft und den der Materie, Rechenschaft zu geben,[296] zum anderen müsse sie in ihrem Erklärungsanspruch vor dem Bereich des menschlichen Bewusstseins kapitulieren.[297] Die Rede gipfelte im Ausspruch des berühmten *Ignorabimus*, dem eine weit größere Kontroverse folgte als diejenige, die Ostwalds *Überwindung des wissenschaftlichen Materialismus* auf der Versammlung 23 Jahre später provoziert.[298] Ostwald erwähnt das *Ignorabimus* zwar in seiner Rede, grenzt sich aber eindeutig davon ab. Die Beschränktheit der materialistisch-mechanistischen Sichtweise zeigt seiner Meinung nach nicht die Unmöglichkeit eines naturwissenschaftlich fundierten Weltbilds auf, sondern umgekehrt verdeutlicht die Notwendigkeit eines naturwissenschaftlich fundierten Weltbilds die Mängel des mechanistischen Materialismus. Spätestens hier wird deutlich, worum es Ostwald in seiner Rede geht. Die *Überwindung des wissenschaftlichen Materialismus* zielt eigentlich auf eine *Ersetzung* desselben.[299] An seine Stelle soll die Energetik als Stifterin eines neuen Weltbildes rücken. Diese Wende vollzieht Ostwald theoretisch durch Umwertung des Verhältnisses der beiden Konzepte von Materie und Energie. Um die Tragweite dieser Operation zu begreifen, ist es notwendig, beide Begriffe gerade in ihrer Funktion, zur Formulierung eines geschlossenen Weltbildes im Kontext

---

[295] Ostwald, 1895, 162.

[296] Du Bois-Reymond, Emil. *Über die Grenzen des Naturerkennens. Die sieben Welträtsel: Zwei Voträge von Emil Du Bois-Reymond*. Leipzig: Verlag von Veit und Comp., 1916. 28.

[297] Ebd., 33.

[298] In der Reihe *Weltanschauung, Philosophie und Naturwissenschaft im 19. Jahrhundert* haben Kurt Bayertz, Myriam Gerhard und Walter Jaeschke einen Sammelband zu diesem Disput herausgegeben: *Der Ignorabimus-Streit*. Hamburg: Meiner, 2007.

[299] Vgl. Ziche, 2008, 33.

des naturwissenschaftlichen Materialismus, zu betrachten, wo sie als das Begriffspaar von *Kraft und Stoff* auftreten.

Dieser Materialismus, der sich sowohl vom philosophischen Materialismus des 18. Jahrhunderts als auch vom dialektischen Materialismus unterscheidet und vor allem mit den Namen Vogt, Moleschott und Büchner verbunden wird, markiert eine extreme Position im Spektrum der Diskussionen um die Naturwissenschaften im 19. Jahrhundert – eine Position, die, wie Andreas Daum aufzeigt, vor allem im Kontext von Popularisierungsbemühungen wissenschaftlicher Inhalte auftritt.[300] So kommt es zu einer engen Verflechtung dieser Inhalte mit Fragen der Darstellung. Ich möchte hier einen bestimmten Strang dieser Verflechtung nachzeichnen. Er reicht über Justus von Liebig, Jakob Moleschott, Ludwig Büchner und Ernst Haeckel bis zu Wilhelm Ostwald oder anders ausgedrückt von den *Chemischen Briefen* bis zur *Mühle des Lebens.*[301]

Die *Chemischen Briefe* Liebigs, die als Reihe von Artikeln ab 1841 in der *Augsburger Allgemeinen Zeitung* erscheinen, stellen ein frühes Beispiel der modernen Popularisierung chemischen Wissens dar. Neben polemischen Anteilen (Liebig galt als äußerst streitbarer Zeitgenosse) nimmt der didaktische Aspekt den größten Raum ein. Im Vordergrund stehen die Darstellung der Chemie als Wissenschaft, die ihre Eigenständigkeit gegenüber der etablierten Physik behaupten kann, sowie die Vermittlung ihrer grundlegenden Konzepte und ihrer praktischen Nutzbarkeit für die Physiologie, die Medizin und in besonderem Maße für die Landwirtschaft. Gleich im ersten der insgesamt fünfzig Briefe benennt Liebig den Gegenstand seiner Wissenschaft einerseits als das »Reich der stillen Kräfte«, die für alles Entstehen und Vergehen auf der Welt verantwortlich seien[302] und andererseits als die Eigenschaften der Körper und der Veränderungen, die sie bei der Berührung mit anderen Körpern erfahren.[303]

Dieser Gegenstandsbereich stellt den Chemiker nun vor Probleme, die weiter unten benannt werden. Eine Kraft ist weder sichtbar noch tastbar, sondern dem Forscher nur in ihren »Aeußerungen« zugänglich,[304] und dasselbe gilt auch für Teile der körperlichen Welt. Beispielsweise bezeichne der

---

300 Daum, Andreas W. *Wissenschaftspopularisierung im 19. Jahrhundert: Bürgerliche Kultur, naturwissenschaftliche Bildung und die deutsche Öffentlichkeit 1848–1914.* München: R. Oldenbourgverlag, 1998. 296.

301 Vgl. Drews, Julian. »Optimistisch in den Wärmetod? Energetik und Institutionen bei Wilhelm Ostwald« *Prometheische Kultur: Wo kommen unsere Energien her?* Claus Leggewie, Ursula Renner und Peter Risthaus, Hg. -München: Wilhelm Fink Verlag, 2013. 310.

302 Liebig, Justus. *Chemische Briefe.* Leipzig: C.F. Wintersche Verlagsbuchhandlung, 1865. 2.

303 Ebd., 6.

304 Ebd., 12.

Begriff der atmosphärischen Luft zunächst eine Reihe von Eigenschaften: »kein sterbliches Auge hat je ein Lufttheilchen gesehen«.[305] Hinsichtlich der Kraft wird dieser Aspekt zum entscheidenden Merkmal des Begriffs, wenn Liebig im zweiten Brief die Arbeit des zeitgenössischen Naturforschers als Frage nach den Ursachen der Erscheinungen charakterisiert und hinzufügt: »die sinnlich wahrnehmbaren Ursachen nennt er Bedingungen; die Ursachen, welche durch die Sinne nicht weiter wahrgenommen werden, nennt er Kräfte.«[306] So wird die »chemische Kraft« zu einem Begriff, unter den sich die einzelnen Verbindungs- und Zersetzungsvorgänge im direkten Kontakt der Stoffe subsumieren.

Die so bezeichneten Wechselwirkungen folgen einer entscheidenden Regelmäßigkeit. Um ein Element A mit einem Element B zu einer neuen Verbindung AB reagieren zu lassen, ist eine Mindestmenge sowohl von A als auch von B notwendig. Soll nun beispielsweise in einer Verbindung BC die Komponente B durch A ersetzt werden, damit aus BC AC wird, so gilt, dass A im selben Verhältnis aufgewandt werden muss, um B zu ersetzen, als aufgewandt werden müsste, um A mit B zu verbinden.[307] Die entsprechenden Mengen werden ihrem Gewicht nach bestimmt.

Diese Quantifizierbarkeit der Fähigkeit chemische Verbindungen einzugehen und bestehende Verbindungen zu lösen, verdeutlicht Liebig im siebten Brief unter Rückgriff auf die atomistische Theorie. Dabei betont er den hypothetischen Status, den diese Theorie bei aller Plausibilität besaß, um den Wahrheitsgehalt der zugrunde gelegten Messergebnisse vom Wahrheitsgehalt der Atomtheorie selbst zu trennen. Dass er sie trotzdem benutzt, wird mit ihrem hohen Grad an Anschaulichkeit begründet: »Eine sehr alte Vorstellung über die Natur der Materie, die sogenannte atomistische, eignet sich in der That vortrefflich zum sinnlichen Verständniss der chemischen Proportionen.«[308] Die vermeintliche Anschaulichkeit der Theorie kleinster, d. h. nicht weiter teilbarer Körperchen führt Liebig aber auch direkt zu der Frage, wie die Unteilbarkeit eines konkreten Körpers verstanden werden könnte. Denn stellt man sich ein Ding vor, das einen Raum einnimmt, ist immer auch ein Bruchstück desselben denkbar. Er schlägt daher vor, Teilbarkeit nicht als theoretisch unmöglich, sondern als physikalisch nicht durchführbar zu denken, insofern hierfür ein nicht aufwendbares Maß an Kraft notwendig wäre.[309]

---

305 Ebd., 6.
306 Ebd., 19.
307 Ebd., 65.
308 Ebd., 71.
309 Ebd., 72.

Den Ausgangspunkt bilden also bestimmte Regelmäßigkeiten bei der Gewichtsbestimmung sich wandelnder Stoffe. Dieselben Regelmäßigkeiten bilden auch die Grundlage der Stöchiometrie und damit der Anwendbarkeit der Mathematik auf die Chemie. Zur konkreten Veranschaulichung dieser Vorgänge, die zunächst nur als Gewichtsverhältnisse vorliegen, wird die Atomtheorie herangezogen. Doch obgleich sie ihren Zweck erfüllt, indem sie ein Bild für die Wechselwirkungen der Stoffe liefert, führt sie die konkrete Vorstellungskraft an eine Grenze, weil sie von kleinsten, unteilbaren Einheiten ausgeht. Um die Vorstellung aufrechtzuerhalten, tritt der Kraftbegriff hinzu, der somit auch konstitutiv für den Atombegriff wird. Das nicht aufwendbare Maß an Kraft, das notwendig wäre, um das Atom zu teilen, müsste natürlich größer sein als die Kraft, die das kleinste Stoffteilchen zusammenhält. In dieser Argumentation taucht der Kraftbegriff in dem Moment auf, in dem die Rede von der Materie an eine Grenze stößt und lässt rein logisch bereits aufscheinen, was die Physik des 20. Jahrhunderts in anderer Weise behaupten wird, nämlich eine Übersetzbarkeit beider Begriffe ineinander.

Ein besonderer Kraftbegriff wird eingeführt, wenn sich Liebig die Frage nach der Beschreibbarkeit von Lebensprozessen stellt. Explizit widerspricht er der Ansicht, diese ließen sich gänzlich chemisch-physikalisch auflösen. Während im Bereich der unbelebten Natur chemische und mechanische Kräfte walteten, käme im Bereich des Belebten die Lebenskraft als Faktor hinzu, der die Wirkweise der anderen Kräfte modifiziere. Damit erteilt Liebig dem radikalen mechanistischen Materialismus genauso eine Absage wie im Folgenden bestimmten Formen des Vitalismus:

> Um gegen die Apostel des Materialismus nicht ungerecht zu sein, muß man in Betracht ziehen, daß ihre Ansichten im Wesentlichen nichts weiter sind als die extreme Folge von einer Reaction gegen die vor mehreren Jahren noch herrschenden Lehren. Die naturphilosophische Physiologie entbehrte die Basis der exacten Forschung, der Erfahrung; alle Vorgänge der Ernährung, der Respiration, der Bewegung erklärte sie durch eine einzige eingebildete Ursache, die sie Lebenskraft nannte [...] Die extreme Reaction behauptet jetzt, im Gegensatz zu der früheren Ansicht, daß nur die chemischen und physikalischen Kräfte die Lebenserscheinung bedingen, daß überhaupt keine andere Kraft im Körper wirke.[310]

Was Liebig im Gegensatz zu dieser Auffassung nun selbst als Lebenskraft bezeichnet, erläutert er in einer Fußnote zu Beginn des 16. Briefes. Demnach soll man sich Lebenskraft nicht als eine spezifische Wirkung, wie etwa die des Magnetismus, vorstellen, sondern als Gesamtheit der Ursachen, von denen die vitalen Erscheinungen abhängig sind. Ähnlich wie das Konzept

---

[310] Ebd., 209.

der chemischen Verwandtschaft diene das Konzept zur Bezeichnung einer Gruppe von Phänomenen, deren genaue Ursachen nach dem derzeitigen Stand der Wissenschaft nicht klar zu benennen wären.[311] Erneut markiert also ein Kraftbegriff eine bestimmte Grenze der Sagbarkeit.

In den *Chemischen Briefen* haben Kraftbegriffe genau wie der Begriff des Atoms den Status von Grenzbegriffen. Sie überschreiten den Bereich der präzisen Messergebnisse in zwei verschiedene Richtungen. Kraft macht sagbar, was konkret noch nicht vorstellbar ist, und die Atome liefern ein konkretes Bild, das aber theoretisch problematisch ist. Letztlich führen diese Begriffe als Werkzeuge der Anschaulichkeit in einen Zirkel, in dem sie sich gegenseitig erklären.

Einen Teil ihrer popularisierenden Wirkung erzielen Liebigs Texte dadurch, dass sie das Verhältnis der Chemie zur Landwirtschaft darstellen. Einerseits wird so ein konkreter Nutzen aufgezeigt, andererseits bewirkt die zusammenhängende Formulierung der Wanderung, die einzelne Stoffe vom Dung auf den Feldern bis in die Nahrung des Menschen vollführen, selbst einen veranschaulichenden Effekt. Diese Form der Präsentation wird in Jakob Moleschotts *Kreislauf des Lebens* aufgenommen und konsequent weiterentwickelt.[312] Der Text, den der niederländische Physiologe 1852 in Mainz veröffentlicht, führt die gesamte belebte Natur als geschlossenen Zusammenhang von Stoffwechselprozessen vor. Damit reagiert er inhaltlich direkt auf Liebigs *Chemische Briefe*, als deren Replik sich das Werk im Untertitel explizit ausweist. In insgesamt 20 Briefen, den Kapiteln des Buches mit Titeln wie: *Unsterblichkeit des Stoffs* oder *Ernährung und Athmung* stellt Moleschott den Kreislauf der Wandlungsprozesse dar. Im siebzehnten Brief, der den Titel *Kraft und Stoff* trägt, widmet er sich ausführlich dem Status jener beiden zentralen Begriffe. Dabei greift er auf ein mehrere Seiten umfassendes Zitat aus dem Vorwort zu Emil Du Bois-Reymonds Buch über tierische Elektrizität zurück, das ich hier auszugsweise wiedergebe:

> Geht man auf diesen Grund, so erkennt man bald, daß es weder Kräfte noch Materie giebt. Beides sind von verschiedenen Standpunkten aus aufgenommene Abstractionen der Dinge, wie sie sind. Sie ergänzen einander und sie setzen einander voraus. Vereinzelt haben sie keinen Bestand, so daß die vorstellende Thätigkeit, indem sie das Wesen der Dinge zu zergliedern strebt, keinen Ruhepunkt findet, sondern in's Unendliche zwischen beiden Abstractionen hin und her schwankt. Die Kraft in jenem Sinne ist nichts als eine verstecktere Ausgeburt des unwiderstehlichen Hanges zur Personification, der uns eingeprägt ist; gleichsam ein rhetorischer Kunstgriff unseres Gehirns, das zur tropischen

311 Ebd., 136.

312 Moleschott, Jakob. *Der Kreislauf des Lebens: Physiologische Antworten auf Liebig's Chemische Briefe*. Mainz: Verlag Victor von Zabern, 1852.

> Wendung greift, weil ihm zum inneren Ausdruck die Klarheit der Vorstellung fehlt. In den Begriffen von Kraft und Materie sehen wir wiederkehren denselben Dualismus, der sich in den Vorstellungen von Gott und der Welt, von Seele und Leib hervordrängt.[313]

Obgleich Moleschott dem inhaltlich voll zustimmt, bleibt seine eigene Problematisierung der Begriffe Kraft und Stoff deutlich hinter der Du Bois-Reymonds zurück. Bezüglich des Verhältnisses der Konzepte zueinander wird im selben Brief bemerkt, dass die Kraft eine Eigenschaft des Stoffes unter anderen sei, nämlich diejenige, die seine Bewegung ermögliche und die Begriffe insofern zusammenhingen, dass weder ein Stoff ohne Eigenschaften noch Eigenschaften ohne Stoff denkbar seien.

Jenseits dieser wechselseitigen Abhängigkeit auf der logischen Eben artikuliert *Der Kreislauf des Lebens* aber eine eindeutige Hierarchie zw schen beiden Konzepten, die auch durch den Kontext des obigen Zit deutlich wird. Es geht Moleschott in erster Linie darum, den benann »Hang zur Personification« gegen Liebigs Begriff der Lebenskraft ins I zu führen.[314] Entscheidend ist für ihn deshalb nicht so sehr, dass so Du Bois-Reymond wie auch Liebig den abstrakten Charakter beide griffe betonen, sondern zu verdeutlichen, wie undenkbar eine vom abgekoppelte Kraft ist. Dass das Gegenteil ebenso undenkbar wäre formal zwar eingestanden, muss aber nicht entsprechend betont w Die Hierarchisierung der Verhältnisse von Kraft und Stoff erfolg logisch-systematisch sondern rhetorisch-stilistisch. Wie sensibel schotts Text hinsichtlich der suggestiven Wirkung solcher Mittel durch die Kritik an der Sprachwahl Justus Liebigs zu Beginn d Briefes (*Kraft und Stoff*) deutlich. Dort wird gesagt, dass es im Wirken natürlicher Vorgänge eine Zweckhaftigkeit zu un Obgleich Moleschott anerkennt, dass kaum ein Naturforscher diese Tatsache bestreiten wollte, weist er darauf hin, dass Liebi einige andere Forscher Formulierungen verwenden, die da suggerieren könnten, indem sie von Dingen wie der »weisen der Natur« oder von Mitteln mit bestimmten Funktionen spr jenen Zweckmäßigkeitsbegriffen hängt auf's Innigste die zusammen, daß die Eigenschaften der Körper dem Stoff v geführt sind.«[315] Ein Stück weiter unten heißt es: »Man b Standpunkt, auf welchem die Natur nach Zwecken erklärt griechischen Worte Teleologie, das an Theologie erinnert. I

[313] Moleschott, 1852, 359f.
[314] Ebd., 353.
[315] Ebd., 316.

liegt nicht bloß im Wortlaut. Teleologie und Theologie nähren sich durch eine Wurzel.«[316] Diese Wurzel besteht für Moleschott in der Vorstellung einer vom stofflichen Substrat unabhängigen Kraft und aus der zitierten Stelle wird auch deutlich, welchem Wissensbereich, außer dem Vitalismus, er diese Vorstellung zuordnet: der Theologie.

Bei all der differenzierten Kritik, die im *Kreislauf des Lebens* am Begriff der Kraft vorgenommen wird, fällt die kaum problematisierte Breite auf, in der Stoff erscheint. Ostwalds Kritik aus der *Überwindung des wissenschaftlichen Materialismus* scheint insofern auf Moleschott zuzutreffen, als er Stoff tatsächlich sowohl spezifisch verwendet, hinsichtlich des Substrats bestimmter Eigenschaften, als auch im Sinne von Masse allgemein.[317] Weiter fällt die rhetorische Verwendung in der an Justus Liebig gerichteten Vorrede auf:

> Sie sind kein Physiologe und ich kein Chemiker. Aber ich habe denselben *Stoff*, den sie so anregend zu ordnen wussten, mit gleicher Liebe aufgefasst und mit der *Kraft* des Gedankens gehegt. Mein Verhältnis zum *Stoff* ist ein anderes, und daraus erwuchsen andere Ansichten. [...] Sie kennen auch den *Stoff*, den ich hier zu ordnen und für das Volk in weiten Kreisen, nicht bloß für die Aristokratie der Bildung, genießbar zu machen suchte. Ich will für mich nur das Recht, aus diesem *Stoff* auch meine Folgerungen zu ziehen; ich vermesse mich nicht zu hoffen, daß meine Darstellung sie überzeugen könnte. [Hervorhebungen J. D.][318]

Die Verwendung von »Stoff« im Sinne von »Thema« ist selbstverständlich in der Norm verankert und keine Erfindung Moleschotts, aber ihre Häufung an dieser Stelle ist gleichwohl bezeichnend. So wie der Stoff in diesem Text nämlich als die grundsätzlichste Kategorie der Beschaffenheit von Welt agiert, so wird er auch zu einem Grundbegriff der Darstellung von Welt. Wie der Stoff durch den *Kreislauf des Lebens* den verschiedenen Wandlungen unterworfen ist und dennoch erhalten bleibt, so bedeutet die Neuordnung in seiner Behandlung von Liebig zu Moleschott lediglich eine Wandlung gewisser Eigenschaften; der Stoff selbst aber bleibt.

Jener 17. Brief aus dem *Kreislauf des Lebens* leiht seinen Titel auch inem materialistischen Bestseller. 1855 veröffentlicht der Arzt Ludwig üchner, ein jüngerer Bruder des Dichters Georg Büchner, ein Buch mit em Titel *Kraft und Stoff*, das zum populärwissenschaftlichen Pflichtbeand des bürgerlichen Bücherregals wird, bis es darin 44 Jahre später n Ernst Haeckels *Welträthseln* abgelöst wird. Der Text fasst die Vorllungen Moleschotts noch einmal in prägnanter Form zusammen. Im rwort heißt es:

Ebd., 317.
Ebd., 257.
Ebd., 5ff.

> Aber sie selbst [die Schulphilosophie J. D.] sinkt von Tag zu Tag in der Achtung des Publikums und verliert in ihrer spekulativen Hohlheit an Boden gegenüber dem raschen Emporblühen der empirischen Wissenschaften, welche es mehr und mehr außer Zweifel setzen, daß das makrokosmische wie das mikrokosmische Dasein in allen Punkten seines Entstehens, Lebens und Vergehens nur mechanischen und in den Dingen selbst gelegenen Gesetzen gehorcht. Ausgehend von der Erkenntnis jenes unverrückbaren Verhältnisses zwischen Kraft und Stoff als unzerstörbaren Grundlagen muß die empirisch-philosophische Naturbetrachtung zu Resultaten kommen, welche mit Entschiedenheit jede Art von Supranaturalismus und Idealismus aus der Erklärung des natürlichen Geschehens verbannen und sich dieses letztere als gänzlich unabhängig von dem Zutun irgendwelcher äußeren, außer den Dingen stehenden Gewalten vorstellen.[319]

In den folgenden Kapiteln wird noch einmal die Unmöglichkeit einer Kraft ohne Stoff betont und die Unzerstörbarkeit des Stoffs angeführt. Wie der Stoff kein Ende in der Zeit habe, so wird im Kapitel *Unendlichkeit des Stoffs* dargelegt, dass auch räumlich sein Ende nicht zu denken sei. Das Atom wird als Hilfsvorstellung bezeichnet, denn jedes noch so kleine Segment sei schließlich theoretisch teilbar.[320] Im Kapitel *Die Würde des Stoffs* wird gegen die Körperfeindlichkeit des Christentums argumentiert. Wieder werden das Motiv der Zweckmäßigkeit in Naturvorgängen und die Existenz einer besonderen Lebenskraft verneint.

Der wesentliche Unterschied zwischen *Dem Kreislauf des Lebens* und *Kraft und Stoff* besteht darin, dass in letzterem Text fachwissenschaftliche Exkurse kaum noch eine Rolle spielen. Dies könnte ein Grund für seinen Erfolg sein. Die Wissenschaftspopularisierung durch Darstellung eines geschlossenen Weltbilds ist hier an einem Punkt angekommen, wo die Darstellung des Wissenschaftlichen hinter der Darstellung des Weltbilds zurücktritt. Im Sinne des Bakteriologen und Wissenschaftstheoretikers Ludwik Fleck hätte das Projekt damit seinen Höhepunkt erreicht. Fleck bezeichnet die Weltanschauung als »Gipfel« und »Ziel« populären Wissens.[321] Susanne Speckenbach formuliert in ihrer linguistischen Untersuchung des Textes die These, dass Büchner, besonders durch seinen Tatsachenbegriff, zur Verbreitung empirisch-positivistischer Perspektiven beigetragen habe: »›Tatsache‹ ist alles unmittelbar Gegebene, das sinnlich wahrgenommen wird.«[322]

---

319 Büchner, Ludwig. *Kraft und Stoff*. Leipzig: Alfred Kröner Verlag, 1932. 2.

320 Ebd., 21.

321 Fleck, Ludwik. *Entstehung und Entwicklung einer wissenschaftlichen Tatsache: Einführung in die Lehre vom Denkstil und Denkkollektiv*. 1935. Lothar Schäfer und Thomas Schnelle, Hg. Frankfurt a. M.: Suhrkamp, 1980. 149.

322 Speckenbach, Susanne. *Wissenschaft und Weltanschauung: Wissenschaftspopularisierung im 19. Jahrhundert – eine linguistische Untersuchung von Ludwig Büchners »Kraft und Stoff«*. Bremen: Hempen Verlag, 1999. 166.

Die beiden zuletzt besprochenen Texte gehören in den Kanon des naturwissenschaftlichen Materialismus.[323] Das Begriffspaar Kraft und Stoff als Vorläufer des Paars Energie und Materie spielt hierbei eine entscheidende Rolle. Beide werden nicht nur zu Grundbegriffen der Darstellung von Welt, weil sie als grundlegend für die Beschaffenheit von Welt gelten, sondern außerdem, weil sie als grundlegend für die Beschaffenheit von Darstellung betrachtet werden. Eine Weltanschauung, die letztlich auf der Analyse der physischen Wirklichkeit und der Analogie zur makroskopischen Betrachtung der Gestirne beruht, ordnet sich dem Konzept des bewegten Teilchens nicht nur als vermutete Wirklichkeit hinter ausgewerteten Daten unter, sondern auch als Grenze der konkreten, bildlichen Vorstellungskraft. Die Kraft, als Ursache der Bewegung, bleibt dabei, obwohl beide Begriffe untrennbar verknüpft sind, das verdächtige Konzept, dessen Unlösbarkeit vom Stoff betont werden muss, um es als Begriff für idealistische Philosophie, Theologie und Vitalismus unbrauchbar zu machen. So entsteht in einer Argumentation, welche die logische Gleichwertigkeit der beiden Begriffe behauptet, dennoch eine Hierarchie zu Gunsten des Stoffs.

Die letzte Station in der Entwicklung des Begriffspaars, die mir zum Verständnis des Ostwald'schen Schreibens notwendig zu sein scheint, findet sich im Monismus Ernst Haeckels. Der Zoologe der Universität Jena hatte seiner eigenen wissenschaftlichen Weltanschauung schon in einer Reihe von Schriften Ausdruck verliehen, als er 1899 sein wohl bekanntestes Buch *Die Welträthsel. Gemeinverständliche Studien über Monistische Philosophie* veröffentlicht. Im ersten Kapitel desselben heißt es:

> Alle einzelnen Fortschritte der Physik und Chemie stehen aber in theoretischer Bedeutung der Erkenntniß des gewaltigen Gesetzes nach, welches alle in einem gemeinsamen Brennpunkt vereinigt, des *Substanz-Gesetzes*. Indem dieses »kosmologische Grundgesetz« die ewige Erhaltung der Kraft und des Stoffes, die allgemeine Konstanz der Energie und der Materie im ganzen Weltall nachweist, ist es der sichere Leitstern geworden, der unsere monistische Philosophie durch das gewaltige Labyrinth der Welträthsel zu deren Lösung führt.[324]

In seiner Herleitung des »*Substanz-Gesetzes*« geht Haeckel ebenfalls von den beiden grundlegenden Größen Kraft und Stoff aus. Die analoge Form der Erhaltungssätze, desjenigen der Massenerhaltung nach Lavoisier und desjenigen der Energieerhaltung nach Meyer und Helmholtz, bringen

[323] Vgl. Bayertz, Kurt; Miriam Gerhard und Walter Jaeschke, Hg. *Der Materialismus-Streit*. Hamburg: Felix Meiner Verlag, 2012. Dabei handelt es sich um eine Textsammlung, die Grundlagentexte zur Diskussion um den Materialismus versammelt; darunter auch die hier besprochenen.

[324] Haeckel, Ernst. *Die Welträthsel: Gemeinverständliche Studien über monistische Philosophie*. Bonn: Verlag von Emil Strauß, 1900^4. 5f.

ihn dazu, beide Größen als unterschiedliche Aspekte einer allgemeinen Substanz zu betrachten.[325] Damit vollzieht sich bei Haeckel ein grundsätzlicher Wandel gegenüber den oben besprochenen Texten. Kraft und Stoff sind keine Begriffe mehr, die über logische Verlegenheiten hinweghelfen oder der Bildlichkeit dienen sollen, sondern Realitäten. Seine Perspektive bezeichnet Haeckel, unter Rückgriff auf die Philosophie Baruch Spinozas, als Monismus und er verortet sich damit an derselben Frontlinie wie die Materialisten. Haeckel wendet sich gegen den Vitalismus, den philosophischen Idealismus und die Theologie, die er alle als Formen dualistischen Denkens verurteilt. Ebenso wie er Kraft und Stoff als Aspekte derselben Substanz betrachtet, vertritt er die Idee der Einheit von physischer und geistiger Welt. Die physikalische Kraft wird anders als bei Du Bois-Reymond nicht in Analogie zum Geistigen, sondern als in sich selbst elementarer, seelischer Vorgang verstanden, weshalb die gesamte physische Welt auch einen geistigen Aspekt habe.[326]

Seine Perspektive bringt Haeckel wiederholt in Konflikt mit christlichen Denkern und führt dazu, dass er in der katholischen Kirche und dem Papsttum seine Lieblingsgegner findet. Einzelne Kapitelüberschriften in den Welträthseln wie *Unsere monistische Religion* oder *Wissenschaft und Christentum* machen die Stoßrichtung des Textes deutlich.[327] Es geht um eine Ablösung religiöser Sinnangebote durch ein naturwissenschaftlich begründetes Weltbild. So ist auch die Bundestätigkeit Haeckels zu verstehen.[328] 1904 nimmt er am Internationalen Freidenkerkongress in Rom teil, wo er feierlich zum »Gegenpapst« ausgerufen wird und 1906 gründet er in Jena den Deutschen Monistenbund, der sich explizit der Durchsetzung naturwissenschaftlich fundierter Weltbilder verpflichtet sieht. Haeckels Betonung der Einheit des Substanzgesetzes lässt ihn die Asymmetrie auf der Seite des Stofflichen bei den Materialisten ebenso deutlich wahrnehmen, wie den umgekehrten Fall. Auch in Ostwalds Energetik erblickt er eine Hierarchisierung – hier zur Seite der Kraft – die er in den *Welträthseln* als Spiritualismus bezeichnet.[329]

---

325 Beinahe gleichzeitig zog Ernst Mach aus der analogen Bildung der Erhaltungssätze den Schluss, dass die Summe in ihnen selbst substanziellen Charakter bekäme. Mach, Ernst. *Principien der Wärmelehre*. Leipzig: Verlag von Johann Ambrosius Barth, 1900². 319.

326 Haeckel, 1900, 106.

327 Ebd., IX.

328 Vgl. hierzu ausführlich die Beiträge in: Lenz, Arnher und Volker Mueller, Hg. *Darwin, Haeckel und die Folgen: Monismus in Vergangenheit und Gegenwart*. Neustadt am Rübenberge: Angelika Lenz Verlag, 2006, sowie Ziche, Paul, Hg. *Monismus um 1900: Wissenschaftskultur und Weltanschauung*. Berlin: Verlag für Wissenschaft und Bildung, 2000.

329 Ebd., 23.

Damit verweist er auf die entscheidende begriffliche Operation Ostwalds. Die Hierarchie wird von Ostwald in der *Überwindung des wissenschaftlichen Materialismus* umgedreht. Angesichts der Frontlinien, an denen die Materialisten traditionell argumentierten, lässt der Titel des Vortrags in Lübeck bei etlichen Zuhörern falsche Erwartungen aufkommen. Die üblichen Schlachtfelder waren das der Lebenskraft in Auseinandersetzung mit der vitalistischen Biologie, des Geistes mit der idealistischen Philosophie oder der unsterblichen Seele mit der Theologie. Alle diese Positionen hätten sich naheliegenderweise hinter dem Titel jenes Vortrags verbergen können, und dessen ist sich Ostwald in den *Lebenslinien* auch bewusst:

> Man vermutete eine spiritualistische Wendung und da in weiten Kreisen, von der Orthodoxie durch die Philologie bis weit in die sonst mehr links gerichteten Vertreter der »Geisteswissenschaft« eine große Angst vor der wissenschaftlichen Weltanschauung besteht, hoffte man in mir einen höchst willkommenen Kampfgenossen aus dem feindlichen Lager begrüßen zu können. Aus einzelnen Andeutungen glaubte ich sogar entnehmen zu können, daß ich Gefahr lief, für diese »Tat« zum Ehrendoktor der Theologie ernannt zu werden. Doch machten rechtzeitig einige gescheutere Angehörige dieser Kreise die Entdeckung, daß ihre Sache durch mein Eingreifen nicht besser gestellt wurde, sondern um ein gutes Stück schlechter. Denn das vom wissenschaftlichen Materialismus ungelöst gelassene Problem des Zusammenhanges von Geist und Körper, das von dem überzeugten Materialisten Du Bois Reymond feierlichst für grundsätzlich unlösbar erklärt und deshalb unter die ewigen Welträtsel versetzt worden war, verlor im Lichte der Energetik diese unzugängliche Beschaffenheit, da Geist und Körper sich beide dem Oberbegriff Energie einordnen lassen und daher natürlich und grundsätzlich miteinander eng verbunden sein müssen.[330]

Ostwald ersetzt also den Materialismus durch die Energetik ohne den Gedanken der Weltanschauung aufzugeben.[331] Ebenso wie sich die Materialisten mit dem Begriff der Kraft schwertaten, hat Ostwald seine Schwierigkeiten mit der atomistischen Theorie, ohne dabei die Existenz

---

330 Ostwald, 2003, 234.

331 Laut Paul Ziche (2008) vertritt Ostwald wenigstens in Teilen seines Werks einen nichtreduktiven Szientismus. Ich habe den Eindruck, dass Ostwalds Verwendung von Energie doch häufig Züge eines physikalischen Reduktionismus trägt. Allerdings scheinen mir zwei Möglichkeiten der Vereinbarkeit beider Lesarten gegeben. Ziche beschreibt den Reduktionismus als die Vorstellung »daß in der Zurückführung einer Aussage auf Aussagen einer bestimmten, anerkannten Wissenschaftsform ein Zugewinn an Wissenschaftlichkeit erzielt werden soll […]« (Ebd., 16). Die Frage wäre hier, wie die »Zurückführung« vonstattengeht. Wie ich im folgenden Kapitel zeigen werde, gibt es Differenzen zwischen Ostwald, der die wiederholte Anwendung erwiesener Gesetzmäßigkeiten behauptet und wenigstens einigen seiner Leser, die darin eine Extrapolation sehen. Entsprechend könnte man fragen, ob nicht auch die Reduktion eine Frage der Perspektive ist. Andererseits könnte der Eindruck der Reduktion auch verstärkt in einer vom Autobiographischen ausgehenden Lektüre auftreten, weil das allgemeine Problem der Einheit des Wissens hier noch zusätzlich durch die Darstellung des Einheit erzeugenden Subjekts gefiltert wird.

einer physischen Seite der Erscheinungen zu bestreiten.[332] In den *Lebenslinien* begründet er Zweifel, die er in den neunziger Jahren noch hat, damit, dass die atomistische Theorie nach einer kurzen Blüte in den sechziger Jahren des 19. Jahrhunderts nur noch geringe wissenschaftliche Klärungskompetenz bewiesen habe. Obgleich beispielsweise die Theorien des osmotischen Drucks und der elektrolytischen Dissoziation ursprünglich atomistisch gedacht gewesen seien (was sich klar an der zentralen Bedeutung des Ionenbegriffs zeigt), sei nirgends im Feld ihrer Anwendung das einzelne Atom in Frage gekommen.[333] In den Auseinandersetzungen mit Fachkollegen, die Ostwalds energetischer Perspektive mehrheitlich kritisch gegenüberstehen, wird ihm immer wieder entgegengehalten, dass seine Ansichten zu abstrakt seien. Er wird mit der Frage konfrontiert, wie man sich die durch Messungen erschlossenen Vorgänge verbildlichen solle, wenn die Atomtheorie in ihrer Anschaulichkeit nicht zur Verfügung stünde:

> Auf solche Frage möchte ich rufen: Du sollst Dir kein Bildnis oder Gleichnis machen! Unsere Aufgabe ist nicht, die Welt in einem mehr oder weniger verkrümmten oder getrübten Spiegel zu sehen, sondern so unmittelbar, als es die Beschaffenheit unseres Geistes nur irgend erlauben will. Realitäten, aufweisbare und meßbare Größen miteinander in Beziehung zu setzen, so daß, wenn die einen gegeben sind, die anderen gefolgert werden können, das ist die Aufgabe der Wissenschaft und sie kann nicht durch die Unterlegung irgendeines hypothetischen Bildes gelöst werden, sondern nur durch den Nachweis gegenseitiger Abhängigkeitsbeziehungen meßbarer Größen.[334]

Zum Zeitpunkt der Veröffentlichung der *Lebenslinien* in der zweiten Hälfte der zwanziger Jahre des 20. Jahrhunderts hat sich die Atomtheorie längst durchgesetzt und Ostwald erkennt ihre Brauchbarkeit an. Thomas Hapke lokalisiert die ersten Anzeichen der Akzeptanz in einer Ausgabe der *Zeitschrift für Physikalische Chemie* von 1907. In dem entsprechenden Beitrag führt Ostwald prägnanterweise an, dass sich seine Bedenken nicht so sehr gegen die Atomistik, sondern gegen den Materialismus richteten.[335] Im autobiographischen Rückblick gibt er als entscheidende Weiche die Entdeckung der Röntgenstrahlen bereits kurz nach der Lübecker Kontroverse an. Diese Entdeckung habe zum Nachweis der körnigen Struktur der Stoffe geführt und in der Folge dazu beigetragen, die bisherige Unfruchtbarkeit

---

332 Vgl. auch: Bensaude-Vincent, Bernadette. »Revisiting the Controversy on Energetics.« *Wilhelm Ostwald at the Crossroads between Chemistry, Philosophy and Media Culture.* Britta Görs, Nikos Psarros und Paul Ziche, Hg. Leipzig: Universitätsverlag, 2005. 16.

333 Ostwald, 2003, 230.

334 Ebd., 232.

335 Hapke, Thomas. *Die Zeitschrift für Physikalische Chemie: 100 Jahre Wechselwirkung zwischen Fachwissenschaft, Kommunikationsmedium und Gesellschaft.* Herzberg: Verlag Traugott Bautz, 1990. 73.

der atomistischen Ideen zu beheben. Die Energetik bleibe dadurch aber unberührt, da der Begriff der Energie nach wie vor der grundlegendere sei.[336] Die Annahme, der Stoff sei eine Form der Kraft, ist für Ostwald die primäre Einsicht, der sich Überlegungen zur konkreten Struktur des Stoffs unterordnen müssen.

Literarisch nutzt Ostwald den Energiebegriff tatsächlich für eine popularisierende Gesamtschau, welche sich an biologischen Kreislaufprozessen orientiert. 1911 erscheint *Die Mühle des Lebens*.[337] In dem Band veranschaulicht er die Lebensprozesse anhand der bekannten Wanderung des Kohlenstoffs. Allerdings erweitert er das Motiv um zwei wesentliche Aspekte. Zum einen beschreibt er die Aufnahme der Nährstoffe im tierischen Körper als Verbrennungsprozess analog zur Funktionsweise eines Ofens. Da aber im tierischen Körper geringere Temperaturen herrschten als in einem Ofen, dauerten die Umwandlungsprozesse viel zu lange, wenn sie nicht durch Katalysatoren beschleunigt würden.[338] Damit weist er seiner größten begrifflichen Leistung, der Definition des Katalysators, eine grundlegende biologische Bedeutung zu. Zum anderen betont er die Funktion des Sonnenlichts, welche den gesamten Kreilauf von außen in Gang setzt, und damit die Rolle der Energie. Der Titel des Textes *Die Mühle des Lebens* bezieht sich direkt auf das Verhältnis von Kraft und Stoff. Gemeint ist hier eine Wassermühle. Während die sich drehenden Mühlenflügel auf den Stoffkreislauf verweisen, steht das Wasser für die Kraft, von der Ostwald in diesem Bild zeigen kann, dass die Mühle ohne sie nicht laufen würde.[339]

Die begriffliche Operation, die Ostwald in der *Überwindung des wissenschaftlichen Materialismus* durchführt, lässt sich also nicht nur durch die Erschließung dessen nachvollziehen, was Ostwalds Energiebegriff logisch umfasst, sondern führt auch zur Umarbeitung eines bestimmten literarischen Motivs, welches im 19. Jahrhundert dazu benutzt wird, die partielle Erklärungskompetenz empiricher Wissenschaften in ein Weltbild zu überführen. Dies soll bei den Materialisten durch die Grundlegung des Stoffbegriffs und die Beiordnung des Kraftbegriffs erfolgen. Ostwald dreht diese Hierarchie um und gewinnt in der Grundlegung des Energiebegriffs das Epistem, welches ihm fürderhin erlaubt, den Zusammenhang allen Wissens zu behaupten.

---

336 Ostwald, 2003, 233.
337 Ostwald, Wilhelm. *Die Mühle des Lebens*. Leipzig: Hallberg & Büchting, 1911.
338 Ebd., 39.
339 Ebd., 42.

4.1.3 Schreiben im Sinne des energetischen Monismus

Wie genau sieht das energetische Gedankengebäude nun aus? Ab 1900 beginnt Ostwald an der Universität Leipzig Vorlesungen über Naturphilosophie zu halten, die 1902 als Buch erscheinen. Sowohl die Vorlesung, deren Zuhörer er auf etwa 400 schätzt, als auch die Veröffentlichung stoßen auf reges Interesse.[340] Die konkrete Form des Textes, der als Folge einzelner Vorlesungen sein Thema von den ersten Grundlagen her systematisch ausbaut, verweist noch einmal auf seine materialistischen Vorläufer. Im Gegensatz zu Moleschott oder Büchner geht Ostwald aber von einer erkenntnistheoretischen Grundlage aus, die systematisch mit Fragen der Begriffsbildung beginnt. Die Erfahrung wird, dieses wiederum im Einklang mit den Materialisten, als entscheidende Kategorie der Erkenntnis gesetzt. Erfahrung bedeutet hier nicht nur die sinnliche Wahrnehmung, sondern auch deren kognitive Verarbeitung.[341] Begriffe werden demnach gebildet, indem innerhalb eines Sinneseindrucks ein Ding von seiner Umgebung unterschieden wird. Anschließend wird dieser Eindruck mit früheren, erinnerten Eindrücken verglichen. Zuletzt wird entweder ein neuer Begriff gebildet oder das Phänomen einem bestehenden Begriff zugeordnet. Der allgemeinste Begriff ist der des Dings. Raum und Zeit sind die Kategorien, unter denen sich verschiedene Dinge einander zuordnen lassen. Der Begriff, der sich auf alle Dinge anwenden lässt und daher an die Stelle der Substanz treten muss, ist derjenige der Energie.[342] Dabei gibt Ostwald seinen Vorlesungen an dieser Stelle eine transzendentale Wendung. Er beschreibt nämlich zunächst nicht die wahrnehmbare Welt als aus Energien bestehend, sondern unsere Wahrnehmung selbst. Laut Ostwald stellt jeder Sinneseindruck einen an den Körpergrenzen vollzogenen Energiewechsel dar.[343] Unterschieden werden all die Eigenschaften und Zustände eines konkreten Körpers, welche messbar sind. Jede wird als eine Energie gedacht, die benötigt wird, um die entsprechende Eigenschaft aufrechtzuerhalten. Dementsprechend unterscheidet Ostwald zwischen einer »Formenergie«, einer »Volumenergie«, einer »Oberflächenenergie«, einer »Distanzenergie« und einer »Bewegungsenergie«. Beim Betasten eines festen Körpers wird beispielsweise Arbeit aufgewandt, um das tastende Gewebe, z.B. eine Fingerkuppe, zu verformen. Solange die Wirkung auf den Finger

---

340 Ostwald, 2003, 296.

341 Ostwald, Wilhelm. *Vorlesungen über Naturphilosophie*. Leipzig: Verlag von Veit & Comp., 1905. 14f.

342 Ebd., 152.

343 Ebd., 60. Rodnyj und Solowjew weisen darauf hin, dass Ostwald deshalb auch in die Tradition des Sensualismus gestellt wurde, 1977, 211. Dass er sich selbst in dieser Weise verstand, würde die Nähe zu Ernst Mach nahelegen, dem die Vorlesungen gewidmet sind.

anhält, hat dieser eine gewisse »Formenergie« angenommen. Lässt der Druck (d.h. der Arbeitsaufwand) nach, nimmt das Gewebe wieder seine ursprüngliche Form an.[344] All dies dient der systematischen Begründung des energetischen Weltbildes.

Die philosophische Argumentation, auf der die Energetik fußen soll, bleibt dabei allerdings zirkulär. Ostwald behauptet, dass die energetische Beschaffenheit der Welt nicht spekulativ, sondern evident, also der Erfahrung unmittelbar zugänglich sei. Er versucht dies zu begründen, indem er die Erfahrung selbst energetisch erklärt. Dabei reflektiert er – scheint mir – seine eigenen Voraussetzungen nicht konsequent. So stellt sich die Aufspaltung eines konkreten Gegenstands in die physikalischen Eigenschaften Masse, Volumen, Dichte etc. für ihn als selbstverständlich dar, während sich, konsequent vom Sinneseindruck ausgehend, fragen ließe, wie man überhaupt zu dieser Form der Analyse kommt. Ähnlich verhält es sich mit dem Energiebegriff, der zwar als Oberbegriff für die verschiedenen Sinneseindrücke gesetzt wird, aber selbst nicht sinnlich entsteht, so dass die Genese der ›Substanz‹ in Ostwalds Denken selbst intransparent bleibt. Diese Inkonsequenz macht auch die Problematik der spezialisierten Perspektive deutlich. Ostwald merkt nicht, wie voraussetzungsreich seine Begriffe eigentlich sind. Sie erscheinen ihm nicht mehr als hochspezialisierte, wissenschaftliche Instrumente, die in einer bestimmten Aussagetradition stehen und ihre Geltung innerhalb ebenfalls hochspezialisierter Sprachspiele bekommen. Stattdessen präsentiert er den Energiebegriff als unproblematische Grundlage der Erfahrung.

Es ist bereits darauf hingewiesen worden, dass Ostwalds Monismus nicht nur das Ziel verfolgt, seine wissenschaftliche Tätigkeit erkenntnistheoretisch zu unterfüttern, sondern auch anstrebt, ein naturwissenschaftliches Weltbild zu stiften, aus welchem sich Handlungsanweisungen ergeben. Sein Engagement im Monistenbund, dessen Leitung er 1906 von Ernst Haeckel übernimmt, ebenso wie seine Veröffentlichungen nach 1906 legen Zeugnis davon ab. Besonders deutlich wird das in der 1912 veröffentlichten Textsammlung *Der energetische Imperativ*.[345] Dabei handelt es sich um eine Sammlung von 43 zwischen 1909 und 1912 entstandenen Reden und Aufsätzen, die in fünf thematischen »Abteilungen« geordnet sind. Jede Abteilung stellt die Übertragung der energetischen Prinzipien auf einen anderen Bereich dar, wobei der ganzen Sammlung die gereimte Maxime

344 Ebd., 169.
345 Ostwald, 1912.

»Vergeude keine Energie, verwerte sie« vorangestellt wird. Im einleitenden Kapitel unter dem Titel *Wie der energetische Imperativ entstand* wird das Verhältnis dieser Maxime zum Monismus beschrieben:

> Was hat denn zunächst der Monismus mit dem energetischen Imperativ zu tun? Die Antwort ist: *alles*. Was bedeutet denn Monismus? Monismus heißt *Einheitslehre* und das Wort Monismus stellt in einem kurzen Ausdruck das Arbeitsprinzip aller Wissenschaft dar. Wissenschaft ist ja Vereinheitlichung des Denkens, wie es durch die Wirklichkeiten hervorgerufen worden ist. [...] Die Wissenschaft ist aber nur ein Teil unserer gesamten soziologischen Betätigung. Staat und Familie, ökonomische und künstlerische Arbeit füllen daneben noch große Gebiete unseres Daseins aus. Auch hier muss und soll der Einheitsgedanke durchgeführt werden. Wir sollen nicht unseren Geist umschalten müssen, wenn wir aus der Wissenschaft in die Kunst treten, wir sollen dieselben Prinzipien für unser ethisches wie für unser wirtschaftliches Handeln anwenden können, wir sollen uns bewußt sein, daß wir nichts tun und treiben können, als was überall im Grunde mit dem wissenschaftlichen und sozialen Denken zusammenhängt und daher allseitig übereinstimmen muß. Also die Harmonie unserer gesamten Betätigung ohne jede Ausnahme, die wir doch bewußt oder unbewußt alle anstreben. Das ist das, was ich Monismus nenne. Und auf die Frage weshalb wir denn diese Einheit, diesen universellen Monismus anstreben, habe ich keine andere Antwort, als den energetischen Imperativ. Je einheitlicher unser gesamtes Leben und Denken, unser Handeln und Fühlen gestaltet ist, um so weniger brauchen wir von dem eng bemessenen Energievorrat, der das Leben jedes Einzelnen bestimmt, für Widerwärtigkeiten, für die Beseitigung von unnötigen Widerständen, für die Ebnung von Hindernissen, die nur in der Unvollkommenheit unseres Denkens, nicht aber in der Natur der Sache liegen, aufzuwenden.[346]

Um die Verschwendung von Energie dadurch, dass wir »unseren Geist umschalten müssen« zu vermeiden, schlägt Ostwald eine Reihe von Normierungs- und Vereinheitlichungsprojekten vor.

Bevor ich aber genauer auf den Inhalt des Bandes eingehe, muss noch auf einen Punkt bezüglich des Kapitels hingewiesen werden, aus dem das obige Zitat stammt. In ihm findet sich beinahe wörtlich der Inhalt des Energetik-Kapitels aus dem zweiten Teil der *Lebenslinien* wieder, z. B. das »Umklappen des Regenschirms« nach der Diskussion mit seinen Schülern in Leipzig oder die »Ausschüttung des Geistes« im Berliner Tiergarten. Eine kaum wahrnehmbare, stilistische Überarbeitung unterscheidet beide Versionen von einander. Ostwald hat also eine autobiographische Skizze, die damals bereits 14 Jahre alt war, in sein autobiographisches Hauptwerk integriert. Dies ist in mehrfacher Hinsicht relevant. Zunächst lässt sich festhalten, dass der frühere Titel bereits einzelne Stellen aufweist, die als autobiographisch betrachtet werden müssen. Der Kontext, die Einleitung zu einem nicht-fiktionalen Werk, dessen Autor dem Leser Informationen

346 Ebd., 14f.

über die Entstehung der dargestellten Gedanken an die Hand geben möchte, legt keine andere Interpretation nahe. Vor allem aber ist die kontextuelle Absicherung des Autobiographischen hier evident, eben dadurch, dass der entsprechende Abschnitt 14 Jahre später in die *Selbstbiographie* übernommen wird. Offensichtlich erstreckt sich das autobiographische Werk Ostwalds also punktuell über die *Lebenslinien* hinaus.

Daraus folgt die Frage, ob die Form dieser Untersuchung sich hierdurch notwendigerweise verändert. Da sich die beiden Versionen nur durch geringfügige stilistische Abweichungen unterscheiden, hat man es im Wesentlichen mit einer Doppelung zu tun. Man könnte das Ganze also, sofern es sich um einen Einzelfall handelt, einfach zu einer Fußnote der Editionsgeschichte des zweiten Teils der *Lebenslinien* erklären, dem steht jedoch einiges entgegen. So kann man sich die Frage stellen, warum die Integration eines älteren Textfragments in einen neueren Rahmentext über einen Zeitraum von 14 Jahren hinweg und nach nur minimaler Überarbeitung überhaupt möglich ist. Dies ist, wenn man mit den Texten Wilhelm Ostwalds etwas vertraut ist, keine große Überraschung. Es lässt sich nämlich feststellen, dass ein großer Teil seines Gesamtwerks stilistisch außerordentlich homogen ist. Aussagen und Abschnitte, die dem Kontext nach als autobiographisch verstanden werden müssen, sind durchgehend präsent und auch der Ton variiert nur sehr bedingt. Entwicklungsgeschichten eigener Gedanken, Schilderung der eigenen Gewohnheiten, Erinnerungen an bestimmte Menschen und allgemeine Reflexionen wechseln in vielen Texten miteinander ab. Die Wiederverwendung autobiographischer Versatzstücke ist bereits den Zeitgenossen Ostwalds aufgefallen. Im ersten Teil der *Lebenslinien* führt Ostwald seine Bekanntschaft mit Svante Arrhenius folgendermaßen ein:

> Ich werde in meinem ganzen Leben den Tag nicht vergessen, an welchem ich zum ersten Male den Namen Svante Arrhenius kennen lernte. Ich hatte damals – es war im Juni 1884 – an jenem einen Tage gleichzeitig ein böses Zahngeschwür, ein niedliches Töchterchen und eine Abhandlung von Svante Arrhenius mit dem Titel »Études sur la conductibilité des électrolytes« bekommen. Das war zu viel, um auf einmal damit fertig zu werden und ich hatte eine fieberhafte Nacht mit schlechten Träumen davon.[347]

Dazu schreibt Arrhenius, nachdem er das Manuskript erhalten hat, im Dezember 1925 an Leo Jolowicz, den Geschäftsführer der Akademischen Verlagsgesellschaft Leipzig, mit dem er eng befreundet ist:

---

[347] Ostwald, 2003, 104.

> Nicht so dass ich die Ostwaldsche Methode lobe. Ich las in dem zugesandten Abschnitt wohl zum 5. mal die Geschichte, wie die kleine Tochter Else, das Zahngeschwür und meine Abhandlung am selben Tag gekommen waren. Das erste mal war es ja ganz lustig. Ich verstehe ja ganz gut meinen lieben alten Freund. Er ist Sklave geworden von dem Verfassen. Er kann doch nichts Neues auf Befehl und ohne Arbeit herauskramen. Also er muss die alten Witze wieder machen, bis es dem Publikum über wird [...].[348]

Offensichtlich handelt es sich bei der Darstellung *Wie der energetische Imperativ entstand* also nicht um einen Einzelfall. Ostwald scheint mehrere Textabschnitte in den *Lebenslinien* wiederverwertet zu haben. Wichtiger als die genaue Klärung, um welche Textteile es sich dabei im Einzelnen handelt und in welchen Texten sie zuvor schon auftauchen, ist die Frage nach der Bedeutung dieses Verfahrens für seine Autobiographik allgemein. Hier lässt sich immerhin sagen, dass die Grenzen des autobiographischen Korpus verschwimmen. Wenn sich das autobiographische Schreiben bei Ostwald auf Texte erstreckt, die formal nicht als autobiographisch gekennzeichnet sind, ist nicht sicher, ob alle entsprechenden Schilderungen in den *Lebenslinien* zusammengetragen wurden oder nicht. Gleichzeitig suggeriert »die Ostwald'sche Methode« aber auch einen so hohen Grad an Austauschbarkeit, dass die Aussagekraft der konkreten Episoden hinter derjenigen des Kompositionsprinzips in den Hintergrund zu treten scheint. Im Sinne des *energetischen Imperativs* ließe sich ein solches Vorgehen als energiesparende Maßnahme begründen, denn es würde wenig Sinn machen, bereits Formuliertes, sofern es für gut befunden wird, noch einmal neu zu formulieren. In jedem Fall besteht über die Doppelung der Textteile eine inhaltliche und formale Beziehung zwischen den *Lebenslinien* und der Sammlung von 1912, auf deren Inhalt im Folgenden etwas ausführlicher eingegangen werden soll.

Die Abteilungen vier und fünf des *Energetischen Imperativs* mit den Titeln *Unterrichtswesen* und *Biographie* führen auf einen Themenbereich hin, der sowohl in den *Lebenslinien* als auch in der 1909 erschienen Veröffentlichung *Große Männer: Studien über die Biologie des Genies* dargestellt wird. In diesem aus 13 Vorlesungen bestehenden Text versucht Ostwald die Grundlinien unterschiedlicher Formen von Höchstbegabung herauszuarbeiten, anhand derer besonders talentierte Naturen so früh wie möglich erkannt und gezielt gefördert werden könnten. In Analogie zum induktiven Erkenntnisweg experimenteller Verfahren leitet Ostwald eine allgemeine Typologie aus den konkreten Biographien herausragender Naturwissenschaftler ab. So behandelt er die Lebensbeschreibungen von

[348] Hansel, Karl und Levi Tansjoe. *Svante Arrhenius und Wilhelm Ostwald in ihren Briefen.* Großbothen: Wilhelm-Ostwald-Gesellschaft e.V., 2002. 153.

Humphry Davy, Julius Robert Mayer, Michael Faraday, Justus Liebig und Hermann von Helmholtz. In seiner Schlussbetrachtung kritisiert Ostwald das Curriculum des humanistischen Gymnasiums als der optimalen Entwicklung naturwissenschaftlicher Begabungen abträglich und fordert eine umfassende Schulreform. Das Buch findet weitgehende Beachtung. Santiago Ramón y Cajal zieht es in seinen *Regeln und Ratschlägen zur wissenschaftlichen Forschung* heran, um die biographischen Aspekte erfolgreicher wissenschaftlicher Arbeit zu erläutern[349] und als Carl Gustav Jung 1921 seine Arbeit *Psychologische Typen* vorlegt, in der die Geschichte der typologischen Persönlichkeitsmodelle kritisch gesichtet wird, hebt er Ostwalds Leistung einer Typenbestimmung wichtiger Naturwissenschaftler explizit hervor.[350]

Das Buch besteht aus einer Reihe von 13 Vorlesungen. In der ersten erläutert Ostwald, wie sich seine Beschäftigung mit der Thematik bis zum Stand der fertigen Vorlesung entwickelt hat. Die Schilderung ist stark autobiographisch und von der Darstellung anderer Arbeitsgebiete in den *Lebenslinien* kaum zu unterscheiden. Dies scheint mir vor allem daran zu liegen, dass Ostwald in der Ausarbeitung und Rechtfertigung seiner Forschungsvorhaben ständig auf die eigene Erfahrung zurückgreift. In den *Großen Männern* berichtet er zunächst von der Anfrage eines japanischen Schülers im Auftrag seiner Regierung. Die Japaner möchten wissen, woran denn junge Männer zu erkennen seien, von denen später große, dem Vaterland dienliche Leistungen zu erwarten wären. Ostwald wird als Autorität in dieser Frage akzeptiert, da zu Beginn des 20. Jahrhunderts bereits etliche seiner ehemaligen Schüler zu bedeutenden wissenschaftlichen Ergebnissen gelangt sind.[351] Angeregt durch das Interesse aus Fernost, beginnt Ostwald über den Sachverhalt nachzudenken, mit dem Ergebnis, dass sich ihm ein neues Forschungsfeld auftut:

> Aber als ich, angeregt durch die Frage, einen Überschlag darüber machte, ob es leicht oder schwer gewesen war, aus der unterschiedlosen Masse der neuen Praktikanten (ich habe ein schlechtes Personengedächtnis) zu Semesteranfang diejenigen herauszufinden, denen ich hervorragende Leistungen zutraute, konnte ich alsbald feststellen, daß gar keine Schwierigkeiten in der Richtung bestanden hatten. [...] Demjenigen, der sein ganzes Leben mit der Ermittlung von Naturgesetzen zugebracht hat, kann eine solche regelmäßige Erscheinung nicht zum Bewusstsein kommen, ohne ihn sofort mit der Überzeugung zu erfüllen, daß hier ein Gegenstand erfolgverheißender Forschung vorliegt.[352]

---

[349] Ramón y Cajal, 1936, 18.

[350] Jung, Carl Gustav. *Psychologische Typen.* Zürich: Rascher und Cie. A.-G. Verlag, 1930. 495.

[351] Ostwald, Wilhelm. *Große Männer.* Leipzig: Akademische Verlagsgesellschaft, 1919^5. 1.

[352] Ebd.

Im weiteren Verlauf der Argumentation versucht Ostwald den Gegenstand anhand eigener Erfahrungen zu beschreiben. Die Gemeinsamkeit seiner begabtesten Schüler sieht er darin, dass sie Erklärungen über das Notwendigste hinaus im persönlichen Gespräch mit dem Lehrenden suchen. Als mögliches Hilfsmittel, welches ihm die intuitive Einschätzung herausragender Schüler erleichtert haben könnte, nennt Ostwald die Erfahrung einer fachgeschichtlichen Vorlesung seines Lehrers Karl Schmidt, der einzigen Vorlesung, die er während seines Studiums überhaupt zu Ende gehört habe. Aus Schmidts lebendigen Schilderungen großer Forscherpersönlichkeiten sei Ostwald so etwas wie ein Gefühl für die menschliche Seite der Forschung entstanden, die später in der Einschätzung eigener Schüler produktiv werden konnte.[353]

Das autobiographische Element dient also nicht nur einer rhetorischen Hinführung oder als Ornament außerhalb der eigentlichen Argumentation. Tatsächlich wird es zu einem Evidenzmoment, dem eine erhebliche Begründungslast aufgebürdet wird. Die eigene Erfahrung liefert die Möglichkeit ein neues Forschungsfeld zu eröffnen. Die eigene Erfahrung ermöglicht das Abgrenzen grundlegender Kategorien in diesem Feld, und schließlich kann auch anhand der eigenen Erfahrung verifiziert oder falsifiziert werden. Da ändert es auch nicht mehr viel, dass Ostwald erklärt diese »eingehenden persönlichen Angaben« nicht gemacht zu haben, weil er ihnen »erhebliche objektive Bedeutung« zuspräche.[354] Denn nur ein Stück weiter unten führt er an, dass die Begriffsbildung, die seinem Ansatz im Gegensatz zu psychophysischen oder anthropologischen Projekten zu Grunde läge, eben aus der persönlichen Bekanntschaft mit den meisten Fachgenossen seiner Disziplin und dem Erleben ihres Verhaltens »auch in stürmischen Zeiten« ermöglicht worden sei.[355]

Die Vermischung des autobiographischen Schreibens mit einem anderen, das zumindest seinem eigenen Dafürhalten nach ein wissenschaftliches wäre, liegt im Fall der *Großen Männer* auch in der Spezifik des Gegenstands. Schließlich geht es hier um Fragen der Lebensführung, welche nicht normativ-ethisch, sondern empirisch-deskriptiv behandelt werden sollen. Entsprechend greift Ostwald auf sämtliche Data zurück, die ihm als empirische Folie zur Verfügung stehen: auf die Biographien der Verstorbenen, auf seine Erfahrungen mit den Zeitgenossen und auf die Beobachtung des eigenen Erlebens.

---

353 Ebd., 6.
354 Ebd., 8.
355 Ebd., 9.

Dieses Verfahren gewinnt bei Ostwald schon dadurch an Relevanz, dass es bei seinen schnellen Wechseln zwischen Naturwissenschaft, Philosophie, Soziologie und Psychologie argumentativ jeweils die konsequente heuristische Durchdringung der entsprechenden Fächer ersetzt. Damit wird aber nicht nur die Abgrenzung des autobiographischen Korpus problematisch, sondern die Grenze zwischen Autobiographischem und Wissenschaft selbst fließend. Der inhaltlichen Überschreitung der einzelnen Disziplinen in der energetischen Synthese entspricht auf der formalen Ebene ein Eindringen des Autobiographischen in die verschiedenen Textsorten.

An dieser Stelle bietet es sich an, einige Ergebnisse der bisherigen Lektüre zusammenzufassen. Das Primat des Zusammenhangs erstreckt sich bei Ostwald inzwischen vom inhaltlichen und formalen Zusammenhang der *Lebenslinien* über den explizit formulierten Wissensbegriff und die speziellen Entwicklungen der physikalischen Chemie sowie über eine naturphilosophische Systematik und Vorschläge zu deren praktischer Anwendung bis hin zum Verhältnis der unterschiedlichen literarischen Gattungen. Für Ostwald hängt alles mit allem zusammen. Hier beginnt sich allerdings auch ein Problem abzuzeichnen. Die einzelnen Texte scheinen durch die fließenden Grenzen nicht unbedingt an Aussagekraft zu gewinnen. Darauf gehe ich im kommenden Lektüreabschnitt genauer ein.

4.1.4 Ostwald baut an der Straße

Ich möchte ein drittes Mal zum Eingangszitat dieses Kapitels und damit auf das Jahr 1887 zurückkommen.[356] Darin zeigt sich nicht nur das inhaltliche Ineinandergreifen unterschiedlicher Forschungsansätze, es wird auch ein enger Bezug zwischen den Personennamen hergestellt, die mit den einzelnen Ansätzen verknüpft sind. Arrhenius und van't Hoff werden als entscheidende Akteure der physikalischen Chemie gewürdigt. Welche Rolle weist Ostwald nun sich selbst für die Entwicklung seiner Subdisziplin und im Verhältnis zu den genannten Wissenschaftlern zu?

Zu Beginn des folgenden Abschnitts mit dem Titel *Die Organisation der physikalischen Chemie* bemerkt er, dass es üblich geworden sei, die Genese der neuen Wissenschaft neben den Namen Arrhenius und van't Hoff auch mit dem Namen Ostwald in Verbindung zu bringen,

[356] vgl. 3.1

[...] obwohl er nicht durch eine gleichwertige Entdeckung um die gleiche Zeit hervorgehoben wurde. Dies liegt daran, dass in meiner Person sich der organisatorische Faktor verkörperte, ohne welchen eine derart schnelle und weitreichende Gestaltung eines neuen Wissensgebietes nicht stattfinden kann.[357]

Die Selbstbeschreibung als Wissenschaftsorganisator findet sich wiederholt in Ostwalds Texten und wurde in der Rezeption häufig übernommen.[358] Von den unterschiedlichen Aspekten der organisatorischen Tätigkeit werden wiederum mehrere im Zitat direkt genannt, wie das *Lehrbuch für allgemeine Chemie* oder die *Zeitschrift für physikalische Chemie*. Daneben wird aber bereits in der Form, in der Ostwald die Zusammenarbeit mit den Kollegen präsentiert, ein wesentlicher Bereich seiner Tätigkeit deutlich. Organisation besteht auch in der Darstellung von Zusammenhängen, wie sie die *Lebenslinien* zwischen den einzelnen Arbeiten herstellen, denen damit jeweils ihr charakteristischer Platz und Anteil am Ganzen zugewiesen wird. Die Autobiographik, die eben die Bedeutung der spezifischen Zusammenhänge unterschiedlicher Forschungserfolge darstellt, zeigt bereits das Lebenswissen des Organisators.

Hier schließt sich die Frage an, wie die Zusammenarbeit mit den Kollegen jenseits der Würdigung und Einordnung ihrer Ergebnisse im Text dargestellt wird. Dafür soll noch einmal in den ersten Teil der *Lebenslinien* zurückgegangen werden, in dem ein Abschnitt unter dem Titel *Der Arbeitsgenosse* Ostwalds Zusammentreffen mit Svante Arrhenius schildert. Der Anfang dieses Abschnitts ist bereits zitiert worden. Es ist jener den Arrhenius im Manuskript der *Lebenslinien* 1925 bereits zum fünften Mal liest.

Die erste Arbeit des schwedischen Kollegen, die Ostwald noch in Riga zu Gesicht bekommt, überzeugt ihn zunächst nicht, dann aber finden sich einige Berechnungen, die verblüffend mit seinen eigenen Ergebnissen übereinstimmen.

Und schließlich konnte ich mich nach eingehendem Studium überzeugen, dass durch diesen jungen Mann das große Problem der Verwandtschaft zwischen Säuren und Basen, dem ich ungefähr mein ganzes Leben zu widmen gedachte, [...] in viel umfassenderer Weise als von mir angegriffen und auch teilweise schon gelöst war.

Man wird sich leicht vorstellen können, welch ein Durcheinander von Gefühlen eine solche Erkenntnis in einem jungen Forscher erwecken muss, der seine Zukunft erst zu machen hat und sich plötzlich auf dem Felde, das er sich so recht einsam und abseits ausgesucht hatte, einem höchst energischen Mitarbeiter gegenüber sieht. Dazu kam, dass das Werk offenbare Schwächen enthielt (die

357 Ostwald, 2003, 149.

358 Darauf verweist beispielsweise der Titel einer der Biographien über Ostwald: Domschke, 1982.

> hernach auch von anderen Kritikern in übertriebener Weise hervorgehoben wurden), so dass ich noch mit der Möglichkeit rechnen musste, jene richtigen Ergebnisse seien nur zufällig so ausgefallen. Einige Tage lang stritten, wie in Bürgers Ballade der schwarze und der weiße Begleiter um meine Seele. Es war sicher nicht schwer, diesen plötzlichen Konkurrenten durch Totschweigen im Hintergrund zu halten, da zurzeit nur wenige Fachgenossen sich überhaupt um solche Fragen kümmerten. Dann konnte man wegen der vorhandenen Fehler das Ganze verurteilen und außerdem war durch die Veröffentlichung in den Schriften der Schwedischen Akademie der Wissenschaften ohnehin ein Hindernis für die Verbreitung gegeben, da diese den Chemikern kaum in die Hände kamen. Ich brauchte also nur die Schrift unbeachtet zu lassen, um mir den Mitbewerber wenn nicht für immer, so doch für die nächste Zeit vom Halse zu halten. Ich darf mir selbst das Zeugnis geben, dass diese Überlegungen bei weitem nicht mit der Klarheit und Bestimmtheit auftraten, wie ich sie hier entwickelt habe. Es waren vielmehr nur Wellen eines dahin gerichteten Gefühls, die vorübergehend etwas über die Schwelle des Bewusstseins traten.[359]

Letztendlich beschließt Ostwald sich nicht nur persönlich an Arrhenius zu wenden, sondern ihn direkt aufzusuchen. Dass der Rigaer, der damals schon ordentlicher Professor ist und auf einen gewissen Bekanntheitsgrad in seinem Fach rechnen kann, extra nach Uppsala kommt, um Arrhenius zu treffen, wird dort sehr deutlich registriert. Arrhenius hatte eben versucht sich mit der genannten Arbeit zu promovieren, und war trotz einer glänzenden Verteidigung mit einer Note bewertet worden, die ihn, wie er selbst es ausdrückt, von einer akademischen Laufbahn ausgeschlossen hätte.[360] Daraufhin schickt er die Arbeit an die bekanntesten Vertreter seines Fachs, die ihm die Relevanz seiner Überlegungen bestätigen. Ostwalds Besuch in Uppsala, wo er selbstverständlich auch die Professoren seines zukünftigen Kollegen aufsucht, dürfte dessen Rehabilitation wertvolle Dienste erwiesen haben.

Dass es Ostwald mit dem in der Schilderung des Hergangs enthaltenen Bekenntnis zur Zusammenarbeit ernst ist, stellt er auch später unter Beweis. Der Lehrstuhl für physikalische Chemie in Leipzig, den er 1887 von Gustav Wiedemann übernimmt, ist der einzige seiner Art im Deutschen Reich. Unter Ostwald entwickelt er sich in wenigen Jahren zum Zentrum der immer wichtiger werdenden neuen Richtung und zieht eine zunehmend internationale Schülerschaft an. Als 1890 Ostwalds Assistent Walther Nernst nach Göttingen übersiedelt und dort an der Universität einen Lehrauftrag für physikalische Chemie übernimmt, reist Ostwald selbst nach Göttingen, um die Sache zu befördern:

---

359 Ostwald, 2003, 104f.
360 Arrhenius, 1913, 3.

> Warnungen von befreundeter Seite, dass ich mir doch nicht selbst eine Konkurrenz bereiten solle, verlachte ich. Mir war die Aussicht, zur Ausbreitung meiner Wissenschaft etwas tun zu können, so wichtig, dass mir andere Erwägungen gar nicht in den Sinn kamen. Auch konnte ich mit den Erfolgen einer Politik des freien und rückhaltlosen Zusammenwirkens, die ich im Falle Arrhenius durchgeführt hatte, so zufrieden sein, dass ich keinen Grund sah, eine andere zu verfolgen.[361]

Die soziale Dimension der Forschung wird hier direkt thematisiert, allerdings wird sie noch nicht zur sinngebenden Instanz wie später in den Arbeiten von Fleck, Kuhn oder Foucault, die den sozialen Charakter der wissenschaftlichen Objekte hervorheben. Hinsichtlich der Urheberschaft des Einzelnen ließe sich natürlich festhalten, dass sie gerade durch die Betonung der Kooperation in Frage gestellt werden kann, allerdings darf auch nicht übersehen werden, dass die Kooperation in den *Lebenslinien* in hohem Maß als Ergebnis der organisatorischen Tätigkeit Wilhelm Ostwalds erscheint.

Die Affirmation der Zusammenarbeit ist indes nur ein Aspekt dessen, was Ostwald unter Organisation begreift. Im letzten Kapitel der *Lebenslinien*, das den Titel *Straßenlärm und Gartenfrieden* trägt, wird die Organisation nicht nur als unerlässliche Ergänzung der wissenschaftlichen Entdeckungen, sondern als die wichtigere Tätigkeit benannt:

> Denn der Organisator baut an der Straße, der Forscher pflegt seinen Garten. Jener muss unter Menschen, weil er sie beeinflussen will, und ist daher gezwungen, all die Unbequemlichkeiten auf sich zu nehmen, welche mit Ansammlungen von Menschen verbunden sind. Unvermeidlich muss er diejenigen stören, welche bisher diese Menschenmengen in ihrem Sinne beeinflusst hatten, und wird von ihnen daher immer als Gegner, oft als Feind behandelt.[362]

Beispielhaft für Instrumente dieser Art von Einflussnahme können das bereits genannte *Lehrbuch der allgemeinen Chemie*, das Ostwald nach sieben Jahren Arbeit beendet, und die *Zeitschrift für physikalische Chemie* betrachtet werden. Die Nennung des Lehrbuchs an dieser Stelle zeugt davon, dass sich Ostwald neben der rein didaktischen Beeinflussung anderer Menschen auch des schulebildenden Charakters dieser Textsorte bewusst war, die Thomas Kuhn in *Die Struktur wissenschaftlicher Revolutionen* als entscheidende Determinante der *normalen Wissenschaft*[363] und Ludwik Fleck in *Entstehung und Entwicklung einer wissenschaftlichen Tatsache*

---

[361] Ostwald, 2003, 203.
[362] Ebd., 587.
[363] Kuhn, Thomas. *Die Struktur wissenschaftlicher Revolutionen*. Frankfurt a. M.: Suhrkamp, 1976, 25.

als wichtigen Faktor für die Herausbildung des Denkkollektivs anführt.[364] Lehrbücher präsentieren einen Zusammenhang erbrachter Leistungen, der sowohl eine Grundlage für Kuhns Paradigmabegriff als auch eine für Flecks Begriff des Denkstils bildet, in dem die Auswahl und Anordnung des Materials die Richtung für spätere Forschung vorgibt.[365] Für Ostwalds Arbeit bleibt charakteristisch, dass er auf Veränderungen seines intellektuellen Gesichtskreises häufig mit der Abfassung eines Lehrbuchs reagiert. Die ersten Jahre seiner Lehrtätigkeit begleitet die Arbeit am *Lehrbuch der allgemeinen Chemie*. Da dieses 1897 bereits abgeschlossen ist, finden die entscheidenden Entdeckungen jenes Jahres keinen Eingang in die Darstellung. Die Nachfrage von Seiten der Studenten führt schließlich dazu, dass Ostwald die neuen Erkenntnisse in einem weiteren Lehrbuch mit dem Titel *Grundriss der Allgemeinen Chemie* darstellt, das 1889 erscheint und zu Ostwalds Lebzeiten fünf Neuauflagen erfährt.[366] Als er Anfang der neunziger Jahre beginnt seine Energetik theoretisch auszuarbeiten, schlägt sich das in einer Neuauflage des *Lehrbuchs der allgemeinen Chemie* nieder, dessen zweiter Band gänzlich nach energetischen Gesichtspunkten umgestaltet wird.[367]

Nachdem die erste Auflage des *Lehrbuchs* 1886 abgeschlossen ist, entwickelt Ostwald mit seinem Verleger den Plan, eine Zeitschrift für physikalische Chemie zu gründen, um der rasch anwachsenden Zahl von Arbeiten auf diesem Gebiet ein Forum zu bieten.[368] Im Jahr darauf erscheint, wie bereits erwähnt, die erste Ausgabe. Die Wichtigkeit der *Zeitschrift für Physikalische Chemie* als Organ des Austauschs von Ergebnissen unter den Forschern, die sich aktiv zu der neuen Richtung bekennen, bedarf kaum der Erläuterung. Die Abschnitte zur physikalischen Chemie (4.1.1 und 4.1.2) haben ihre Bedeutung allein durch die ersten Beiträge van't Hoffs und Arrhenius' aufgezeigt. Thomas Hapke, der die Geschichte dieser Zeitschrift ausführlich untersucht hat, sieht in der Gründung durch Ostwald einen der ersten ernsthaften Versuche, ein Spezialgebiet innerhalb der Chemie zu etablieren.[369] Die einzelnen Jahrgänge der Zeitschrift bieten sowohl einen Einblick in die sich wandelnden Interessen des Herausgebers als auch in die Entwicklung dieses Spezialgebiets. So enthält die Zeitschrift zunächst einen Referateteil, den Ostwald für die ersten zehn Jahrgänge größtenteils selbst bestreitet. Laut

---

364 Fleck, Ludwik, 1980, 158.
365 Ebd.
366 Ostwald, 2003, 167.
367 Ebd., 224.
368 Ebd., 115.
369 Hapke, 1990, 16.

Hapke stammen die meisten der bis 1897 erschienenen 3331 Referate und 412 Buchbesprechungen vom Herausgeber.[370] Als der Referateteil nach 1905 wegfällt, wird das damit begründet, dass er aufgrund der Fülle des eingesandten Materials nicht mehr haltbar und angesichts des gewonnen Stellenwerts der physikalischen Chemie auch nicht mehr notwendig sei. Ostwald hatte, während der Konstituierungsphase der Subdisziplin, die Referate oft für scharfe Kritiken benutzt, was später, nachdem sich die von ihm vertretenen Theorien durchgesetzt hatten, nicht mehr in diesem Maße notwendig erschien.[371] Die Zeitschrift ist also nicht nur ein Forum, sondern, wenigstens in den ersten Jahren, ein Teil jenes *Straßenbaus*, mit dem Ostwald der physikalischen Chemie den Weg ebnet. Auf die guten Erfahrungen mit dem Erfolg der Zeitschrift baut Ostwald wiederum auf, als er anstrebt, die eigene Energetik zu verbreiten, was um 1901 zum erstmaligen Erscheinen seiner *Annalen der Naturphilosophie* führt.[372] In beiden Fällen betonen die *Lebenslinien*, dass Ostwald das Amt des Schriftleiters und die damit verbundene Kontrolle inne hat, auch wenn er sie im Fall der *Zeitschrift für physikalische Chemie* eher aus der Not einen ›ungeeigneten Konkurrenten‹ zu vermeiden übernommen habe. Hinsichtlich der *Annalen* ist er sich seiner Sache so sicher, dass er sie von vornherein selbstständig angeht.[373]

Ein weiterer entscheidender Baustein im organisatorischen Handeln Ostwalds liegt in seiner ausgeprägten Verbandstätigkeit. 1894 wird in Kassel auf Initiative Ostwalds und des Ingenieurs Arthur Wilkes die Elektrochemische Gesellschaft gegründet, in deren Vorstand Ostwald gewählt wird. Die schnelle Entwicklung der Elektrotechnik lässt diesen Bereich auch zu einem interessanten Gegenstand für Industrie und Wirtschaft werden. Erfolgreich setzt sich die Gesellschaft beispielsweise für die Einrichtung von Lehrstühlen, die mit entsprechenden Fachleuten besetzt wurden, ein.[374] Weiterhin wird ein Verband gegründet, dem die meisten Laboratoriumsvorstände des Reichs beitreten und der über ein eigens entwickeltes Verbandsexamen sicherstellen soll, dass nur Kandidaten mit ausreichenden Vorkenntnissen zur Promotion angenommen werden.[375]

Im Jahr 1910 wendet sich Ernst Haeckel an Ostwald mit der Bitte, ihn als Leiter des sechs Jahre zuvor gegründeten Monistenbundes abzulösen. Ostwald hegt zunächst gewisse Zweifel, da ihn von Haeckels Denken im

---

370 Ebd., 51.
371 Ebd., 53.
372 Die *Annalen* erschienen als Vierteljahresschrift zwischen 1901 und 1921.
373 Ostwald, 2003, 118, 301.
374 Ebd., 260.
375 Ebd., 267.

Detail verschiedene Punkte trennen.[376] Da er den damals Sechsundsiebzigjährigen aber als zugänglich und immer gesprächsbereit erlebt, lässt er sich darauf ein und organisiert im Sommer 1911 eine Tagung des Bundes in Hamburg, die ein großer Erfolg wird.[377] Ostwalds Hauptanliegen ist es, die unterschiedlichen, wissenschaftlichen Weltbilder der im Bund versammelten Mitglieder gegen die durch den Kaiser gestützte, christliche Orthodoxie zu verteidigen.[378]

Im gleichen Jahr 1911 nimmt Ostwald in Paris an einem Treffen von Abgesandten der Chemischen Gesellschaften Frankreichs, des Deutschen Reichs und Englands teil. Dabei wird ein Internationaler Chemikerverband gegründet, dem bereits im selben Jahr zehn weitere Nationen beitreten.[379] Die Organisation wird durch eine großzügige Stiftung des belgischen Chemikers und Unternehmers Ernest Solvay unterstützt und arbeitet zwei Jahre lang sehr produktiv, bis der Erste Weltkrieg die Zusammenarbeit unmöglich macht.[380]

Ebenfalls 1911 bekommt Ostwald eine Schrift mit dem Titel *Die Organisierung der geistigen Arbeit durch die Brücke* zugesandt. Absender sind die beiden Schweizer Autoren des Textes, der Unternehmer Karl Wilhelm Bührer und der Journalist und Schriftsteller Adolf Saager. Die Grundidee des Textes bedient sich der Insel-Analogie, die auch Ostwald verwendet, um einzelne Wissensgebiete zu beschreiben. Das Bemühen zielt hier aber nicht auf die Eroberung des gemeinsamen Grundes, sondern auf den Brückenschlag von einer Insel zur anderen. Durch Organisation sollen die sinnlose Wiederholung bereits geleisteter Arbeit sowie Reibungsverluste aller Art vermieden werden. Ostwald findet diese Überlegungen ganz im Einklang mit seiner Energetik. Angedacht war, die Brücke zu einer »Auskunftstelle über Auskunftstellen« [sic] zu machen:

> Bisher muss z.B. jeder einzelne Forscher die Vorgeschichte seines Problems selbst ermitteln, wobei oft die gleiche Arbeit mehrfach ausgeführt wird, weil die Einzelnen nichts voneinander wissen. Künftig wird die Brücke (meist durch ihre Verbindungen, sonst auch unmittelbar) solche Zusammenstellungen vorrätig haben und liefern können, da sie sich aus der Ordnung aller geistigen Erzeugnisse von selbst ergeben, und der Forscher kann sich unmittelbar der Entdeckerarbeit widmen. Denn die Brücke wird über ein Verzeichnis aller Stellen verfügen, von

---

[376] Zum Verhältnis von Ostwald und Haeckel vgl. Nöthlich, Rosemarie, Heiko Weber, Uwe Hoßfeld, Olaf Breidbach und Erika Kraußе *»Substanzmonismus« und/oder »Energetik«: Der Briefwechsel von Ernst Haeckel und Wilhelm Ostwald (1910–1918).* Berlin: Verlag für Wissenschaft und Bildung, 2006.

[377] Ostwald, 2003, 481ff.

[378] Ebd., 480.

[379] Ebd., 507.

[380] Ebd., 510.

denen Auskunft irgendwelcher Art zu erhalten ist, und jeden Nachsuchenden an die Stelle verweisen, welche seine Frage beantworten kann.[381]

Ein weiterer Vorschlag geistige Arbeit zu organisieren, dem sich Ostwald überzeugt anschließt, betrifft die materiellen Aspekten der Kommunikation. Karl Wilhelm Bührer identifiziert den einzelnen beschriebenen Zettel als das Grundelement der Vermittlung geistiger Inhalte und fordert daher eine Vereinheitlichung des Papierformats, der wiederum Normierungen von Ablage- und Sammlungssystemen folgen können. Ostwald entwickelt daraufhin ein rechteckiges Format, das ähnlich dem heutigen DIN-Format die Eigenschaft besitzt, dass sich jede Größe einfach aus Halbierung des nächst größeren Formats ergibt, wobei das Verhältnis der Seiten zueinander gleich bleibt.[382] Des Weiteren kritisieren Bührer und Ostwald das Buch als ungeeignetes Format für wissenschaftliche Veröffentlichungen, da den Wissenschaftler aus einem Band häufig nur ein Kapitel oder sogar nur eine Seite, etwa eine Tabelle, interessiere. Punktuelle Überarbeitungen von Neuauflagen können es erforderlich machen, sich das ganze Werk doppelt zu besorgen, auch wenn einen nur die Änderungen interessierten. Daher setzt sich die Brücke für ein monografisches Prinzip ein, wonach die Beiträge nicht gebunden, sondern einzeln verkauft werden. Der Käufer kann sie dann in beliebiger Zusammenstellung aufheben, was wiederum durch Hilfsmittel, die sich an dem normierten Format orientieren, unterstützt werden könnte.[383] Des Weiteren wird eine Einteilung des menschlichen Wissens anhand von Ordnungszahlen, die jedem Begriff zugeordnet werden, angestrebt. Vorlage hierfür war das weit verbreitete System der Dezimalklassifikation nach Melvil Dewey.[384]

Nimmt man die Grundstruktur der Überlegungen hinter den einzelnen Initiativen der Brücke zur Kenntnis, drängen sich beinahe zwangsläufig Verbindungen zu Grundmotiven aktueller Informationskultur wie dem Netzbegriff auf. Thomas Hapke weist in seiner Arbeit *Zum Verborgenen Ursprung des Informationswesens in der Chemie* explizit auf derartige Beziehungen hin.[385] Sie bestehen demnach allgemein zur Chemie, die sich im Lauf des 19. Jahrhunderts angesichts der schnell anwachsenden Zahl von Elementen und Verbindungen verstärkt ordnungstheoretischen Aufgaben gegenüber sah und versucht diesen, beispielsweise durch Mendelejews

---

381 Ebd., 514.
382 Ebd., 515.
383 Ebd., 516.
384 Ebd.
385 Hapke, Thomas. »Zum verborgenen Ursprung des Informationswesens in der Chemie« *LIBREAS Library Ideas* 17. 2010. 26 Mai 2012. <http://libreas.eu/ausgabe17/texte/01hapke.htm#3>.

Periodensystem, gerecht zu werden. Speziell Ostwald wird wegen seines Brücke-Engagements erwähnt. Hapke vergleicht hier das monographische Prinzip und den einzelnen Druck als Grundelement wissenschaftlicher Kommunikation mit dem Katalog der chemischen Elemente und die Dezimalklassifikation mit deren periodischer Anordnung. In der Organisation der Monographien durch Teilung und Kombination sieht er ein Analogon zu den Verfahren von Analyse und Synthese in der Chemie.[386]

Aus demselben gedanklichen Zusammenhang von Organisation und energetischer Einsparung engagiert sich Ostwald in der Bewegung zur Entwicklung und Verbreitung einer künstlichen Welthilfssprache, um Energie in Sprachgrenzen überschreitenden Arbeitsprozessen zu sparen, die sonst durch Übersetzungsprozesse verloren gehen würde. An die auffällige Häufung des Präfixes »Welt-« in Ostwald'schen Projekttiteln wie der *Welt*sprache oder dem *Welt*format für Drucksachen knüpft Markus Krajewski seine interessanten Überlegungen zur Projektmacherei um 1900, als deren Vertreter er Ostwald, vor allem durch die Tätigkeitsfelder sieht, die der ehemalige Leipziger Professor ab 1906 nach seinem Ausscheiden aus dem akademischen Dienst bearbeitet.[387] Krajewski stellt Ostwalds Projekte dabei in eine Reihe mit ähnlichen Initiativen von Walther Rathenau und Franz Maria Feldhaus, denen er attestiert, dass sie:

> [...] aus heutiger Sicht nahezu zwangsläufig naiv wie gleichermaßen megaloman anmuten. In einer Epoche allerdings, die geprägt ist von imperialen Vereinnahmungen seitens der Politik, internationaler Verständigung auf wissenschaftlicher Ebene und expansiven Handelsbeziehungen, scheinen solche Projekte nicht bloß theoretisch möglich zu sein. Viel mehr tragen innerhalb jener Umbruchszeit spezifische Prozesse wie die Verdichtung globaler Verkehrsnetzwerke oder die regelmäßige Inventur nationaler Wirtschaftsmacht im Rahmen der Weltausstellungen dazu bei, die *Machbarkeit* derart ehrgeiziger Pläne zu soufflieren und ihre Umsetzung im weltweiten Maßstab nachgerade zu fordern.[388]

Aus medienwissenschaftlicher Perspektive sind die Ostwald'schen Weltprojekte gerade durch das Ineinandergreifen der Fokussierung auf Formate des Transfers, deren technische Voraussetzungen und organisatorische Fragen wie die der Finanzierung des Ganzen als eigener Phänomenbereich interessant. Folgerichtig stellt Krajewski auch einen Gegensatz zwischen den Weltprojekten und den eher philosophisch inspirierten Weltbildern und Weltanschauungen des 19. Jahrhunderts her.[389]

---

[386] Ebd.
[387] Krajewski, 2006.
[388] Ebd., 12.
[389] Ebd., 15.

Bezüglich des Ausgangspunktes, der Organisation der physikalischen Chemie, sei noch auf das Vokabular verwiesen, mit dem Ostwald seine Bemühungen und Erfolge beschreibt. Das sechste Kapitel des zweiten Bandes trägt den Titel *Die Ausbreitung der Lehre in Deutschland.* Denkt man daran, wie später die Geburtsstunde des energetischen Gedankens beschrieben wird, in dem von der ›Ausgießung des Geistes‹ und von einem ›wahren Pfingsten‹ die Rede ist, wird die Häufung religiöser Begriffe auffällig.[390] Ähnliches findet sich in den Schilderungen zur Aufnahme der physikalischen Chemie in England, der Ostwald ein ganzes Kapitel unter dem Titel *Wirkung in die Ferne* gewidmet hat.[391] Die Widerstände, vor allem gegen die Theorie des osmotischen Drucks, sind bei den britischen Chemikern und Physikern zunächst beträchtlich, so dass die British Association for the Advancement of Science van't Hoff, Ostwald und Arrhenius 1890 zur Aussprache anlässlich ihrer jährlichen Versammlung nach Leeds einlädt. Ostwald bemerkt: »Ich empfand die Einladung als eine sehr erwünschte und günstige Gelegenheit das neue Evangelium unter die Heiden zu tragen.«[392] Da Arrhenius verhindert ist, nehmen nur sein deutscher und sein niederländischer Kollege, die sich aus diesem Anlass erstmals persönlich treffen, die Einladung an und schaffen es in der Folge auch, die wichtigsten Fachleute von der Brauchbarkeit ihrer Theorien zu überzeugen. Als Ostwald zwei Jahre später die Versammlung der British Association in Edinburgh besucht, charakterisiert er ihren neuen Stellenwert: »[...] sie galten als anerkannte Bestandteile der Wissenschaft, über deren Tragweite im einzelnen man verschiedener Meinung sein konnte, die man aber als zweifellosen großen Fortschritt anzuerkennen bereit war.«[393]

Ostwalds Sendungsbewusstsein, das der Organisation der physikalischen Chemie zu Grunde liegt, wird trotz anfänglicher Kritik durch die schnelle Verbreitung der entsprechenden Ideen bestätigt. Später wird er angesichts der nahezu geschlossenen Gegnerschaft, mit der seine Fachgenossen der Energetik begegnen, dasselbe Selbstbewusstsein zeigen, im Vertrauen darauf, dass die plausibleren Lösungen sich auf Dauer durchsetzen werden. Vermutlich haben die Erfahrungen mit der Organisation seines ersten Arbeitsfeldes hier einen gewissen Einfluss ausgeübt. In diesem Zusammenhang fällt der ironische Rückgriff auf religiöse Formulierungen auf, wenn Ostwald sein »Evangelium unter die Heiden« trägt, wenn er seinen Kontrahenten im Streit um die geringere Anschaulichkeit der Energetik im Vergleich zur Atomistik zuruft »Du sollst dir kein Bildnis oder Gleichnis

---

390 Ostwald, 2003, 220.
391 Ebd., 204.
392 Ebd.
393 Ebd., 212.

machen!« oder wenn er den eindeutig starken und folgenreichen Eindruck, den der Moment der umfassenden energetischen Erkenntnis auf ihn gemacht hat, als »Ausgießung des Geistes« bezeichnet und er auf seine Bekannten nach eigenem Zeugnis den Eindruck eines »Inspirierten oder Propheten« macht. Die Übernahme religiöser Begriffe scheint hier ein Problem der Sagbarkeit zu markieren. Ostwald benutzt diese Begriffe nicht um einen humoristischen Effekt zu erzielen, sondern aus einer gewissen Verlegenheit heraus, für diese wichtigen, persönlichen Ereignisse eine adäquate Sprache zu finden. Dabei erfolgt die Übernahme des religiösen Vokabulars aber keineswegs naiv. Pate für die Form könnte auch der Gegenpapst Ernst Haeckel gestanden haben, dessen aggressive Übernahme religiöser Terminologie bereits erwähnt worden ist.[394] Tatsächlich berichten auch die *Lebenslinien* über verschiedene Konfrontationen mit Kirchenvertretern, denen Ostwald im Zuge seiner Arbeit für den Monistenbund begegnet und die zu einem zeitweiligen Engagement in der Kirchenaustrittsbewegung führten.[395] Die 1982 in der DDR erschienene Biographie Ostwalds von Peter Lewandrowski und Jan-Peter Domschke betont diesen Punkt der monistischen Tätigkeit aus naheliegenden Gründen sehr stark. Zum Auftakt des Kapitels *Das monistische Jahrhundert* heißt es dort:

> Als am 28.10.1913 auf einer Massenkundgebung in der Berliner Hasenheide Karl Liebknecht und Wilhelm Ostwald unter unvorstellbarem Beifall zum Austritt aus der Staatskirche aufriefen, folgten 582 der Anwesenden dieser Aufforderung. Das war der Höhepunkt der politischen Wirksamkeit des Naturforschers Ostwald: Seite an Seite mit den besten Vertretern der revolutionären Arbeiterklasse ließen diese Aktionen etwas von der Kraft jenes Bündnisses zwischen dem Proletariat und den linken bürgerlichen Intellektuellen ahnen, das Lenin so eindrücklich gefordert hatte.[396]

Hier handelt es sich leicht erkennbar um das Pathos eines anderen Kontextes, von dem sich in den *Lebenslinien* nicht viel findet. Der Abschnitt zum Kirchenaustritt ist Ostwald kaum eine Seite Wert und hinsichtlich seiner damaligen Mitstreiter findet sich die lakonische Bemerkung: »Diese Tätigkeit brachte mich mit dem radikalsten Flügel der Sozialdemokratie und einer Anzahl anderer Personen zusammen, die ihnen nahe standen. Die genauere Bekanntschaft wirkte nicht einladend zu einer Fortsetzung und so gab ich bald die Sache auf.«[397] Sicher ist hingegen, darauf weisen

394 Zur gezielten Herstellung einer »Ersatzreligion« im Deutschen Monistenbund vgl. Weber, Heiko und Olaf Breidbach. »Der Deutsche Monistenbund 1906-1933«. *Darwin, Haeckel und die Folgen: Monismus in Vergangenheit und Gegenwart*. Hg. Arnher Lenz und Volker Mueller, Neustadt am Rübenberge: Angelika Lenz Verlag, 2006. 157-206.

395 Ebd., 492.

396 Domschke, 1982, 55.

397 Ostwald, 2003, 492.

auch Domschke und Lewandrowski zu Recht hin, dass Ostwald als Verfechter eines naturwissenschaftlich begründeten Weltbildes in der Kontinuität der Materialisten und Haeckels eine ablehnende Haltung gegenüber Kirche und Theologie beibehält[398] und dass die taktische Übernahme von Begrifflichkeiten, die sich in diesem Kontext findet, auch ihm nicht fremd gewesen sein dürfte.

Zu Beginn dieses Abschnitts war von den Konkurrenten die Rede, welche der Organisator beim *Bau der Straße*, der *Beeinflussung anderer Menschen* antrifft. Im Hinblick auf Ostwalds Tätigkeit als Organisator der physikalischen Chemie, sieht er diese Konkurrenz in den Vertretern der organischen Chemie. Das Verhältnis zu jenem Zweig der Fachkollegen scheint auch schwierig zu bleiben, so bemerkt Ostwald zur Zeit der Fertigstellung der *Lebenslinien* (1926), dass trotz all der wissenschaftlichen Erfolge und dem offensichtlichen Nutzen der physikalischen Chemie für die Industrie die Anerkennung aus jener Richtung weitestgehend ausgeblieben sei.[399]

4.2 1888 – Das Jahr der *histología española*

Wie der Titel bereits anzeigt, beschäftigt sich die *Historia de mi labor científica* schwerpunktmäßig mit der naturwissenschaftlichen Arbeit Cajals. Die Intention des Bandes formuliert der Erzähler gleich zu Beginn des ersten Kapitels: »Ich denke, es ist von nicht geringem pädagogischen Interesse zu berichten, wie der ein wenig illusorische Gedanke, eine spanische Histologie zu begründen, trotz der Gleichgültigkeit wenn nicht gar der Feindschaft der intellektuellen Umgebung verwirklicht wurde.«[400] Auch in diesem Text kommt dem Jahr 1887 einige Bedeutung zu. Nachdem eine Änderung des Curriculums den Bedarf der medizinischen Fakultäten an Professoren für Histologie erhöht hat, sieht sich Cajal in der glücklichen Lage, zwischen den neu geschaffen Lehrstühlen in Zaragoza und Barcelona wählen zu können. Schließlich entscheidet er sich für die Übersiedlung nach Catalunya, das er infrastrukturell für geeigneter hält, seine Forschung zu begünstigen. Die folgenreichen Entdeckungen im Bereich der Gewebelehre gelingen ihm im folgenden Jahr 1888, das er als

398 Domschke, 1982, 56.
399 Ostwald, 2003, 197.
400 »Estimo no desprovisto de interés pedagógico referir cómo surgió y se realizó el pensamiento un poco quimérico, de fabricar Histología española, a despecho de la indiferencia, cuando no de la hostilidad del medio intelectual.« Ramón y Cajal, 2006, 351.

sein »Spitzenjahr« und »Glücksjahr« bezeichnet.[401] Sie führen dazu, dass er 1906 zusammen mit dem italienischen Mediziner Camillo Golgi den Nobelpreis für Medizin erhält.

4.2.1 Cajal und die Sichtbarmachung des Kleinsten

Cajal beginnt die *Historia de mi labor científica* mit der Schilderung von Arbeiten, die er 1880 und 81 in Zaragoza durchführt. Er hat sich in seinem Haus ein mikrographisches Labor eingerichtet, in dem er einerseits Doktoranden Unterricht im Mikroskopieren gibt und andererseits seine eigene Technik verfeinert. Die erste Arbeit, die sich mit dem Zusammenhang von entzündetem Gewebe und der Bildung von Eiter beschäftigt, kommt noch zu wenig befriedigenden Ergebnissen, was Cajal in der Retrospektive einer allzu unkritischen Übernahme der Positionen französischer Gelehrter zuschreibt.[402] Schon seine zweite Veröffentlichung unter dem Titel *Mikroskopische Untersuchungen über die Nervenenden in den willkürlichen Muskeln des Frosches* führt ihn dann aber in Bereiche, die auch für seine späteren Arbeiten charakteristisch sind. Er untersucht dort den Kontakt von Muskeln und Nervenfasern beim Frosch.[403] Der mit eigenen Lithografien illustrierte Text zeigt den ersten Kontakt des jungen Mediziners mit dem Nervengewebe, dessen Beschreibung ihn in den folgenden zwanzig Jahren so intensiv beschäftigen wird. Abgesehen vom Gegenstand erweist sich auch der Erkenntnismodus der Arbeit, die »Mikroskopischen Untersuchungen«, auf die der Titel verweist, als konstantes Moment in Cajals Schaffen, was eine genauere Betrachtung der zugrunde liegenden Praktiken notwendig macht.

Die Untersuchung histologischer Strukturen setzt eine Reihe vorbereitender Schritte voraus. Zum einen müssen die Präparate, in der Regel eine Scheibe fein geschnittenen Gewebes, fixiert werden, um sie haltbar genug für die folgenden Arbeitsgänge zu machen, zum anderen müssen die Kontraste zwischen den unterschiedlichen Komponenten des fraglichen Gewebes verstärkt werden, damit die enthaltenen Strukturen überhaupt sichtbar werden. Für das Nervengewebe trifft dies in besonderem Maße zu, da die Verästelungen der Nervenzellen einen sehr hohen Grad an Komplexität aufweisen. Unterschiedliche Färbetechniken stehen wiederum vor der Aufgabe, entweder die Neuronenverbände von dem umgebenden Gewebe

---

[401] Ebd., 400.
[402] Ebd., 352.
[403] Ramón y Cajal, Santiago. *Observaciones microscópicas sobre las terminaciones nerviosas en los músculos voluntarios de la rana*. Zaragoza: Imprenta de »El Diario Católico«, 1881.

oder die einzelnen Teile der Nervenzellen von einander unterscheidbar zu machen. Der begrenzte Raum, auf dem sich diese Komplexität entfaltet, macht neben der Fixierung und der histologischen Färbung als dritten Schritt die optische Vergrößerung im Mikroskop notwendig. Die Arbeit Cajals besteht also nicht nur in der Beschreibung der Gewebemuster, sondern auch in der kontinuierlichen Verbesserung der Methoden ihrer Sichtbarmachung.

Eine solche Verbesserung wird in der genannten Arbeit entwickelt. Cajal beschreibt Schritt für Schritt, wie er nach der Methode des deutschen Pathologen Julius Friedrich Cohnheim Muskelfasern mit einer Pinzette aus dem Schenkel des Froschs entnimmt und anschließend kurz einer Silbernitratlösung aussetzt, bis die Fasern eine milchige Färbung annehmen. Anschließend wird das Gewebe ins Licht gehalten, wodurch das Silber schwarz wird. Die Methode nach Cohnheim erweist sich allerdings als wenig ergiebig und Cajal führt an, dass er aus über dreihundert Versuchen lediglich drei brauchbare Präparate gewonnen habe. Der Grund hierfür liegt in der simplen Tatsache, dass die Imprägnierung zwar wie bei einem Negativ das Muskelgewebe verdunkelt und die Nervenfaser weiß lässt, genauso aber alle Objekte, die sich sonst noch am Muskel befinden wie Blutkörperchen, Gefäße und Bindegewebe. Letzteres entzieht sich der Färbung z.T. ganz und hierdurch entstehen: »[...] so komplizierte und labyrinthische Figuren, das niemand, wie scharfsinnig er auch sein mag, in der Lage ist, sie zu entziffern.«[404] Eine weitere Schwierigkeit ergibt sich aus der Veränderung der feinen Struktur des Froschschenkelmuskels beim Ablösen vom restlichen Gewebe. Die einzelnen Teile werden durch den Gewaltakt so stark zerrissen, dass hinterher ihre ursprüngliche Lokalisierung schwerfällt.

Cajal begegnet diesen Problemen auf zwei Ebenen. Zum einen greift er auf den größeren Brustmuskel des Frosches zurück, um den Erhalt unbeschädigter Areale wahrscheinlicher zu machen. Zum anderen behandelt er das Gewebe mit verdünnter Essigsäure, bevor er es mit der Silbernitratlösung imprägniert, wodurch auch das Bindegewebe durchlässiger wird und entsprechend leichter zu färben ist. Für den Fall, dass die Färbung zwar präzise Konturen, aber zu schwache Kontraste zeigt, empfiehlt er eine weitere Imprägnierung mit Goldchloridlösung.[405]

Auch Cajals entscheidende wissenschaftliche Leistung in der Beschreibung der Feinstruktur des Nervensystems der Wirbeltiere 1888 in Valencia

---

404 »... figuras tan complicadas y laberínticas que nadie, por sagáz que se le suponga, es capaz de descifrar.« Ebd., 11.

405 Ebd., 14.

ist an eine bestimmte Innovation im Bereich der histologischen Färbung gebunden. Sie geht auf den italienischen Mediziner Camillo Golgi zurück. Dieser hatte 1886 ein Buch mit dem Titel *Sulla fina anatomia degli organi centrali del sistema nervoso* veröffentlicht, in dem er eine härtende Behandlung der Gewebeschnitte durch eine Lösung von Kaliumdichromat und eine anschließende Imprägnierung mit einer Silbernitratlösung empfiehlt.[406] Dies führt dazu, dass sich die Umrisse einzelner Nervenzellen komplett schwarz oder braun färben, weshalb der entsprechende Vorgang als *reazione nera* (Schwarze Reaktion) bekannt wird. Cajal verfeinert diese Methode, indem er sie um die sogenannte »Doppelte Imprägnierung« erweitert:

> Sie besteht darin die Stücke, hat man sie einmal aus dem Silbernitrat genommen, einer neuen Behandlung durch ein Bad in Osmium-Bichromat und anschließend einer neuen Silberimprägnierung zu unterziehen. Die Veränderungen der Proportionen [...] Reaktionszeit etc. sind von weniger Bedeutung. Dank der Methode der Verdoppelung erreicht man in den Ganglien, der Retina, und anderen schwierigen Organen exzelente und nahezu dauerhafte Imprägnierungen.[407]

Wie schon bei den fotografischen Arbeiten Cajals führt die Auseinandersetzung mit den chemischen Grundlagen zu einer eigenen Praxis. Auf diese Parallele weist auch Miguel Márquez in seinem Aufsatz *Santiago Ramón y Cajal: algo más que un fotógrafo* (*Santiago Ramón y Cajal: mehr als ein Fotograf*) hin. Besonders hinsichtlich histologischer Färbung und fotografischer Tönung zieht er eine Verbindung:

> [...] in beiden Fällen geht es darum nur denjenigen Elementen einen bestimmten Farbton zu geben, die Gegenstand unseres Interesses sind: einigen Zellen und zwar nur denjenigen, für die man sich interessiert, im Falle der histologischen Färbung oder einigen wenigen Silberkörnern im Fall Fotografie, aber nur dem Silber, ohne das Papier zu färben, welches als Träger dient.[408]

Diesem einleuchtenden Fazit folgend, lässt sich neben der Verbindung zur Fotografie auch eine zu Cajals Zeichnungen ausmachen, denn die Sicht-

---

406 Golgi, Camillo. *Istologia normale 2: 1883–1902*. Mailand: Editore librairo della real casa, 1903. 433.

407 »Consiste en someter las piezas, una vez extraídas del nitrato de plata, a un nuevo tratamiento por el baño osmio-bicrómico y a otra impregnación argéntica. Las modificaciones en las proporciones del ácido ósmico, bicromato, tiempo de acción, etc., tienen menos importancia. Merced al método doble, fue posible lograr en los ganglios, retina y otros órganos difíciles, impregnaciones excelentes y casi constantes.« Ramón y Cajal, 2006, 402.

408 »... en ambos casos se trata de teñir de una tonalidad determinada sólo aquellos elementos que son objetos de nuestro interés. Unas células, y sólo esas células en las que se está interesado, en el caso de la tinción histológica, o unos granos de plata reducida en el caso de la fotografía, pero sólo la plata sin que se tiña el papel que le sirve de soporte.« Márques, Miguel B. »Santiago Ramón y Cajal: algo más que un fotógrafo.« *Ámbitos* 11–12 (2004): 151.

barmachung bestimmter Flächen oder Körper, durch das Herstellen und Verstärken von Kontrasten, folgt wiederum dem Prinzip der Definition von Konturen und so dem Herausarbeiten von Form. Des Weiteren zeigt sich noch einmal der Unterschied zwischen den Jugendbeschreibungen Cajals und Ostwalds. Gerade wenn es um die Techniken der Sichtbarmachung geht, wäre es naheliegend einen Zusammenhang zwischen Cajals frühen fotografischen Erfahrungen und der zentralen Rolle herzustellen, welche die Sichtbarmachung in seiner wissenschaftlichen Arbeit einnimmt. Ostwald würde expizit auf den »Zusammenhang mit späteren Arbeiten« verweisen. Bei Cajal bleiben diese Verbindungen implizit und werden deshalb Gegenstand der Sekundärliteratur.

Um ein Verständnis für die Bedeutung der histologischen Färbung zu gewinnen, musste die Lektüre den autobiographischen Text verlassen und auf den wissenschaftlichen Aufsatz ausgedehnt werden. Hinsichtlich des zweiten entscheidenden Aspekts der Sichtbarmachung, nämlich der mikroskopischen Vergrößerung, fällt auf, dass ihm in beiden Textsorten weniger Gewicht zukommt. In den *Recuerdos* berichtet Cajal zwar, wie ihm die Stadtverordneten Zaragozas 1885 zum Dank für sein Engagement bei der Eindämmung der Choleraepedemie ein qualitativ hochwertiges Zeiss-Mikroskop schenken, aber die konkrete Arbeit mit dem Instrument wird nicht thematisiert.[409] Nun könnte man vermuten, dass sich zum Vorgang des Mikroskopierens evtl. nicht viel sagen lässt. Man blickt hindurch und dokumentiert, was man zu sehen meint. Dem steht aber entgegen, dass Cajal in wiederum anderen Textsorten Worte für die Eindrücke findet, die der Blick durchs Mikroskop vermittelt.

In demselben Kapitel, in dem Cajal über sein neues Mikroskop berichtet, erwähnt er eine Reihe populärwissenschaftlicher Artikel unter dem Reihentitel *Die Wunder der Histologie*, die er zu Beginn der achtziger Jahre zunächst in der Zeitschrift *La Clínica* und später, leicht überarbeitet, in *Crónicas de las Ciencias Médicas* in Valencia veröffentlicht. Dabei benutzt er das »furchtbare« (*terrible*) Pseudonym Dr. Bacteria.[410] Der Erzähler der *Historia*, der mit einem Abstand von 39 Jahren auf diese Arbeiten blickt, die er als »voll überschäumender Phantasie und einfältiger Schwärmereien« beschreibt, freut sich, bei aller Unzulänglichkeit im Detail, an dem jugendlichen Enthusiasmus dieser Texte.[411] Die einzelnen Beiträge sind glücklicherweise 2001 in einem Sammelband mit frühen Arbeiten Cajals

[409] Ramón y Cajal, 2006, 368.
[410] Ebd., 371.
[411] Ebd.

neu aufgelegt worden und somit leicht zugänglich.[412] Im ersten Beitrag der *Wunder der Histologie* heißt es:

> Für alle diejenigen, die nie das Glück hatten die Phänomene des Lebens durch das Okular des Mikroskops zu betrachten, werden diese Seiten überraschende Offenbarungen bieten und vielleicht die Neugier wecken sie *de visu* kennenzulernen und die reinen Freuden zu erfahren, welche diese Beobachtungen bereithalten.
>
> Auch für diejenigen, welche bereits ein Wissen um diese erstaunlichen Phänomene aus den kalten und knochentrockenen Beschreibungen der didaktischen Literatur haben, müssen sie nicht ganz frei von Interesse sein, wenn sie den Eindruck gewonnen haben, dass die Anatomie auf Kriegsfuß mit der Vorstellungskraft stünde, dass das statische oder dynamische Konzept der Organe der Inspiration des Dichters wie der Meditation des Philosophen unwürdig sei.
>
> Habt ihr, die ihr so denkt, jemals ohne Emotion, ohne vor dem Erhabenen zu erzittern, das Phänomen des Blutkreislaufs erlebt?[413]

Eindeutig handelt es sich hier nicht um eine Mikroskopie als Phänomenologie, sondern um das emphatische Bekenntnis zu einer bestimmten wissenschaftlichen Perspektive. Cajal schreibt gegen die Vorurteile an, die der Biologie aufgrund ihres analytischen Zugriffs auf das Leben entgegengebracht werden. Demgegenüber betont er die »Schönheiten und unvergleichlichen Harmonien«, die der Blick durchs Mikroskop offenbart.[414] Dabei ist es ein kaum verborgenes Kontextwissen, das den dargestellten Eindruck bestimmt. Der Kreislauf des Blutes wird als ganzer im Mikroskop nicht gesehen, sondern bildet selbst schon eine Synthese unterschiedlicher Daten. Der Begriff beinhaltet eine didaktische Absicht, in deren Interesse auch der Topos des Erhabenen zum Einsatz kommt, der in populärwissenschaftlichen Texten der Zeit eine auffällige Präsenz zeigt.[415] Dennoch wäre es sicher zu leicht, die präsentierte Form gänzlich in den Bereich einer persuasiven Rhetorik abzuschieben, ohne die Möglichkeit

---

412 Ramón y Cajal, Santiago. *Discurso de Doctorado y trabajos de juventud*. Madrid: Universidad Europea-CEES, 2001.

413 »Para aquéllos que no hayan tenido la fortuna de contemplar los fenómenos de la vida desde el ocular del microscopio, estas páginas les revelarán sorprendentes espectáculos, y excitarán quizás su curiosidad por conocerlos *de visu* y gozar los puros deleites que tales observaciones proporcionan. Y tampoco estarán desprovistas de interés para aquéllos que, teniendo noticia de estos curiosos fenómenos por las frías y descarnadas descripciones de las obras didácticas, entiendan que la anatomía está reñida con la imaginación, que el concepto estático y dinámico de los órganos es indigno de la inspiración del poeta y de las meditaciones del filósofo. Por ventura, vosotros los que así pensáis, ¿habéis contemplado sin emoción, sin experimentar el estremecimiento de lo sublime, el fenómeno de la circulación de la sangre?« Ebd., 77.

414 Ebd.

415 Für den deutschsprachigen Raum ist das von Safia Azzouni dargestellt worden, in: Azzouni, Safia. »Der Topos des Erhabenen als Schlüssel zur Methode populärwissenschaftlichen Schreibens um 1900.« *Sachbuch und populäres Wissen im 20. Jahrhundert*. David Oels und Andy Hahnemann, Hg. Frankfurt a.M.: Peter Lang, 2008. 211–220.

des Bemühens um sprachliche Bewältigung eines Erlebnisses anzuerkennen. Cajal schließt den Beitrag mit folgendem Absatz:

> Abschließend lässt sich sagen, wie die Botanik der Garten des Naturforschers ist, so ist die Histologie der Garten des Biologen und des Mediziners. Hier kann jener wie in einer ruhigen Oase von den Anstrengungen seines anspruchsvollen Berufs ausruhen und die Wunden, die ihm der Zusammenstoß mit der Wirklichkeit und der Kampf des Lebens zufügen, verheilen lassen und das Mikroskop sei der heilige Tempel Aller, in dem die Göttin Natur ihre wertvollsten Geheimnisse enthüllt immer aufmerksam und bereit gegenüber denjenigen, die sie geduldig und respektvoll befragen.[416]

Die zweifache Ausrichtung, die oben schon durch den Topos des Erhabenen eingeführt wurde, wird hier ein weiteres Mal bestätigt. Neben einer einfachen Relation von erkennendem Subjekt und erkanntem Objekt stoßen wir auf die Vorstellung, dass mit dem Erkennenden etwas geschieht, was die Positionen als vertauschbar denken lässt oder unter Umständen ganz auflöst. Die Wirkung auf den Betrachter wird dabei nicht nur als ein Mehr an Erkenntnis, sondern auch als Entlastungsfigur verstanden und schließlich sogar als quasireligiöses Erbauungsmoment inszeniert. Entscheidender als diesen Figuren im Einzelnen nachzugehen, scheint mir die vom Standpunkt des Lebenswissens verstehbare Aussage Cajals zu sein, dass der Blick durchs Mikroskop nicht nur eines ist; nicht nur Analyse, sondern auch Syntheseerlebnis, nicht nur erkennen, sondern auch bewundern, nicht nur Konzentration, sondern auch Entspannung. Die ästhetisierend werbende Einleitung der *Wunder der Histologie* zielt damit letztlich auf eine Frage des Lebenswissens ab, die im Text gar nicht explizit formuliert wird, nämlich auf die Frage nach der Möglichkeit des Lebens mit der hoch spezialisierten Tätigkeit histologischer Forschung.

Differenzierter wird diese Frage in der Erzählung *Der geheilte Pessimist* aus dem Band *Cuentos de vacaciones* behandelt, einer Reihe von zwölf Science-Fiction Geschichten, die Cajal zwischen 1885 und 1886 schreibt, allerdings zunächst nicht veröffentlicht. Fünf der Geschichten werden erstmals in dem genannten Band um 1905 publiziert, die übrigen Texte sind leider nicht erhalten.[417] *Der geheilte Pessimist* ist die vierte der

---

[416] »Y en conclusión, se ha dicho que la botánica es el jardín del naturalista; la histología debe constituir el jardín del biólogo y del médico. Allí podrá éste descansar como en tranquilo oasis de las fatigas de su azarosa profesión, cicatrizando las heridas que los roces con la realidad y la lucha por la vida producen en su alma, y el microscopio será para todos el templo sagrado donde la diosa naturaleza revelará sus más preciados secretos, siempre atenta y solícita para aquéllos que paciente y respetuosamente la interrogan.« Ramón y Cajal, 2001, 78.

[417] Ramón y Cajal, Santiago. *Cuentos de vacaciones: narraciones seudocientíficas*. Madrid: Editorial Espasa-Calpe, 1964^{5}.

Urlaubsgeschichten. Cajal, der im Vorwort den großen Abstand zwischen Entstehung und Veröffentlichung betont, sagt über den Text: »[...] in ausgesprochen deklamatorischer und diffuser Form flossen philosophische und wissenschaftliche Thesen ein, mehr oder weniger wertvoll oder gemein.«[418]

Der geheilte Pessimist erzählt die Geschichte des jungen Doktors Juan Fernández, der in einer quasi faustischen Anfangsszene im Augenblick höchster Verzweiflung einen Geist herbei ruft. Die Not resultiert bei ihm jedoch nicht aus Überdruss an der Bedeutungslosigkeit des eigenen Erfolgs, sondern vielmehr aus einer Kette von Schicksalsschlägen. Zunächst hat Juan in kurzen Abständen beide Eltern verloren, den Vater durch eine Lungenentzündung und die Mutter durch Tuberkulose. Dann ist er bei den *oposiciones*, dem Auswahlverfahren für einen Lehrstuhl, seinen Mitbewerbern unterlegen und anschließend selbst an Typhus erkrankt. Zu allem Überfluss fing zuletzt auch noch seine Verlobte Elvira an, sich von ihm zurückzuziehen. Verzweifelt richtet Juan seine Klage an eine unklare Adresse: »Wer immer du bist, Motor des Universums, unbarmherziger Genius, unerreichbares Prinzip, ungeduldige Natur [...].«[419] Warum, fragt der Protagonist, wurden die todbringenden Bakterien erschaffen? Wenn auch verständlich sei, weshalb sie die großen, dämonischen Verführer wie Alexander, Napoleon oder Hegel richten, warum fallen auch die Sanften und Unschuldigen ihnen zum Opfer? Warum sind außerdem die menschlichen Sinne derart beschränkt, dass sie diesen mächtigen Feind ohne Hilfsmittel nicht wahrnehmen? Als Antwort auf diese säkularisierte Theodizee erscheint ein alter, bärtiger Mann in einer violetten Wolke, der sich als Numen der Wissenschaft vorstellt. Er beantwortet Juans Fragen, mit dem Hinweis auf die menschliche Evolution. Diese sei längst nicht abgeschlossen und der Schmerz ein wesentlicher Motor der Entwicklung. Für eine Schärfung der Sinne in dem Maße, dass Bakterien ohne Hilfsmittel sichtbar würden, sei der Mensch der Gegenwart noch nicht bereit.

Da Juan mit dieser Erklärung verständlicherweise unzufrieden ist, wechselt das Numen vom erläuternden Gespräch zur praktischen Demonstration und verspricht dem jungen Doktor, für die Dauer eines Jahres, die Fähigkeit mikroskopischen Sehens in zweitausendfacher Vergrößerung. Als der Protagonist am nächsten Morgen erwacht, hat sich die Welt um ihn verändert. Tatsächlich nimmt er die Staubpartikel in der Luft und auf den Dingen so deutlich war, dass er kaum wagt zu atmen. Alle Oberflächen haben sich verändert. Was vormals glatt erschien, zeigt sich nun als von

---

418 »[...] bajo una forma demasiado declamatoria y difusa entrañan tesis filosóficas y científicas más o menos estimables y vulgares [...].« Ebd., 8.

419 »Quienquiera que seas, Motor del universo, Genio implacable, Principio inaccesible, Naturaleza impasible ...« Ebd., 159.

Gräben durchzogene Kraterlandschaft. Das gilt für die Gegenstände genau so wie für die Hände des Protagonisten. Dessen anfängliche Begeisterung angesichts der neuen Fähigkeit legt sich, sobald er sich auf die Straße wagt. Die Menschen erscheinen durch die starke Vergrößerung entstellt. Es sind keine Unterschiede zwischen alt und jung, schön oder hässlich mehr wahrzunehmen. Die Luft und das Essen bereiten ihm Ekel angesichts all dessen, was er darin sieht. In der Stadt erlebt er die Kontamination der Luft so stark, dass er nur wenige Meter weit sehen kann und wird Zeuge, wie die Erreger gefährlicher Krankheiten sich zwischen Passanten durch ein kurzes Husten oder eine zufällige Bewegung ausbreiten. Insgesamt scheint die Stadt lediglich bei Sonnenuntergang und unter dem gläsernen Film des Regens ansehnlich. Juan Fernández fasst seine Eindrücke in der Formel: »die Welt als Mosaik und die Welt aus Glas« zusammen.[420]

Natürlich möchte Juan seine neu erworbenen Fähigkeiten in den Dienst der Wissenschaft stellen, um sich in diesem Bereich einen Namen zu machen. Sowohl Teleskop als auch Mikroskop gewinnen in seinen Händen an Effektivität. Doch der Vorteil seiner immensen Sehkraft nützt ihm wenig, da er das, was er sieht, nicht beweisen kann. Seine mit normalem Sehvermögen ausgestatteten Kollegen glauben ihm nicht, wenn er davon spricht, durch bloßes Hinsehen die Satelliten des Uranus unterscheiden zu können. Die mangelnde Anerkennung der Gelehrten und die psychische Anstrengung, die ihm das Leben in der mikroskopierten Welt abverlangt, führen den Protagonisten abermals zum Zusammenbruch. Dann aber endet das Jahr und mit ihm die übernatürliche Fähigkeit. Juan erhält seine normale Sehkraft zurück und kann sein altes Leben, durch die Erfahrung gereift, mit größerem Erfolg als zuvor wieder aufnehmen.

In gewisser Weise ließe der Text sich als Gegenstück zu den *Wundern der Histologie* lesen. Der Selbstgenügsamkeit durch das Changieren zwischen Aufwand und Entlastung in der mikroskopischen Perspektive setzt der *Cuento* den Horror einer Sichtweise entgegen, die zu ununterbrochener Analyse verdammt ist. Jede Form scheint aufgelöst, jede Einheit fragmentiert und der Protagonist bemerkt, dass er so nicht leben kann. Das bedeutet aber nicht, dass sich die beiden Texte einfach in einander widersprechende Thesen übersetzen ließen. Entscheidend ist vielmehr die literarische Form. Der *Cuento* ist, obwohl er eine formulierbare These enthält, vielschichtiger als die populärwissenschaftliche Darstellung.

Zunächst lässt sich feststellen, dass der Blick ins Mikroskop in *Der geheilte Pessimist* an einen Wahrheitsbegriff gekoppelt ist. Die entstellende Fragmentierung der Welt ist keine Verfremdung, sondern eine Entschlei-

---

[420] Ebd., 174.

erung, die aufzeigt, was wirklich ist: »Vor seinen erstaunten Augen war der Zauber der Existenz verschwunden. Verschwunden waren jene zarten und rosigen Schleier, mit welchen die barmherzige Natur die verletzende Rauheit der Dinge und den rohen Aufbau der Welt verbirgt.«[421]

In der gesteigerten Sehfähigkeit Juans wird die Schönheit der glatten Oberflächen durch die Wahrheit des darunterliegenden Mosaiks ersetzt, doch entgegen der Erwartung des Protagonisten lässt sich mit der Wahrheit nicht leben. Juan braucht den schönen Schein. Nun ist aber die Instanz, die ihm diesen Mangel vorführt, jene Parodie auf den zentralen Anthropomorphismus der jüdisch-christlichen Tradition, das Numen der Wissenschaft, kaum dazu angetan, die Perspektive der Biologie von außen zu kritisieren. Tatsächlich geschieht das auch nicht, stattdessen wird das Ungenügen an der mikrobiologischen Perspektive erklärt, indem ein anderer biologischer Begriff eingeführt wird, nämlich die Evolution. Dass der Mensch nicht mit der mikroskopischen Wahrheit leben kann, setzt die Biologie demnach nicht grundsätzlich in ein prekäres Verhältnis zum Leben. Vielmehr gibt sie dem Menschen eine Entwicklungsrichtung vor, um seine momentanen Schwächen zu überwinden. Der Mensch der Zukunft soll damit leben können, Bakterien ständig im Blickfeld zu haben.

Der Verteidigung des Mikroskops in den *Wundern der Histologie*, die nur implizit die Frage des Lebens aufwirft, wird eine direktere Problematisierung im *Cuento* gegenübergestellt und diese scheinbar gelöst. Dabei ist der kommende Übermensch, dessen Wurzel in Nietzsche-Lektüren Cajal in den *Recuerdos* offen bekennt, nicht die entscheidende Figur.[422] Wichtiger ist die direkte Autorität und Ansprechbarkeit der Naturwissenschaft, die sich in Form des Numen selbst verteidigt. Allein der Funktion nach drängt sich hier schon die Verbindung zu dem sprechenden Knochengerippe aus der ersten Ausgabe von *Mi infancia y juventud* auf. Es kann also kaum überraschen, dass die belehrenden Monologe des Gerippes und des Numen über weite Strecken tatsächlich identisch sind. Cajals Dilemma auf der Suche nach einer Stimme, die mit letzter Konsequenz die Autorität der Naturwissenschaft bestätigt und dabei weder sie selbst (die Naturwissenschaft) noch etwas anderes sein darf, lässt sich literarisch kaum deutlicher fassen als im Nebeneinander dieser beiden Figuren, die uneins mit sich selbst sind. Das Gerippe wird Subjekt, um darlegen zu können, dass es lediglich Objekt ist und das Numen, schon durch sein Erscheinen in einer lila Wolke eindeutig ironisch, stellt seine ernst gemeinte Autorität

---

421 »Ante sus ojos asombrados había huído el encanto de la existencia. Desvanecíanse esos tenues y rosados velos con que la piadosa Naturaleza disimula la punzante acritud de las cosas y la ruda contextura del mundo.« Ebd., 193.

422 Ramón y Cajal, 2006, 376.

über eine Figur her, die eigentlich gar nicht gemeint ist; eine Karrikatur des himmlischen Vaters. So entsteht das ironische Bild eines Gottes, der eigentlich schon sprechendes Skelett ist, das eigentlich auch nicht sprechen kann, sondern nur ein Haufen ausgegrabener Knochen ist. Übrig bleibt lediglich das Selbstgespräch eines Mannes, der am Mikroskop über totem Material meditiert. Die Form der Erzählung erlaubt also nicht, dass man bei der expliziten These stehen bleibt, die Biologie könne ihre Begrenztheit im Leben durch Steigerung desselben aus eigener Kraft überwinden. In der kleinen Totale des *Cuento* werden dagegen Möglichkeiten gesucht, dort weitersprechen zu können, wo die Logik der Disziplin endet. Damit macht die literarische Form auch gerade auf die Brüche als Teil des Lebenswissens Ramón y Cajals aufmerksam.

Die Relevanz des Motivs der Sichtbarmachung ist also in Cajals wissenschaftlicher Arbeit und in seinem Schreiben zentral. In der *Historia de mi labor científica* hat es auch formale Spuren hinterlassen, die den Text deutlich vom ersten Teil der *Recuerdos* unterscheiden. Der erzählende Text wird immer wieder von Abschnitten durchbrochen, die vom übrigen Text, beispielsweise durch Einrückung, abgehoben sind und nummeriert oder alphabetisch geordnet, Forschungsergebnisse Cajals referieren, z. B.:

> a) Die Entdeckung des sehr feinen Axons der *Körnerzellen* (winzig kleine Zellen aus der zweiten Schicht der Kleinhirnrinde), welches, wie in Figur 2, d, *c*, gezeigt wird, bis in die Molekularschicht hineinreicht, wo es sich bei jeder Zelle auf einer anderen Höhe im rechten Winkel teilt und zwei feine, gegensätzlich ausgerichtete Zweige bildet (fig. 2, *e*).[423]

Wenn Cajal innerhalb dieser Abschnitte auf *figuras* verweist, ist der Leser angehalten, zum Ende des Bandes vorzublättern, wo sich Bildtafeln mit zahlreichen histologischen Zeichnungen des Autors befinden. In dem zitierten Beispiel handelt es sich etwa um die Figur 2, wobei die Buchstaben angeben auf welchen Teil der Zeichnung der Text sich bezieht. Unter jeder Zeichnung befindet sich außerdem eine Legende, die sich in ihrer Erklärung an denselben Buchstaben orientiert. Die Beziehung zwischen Text und Bild führt damit Sprünge in den Lektürevorgang ein, die in der rein narrativen Darstellung der *Infancia* nicht notwendig waren.

---

[423] »a) El descubrimiento del axón delicadísimo de los *granos* (células pequeñísimas de la zona segunda de la corteza cerebelosa), el cual, según mostramos en la figura 2, d, *c*, asciende a la capa molecular, donde, a diversas alturas para cada célula, se divide en ángulo recto, produciendo dos sutilísimas ramas orientadas en opuesto sentido (fig. 2, *e*).« Ebd., 409f.

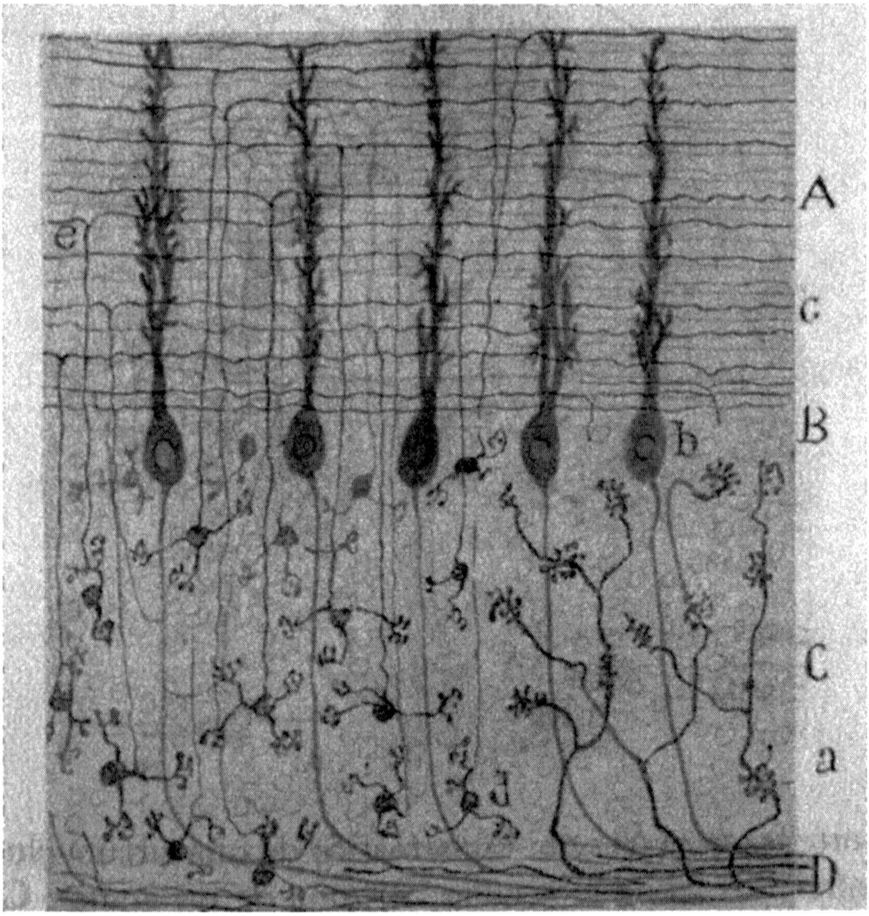

Abb. 1

Diesem formalen Moment entspricht auch die inhaltliche Betonung des Visuellen. Sie erfolgt einerseits durch die Schilderung eines konkreten Erlebnisses und andererseits durch eine allgemeine Überlegung zur Heuristik der Histologie.

Nachdem Cajal 1888 seine Erkenntnisse über das Nervensystem veröffentlicht hat (sie werden im folgenden Unterkapitel erläutert), wartet er gespannt auf die Reaktion der Fachwelt. Diese fällt jedoch zunächst enttäuschend aus. In den einschlägigen Zeitschriften wird er kaum und wenn nur nebenbei erwähnt. Offensichtlich nehmen die Gelehrten seine Ergebnisse nicht ernst. Daraufhin entscheidet sich Cajal ihnen zu zeigen, was sie sonst nicht glauben wollen. Denn, sagt er sich: »Nichts überzeugt so sehr, wie die sichtbaren Fakten, besonders wenn sie klar und nachdrücklich sind.«[424]

Im Jahr 1889 fährt er zur Versammlung der Anatomischen Gesellschaft nach Berlin und zeigt dort seine deutlichsten Präparate vor. Die anfängliche Skepsis, die seinen in schlechtem Französisch gegebenen Erklärungen entgegengebracht wird, wandelt sich unter dem Eindruck der Proben in Anerkennung, und namentlich Albert von Kölliker, die graue Eminenz der Gesellschaft, zeigt sich beeindruckt und kümmert sich in der Folge darum, Cajals Entdeckungen in Deutschland bekannt zu machen.[425] In der Retrospektive knüpft Cajal seinen Erfolg also an eine bestimmte Sichtbarmachung. Er hat seine Ergebnisse im richtigen Moment den richtigen Leuten vor Augen geführt.

Die epistemologische Rolle der Sichtbarmachung wird von Cajal explizit im 14. Kapitel der *Historia* reflektiert. Unter dem Zwischentitel *Theorien und Fakten* äußert er sich zu dieser, für sein Wissenschaftsverständnis grundlegenden Unterscheidung, indem er sich einem fiktiven Einwand stellt. Was wäre, wenn der Fortschritt der histologischen Forschung ergäbe, dass sich an einer Stelle, an der Cajal den synaptischen Spalt in der Struktur des Nervengewebes konstatiert, Fasern finden ließen, die den scheinbaren Abstand überbrücken? Cajal betont, dass die faktische Existenz des bisher als Endstück bezeichneten Teils hierdurch nicht tangiert würde, lediglich die Interpretation der Fakten würde sich ändern. Eine grundlegende Revision der Fakten sei bei dem Entwicklungsstand, den die Technik der histologischen Färbung bereits angenommen habe, nicht zu befürchten.[426] Faktizität wird hier also eindeutig an Sichtbarkeit gebunden bzw. an die sichtbare anatomische Struktur. Gerade am Beispiel dieser Vorstellung lässt sich gut zeigen, dass auch die epistemologische Rede der Naturwissenschaften nicht ausschließlich auf eine unproblematische Evidenz verweist, sondern selbst topisch ist. Der Wissenschaftshistoriker Olaf Breidbach beschäftigt sich in seiner Arbeit zur Geschichte der Hirnforschung eben mit der entscheidenden Frage Cajals, ob die einzelnen Nervenzellen netzartig verknüpft oder durch einen synaptischen Spalt getrennt sind. Während die erste Variante von den sogenannten Retikularisten vertreten wurde, glaubte Cajal die zweite nachweisen zu können.[427] Breidbach kommt zu folgendem Ergebnis:

---

[424] »Nada convence como los hechos vistos, sobre todo cuando son claros y categóricos.« Ebd., 430.

[425] Ebd., 432f.

[426] Ebd., 542.

[427] Im folgenden Unterkapitel gehe ich ausführlicher auf Cajals Entdeckung ein.

> Das Problem war: Derartige Strukturen sind so klein, daß sie lichtmikroskopisch nur indirekt darzustellen sind. [...] Was die Forscher sahen, so wissen wir heute, waren nicht die eigentlichen Kontaktstrukturen, die Synapsen, sondern morphologische Veränderungen im Terminalbereich der Seitenäste eines Neurons; diese Terminalareale quellen, bedingt durch die verwandte Fixationstechnik, auf. [...] Cajal sah nicht die Synapsen. Er sah Bereiche, in denen er Synapsen vermutete.
>
> Dagegen sahen die Retikularisten Fibrillen, die einzelne Neuronen miteinander zu verbinden schienen. In Experimenten, in denen ich die alten Techniken noch einmal an den damals verwandten Versuchstieren ausprobierte, zeigte sich, daß sich bei der von den Retikularisten verwandten Fixations- und Färbemethode das Zellplasma zu netzartigen Strukturen zusammenzieht, die ihre Fortsetzung im umgebenden Fasergeflecht der Nachbarneuronen zu finden scheinen. [...] Hiermit ergab sich ein Paradoxon: Die Vertreter der Neuronenlehre postulierten Synapsen, die sie gar nicht sehen konnten; die Retikularisten sahen ›Zellverbindungen‹ und irrten, da sie diese Abbilder ernst nahmen.[428]

Breidbach liefert quasi einen experimentellen Nachweis dafür, dass die Einteilung in Fakten und Theorien, die Cajal anhand des Sichtbarkeitskriteriums vornimmt, nicht aufrechterhalten werden kann. Die Interpretation beginnt nicht erst auf der Ebene der physiologischen Zusammenhänge, sondern schon im Bereich der Sichtbarmachung. Damit werden Cajals konkrete Forschungsergebnisse nicht in Frage gestellt, aber es wird deutlich, dass die tatsächlichen Verifikationspraktiken seiner Disziplin in komplexeren Kategorien dargestellt werden müssten, als seine eigene epistemologische Überlegung es vermag.[429] Die Rede von der unproblematischen Faktizität des Sichtbaren bildet nicht einfach einen realen Erkenntnisprozess ab, sondern stellt einen Evidenztopos dar, auf dessen begriffliche Grundlagen und Vorgeschichte in der Biologie des 19. Jahrhunderts ich zurückkommen werde.

Hier lässt sich auch ein Vergleich zu Ostwald anstellen. Genauso wie Cajal von einer jeglicher Interpretation vorgängigen Ebene der sichtbaren Fakten ausgeht, so begründet Ostwald seine Energetik, in dem er den Energiebegriff an den Erfahrungsbegriff bindet. Auch hier wird eine Ebene des sinnlich Wahrnehmbaren zum erkenntnistheoretischen Ausgangspunkt. In beiden Fällen wird aber deutlich, dass diese Ebene nicht wirklich jenseits der Interpretation liegt, sondern bereits durch fachspezifische Episteme vorgeprägt ist. Dieser Sachverhalt entspricht dem Diskussionsstand der historischen Epistemologie und muss daher nicht überraschen. Ich betone

---

428 Breidbach, Olaf. *Die Materialisierung des Ichs: Zur Geschichte der Hirnforschung im 19. und 20. Jahrhundert.* Frankfurt a.M.: Suhrkamp, 1997. 197f. Breidbach will hier auch zeigen, wie sich die Perspektive auf die neuronalen Strukturen änderte, je nach dem, ob man von der Anatomie oder der Physiologie ausging.

429 Zur Herstellung von Objektivität in diesem Sinne vgl. ausführlich: Daston, Lorraine und Peter Gallison. *Objectivity.* New York: Zone Books, 2007.

ihn nur, weil daran deutlich wird, wie dieselben Episteme das Lebenswissen bilden.

4.2.2 Grenzziehung und Diskontinuität

Im Folgenden sollen die Zusammenhänge zwischen Cajals wissenschaftlicher Tätigkeit und den Darstellungsprinzipien des ersten Lektüreabschnitts herausgestellt werden. Dort habe ich auf die Tendenz zum Konkreten hingewiesen, die auch im Sinne von Materialität verstanden werden muss. Des Weiteren haben sich die Thematiken des Konflikts und der Begrenzung als relevant erwiesen.

Welcher Entdeckung verdankt Cajal nun seinen bleibenden wissenschaftlichen Ruf? 1933, im Jahr vor seinem Tod, veröffentlicht er in der Reihe *Archivos de Neurobiología* eine 140 Seiten lange Arbeit, an deren Beginn es heißt:

> Mein Ziel ist eine knappe Beschreibung dessen, was ich in fünfzigjähriger Arbeit *gesehen habe* und wovon sich jeder von den Vorurteilen bestimmter Schulen freie Beobachter mit Leichtigkeit überzeugen kann; nicht in dieser oder jener, möglicherweise schlecht fixierten oder anormalen Zelle, sondern in millionen von sorgfältig mit den verschiedensten Methoden der Imprägnierung gefärbten Zellen.[430]

Der Titel des Textes *Neuronismus oder Retikularismus? Objektive Beweise der anatomischen Einheit der Nervenzellen* ließe sich auch als Überschrift einer neuroanatomischen Diskussion begreifen, in die der Autor bereits 35 Jahre zuvor wirkmächtig eingegriffen hatte. Im vierten Kapitel der *Historia* werden jene zentralen Ereignisse und Forschungsergebnisse des Jahres 1888 beschrieben, denen der bis dato unbekannte spanische Mediziner seinen künftigen Ruhm verdankt. Cajal lässt keinen Zweifel an der besonderen Bedeutung, die das Jahr für ihn hat, in dem sein Name, »in deutscher Aussprache (Cayal)«, jenen Rang erlangt, ohne den sein wissenschaftliches Schicksal der eigenen Aussage nach möglicherweise in der Mittelmäßigkeit irgendeiner Provinzuniversität besiegelt worden wäre.[431]

1888 ist er eben von Valencia nach Barcelona übergesiedelt und arbeitet dort mit der Färbemethode Golgis. Was er dabei zu sehen meint, widerspricht allerdings dem, was Golgi und mit ihm der Mainstream

---

[430] »Mi propósito es describir brevemente *lo que yo he visto* en cincuenta años de trabajo y lo que qualquier observador, exento de prejuicios de escuela, puede facilmente comprobar, no en tal cual célula nerviosa, acaso mál fijada o de tipo anormal, sino en millones de neuronas vigorosamente coloradas por diversos métodos de impregnación.« Ramón y Cajal, Santiago. »¿Neuronismo o reticularismo? Las pruebas objetivas de la unidad anatómica de las células nerviosas.« *Archivos de Neurobiología* 13 (1933): 1–144. 1,2.

[431] Ramón y Cajal, 2006, 400.

der zeitgenössischen Histologie zu sehen meint. Cajal behauptet eine Unterbrechung, wo bisher von Kontinuität ausgegangen wurde. Um dies zu verstehen, muss man sich das gängige Schema der Nervenzelle vergegenwärtigen.

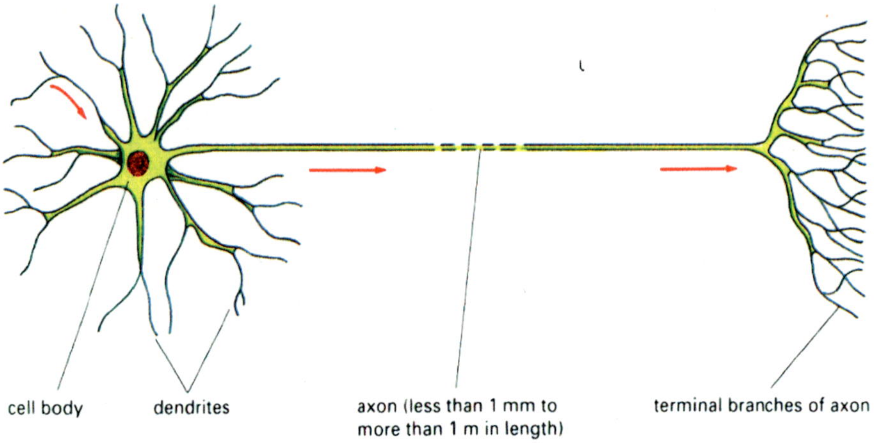

Abb. 2

Das Neuron besteht im Wesentlichen aus drei Teilen, dem Zellkörper, den vom Körper abzweigenden, kurzen Dendriten und dem langen Axon, dessen untere Verästelung sich wiederum in engem Kontakt mit Körper und Dendriten der nächsten Nervenzelle befindet. Bei der Erläuterung der Gewebefärbung ist bereits auf die verschiedenen Schwierigkeiten hingewiesen worden, denen die Techniken der Sichtbarmachung angesichts des fein verzweigten Gewebes gegenüberstanden. So erklärt sich, dass man lange der Meinung war, die Verbindungen aus den Endverzweigungen der Axone mit den Dendriten und den Körpern der nächsten Zelle bildeten ein ununterbrochenes Netz; unter anderem Golgi hat diese Vorstellung vertreten. Cajal ist nun der Erste, der den synaptischen Spalt und damit die Trennung der Fortsätze einer Zelle von der Nächsten experimentell bestätigt, wodurch das Neuron als funktionale Einheit hervortritt.[432] Obgleich die Demonstration seiner Präparate in Berlin bereits etliche Fachleute dazu bringt, von der dominanten Netztheorie auf die Neuronendoktrin umzuschwenken, gelten Cajals Annahmen, die ihm immerhin 1906 den Nobelpreis für Medizin einbringen, erst durch das Elektronenmikroskop

[432] Ramón y Cajal, 2006, 400.

in den fünfziger Jahren als gesichert. Der lang anhaltende Zweifel ist der Grund dafür, dass er sich Anfang der dreißiger Jahre noch einmal genötigt sieht, alle Argumente, die gegen ein Nervengewebe von netzartiger Kontinuität sprechen, in der oben zitierten Arbeit zu versammeln.

Der Nachweis, dass die Nervenzellen nicht unmittelbar verbunden sind, gilt als Cajals bedeutsamste Leistung. Ihre begriffliche Konstellation legt einen direkten Zusammenhang mit den Darstellungsprinzipien der *Infancia* nahe. Es geht bei der Neuronendoktrin um eine Abgrenzung und um einen Konflikt. Dabei ist es wichtig, genau zu sein. Schließlich ließe sich fragen, ob der Konflikt in der wissenschaftlichen Arbeit Cajals relevanter ist als bei Ostwald. Letzterer hat schließlich in seiner Karriere etliche Kontroversen erlebt. Vergleichbar wäre etwa seine Ablehnung der Atomtheorie mit Cajals Widerlegung der retikularen Auffassung. Genau an diesem Beispiel lässt sich aber der Unterschied zwischen beiden Autoren bestätigen. Ostwald kritisiert den Stellenwert der Atomtheorie und damit der diskontinuierlich-materiellen Auffassung, aber er integriert sie dann doch in sein energetisches Weltbild. Bei Cajal bestätigt die Behauptung der Neuronendoktrin immer die klare Absage an die retikulare Position. Durch die Behauptung der Grenze in Form des synaptischen Spalts wird auch eine nachdrückliche Abgrenzung auf theoretischem Gebiet vollzogen. In sich stellt der Spalt die Begrenzung einer materiellen Kontinuität dar.

Die Gegenüberstellung von *Neuronismus oder Retikularismus?* ist dabei nicht als isolierte Debatte in der wissenschaftlichen Biographie Cajals zu verstehen, sondern als Teil eines Grundkonflikts auf der Darstellungsebene der Biologie.

Ich möchte hier auf Canguilhems Einschätzung verweisen, nach der Theorien aus Theorien und nicht aus Tatsachen hervorgehen.[433] Die starke Durchdringung von Theorie und Evidenzerlebnis ist bereits anhand der rekonstruierenden Versuche Olaf Breidbachs dargestellt worden. Breidbach weist in der zitierten Studie auch auf den theoretischen Vorlauf Cajals hin. Hier wären vor allem Wilhelm His und Auguste Henri Forel zu nennen, die auch Cajal selbst wiederholt als Vorkämpfer der Neuronendoktrin anführt, sowie Charles Scott Sherrington, auf den der Begriff der Synapse zurückgeht.[434]

Jenseits der konkreten Aspekte hinsichtlich des Nervengewebes lässt sich der wissenschaftliche Konflikt Cajals aber in die Geschichte einer Diskussion um begriffliche Grenzen einordnen. Canguilhem verdeutlicht seine wissenschaftgeschichtliche Haltung in *Die Erkenntnis des Lebens*

---

433 Canguilhem, Georges. *Die Erkenntnis des Lebens*. Berlin: Augustverlag, 2009. 89.
434 Breidbach, 1997, 187, 197.

durch einen Aufsatz zur Entwicklung der Zelltheorie, der die Gegenüberstellung von Diskontinuität und Kontinuität thematisiert. Demnach sind beides gedankliche Möglichkeiten, zwischen denen der menschliche Geist oszilliert, seit er sich biologisch für die morphologische Beschaffenheit lebender Körper interessiert.[435] So stößt man beispielsweise im Begriff des Protoplasmas einerseits auf die Vorstellung einer ursprünglichen Materie, an die das Leben unabhängig von ihrer jeweiligen Formbegrenzung gebunden ist, und andererseits auf den Stoff, der die Zellmembran ausfüllt und damit die kleinste Einheit (somit auch Form) des Lebendigen bildet, die den Grundbaustein jedes Lebewesens – das Lebensatom darstellt.[436] Noch bei den Gründern der modernen Zelltheorie Matthias Jakob Schleiden und Theodor Schwann findet sich der Gedanke, der den Zellkern umgebende Körper würde aus unstrukturierter Flüssigkeit entstehen.[437] Die geschilderte Oszillation erinnert an das Verhältnis zwischen Kraft und Stoff wie es in dem von Moleschott angeführten Du Bois-Reymond-Zitat dargestellt wird, »daß die vorstellende Thätigkeit, indem sie das Wesen der Dinge zu zergliedern strebt, keinen Ruhepunkt findet, sondern in's Unendliche zwischen beiden Abstractionen hin und her schwankt.«

In einer populärwissenschaftlichen Arbeit des jungen Cajal aus derselben Zeit und im Stil der *Wunder der Histologie* mit dem Titel *Das Protoplasma* findet sich interessanterweise noch eine deutliche Tendenz zum ersten Bild, d. h. zum formlosen Kontinuum lebender Materie. Darin kommt er nach einer kurzen Auswertung zeitgenössischer Arbeiten zur Beschaffenheit des Protoplasmas zu dem Schluss: »Durch diese Entdeckungen ist ganz klar bewiesen, dass Leben auch ohne das Atribut der Form vorliegen kann, dass es nicht immer in Gestalt von Organisation erscheint, sondern dass ein einfaches *substractum* genügt, damit seine Eigenschaften nachgewiesen werden können.«[438]

Organisation ist in diesem Text der Begriff, der für die spezifischen Eigenschaften höherer Organismen verantwortlich ist. So gewinnt das Protoplasma laut Cajal erst auf der höchsten Stufe funktionaler Ausdifferenzierung in den Nervenzellen die Eigenschaft der: »nervlichen Phosphoreszens oder Eigenschaft der Erinnerung, durch welche es [das

---

435 Canguilhem, 2009, 87.

436 Ebd., 87f. Mit dem Begriff *atome vital* zitiert Canguilhem Claude Bernard: Ebd., 125.

437 Breidbach, 1997, 183.

438 »Quedó, con estos descubrimientos, claramente probado, que la vida puede darse sin el atributo de la forma; que aquella no siempre se halla vaciada en el molde de la organización, y que la basta un *substractum* simplicísimo para manifestar sus propiedades.« Ramón y Cajal, 2001, 57.

Protoplasma J. D.], ähnlich einer Fotokamera, im Geheimnis seines Inneren sämtliche Eindrücke bewahrt [...].«[439]

Anhand dieses Abschnitts lässt sich auch der auf Materialität basierende Erinnerungsbegriff der *Infancia* in seiner Analogie zum photografischen Film präzisieren. Phosphoreszenz bezeichnet laut *Meyers großem Taschenlexikon* eine Form der Lumineszenz, die im Gegensatz zur Fluoreszenz nicht sofort nach Verlöschen der Quelle abklingt, sondern sich durch ein längeres Nachleuchten auszeichnet.[440] Der Lebensstoff Protoplasma gewinnt also durch Organisation der Zellen die Fähigkeit, Eindrücke zu speichern und abzurufen, ähnlich der Belichtung und dem anschließenden kalten Leuchten eines phosphoreszierenden Stoffes. Im Gegensatz oder in Ergänzung zum Bild des belichteten Films scheint der nachleuchtenden Materie ein gewisses Maß an Aktivität innezuwohnen. Sie sieht nicht nur anders aus, sondern gibt etwas ab. Diese Aktivität wird als Transformation derjenigen Eigenschaft gedacht, die das Protoplasma auch in seiner grundlegenden, unorganisierten Form ausmacht, nämlich der des Lebens. Wie genau das Protoplasma durch Organisation der Zellen sein Leben zu Denken transformieren kann, sagt Cajal nicht. Eben die Offenheit dieses Punktes macht die von Canguilhem angeführte Oszillation deutlich. Das Dilemma entsteht aus dem Bestreben, einen Stoff zum unbedingten Agens zu machen. Er soll in seinem bloßen, formlosen Sein als Träger des Lebens gelten, während der Vorgang des menschlichen Denkens als Ergebnis von Organisation geformter Einheiten dieses Stoffes verstanden werden soll. Die Organisation hebt das Denken aber nicht, was vorstellbar wäre, auf eine neue Ebene, sondern bindet es wiederum an den Stoff zurück. Damit wird der genaue Stellenwert des Zusammenspiels einzelner Teile in dem Maße unklar, in dem die Bedeutung der potenziell formunabhängigen Substanz und damit der Kontinuität betont wird.

Aus den frühen Texten Cajals ließe sich also der Versuch herauslesen, die durch Analyse beförderte Partikularität in der Biologie auf verschiedenen Ebenen zu überwinden. Die *Wunder der Histologie* führen vor, dass die Einnahme der mikroskopischen Perspektive keine Trennung von Gefühl und Verstandestätigkeit fordert, sondern menschliche Teilnahme im Ganzen erlaubt. In der Arbeit zum Protoplasma wird erläutert, dass es eine stofflich manifeste Lebensgrundlage, unabhängig von der Formbegrenzung des bestimmten Lebewesens bzw. des Funktionszusammenhanges einzelner Organe gibt.

---

439 Ebd., 59.

440 *Meyers großes Taschenlexikon in 24 Bänden.* Meyers Lexikonredaktion, Hg. Mannheim: B.I. Taschenbuchverlag, 1990³. 79.

Im Gegensatz dazu zeigt sich der Cajal der *Recuerdos* deutlich als Denker der Diskontinuität. Nicht nur die Feststellung der synaptischen Unterbrechungen im Nervengewebe, auch die Form der Präsentation bestätigt diese Tendenz. Selbst wenn Cajal sich in der *Historia* positiv auf seine Arbeiten als Dr. Bacteria bezieht und einige Abschnitte ausführlich zitiert, so ist doch die Distanz zwischen dem Erzähler der *Recuerdos* und dem der *Wunder der Histologie* deutlich wahrnehmbar. Jedem zitierten Abschnitt folgt eine kurze Intervention in Klammern. Wenn es im Zitat heißt: »[...] das Protoplasma, welches die Welt mit seinen Schöpfungen bevölkert, welches wächst, sich verzweigt, vorübergehend kurzlebige Individuen formt, aber niemals vergeht«, folgt augenblicklich die Anmerkung: »(Auffällig ist die Ähnlichkeit dieser pseudopantheistischen Doktrin mit einigen späteren Überlegungen von Weissmann, Dantec und anderen.)«[441] Wenn Dr. Bacteria phantasiert:

> Wenn unser elender Planet ermüdet sein und das kalte Greisenalter das Feuer seines Herzens verbraucht haben wird und wenn die Erde zu einem eisigen und unfruchtbaren Moor wird und die gerötete, sterbende Sonne uns in ewige Finsternis zu tauchen droht [...] wird das organische Protoplasma sein Werk vollendet haben. Dann wird der Herr der Schöpfung die bescheidene Wiege seiner Kindheit für immer verlassen, andere Welten erstürmen und feierlich das Universum in Besitz nehmen!

So fügt Cajal an: »Man sieht deutlich, dass ich weder Clausius gelesen hatte, noch mit den schicksalhaften Vorhersagen der Thermodynamik vertraut war!«[442]

Der Erzähler der *Recuerdos* sieht in diesem Bild eine Vorwegnahme der Science Fiction von H. G. Wells.[443] Eine vorbehaltlose Annahme ist nicht möglich. Von einigen Übertreibungen und von dem peinlichen Pseudonym muss er sich explizit abgrenzen und selbst das, was er dem Text zugute hält, zielt nur zum Teil auf den Inhalt, zum anderen Teil auf den jugendlichen Enthusiasmus, der darin zum Ausdruck kommt und

---

441 »[...] el protoplasma, que llena el mundo con sus creaciones, que crece, se ramifica, se moldea temporalmente en individuos efímeros, pero que nunca sucumbe«, »(Es curiosa la coincidencia de esta doctrina pseudopanteísta con algunas lucubraciones posteriores de Weissmann, Dantec y otros.)« Ramón y Cajal, 2006, 375.

442 »Cuando nuestro miserable planeta se fatigue y la fría vejez haya consumido el fuego de su corazón, y la tierra se torne glacial e infecundo páramo, y el sol enrojecido y muriente amenace sumirnos en tinieblas eternas [...] el protoplasma orgánico habrá tocado la perfección de su obra. Entonces el rey de la Creación abandonará para siempre la humilde cuna que meció su infancia, asaltará audazmente otros mundos y tomará solemne posesión del Universo!«

»¡Bien se ve que no había leído a Clausius ni conocía las fatídicas predicciones de la termodinámica!« Ebd., 376f.

443 Ebd., 377.

dem der 65-jährige nur noch bedingt folgen kann. Das Kapitel schließt mit dem Fazit:

> Glücklicherweise brauchte ich nicht lange, um mich von diesen verzuckerten Schwärmereien zu befreien, in denen aber dennoch ab und zu ein Gedanke steckt, welcher, angemessen entwickelt und belegt sowie befreit von rhetorischem Blätterrauschen den Keim zu einem ernsthaften naturphilosophischen Buch enthalten haben könnte.[444]

Außer »Schwärmereien« und »rhetorischem Blätterrauschen« enthalten die frühen Arbeiten aber auch Vorstellungen, die 1917 wissenschaftlich längst überholt waren, was dem Cajal der *Recuerdos* selbstverständlich bewusst ist. So stützt sich die Argumentation im Protoplasma-Text mehrfach auf das *Bathybius Haeckelii*, eine Science-Fiction-Geschichte der anderen Art, die von Philip Rehbock dankenswerterweise wissenschaftshistorisch aufgearbeitet wurde.[445]

Rehbock erinnert daran, dass die unterschiedlichen Versuche, das Leben an ein materielles Substrat zu koppeln, immer auch der Frage nach dem Ursprung desselben gegenüberstanden. Populär wurde in diesem Zusammenhang die Abiogenese (auch Archigenese oder Urzeugung genannt) als Vorstellung der spontanen Entstehung von Leben aus zuvor unbelebter Materie.[446] Laut Rehbock wird die Abiogenese ab den sechziger Jahren des 19. Jahrhunderts in Deutschland maßgeblich durch Ernst Haeckel propagiert. Dessen Arbeiten über Protisten und andere primitive ein- oder mehrzellige Lebensformen lassen sich demnach als Versuch begreifen, den Abstand zwischen Leben und Nicht-Leben zu verkleinern, denn die spontane Entstehung komplexer Organismen ist selbstverständlich schwieriger zu erklären als die einer einzelnen Zelle, die sich in wenigen Komponenten von ihrer nicht-lebendigen Umgebung unterscheidet.[447]

Als der britische Biologe Thomas Huxley 1868 einige Bodenproben vom Grund des Atlantiks untersucht, die Sonden während Vorbereitungsarbeiten zur Verlegung von Telegraphenkabeln gehoben haben, stößt er auf eine Substanz, die er als »deep-sea Urschleim« identifiziert. Er bringt sie mit den Arbeiten Haeckels in Verbindung und tauft sie zu Ehren des deutschen Kollegen auf den Namen »Bathybius Haeckelii«.[448] Haeckel seinerseits reagiert begeistert, da er durch die Entdeckung den Abstand zwischen lebender und nicht-lebender Materie abermals verkleinert sieht.

---

[444] Ebd.
[445] Rehbock, Philip A. »Huxley, Haeckel, and the Oceanographers: The Case of Bathybius haeckelii.« *Isis*. 66 (1975): 509.
[446] Ebd.
[447] Ebd., 510.
[448] Ebd., 516.

1870 schließt er einen Vortrag über *Das Leben in den grössten Meerestiefen* mit der Überlegung:

> Vielleicht ist in dem Bathybius bereits ein Organismus gefunden, der durch Zusammensetzung von Kohlenstoff, Sauerstoff, Wasserstoff und Stickstoff in bestimmten verwickelten Verhältnissen freies Protoplasma bildet, der also durch Urzeugung oder Archigonie, auf rein mechanischem Wege, sich selbst erzeugt. [...] Sollte diese Vermuthung richtig sein, so würde sie eine glänzende Bestätigung des mystischen, von Oken prophetisch ausgesprochenen Satzes enthalten: »Alles Organische ist aus Schleim hervorgegangen, ist nichts als verschieden gestalteter Urschleim. Dieser Urschleim ist im tiefen Meere aus anorganischer Materie entstanden.«[449]

Für einige Jahre nimmt Bathybius eine bedeutende Stellung im gedanklichen Horizont der Biologie ein. Zwischen 1870 und 1873 werden verschiedene Proben des Bathybius oder seiner noch primitiveren Vorformen entdeckt. Ende 1872 bricht das britische Forschungsschiff H. M. S. Challenger zu einer vier Jahre dauernden Expedition um die Welt auf, wobei besonderer Wert auf die Auslotung der Meeresböden gelegt wird. Sowohl Huxley als auch Haeckel versprechen sich von den Ergebnissen der Expedition Aufschluss über die weltweite Verbreitung von Bathybius. Den Wissenschaftlern der Challenger gelingt es jedoch trotz erheblicher Anstrengungen nicht, Spuren der Lebensform nachzuweisen, und so entwickeln sich an Bord zunehmend Zweifel an deren Existenz. Versuche legen schließlich den Verdacht nahe, dass es sich bei der vermeintlichen Lebensform um ausgefälltes Calciumsulfat, als Ergebnis der Reaktion des in den Sedimenten enthaltenen Seewassers mit dem konservierenden Alkohol, gehandelt hat. Werden größere Mengen des Wassers mit kleinen Mengen Alkohols zusammengegeben, entsteht die körnige Substanz, die Haeckel beschrieben hat. Vergrößert man hingegen den Anteil an Alkohol, entsteht die »structureless matrix«, die Huxley sah.[450] Während Huxley ohne weiteres bereit ist, seinen Irrtum einzugestehen, hält Haeckel bis in die achtziger Jahre hinein an der Existenz von Bathybius fest, da sie die These der Abiogenese stützt. So erklärt sich vermutlich, dass Cajal sich noch 1880 in seinem Protoplasma-Text affirmativ auf die Lebensform beziehen kann. Vom Zeitpunkt der Retrospektive 1917 aus ist Bathybius längst eine der Phantasien, die Dr. Bacterias Texte in die Nähe von H. G. Wells rücken.

Dieser Exkurs soll verdeutlichen, auf welchen Ebenen sich die Tendenz zur Diskontinuität in Cajals Autobiographie zeigt. Zunächst kommt sie in der Distanz zum zitierten Frühwerk zum Ausdruck. Durch das Anführen

---

[449] Haeckel, Ernst. *Das Leben in den grössten Meerestiefen.* Berlin: Lüderitz'sche Verlagsbuchhandlung, 1870. 39.

[450] Rehbock, 1975, 528.

der Texte wird eine Brücke zu einem Moment des Cajal'schen Schreibens geschlagen, das sich von seinem Pathos (»rhetorisches Blätterrauschen«), seinen Leitideen (Relevanz des Protoplasmas), seiner Textgattung (populärwissenschaftliche Darstellung) und seinen wissenschaftlichen Bezügen (Bathybius) eindrücklich von den *Recuerdos* unterscheidet und folgerichtig unter einem anderen Namen (Dr. Bacteria) firmiert. Der Bruch wird dabei nicht nur mit den früheren Vorstellungen, sondern mit der Idee der Kontinuität selbst vollzogen. Mit dem Verschwinden des formlosen Protoplasmas aus Cajals Texten endet gleichzeitig die Darstellung eines Kontinuums, das es erlaubt hätte, auch den Schreibfluss von der fachwissenschaftlichen Abhandlung in die populäre Form und von dort in die Naturphilosophie zu bewegen. In den *Recuerdos* kann Letztere nur noch nostalgisch als vergangene Möglichkeit betrachtet werden und eben jener Modus der nicht realisierten Möglichkeit lässt, in der Differenz dessen, was war und was hätte sein können, die Diskontinuität um so deutlicher hervortreten.

Die Darstellungsform der *Infancia* lässt sich also nicht nur im Verhältnis zur dargestellten Thematik sehen: dem Konflikt mit dem Vater, dem Fokus auf die eigenen Grenzen und die eigene körperliche Entwicklung, sondern auch als Anwendung von Darstellungprinzipien, die im Zusammenhang mit Cajals Spezialisierung stehen.

Materialität und Diskontinuität hängen im biologischen Denken Cajals und seiner Zeit noch in weiteren Punkten zusammen. Bereits in der Beschreibung der Sichtbarmachung ist die Tendenz zum Bruch und zur Grenzziehung klar hervorgetreten; so muss, im ersten Schritt der Vorbereitung, der zu betrachtende Gegenstand aus seinem körperlichen Zusammenhang herausgeschnitten werden und auch die oben erläuterten Färbemethoden zielen durch das Verstärken von Kontur und Kontrast darauf, Kontinuität optisch aufzuheben. Bevor all dies jedoch möglich wird, stellt sich grundsätzlich die Frage nach der Verfügbarkeit des wissenschaftlichen Objekts. Im Gegensatz zu Juan Fernández, dessen mikroskopischem Blick sich die lebende Umwelt direkt darbietet, braucht der mit normalen Augen ausgestattete Histologe große Mengen an totem, organischem Material, um den vitalen Prozessen auf die (materielle) Spur zu kommen. Das ist leicht, solange es sich um tierisches Gewebe handelt. Als Cajal aber um 1899 anfängt, sich für das menschliche Nervengewebe zu interessieren, stellt ihn das vor Materialschwierigkeiten. Da es bei einigen Verfahren für histologische Färbung darauf ankommt, dass der Tod des Gewebes noch nicht zu lange her ist, wird seine Arbeit durch ein Gesetz erschwert, das die Öffnung von Leichen erst 24 Stunden nach Eintritt des Todes gestattet. Doch er weiß sich zu helfen:

> [...] Material für meine Arbeiten suchte ich im Waisenhaus und der *Casa de Maternidad*, Orten, an denen aus offensichtlichen Gründen die Tyranei des Gesetzes und die Bedenken der Familien sehr nachlässig vertreten wurden. Dank der guten Dienste der Mitarbeiter dieser wohltätigen Einrichtungen, [...] konnte ich frei über hunderte von Föten und Kinder unterschiedlichen Alters verfügen, die ich zwei bis drei Stunden nach Eintritt des Todes sezierte, zum Teil sogar noch warm.[451]

Die *Casa de Maternidad* galt als Ort, in dem illegitime Kinder auf die Welt kamen, weshalb die Exekutive hier vorsätzlich nicht so genau hinsah, was mit den Körpern der verstorbenen Kinder geschah. In dem zitierten Abschnitt wird die paradoxe Situation, das Leben über den Tod zu begreifen, zugespitzt, in dem das Leben als eine Art Grenzwert erscheint, dem man sich maximal annähern möchte, ohne ihn erreichen zu dürfen, denn der Tod muss unbedingt eingetreten sein, bevor man die Spur des einstigen Lebens unter das Mikroskop legen kann. Dabei scheint mir wichtig festzuhalten, dass Cajals Darstellungen keine Gleichsetzung des Toten mit dem Unbelebten, Anorganischen zulässt. Bereits die Faszination an den getöteten Soldaten von 1868, die in der *Infancia* geschildert wird, zeigt den interessierten Blick des Naturforschers auf den Kontrast zwischen dem Kampf der Sterbenden und dem friedlichen Ausdruck des Toten. Die Szene mit der nächtlichen Beschaffung anatomischen Anschauungsmaterials kulminiert in einer Reflexion über das Grauen, das die menschlichen Reste hervorrufen und dem Erscheinen des untoten Gerippes im Traum. Tod und Diskontinuität hängen also nicht nur dadurch zusammen, dass die analytische Perspektive hier tatsächlich die Zerteilung und dadurch den Tod des Körpers verlangt, sondern vor allem dadurch, dass Cajals Autobiographik beim Schreiben über die stofflichen Gegenstände seiner Untersuchungen immer wieder gezielt die Grenze zwischen Leben und Tod in den Blick nimmt, und Annäherungen wie Überschreitungen mal von der einen, mal von der anderen Seite thematisiert.

4.2.3 Cajal bestimmt, benennt und ordnet ein

Die unterschiedlichen Möglichkeiten in der Histologie Diskontinuität herzustellen, stehen bei Cajal alle im Dienst eines bestimmten Erkenntnisgewinns. Das Zerteilen des organischen Gewebes, das Aufweisen des

---

[451] »[...] busqué material para mis trabajos en la Inclusa y Casa de Maternidad, dominios donde, por razones obvias, la tiranía de la ley y las preocupaciones de las familias actúan muy laxamente. Gracias a los buenos oficios del Cuerpo facultativo de los citados Establecimientos benéficos, [...] dispuse libremente de cientos de fetos y de niños de diversas edades, que disecaba dos o tres horas después de la muerte y hasta en caliente.« Ramón y Cajal, 2006, 567.

synaptischen Spalts, das Verstärken von Konturen und Kontrasten in der histologischen Färbung, die Auflösung der scheinbaren Einheit durch die Mikroskopie, alle diese analytischen Bemühungen zielen letztlich auf die Identifikation kleinerer Einheiten. Auflösung ist hier keine »negative Chemie«, sondern immer das Aufzeigen von Entitäten auf einer untergeordneten Gliederungsebene und damit auch eine Vervielfältigung der Gegenstände. So führt die Loslösung der einzelnen Neuronen aus ihrem angenommenen Netz zu einer Vielzahl einzelner Formen, welche beschrieben werden müssen. Dabei erfüllt das Nachvollziehen der Kontur gleichzeitig die Rolle der Abgrenzung als auch diejenige der Bestimmung über die Formgebung. Cajals Präferenz hinsichtlich der bildlichen Darstellung, nämlich der Vorzug der Form vor der Farbe, der schon in der *Infancia* thematisiert wurde, kommt hier voll zum Tragen. Durch die gleichzeitigen Gesten des Begrenzens und des Bestimmens entstehen kataloghafte Sammlungen, die sich in den bereits genannten Auflistungen genauso wie in den Zeichnungen manifestieren. Das unten stehende Schema versammelt beispielsweise, mittels eines Querschnitts durch das Kleinhirn, die unterschiedlichen Neuronentypen in ihrem räumlichen Verhältnis zueinander.

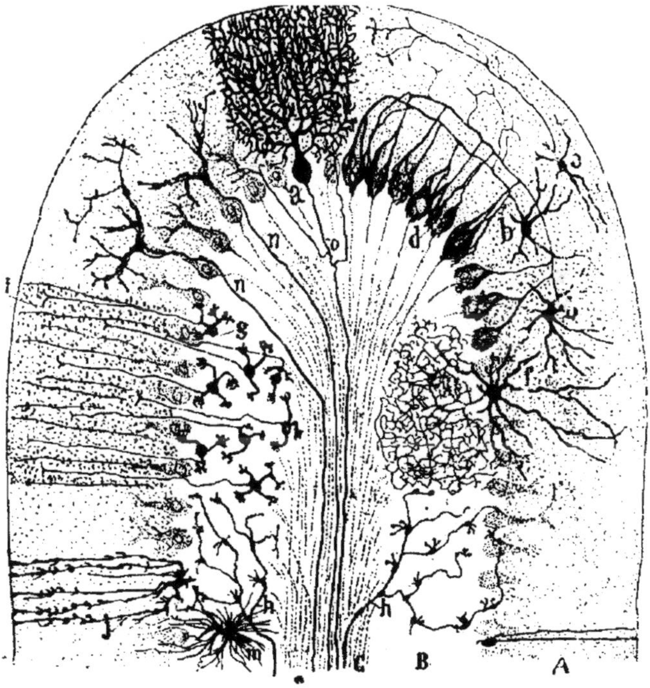

Abb. 3

Erna Fiorentini weist darauf hin, dass schon das Herausstellen eines einzelnen Zelltypus neben dem Moment der Unterscheidung auch eines der »Assemblage«, also der Kombination verschiedener Entwürfe, voraussetzt.[452] Dieser Hinweis ist wichtig, denn daran wird deutlich, dass die Sichtbarmachung eines Einzelfalls allein noch nicht zum Typus führt. Hierfür sind Arbeiten mit Reihen von Einzelfällen und eine Auswahl erforderlich.

Zusammenstellungen von möglichen Typen finden sich bei Cajal immer wieder. Nicht nur die Gegenstände und Ergebnisse der wissenschaftlichen Arbeiten werden in dieser Form präsentiert, sondern ebenso die Methoden. In seinem Aufsatz über die Verbindungen von Nervenenden und Muskeln des Frosches ordnet er beispielsweise in einem Schema die Färbemethoden durch Silbernitratlösungen mit unterschiedlichem ph-Wert den jeweils damit einzufärbenden Teilen des Zellgewebes zu.[453] In seinen *Regeln und Ratschlägen zur wissenschaftlichen Forschung* stellt er einen Katalog moralischer Qualitäten auf, die der Forscher besitzen muss: *a) Unabhängigkeit des Urteils*, b) *Ausdauer in der Arbeit*, c) *Ruhmbegierde*, d) *Vaterlandsliebe* und e) *Streben nach wissenschaftlicher Selbständigkeit*.[454] Schließlich dehnt er den Bezugsrahmen des Katalogs auf nicht unmittelbar die Forschung betreffende Aspekte des Privatlebens der Wissenschaftler aus, wenn er eine Reihe von Frauentypen aufstellt und sie hinsichtlich ihrer Brauchbarkeit als Gattinnen des Forschers klassifiziert (vgl. 3.3.4).

Hier zeigt sich wiederum ein interessanter Kontrast zu Ostwald. Anhand des Begriffs des »negativen Chemikers« kennzeichnet er seine Tätigkeit im Grunde als derjenigen Cajals entgegengesetzt. Er legt keine Kataloge an oder beschreibt Entitäten, sondern streicht sie vielmehr aus (vgl. 4.1.1). In einem Punkt definiert er allerdings auch Typen, und zwar diejenigen, in die sich geniale Wissenschaftler einteilen lassen. Ein Ergebnis seiner *Großen Männer* ist die Unterscheidung in »Klassiker« und »Romantiker«, denen er die unterschiedlichen Forscherbiographien zuordnet.[455] Ausgerechnet dieser Text, der Cajals Denkweise so entgegenkommt und auf den er in den *Regeln und Ratschlägen* verweist, stellt den einzigen direkten intertextuellen Bezug zwischen beiden Autoren her, dem ich im Laufe meiner Arbeit begegnet bin.[456]

---

[452] Fiorentini, Erna. »Inducing visibilities: An attempt at Santiago Ramón y Cajal's aesthetic epistemology«. *Studies in History and Philosophy of Biological and Biomedical Sciences.* 42 (2011): 392.

[453] Ramón y Cajal, 1881, 16.

[454] Ramón y Cajal, 1936, 32–50.

[455] Ostwald, 1919, 371.

[456] Ramón y Cajal, 1998, 18, 30.

Ein wesentlicher Teil der abgrenzenden Bestimmung des Typus scheint dessen Benennung zu sein. Die unterschiedlichen Gruppen von Zellen, von Wissenschaftlern und von deren Frauen erhalten immer einen eigenen Namen, der sie gleichzeitig als eigenes und als Teil einer Reihe mit anderen Typen ausweist. Dem Klassiker wird der Romantiker gegenübergestellt, der »reichen Erbin« »die emsige Frau«, den Purkinjezellen die Sternzellen. Dieses Prinzip scheint mir auch fundamental wichtig für die konkrete Bestimmung des autobiographischen Korpus Cajals zu sein. Betrachtet man die beiden Texte, die bisher im Mittelpunkt der Lektüre standen, lässt sich sagen, dass sie sich ihrer Form nach unterscheiden. Die somit erfolgte Abgrenzung wird durch die Benennung einerseits unterstützt, indem sowohl die Jugenderinnerung als auch die Geschichte der wissenschaftlichen Arbeit klar als solche bezeichnet und die behandelten Lebensphasen damit deutlich von einander abgehoben werden. Andererseits stellen die Titel eine Ordnungsebene her, gerade indem sie sich beide auf autobiographische Momente beziehen. So werden die Texte zu unterschiedlichen Einheiten einer Ebene. Der dritte Text *El mundo visto a los ochenta años* stellt ein weiteres Glied dieser Ebene dar. Wieder wird die biographische Station im Titel klar benannt und wieder wird eine ganz eigene literarische Form gefunden, die den Text von den vorangegangenen Teilen unterscheidet. Der Titel identifiziert also einen Moment, dessen Spezifik jeweils eine eigene Form fordert und die Autobiographie nicht als ein einheitliches Narrativ, sondern als Reihung identifizierter Einzelmomente präsentiert. In seinem Gesamtumfang zeigt sich das autobiographische Korpus hierdurch ebenfalls betroffen, weil so auch Texte in den Blick kommen, deren autobiographischer Bezug gar nicht auf Anhieb ins Auge springt. Der Titel der bereits genannten *Cuentos de vacaciones* verweist nicht so sehr auf den Inhalt der Texte als auf den Platz, der ihnen im Lebensganzen Cajals zukommt. Dieser Platz wird im Titel klar benannt und damit beispielsweise deutlich von der Darstellung der wissenschaftlichen Arbeit unterschieden. Geht man dieser Verbindung auch auf inhaltlicher Ebene nach, lässt sich in der *Historia* ein Verweis auf die Bedeutung der *Urlaubsgeschichten* als Lebenswissen finden.

Im Zuge der Choleraepedemie von 1885 richtet Cajal sein Mikroskop in Valencia kurzzeitig auf einen anderen Gegenstand, nämlich auf die Bakterien bzw. auf den ein Jahr zuvor von Robert Koch beschriebenen Cholera-Erreger. Cajal sammelt Proben in Hospitälern und kann den Bazillus eindeutig identifizieren.[457] Die Ereignisse in Valencia gewinnen medizinhistorische Bedeutung durch das Auftreten des Bakteriologen

---

[457] Ramón y Cajal, 2006, 362.

Jaime Ferrán, der sich dafür ausspricht, erstmals eine größere Population mit einem von ihm entwickelten Impfverfahren zu immunisieren.[458] Unter den Fachleuten herrscht große Uneinigkeit, nicht nur, weil die Methode bisher wenig erprobt ist, sondern auch weil das Konzept der Bakterie als Überträger sich in Spanien noch nicht durchgesetzt hat. Vor allem ältere Kollegen Cajals hängen z. T. noch der Theorie der Miasmen an.[459] Vielerorts werden Kommissionen beauftragt, den Erfolg oder die möglichen Gefahren der Impfung einzuschätzen. Cajal wird zu diesem Zweck nach Zaragoza gerufen und dort von den Stadtverordneten mit einer Studie beauftragt. Er kommt schließlich zu dem Ergebnis, dass er die Nachweise über den Nutzen der Impfung für unzureichend hält.[460] In Anerkennung seiner Verdienste schenken die Stadtverordneten ihm das bereits erwähnte Zeiss-Mikroskop.

Die Mikrobiologie, die damals etliche Forscher fasziniert, übt auch auf Cajal eine große Anziehungskraft aus. Als Grund dafür, dass er dieser nicht dauerhaft nachgibt, sondern der Histologie treu bleibt, führt Cajal vor allem ökonomische Gründe an. Während die Histologie, ist erst einmal ein Mikroskop vorhanden, mit günstigen Mitteln durchführbar ist, stellt die Bakteriologie eine »Luxuswissenschaft« dar, die große Ausgaben für Versuchstiere und Instrumente notwendig macht.[461] Dennoch gibt Cajal, immerhin selbst schon Nobelpreisträger, an, sich wiederholt die Frage gestellt zu haben, ob sein Werdegang durch ein Umschwenken auf die mikrobiologische Mode nicht erfolgreicher verlaufen wäre; sowohl die Finanzen als auch den Ruhm betreffend.[462] Nimmt man die auffällige Präsenz von Bakterien und Bakteriologen in den *Urlaubsgeschichten* zur Kenntnis, liegt der Verdacht nahe, das gedankliche Durchspielen dieser Möglichkeit könne seinen biographischen Ort in der Form des fiktionalen Textes gefunden haben. Von den insgesamt fünf Erzählungen sind drei diesem Thema gewidmet. Den Protagonisten von *Der geheilte Pessimist* lassen jene ›unsichtbaren Gegner‹ grundsätzlich an den Grenzen der menschlichen Sinne verzweifeln, bis ihm das einjährige ›enhancement‹ seiner Augen deutlich macht, dass sein Leben nicht dadurch besser wird, dass er die Bakterien ständig sieht.

Im dritten *Cuento, Das verfluchte Haus,* wird die Phantasie der wirtschaftlichen Prosperität durch bakteriologisches Know-how konsequent entwickelt. Der Protagonist Julián kehrt nach einigen Jahren in Mexico

458 López Piñero, 2006, 178.
459 Ramón y Cajal, 2006, 363.
460 Ebd., 364.
461 Ebd., 369.
462 Ebd., 368.

zurück nach Cantabria, um seine Cousine Inés zu heiraten. Die Eltern seiner Verlobten stellen hohe Ansprüche an die ökonomische Absicherung des künftigen Schwiegersohns, und dieser sieht sich, durch das in Amerika erworbene Vermögen, endlich in der Lage, die Ehe einzugehen. Unglücklicherweise erleidet er auf der Rückfahrt Schiffbruch und verliert dabei fast sein gesamtes Vermögen. Während Inés in erster Linie froh ist, ihn heil und ganz zurückzubekommen, nehmen die Eltern den Verlust des Vermögens sehr ernst und zwingen ihre Tochter die Verlobung zu lösen. Julián durchstreift verzweifelt die Gegend, bis ihn der Zufall zu einem verlassenen Herrenhaus führt. Von den Nachbarn in der Umgebung erfährt er, das Haus sei verflucht. Ursprünglich von einem kränklichen Protestanten erbaut, der ebenfalls aus Amerika nach Europa zurückgekehrt sei, habe es seinem ersten, wie auch allen folgenden Besitzern in kürzester Zeit Krankheit und Tod gebracht. Der Priester des Ortes deutet diesen Sachverhalt als Strafe Gottes dafür, dass die Gemeinde einen Protestanten in ihrer Mitte geduldet hat. Dem Protagonisten, der in Mexico mikrobiologische Erfahrungen gesammelt hat, ist dagegen nach kurzer Recherche klar, dass es auf dem Anwesen mehrere Herde mit gefährlichen Bakterienstämmen gibt. Er erwirbt das Haus nebst dem dazugehörigen Land, da beides als unverkäuflich gilt, weit unter Marktwert, desinfiziert die heiklen Stellen, beginnt mit der Instandsetzung des Hauses sowie der Bewirtschaftung des Landes und legt so den Grundstein eines beträchtlichen Vermögens, das es ihm erlaubt, Inés zu heiraten.[463] Der Verweis auf Cajals Bedürfnis, sich die wirtschaftlichen Vorteile einer bakteriologischen Karriere auszumalen, stellt bei weitem keine abschließende Deutung dieses vielschichtigen Textes dar. Der Zusammenhang scheint mir aber deutlich genug, um die *Urlaubsgeschichten* sowohl formal (über den Titel) als auch inhaltlich an das autobiographische Projekt zu binden. Entscheidend in diesem Zusammenhang ist ein Hinweis zu *Das verfluchte Haus*, den Cajal im Vorwort der *Urlaubsgeschichten* gibt: »[...] der Dritte mit dem Titel *Das verfluchte Haus* beinhaltet ein klares Symbol der Leiden und Heilmittel des Vaterlandes (Verzeihung, Wortführer des literarischen Realismus!)«[464]

Die Figur des Julián präsentiert nicht nur einen Bakteriologen, dem die Anwendung seines Wissens ein großzügiges Vermögen einbringt, sondern auch eine Anleitung zur gesellschaftlichen Wohlfahrt. Demnach könnte die Entwicklung naturwissenschaftlichen Denkens in Spanien der kulturellen Selbstblockade aus Aberglaube und Dogmatik entgegenwirken, was sich

---

463 Ramón y Cajal, 1964, 150.

464 »[...] el tercero, titulado *La casa maldita*, encierra un transparente símbolo de los males y remedios de la patria (¡perdón, corifeos del naturalismo literario!)« Ebd., 8.

dann auch in wirtschaftlichem und industriellem Aufschwung äußern müsste. In ihrer Arbeit *Science, Literature, and Self-Censorship: Ramón y Cajal's Cuentos de Vacaciones (1905)* stellt die US-amerikanische Hispanistin O'Connor Überlegungen zu Cajals zögerlicher Veröffentlichungspraxis hinsichtlich der *Urlaubsgeschichten* an. Ausgangspunkt ist dabei der von verschiedenen Biographen behauptete Rückruf des bereits veröffentlichten Buches durch den Autor 1905, für den O'Connor aber letztlich keine eindeutigen Belege findet.[465] Dennoch ist eine gewisse Vorsicht Cajals im Umgang mit diesen Texten nicht abzustreiten, die sich zum einen in dem langen Zeitraum zwischen Fertigstellung und Publikation äußert und zum anderen in der Tatsache, dass die *Urlaubsgeschichten* der einzige Band mit fiktionaler Prosa geblieben sind. Im Vorwort kündigt Cajal noch an, bei ausreichendem Interesse auch die übrigen sieben Texte veröffentlichen zu wollen.[466] O'Connor vermutet hier eine Tendenz zur Selbstzensur:

> [...] ich möchte behaupten, dass ein noch dringenderer Grund für diese Handlungsweise mit seiner Beobachtung zu tun hat, dass der gegen Religion und Establishment gerichtete Inhalt einiger seiner Erzählungen von einer unvorbereiteten und wenig interessierten Öffentlichkeit als beleidigend aufgenommen werden könnte und weiter, dass eine unvorteilhafte Reaktion auf die Cuentos sich nachteilig auf seine Karriere wie auf seine Hoffnung, die spanische Wissenschaft voranzubringen, auswirken könnten.[467]

Zwei Punkte scheinen mir hier relevant: Zum einen kann O'Connor an verschiedenen Quellen zeigen, dass Cajal durchaus vorsichtig in der Kritik des Katholizismus ist, weil er das Selbstverständnis seiner Landsleute nicht fundamental angreifen will.[468] Auf die Zögerlichkeit, mit der sich Cajal zu seinem eigenen Glauben äußert, ist bereits eingegangen worden. Das Projekt einer Entwicklung der spanischen Wissenschaft ist ihm wichtiger und um es effektiv vertreten zu können, darf er sein Prestige nicht verspielen.

---

465 O'Connor, D.J. »Science, Literature, and Self-Censorship: Ramón y Cajal's *Cuentos de Vacaciones* (1905).« *Ideologies and Literature* 1.3 (1985): 106. Ein Hinweis auf ein mögliches Eingreifen Cajals findet sich allerdings im Vorwort der 1932 erschienenen, vierten Ausgabe der Aphorismensammlung *Charlas de café*, in dem sich der Autor für die Neuauflage rechtfertigt: »Agotada la edición, no puedo someter las *Charlas* al radical auto de fe a que condené inexorable, hace más de veinte años, otra obrita frívola anatematizada, con razón, por un pontífice de la crítica (*Cuentos de vacaciones: narraciones pseudocientíficas*). Aus: Ramón y Cajal, Santiago. *Charlas de café: pensamientos, anécdotas y confidencias*. Madrid: Aguilar, 1948. 23.

466 Ramón y Cajal, 1964, 7.

467 I shall argue here that an even more pressing reason for this action had to do with his perception that the anti-religious, anti- establishment content of some of his narratives would prove deeply offensive to an unsympathetic and ill-prepared public. And, further, that he feared unfavorable reaction to the Cuentos might prove detrimental both to his career and to the hopes he held for advancing spanish science.« O'Connor, 1985, 100.

468 Ebd., 110f.

Zum anderen könnte man schon die Form des *Cuento* als Ort der Kritik im Sinne dieser Vorsichtsmaßnahmen erklären. Was in einem Sachtext schnell zum Skandal führt, kann möglicherweise durch den fiktionalen Text in die Öffentlichkeit geschmuggelt werden, ohne den Autor sofort zur Zielscheibe zu machen. Diese Überlegung erweist sich als besonders fruchtbar, wenn man bedenkt, welche Inhalte sich in den *Urlaubsgeschichten* noch auffinden lassen, weil sie vielleicht nirgendwo sonst gesagt werden können. Kehren wir noch einmal zu *Das verfluchte Haus*, als »Symbol der Übel und Heilmittel des Vaterlandes«, zurück. Die implizite Kritik richtet sich sowohl gegen die vermeintlichen Bremsen des Fortschritts, im Text mit der Kirche assoziiert, als auch gegen eine andere Deutung der nationalen Krise, nämlich derjenigen des Niedergangs. Explizit sagt Cajal dies in den *Regeln und Ratschlägen zur Wissenschaftlichen Forschung*: »Spanien ist ein intellektuell rückständiges Land, kein dekadentes.«[469] Wenn also der Bakteriologe Julián im eigenen Interesse tun kann, was Cajal oft gerne selbst getan hätte, dann wäre es möglich, dass sein Wirken im Sinne des allgemeinen Fortschritts einen Wunsch Cajals verkörpert. Es ginge hier um den Naturwissenschaftler als Könner, dessen Wirken auf die gesamte Nation zielt. In diesem Zusammenhang soll noch einmal an den Eindruck erinnert werden, der Cajal bei der Relektüre seiner frühen populären Arbeiten überkommt, dass hier der Ausgangspunkt für eine Naturphilosophie gelegen haben könnte, die letztlich nie geschrieben wurde. Dabei hat man es zwar nicht mit einem Plan von der Größenordnung der Ostwald'schen Weltprojekte zu tun, aber die Vorstellung, mit den Mitteln der eigenen Spezialisierung deren eng gesteckten Wirkungsrahmen auszudehnen, ist durchaus erkennbar.

Der entscheidende Unterschied liegt dabei nicht in der Größenordnung, sondern in dem Ort, den Cajal dieser Phantasie zuweist. Während man bei Ostwald fließend (auch im Sinne des Leseflusses) von der Selbstbeschreibung in diverse bestehende oder neu erfundene Disziplinen vordringt und so jedes Faszinosum in die Rede integriert wird, setzt Cajal eine klare Grenze: Bestimmte Überlegungen brauchen einen eigenen, formal unterschiedenen Ort. Dieser wird im Fall der *Urlaubsgeschichten* klar über den Titel identifiziert, als narrativ, als pseudowissenschaftlich und im Lebensganzen als einem Bereich außerhalb der eigentlichen Arbeit zugehörig. Dasselbe Prinzip bestätigt sich noch einmal, wenn man bestimmte Entstehungsschritte der Texte beachtet. Zunächst taucht die paradoxe

---

469 »España es un país intelectualmente atrasado, no decadente.« Ich zitiere hier das Original, da das entsprechende Kapitel in der Übersetzung nicht vorkommt. Ramón y Cajal, Santiago. *Reglas y Consejos sobre la investigación científica: Los tónicos de la voluntad.* Madrid: Espasa Calpe, 1998[15], 162.

Verkörperung der Naturwissenschaft parallel als untotes Gerippe in der ersten Ausgabe der *Infancia* und als Numen in *Der geheilte Pessimist* auf. Spätere Überarbeitungen streichen die Figur in der Autobiographie und weisen ihr so deutlich ihren Platz innerhalb der fiktionalen Texte zu.

Damit werden die Inhalte formal von einander getrennt, da dies jedoch unter autobiographischen Gesichtspunkten geschieht, gleichzeitig an das autobiographische Projekt gebunden; so wie Sternzellen und Purkinjezellen ihrer Form und Funktion nach voneinander getrennt, dann aber als Einheiten derselben übergeordneten Gliederungsebene, nämlich als Typen von Nervenzellen, in Verbindung stehen.

In derselben Weise lässt sich noch ein weiterer Text der Autobiographik Cajals zuordnen. Auch hier bietet der Titel *Charlas de café* den ersten Hinweis auf das schon bekannte Verfahren.[470] Mit den *Charlas* wird keinesfalls der Inhalt des 1921 erschienen Bandes identifiziert, sondern sein Ort im biographischen Ganzen. Neben die Geschichte der wissenschaftlichen Arbeit und die *Urlaubsgeschichten* treten jetzt die ›Plaudereien beim Kaffee‹ oder ›Kaffeehausplaudereien‹, falls man sich an eine Übersetzung dieses Titels wagen wollte, hinter dem das kaum transponierbare Phänomen der »Tertulia« steht.

Auf inhaltlicher Ebene wird die Beziehung zu diesem Band in den Kapiteln vier und zehn der *Historia de mi labor científica* hergestellt. Bei der Darstellung seiner ersten Zeit in Barcelona legt Cajal Wert auf die Feststellung, dass es für den Laborwissenschaftler wichtig sei, von informierten Personen über die Dinge jenseits seines eigenen Gesichtskreises unterrichtet zu werden. Aus diesem Grund empfiehlt er die Tertulia:

> Es ist müßig darauf hinzuweisen, dass bei derartige Treffen, um angenehm und lehrreich zu sein, unterschiedliche Temperamente und Spezialisierungen zusammenkommen müssen. Nur die Reichen, also die reinen Kapitalisten, und Personen von schlechtem Charakter sollten säuberlich ausgeschlossen werden; denn wo Letztere Verstimmungen hervorrufen, entmagnetisieren die Ersten mit ihren grobschlächtig bodenahen Argumenten die inspirierten Idealisten.[471]

In Barcelona verkehrt Cajal regelmäßig im Café Pelayo in einer Runde, die hauptsächlich aus Naturwissenschaftlern, daneben aber auch aus Medizinern, Geschäftsleuten und Literaten besteht.[472] In Madrid trifft er

---

[470] Ramón y Cajal, 1948.

[471] »Ocioso es notar que en tales reuniones, para ser amenas y educadoras, deben figurar temperamentos mentales diversos y especialistas diferente. Sólo los ricos, es decir, los escuetamente capitalistas, y las malas personas serán cuidadosamente eliminados; porque si los últimos causan disgustos, los primeros desimantan con sus groseros argumentos a ras de tierra a los inspirados en altos ideales.« Ramón y Cajal, 2006, 397f.

[472] Ebd., 398.

sich zunächst im Café de Levante mit einer Gruppe ehemaliger Militärärzte, die er noch aus seiner Kubazeit kennt. Allerdings sieht er in diesem Kreis neben vielen positiven Aspekten eine zu deutliche Tendenz, auf die Beförderungspraxis der eigenen Vorgesetzten zu schimpfen, und lange hält Cajal es dort nicht aus.[473] Mehr Glück hat er mit der *peña* im Café Suizo. Der Kreis ist wiederum vielfältig zusammengesetzt und grundsätzlich offen für jeden, der von einem bereits aktiven Mitglied eingeführt wird und sich an die grundsätzlichen Regeln hält:

> 1. bei der Diskussion den gebührenden Respekt gegenüber den anderen Teilnehmern wahren, 2. nur über das reden, wovon man wenig oder gar nichts versteht (es geht darum pedantische und akademische Litaneien zu vermeiden), und 3. beim Hinausgehen all die Albernheiten und Unstimmigkeiten zu vergessen, die durch die Stimulation des Kaffees oder die Schrecken der Verdauung hervorgerufen wurden. Denn es ist entscheidend festzuhalten, dass unsere Treffen in den ersten Stunden des Nachmittags stattfanden und selten länger als eine Stunde dauerten.[474]

Der biographische Bereich, der die *Charlas de café* hervorgebracht hat, wird in der *Historia* deutlich als Ausgleich zur wissenschaftlichen Arbeit gekennzeichnet und damit, ähnlich wie die *Cuentos*, von dieser getrennt. Im Fall der *Charlas* ist dieser Bereich, die Tertulia, sogar an eine eigene sprachliche Situation gekoppelt, deren Regeln das obige Zitat darstellt. Die Abgrenzung ist hier noch deutlicher als in den anderen Lebensbereichen, die sich autobiographisch niedergeschlagen haben. Sie wird örtlich durch das Cafe, zeitlich durch die vorgesehene Stunde und inhaltlich durch die Regeln bestimmt. Wie in den bereits genannten Beispielen wird auch für die *Charlas* eine eigene literarische Form gefunden.

Diese soll hier nur kurz vorgestellt werden, während die ausführlichere Betrachtung des Bandes Teil des folgenden Kapitels sein wird. Bei den *Charlas de café* handelt es sich, wie bereits erwähnt, um eine Aphorismensammlung. Sie enthält knappe, pointierte Überlegungen zu unterschiedlichen Bereichen, die thematisch in elf Kapiteln geordnet sind. Die Form des Aphorismus selbst bestätigt dabei wiederum das Darstellungsprinzip der Cajal'schen Autobiographik. Er bildet die kürzeste Form abgeschlossener Formulierungen, die, wie präparierte Textzellen nebeneinander angeordnet werden und durch die Kapitel einer thematischen Gliederungsebene un-

---

473 Ebd., 492.

474 »1.ª, guardar al discutir el debido respeto a las personas; 2.ª, discurrir de lo que no se entiende o se entiende poco (tratábase de evitar las latas pedantes y académicas), y 3.ª, olvidar a la salida todos los desatinos e incoherencias provocados por el estímulo del café o por los horrores de la digestión. Porqué importa notar que nuestra reunión se celebraba en las primeras horas de la tarde, y pocas veces duraba más de una.« Ebd., 493.

terstellt, aber nicht narrativ oder argumentativ verknüpft werden. Somit stellt die Aphorismensammlung einen Katalog fixierter Gedanken dar.

4.2.4 Cajal rechtfertigt sich für physiologische Theoriebildung

Bisher könnte der Eindruck entstanden sein, dass große Teile der wissenschaftlichen Aufmerksamkeit, welche in der *Historia de mi labor científica* dargestellt wird, ihrem Stil nach derjenigen ähnelt, die Foucault in *Die Ordnung der Dinge* als Teil der Naturgeschichte des 17. und 18. Jahrhunderts rekonstruiert.[475] Das kataloghafte Ausbreiten der Morphologie scheint eher in die Zeit vor dem Wechsel zur modernen Biologie zu passen, den Foucault in seinem Buch an den Namen des französischen Naturforschers Georges Cuvier knüpft:

> Er löst, wenn nicht die Individualität, so wenigstens die Unabhängigkeit des Organs auf. Es ist ein Irrtum zu glauben, »es sey an einem wichtigen Organe auch alles wichtig«. Man muß »die Aufmerksamkeit mehr auf ihre Verrichtung selbst, als auf ihre Organe wenden«. Vor der Definition der Organe durch ihre Variablen muss man sie auf die von ihnen erfüllte Funktion beziehen.[476]

Geht man davon aus, dass sich um 1800 ein Wechsel vollzieht von der möglichst lückenlosen Erfassung der Einzelformen in Abgrenzung zur Erfassung der Funktion hin zur Darstellung von Funktionszusammenhängen als Leitwissen auch der Morphologie (die Betonung der Funktion wird für die Chemie in den behandelten Texten von Liebig und Moleschott deutlich sichtbar), taucht die Frage auf, ob Cajals wissenschaftliche Arbeit hier selektiv, anachronistisch rekonstruiert wurde. Auch wenn Formbeschreibungen und deren Katalogisierung, z.B. bei der technischen Erschließung neuer Ebenen durch stärkere Vergrößerung, nach 1800 nicht obsolet werden, heißt das nicht, dass derartige Arbeiten charakteristisch für die experimentell-empirische Welterfassung der achtziger Jahre des 19. Jahrhunderts sein müssen.

In diesem Zusammenhang soll noch einmal auf Olaf Breidbachs Arbeit zur *Materialisierung des Ichs* verwiesen werden. Die Rolle, die Breidbach Cajal für die Entwicklung der Hirnforschung zuschreibt, betont eben den Bezug zum Funktionszusammenhang, also zur Physiologie und bestätigt trotzdem den bisher beschriebenen Stil Cajals. Breidbach weist darauf hin, dass die Identifikation des Einzelnen bei Cajal kein Selbstzweck ist, sondern immer danach fragt, wie Denkprozesse funktionieren bzw. wie

---

475 Foucault, Michel. *Die Ordnung der Dinge: Eine Archäologie der Humanwissenschaften*. Frankfurt a.M.: Suhrkamp, 2009.

476 Ebd., 323. Darin ein Verweis auf: Cuvier, Georges. *Vorlesungen über vergleichende Anatomie*, Band I, Leipzig: Kummer, 1809. 52.

das Ich zustandekommt. Cajals spezifischen Beitrag beschreibt Breidbach als eine Funktionsmorphologie, die einzelnen Arealen der Hirnrinde jeweils eine spezielle Funktion zuweist und sich damit explizit von Kartierungen unterscheidet, die eine Überlagerung derartiger Bereiche annehmen.[477] Auch hier zeigt sich also die Tendenz zur bestimmenden Abgrenzung. Der Sinn einer Aufrechterhaltung dieser Grenzen besteht in der Funktionalität für lebendige Prozesse – hier denjenigen des Denkens.

Dem Prozess selbst kommt bei Cajal aber ein ganz anderer Stellenwert zu als bei Ostwald. In einem letzten Beispiel aus der histologischen Arbeit Cajals soll deutlich gemacht werden, wie sich das Denken der Prozessualität hier zu den bereits dargestellten Tendenzen verhält.

Eine der nachhaltigsten Entdeckungen Cajals besteht im Prinzip der sogenannten dynamischen Polarisation. Dieses besagt, dass sich die Reizübertragung in den Nervenzellen immer in gleicher Richtung, nämlich von den Dendriten über das Axon zur nächsten Zelle vollzieht. Lange war unklar, welchen Regelmäßigkeiten die Impulsübertragung folgt. Bereits 1889 kommt Cajal hier zu einer entscheidenden Einsicht, auch wenn sich die Theorie erst einige Jahre später überzeugend belegen lässt. Ihm fällt auf, dass sich an den äußersten Zellen der Sinnesorgane nach außen hin jeweils Teile befinden, die den Dendriten ähneln, während die nach innen gerichteten Teile dem Axon ähneln.[478] Da im Fall dieser Zellen klar ist, von welcher Seite der Reiz kommt, nämlich von außerhalb des Körpers, lag die Vermutung nahe, dass die Impulsrichtung im Inneren des Nervensystems ähnlich verlaufen könnte. Intendiert war also eine physiologische Erkenntnis, erreicht wurde sie jedoch durch einen Formvergleich.

Die Frage nach dem Verhältnis anatomischer Beschreibungen und physiologischer Schlussfolgerungen steht in direktem Zusammenhang mit Cajals Unterscheidung zwischen Theorien und Fakten, die oben bereits dargestellt wurde. Fakten finden sich demnach auf der Ebene der materiell nachweisbaren Formen, während physiologische Zusammenhänge zunächst einmal Theorien sind. Cajal betont diese Unterscheidung im 14. Kapitel der *Historia* nicht zuletzt deshalb, weil er sich für seine eigenen Beiträge im Bereich der physiologischen Theoriebildung rechtfertigt, indem er darauf hinweist, dass der Großteil seiner Arbeit sich strikt der Vermehrung der Fakten widmet.[479]

Hier zeichnet sich ein problematischer Dualismus ab, der ganz ähnlich bereits im Verhältnis von Kraft und Stoff bei den Materialisten dargestellt

---

477 Breidbach, Olaf. *Die Materialisierung des Ichs: Zur Geschichte der Hirnforschung im 19. und 20. Jahrhundert*. Frankfurt a.M.: Suhrkamp, 1997. 213.

478 Ramón y Cajal, 2006, 548.

479 Ebd., 545.

wurde. Obgleich Theorie ohne Fakten genauso wenig denkbar wäre wie Fakten ohne Theorie, und obgleich der auf die Theorie angewiesenen physiologischen Interpretation dasselbe Recht zukommt wie dem Aufweisen histologischer Strukturen, muss der strenge biologische Forscher vor allem die Gefahr einer vom empirischen Datum abgekoppelten Theoriebildung betonen. Nicht zufällig beruht diese Vorstellung des Faktischen auf einem Materiebegriff, während die Theorie des physiologischen Prozesses auf das verdächtige Kraftkonzept setzen muss.

Damit soll nicht gesagt werden, dass Cajal sich einfach in dieselbe Argumentationslinie einordnen lässt, die von den Materialisten zu Ostwald führt. Tatsächlich sind die Zusammenhänge etwas komplexer, wenn man die fachinternen Darstellungstraditionen gesondert berücksichtigt. Hierzu lohnt es sich, einen Blick auf die erste Hälfte des 19. Jahrhunderts zu werfen, in der die Zelltheorie, die als histologisches Paradigma hinter der entscheidenden Entdeckung Cajals steht, Teil der modernen Biologie wird. Als wegweisend gelten der Wissenschaftsgeschichte für diesen Vorgang die Arbeiten des Physiologen Theodor Schwann und des Botanikers Matthias Jacob Schleiden. Schleiden ist selbst ein äußerst streitbarer Autor, der neben der botanischen Forschung eine Reihe von popularisierenden und didaktischen Texten veröffentlicht, in denen er sich immer wieder bemüht, Ordnung in die »verworrene Rede« zu bringen, die ernsthaftes naturwissenschaftliches Arbeiten von verschiedenen Seiten behindert.[480] Auch Schleiden grenzt sich nachdrücklich vom nachkantischen Idealismus ab, »jenem halb verrückten, halb unbeholfenen Gewäsch *Hegel's* und seiner Nachtreter, dessen Verkauf unter dem Namen Philosophie die preussische Schulpolizei eine Weile auf dem grossen wissenschaftlichen Markte erzwungen hatte.«[481] In seiner 1842 und 43 in zwei Bänden erschienenen Arbeit *Grundzüge der wissenschaftlichen Botanik nebst einer methodologischen Einleitung als Anleitung zum Studium der Pflanze* macht er, in eben jener methodologischen Einleitung, zwei Grundformen wissenschaftlicher Methodik aus, die er Dogmatik und Induktion nennt.[482] Erstere wird mit leeren Wortspielen und dem unkritischen Geltenlassen von Tradition und Autorität assoziiert. Es erübrigt sich festzustellen, dass Schleiden der zweiten den Vorzug gibt. Die induktive Methode besteht wiederum aus zwei Stufen. Am Anfang stehen die Unterscheidung und

---

480 Schleiden, Matthias Jacob. *Über den Materialismus der neueren deutschen Naturwissenschaft*. Leipzig: Verlag von Wilhelm Engelmann, 1863. 7.

481 Schleiden, Matthias Jacob. *Grundzüge der wissenschaftlichen Botanik nebst einer methodologischen Einleitung als Anleitung zum Studium der Pflanze*. Leipzig: Verlag von Wilhelm Engelmann, 1861. VIII.

482 Ebd., 3.

Benennung der einzelnen Gegenstände, die in ein System gebracht werden können. Im zweiten Schritt wird nach den »Kräften« gefragt, die den Gegenständen eigen sind und den »Naturgesetzen«, die sich aus den Kräften ableiten lassen. Während die Botanik noch zu großen Teilen auf der Stufe der Induktion stünde, seien Physik und Chemie hinsichtlich des zweiten Schrittes schon deutlich weiter.[483] Die konsequente Einforderung der Induktion führt Schleiden aber nicht zur Übereinstimmung mit Moleschott, Büchner und Voigt, sondern bringt ihn im Gegenteil dazu, die Materialisten genauso zu verwerfen wie die Naturphilosophie von Hegel und Schelling.[484] Versteht man den induktiven Vorgang wie Schleiden, ist es genauso verkehrt ohne hinreichende Beachtung der einzelnen Gegenstände, gesetzliche Zusammenhänge zu unterstellen, wie auf der Ebene des Unterscheidens, Benennens und systematischen Anordnens der Objekte stehen zu bleiben. Mit ihrem Willen zum Weltbild gehen die Materialisten weit über den induktiv abgesicherten Bereich hinaus. Cajals Unterscheidung von Fakten und Theorien steht in der Tradition dieser Forderung nach konsequenter Induktion, die Theoriebildung nicht ablehnt, zum Aufschluss über physiologische Prozesse sogar fordert, sie aber methodisch der Erfassung materieller Gegebenheiten nachordnet. Interessant in diesem Zusammenhang ist auch das 1853 erschienene *Tratado de ovología* von Mariano López Mateos, das als Faksimile in dem Band *La introducción de la teoría celular en España* (*Einführung der Zelltheorie in Spanien*) von 1976 enthalten ist. Die Herausgeber schreiben, wie der Titel es nahelegt, dem Text López Mateos' die Einführung der Zelltheorie in Spanien zu. Der Autor selbst hat weniger als Forscher denn als Lehrer und geschickter Anatom von sich reden gemacht, der nicht in erster Linie eigene Ergebnisse, sondern ein didaktisch zusammengestelltes und aufbereitetes Kompendium des mikrobiologischen Wissens seiner Zeit, zu dem damals auch die Embryologie gehörte, veröffentlicht. Zu der Aufgabe, der er sich hierbei gegenübersah, äußert er sich im Vorwort seines *Tratado* wie folgt:

> Mein Ziel, um es deutlich zu sagen, ist kein anderes als die bisher anerkannten Fakten zusammenzufassen und so darzustellen, dass die Grundlagen deutlich werden, auf die sich spätere Erkenntnisse stützen müssen. Doch diese Fakten wurden durch so zahlreiche spekulative Diskussionen verbreitet und durcheinandergebracht, dass auch die Zuversicht des Verwegensten erlahmen würde, und so habe ich mir vorgenommen, aus allem, was es heute in der Wissenschaft gibt, nur dasjenige auszuwählen, was entweder bewiesen werden kann, oder unseren Untersuchungen eine größere Sicherheit verleiht, und im Anatomischen

483 Ebd., 6f.
484 Schleiden, 1863, 56.

> alles dasjenige zu verwerfen, was sich jenseits dessen befindet, was durch wahre anatomische Beobachtung erreicht werden kann.[485]

Hier wird die Auswahl des Stoffs, durch den Wissen importiert werden kann, selbst der Unterscheidung in Fakten, die wiederum mit anatomischen Erkenntnissen assoziiert werden, und bloße Spekulationen unterstellt. Unterscheiden und Bestimmen, die Geste der identifizierenden Grenzziehung, die Schleiden als ersten Schritt der induktiven Methode nennt, bildet ein zentrales Theorem der biologischen Fach-, Wissens-, und Darstellungskultur, die wiederum mit einem bestimmten Verhältnis der Grundbegriffe von Kraft und Stoff operiert.[486]

4.3 Fazit: Die Emigration des Positivismus

In der Darstellung der wissenschaftlichen Arbeit finden sich bei beiden Autoren Zusammenhänge mit den in Lektüreabschnitt I aufgezeigten Darstellungsweisen. In den *Lebenslinien* kehren dieselben Formen, mit denen die Anfänge des Selbst beschrieben werden, in der Rede von Ostwalds physikalischer Chemie wieder. Der Hang zur abstrakten Begriffsbildung, der sich im »moralischen Schwungrad« und in der Schären-Analogie äußert, findet seine Entsprechung in den Begriffen des Katalysators und der Energie. Auch die inhaltlichen Aspekte des Schwungrads und der Schären finden sich in Ostwalds wissenschaftlicher Arbeit wieder. Der unbedingte Zusammenhang allen Wissens bestätigt sich in den frühen Arbeiten von Arrhenius und vant' Hoff, indem die Anwendbarkeit thermodynamischer Begriffe ausgeweitet wird, so dass vorher getrennt gedachte Arbeitsgebiete plötzlich mit denselben Theoremen, also aus derselben wissenschaftlichen

---

485 »Mi objeto al verficarlo no es otro, que el de acumular los hechos reconocidos hasta el día y presentarlos de tal modo, que puedan comprenderse fácilmente las bases sobre que han de apoyar los conocimientos posteriores. Pero estos hechos se hallan esparcidos y confundidos entre numerosas contiendas especultivas que fatigarian el ánimo del más atrevido, y he aquí lo que me he propuesto; elegir de entre todo lo que existe hoy en la ciencia aquello que, ó bien se habrá demostrado, ó que ofresca más seguridad á nuestras investigaciones; y como anatómico, desechar cuanto pase más allá de lo que cumple á la verdadura observación anatómica.« López Mateos, Mariano. *La introducción de la teoría celular en españa: Edición facsímil del Tratado de la Ovología.* 1853 Ed. Juan Aréchaga, Guillermo Olagüe und Luis García Ballester. Granada: Universidad de Granada, 1976. 82.

486 Michael Hagner hat darauf hingewiesen, dass Cajal hinsichtlich des Verhältnisses von Gehirnanatomie und Psychologie durchaus das Potential wechselseitiger Erhellung anerkannt hat. Zur genauen Einschätzung dieses Aspekts hinsichtlich meiner Argumentation wäre eine ausführliche Untersuchung des Begriffs der Psychologie bei Cajal notwendig. Vgl. Hagner, Michael. *Geniale Gehirne: Zur Geschichte der Elitengehirnforschung.* Göttingen: Wallstein Verlag, 2004. 232 f.

Perspektive, behandelbar scheinen. Diese Ausdehnung eines Geltungsbereichs wird dann im Anspruch der Energetik, Grundlagen für Philosophie und Soziologie zu liefern, weitergeführt. Dabei kommt immer wieder die Tendenz zur Integration scheinbar widerstrebender Sinnangebote zum Ausdruck, deren Kehrseite aber eine geringe Toleranz gegenüber nichtintegrierbaren Möglichkeiten ist.

Das Streben nach Zusammenhang findet seine formale Entsprechung in einer Schreibweise, die fließende Übergänge, nicht nur zwischen den einzelnen Teilen der *Lebenslinien*, sondern zwischen unterschiedlichen Textgattungen, maßgeblich zwischen Autobiographik und wissenschaftlichem Schreiben, erlaubt.

In den *Recuerdos* fällt die Tendenz zum abschließenden bzw. abgrenzenden Identifizieren des einzelnen Gegenstandes auf, die ihre Entsprechung in der histologischen Arbeit Cajals findet. Dies wird besonders in der Form der Texte deutlich. Hier erfolgt die Abgrenzung durch die unterschiedlichen sprachlichen Formen und die Bestimmung über die Titel, welche den Bezug zu einem bestimmten autobiographischen Moment suchen. Für das autobiographische Selbst bedeutet das immer wieder die explizite Abgrenzung von früheren Aussagen, Texten oder Handlungen. Der Gegenstand des bestimmenden Abgrenzens, kurz, der Analyse, ist aber hauptsächlich ein stofflich Gedachter. Es geht um den Körper und auch dieser ist, bevor er Teil der wissenschaftlichen Arbeit wird, schon in unterschiedlichen Formen Thema der *Infancia*.

Wollte man nun einen Kausalzusammenhang zwischen den Ergebnissen der beiden Lektüreabschnitte formulieren, so wäre dieser in zwei Richtungen denkbar. Es wäre plausibel, die Präferenzen in der Darstellung der Jugend aus den Begriffen oder der darunterliegenden Metaphorik der wissenschaftlichen Spezialisierungen herzuleiten. Genauso könnte aber andersherum die Schreibweise Ausdruck einer allgemeinen Disposition sein, welche die Autoren erst den entsprechenden Arbeitsfeldern zugeführt hat.

Eine endgültige Antwort kann und muss hier nicht gegeben werden. Allerdings gibt es ein Argument für die erste Möglichkeit. Stellt man beide Lektüreabschnitte hinsichtlich ihrer Resultate nebeneinander, zeigt sich, dass die herausgearbeiteten Darstellungsprinzipien im Zusammenhang mit der wissenschaftlichen Arbeit, Ergebnisse einer nachvollziehbaren Rationalität sind. Im Kontext der Wissenschaften haben die Formen klare Funktionen, eine Heuristik und eine Geschichte, aus der sich ihr Nebeneinander verstehen lässt. Erklärt man den Einfluss der wissenschaftlichen Arbeit dagegen für sekundär, verwandeln sich die Ausdrucksformen in disparate Einzelmomente. Auch diese ließen sich natürlich aus dominanten Redeweisen der fraglichen Zeit jenseits der wissenschaftlich spezialisierten

Kontexte erklären. Das Synthesestreben im deutschsprachigen Raum, etwa im Umfeld des Deutschen Monistenbundes, ist um 1900 ebenso verbreitet wie die Atomisierung des Vaterlandes als Angstmotiv in Spanien. Auffällig ist nicht, dass die behandelten Texte diese Formen aktualisieren, sondern mit welcher Konsequenz ihnen die Darstellung des eigenen Lebens anvertraut wird. Quantitativ tritt ihre Häufung hervor, qualitativ die Prominenz, mit der sie an Stellen auftreten, die grundlegend für die Beschreibung des jeweiligen Lebens sind. Es sind Formen des Lebenswissens.

Meine Lektüre behauptet, dass die Formpräferenzen im Zuge der spezialisierten Tätigkeit von Cajal und Ostwald internalisiert wurden, so dass sie sich im Versuch, die Welt oder das Selbst zu beschreiben, immer als naheliegende Formen zur Verfügung stellen. Bevorzugt kommen sie zum Einsatz, wenn die Sagbarkeit an ihre Grenzen stößt. In der *Infancia* findet sich beispielsweise nicht nur die Geschichte eines rebellischen Jungen, nicht nur ein Rückgriff auf pikareske Traditionen, sondern auch – vermittelt über den Stil – die Darstellung des werdenden Analytikers, für den die Abgrenzung nicht nur Teil der Selbstfindung, sondern einer sich entwickelnden wissenschaftlichen Perspektive wird, die ihren sichersten Grund in der Geste der abgrenzenden Bestimmung findet. An diesem Punkt meiner Argumentation lässt sich auch die Verbindung zu anderen wissenschaftsgeschichtlichen Ansätzen aufzeigen, besonders zur historischen Epistemologie, wie sie beispielsweise Hans-Jörg Rheinberger vertritt. Rheinbergers Konzepte der Experimentalsysteme und epistemischen Dinge lenken die Aufmerksamkeit auf den blinden Fleck einer rein literaturwissenschaftlichen Arbeit, die sich ausschließlich auf Texte stützt. Die Versuchsanordnungen, die Laborsituation in ihrer Materialität, also die nicht-sprachlichen Züge in den Sprachspielen, welche der Setzung der behandelten Formen ihre besondere Geltung verschaffen, bleiben im Dunkeln. Den Vorgang der Internalisierung zu beschreiben, würde also eine andere, medienwissenschaftlich breiter angelegte Untersuchung erfordern. Ich beschränke mich dagegen darauf, die Änderungen in Gestalt und Geltungsanspruch der sprachlichen Formen zu thematisieren.

Als letztes Beispiel für diese Lesart sei noch einmal an die Argumente erinnert, mit denen beide Autoren ihre Ehe rechtfertigen, bzw. deren Funktionieren entgegen anderslautender Voraussagen erklären. Bei Ostwald besteht der Schlüssel zum gemeinsamen Glück darin, dass der diffuse Schaffensdrang seiner jungen Frau in das »ruhige Bett« der mütterlichen Pflichten geleitet wurde. Hier geht es um Dynamik, um Prozesshaftigkeit und um Kräfteleitung. Bei Cajal beruht der familiäre Frieden auf der Wahl des richtigen Typus aus einem Katalog, den er in seinen *Regeln und Ratschlägen* auch explizit aufstellt. Entscheidend ist hier nicht, dass es sich im einen Fall um eine Metapher handelt und im anderen eher um eine Typisierung. Vielmehr zeigt sich eine Präferenz in der Wahl der Ausdrucksformen, die sich weniger aus dem Sachverhalt erklärt, von dem jeweils die Rede ist, sondern aus der Dominanz einer Spezialisierung.

Das Ausgangsinteresse meiner Arbeit lag neben der methodischen Frage im Bezug auf das Leben, das Wissen und den Einzelnen auch in einer historischen Konstellation und hier in der Frage nach dem Naturwissenschaftler und seinem Selbstbild vor dem Hintergrund der Entwicklungen im neunzehnten Jahrhundert. Die geringe Zahl von Autoren im Korpus dieser Arbeit wurde damit begründet, dass die Auswahl qualitativ repräsentativ sein sollte und nicht quantitativ. Ich möchte nun darstellen, wie das gemeint ist.

Vergleichend lässt sich festhalten, dass die gestalterischen Präferenzen der beiden Autoren sich nicht nur unterschiedlich, sondern in signifikanter Weise konträr zueinander verhalten. Wo Ostwald die Synthese betont, geht es bei Cajal um Analyse. Wo in den *Lebenslinien* der Kraft das Recht vor dem Stoff eingeräumt wird, geben die *Recuerdos* dem Stoff den Vorrang. Hier werden die Zusammenhänge betont, dort die Charakteristik des Einzelfalls. Ostwald zieht die Energie den Atomen und damit die Kontinuität der Diskontinuität vor. Cajal befürwortet die Zelltheorie und damit die Diskontinuität im Gegensatz zur Kontinuität der Netztheorie. Bei Ostwald geht es um Prozesse, bei Cajal um Dinge.

Aus den historischen Exkursen im zweiten Lektüreabschnitt ist bereits deutlich geworden, dass die in Frage stehenden Formen keine beliebigen Ausschnitte der Begriffsebene naturwissenschaftlichen Erkennens im 19. Jahrhundert darstellen, sondern dass es sich um die Grundlagen der Begriffsbildung handelt, sowohl für den Kontext Physik und Chemie als auch für den Bereich Medizin, Physiologie und Biologie. Alfred North Whitehead beschreibt diese beiden Darstellungsformen ebenfalls als Grundlage der charakteristischen Innovationen der Naturwissenschaft im 19. Jahrhundert. Energieerhaltung, Wellenmechanik und Entwicklungsdenken beruhen demnach auf Begriffen der Kontinuität, Atom- und Zelltheorie auf Diskontinuität.[487] Diese Tätigkeitsfelder können zwar als repäsentativ für die Naturwissenschaft gelten, aber inwieweit findet sich darin auch der Naturwissenschaftler als Beispiel des modernen Könners und Machers?

Um dies zu beantworten, muss noch einmal auf den Eingangs zitierten Text Ernst Cassirers und den von ihm konstatierten Schnitt zurückge-

[487] Whitehead, Alfred North. *Wissenschaft und moderne Welt.* Frankfurt a.M.: Suhrkamp, 2005. 119ff.

kommen werden. Der nachkantische Idealismus, so heißt es dort, habe im deutschsprachigen Raum des 19. Jahrhunderts kein hohes Ansehen genossen. Wo sich das Bedürfnis nach einem systematischen Zusammenhang allen Wissens äußerte, wurde daher in der Regel die Rückkehr zu Kant gefordert.[488] In Frankreich und England dagegen unternahm der Positivismus den letzten Versuch einer universellen Wissensordnung; einerseits durch John Stuart Mill und andererseits, weitaus wirkmächtiger, durch Auguste Comte. Dabei weist Cassirer sorgfältig auf die Unterschiede in den Konzeptionen beider Denker hin:

> Für Mill ist und bleibt die Erfahrung im Grunde nichts anderes als ein Aggregat – als eine Summe von Einzelbeobachtungen, die durch das lose Band der Assoziation zusammengehalten sind und die durch das Verfahren des induktiven Schließens, das als Tatsache besteht, das aber, was den Grund seiner Geltung betrifft, immer als ein eigentümliches Rätsel stehen bleibt, ständig an Ausdehnung gewinnt. Damit begründet Mill jene Form des »Positivismus«, die nur das Einzelne und Faktische als Grund der Wahrheits- und Wirklichkeitserkenntnis bestehen läßt. Alles angeblich »Allgemeine« muß sich in die einfachen Daten der Sinneswahrnehmung auflösen lassen. Für Comte hingegen bestimmt sich das Verhältnis des Allgemeinen und Besonderen in der wissenschaftlichen Erkenntnis in ganz anderer Weise. Für ihn besteht die Aufgabe dieser Erkenntnis nicht in der Feststellung von Fakten, sondern in der Gewinnung von Gesetzen. Und Gesetze lassen sich niemals aus der bloßen Addition von Einzelbeobachtungen gewinnen; sie sind der Ausdruck von Relationen, die nur durch eine spezifische Aktivität, durch die Funktion des beziehentlichen Denkens aufgewiesen und festgestellt werden können.[489]

Die Darstellungspräferenzen von Ostwald und Cajal zielen damit jeweils auf einen der beiden positivistischen Erkenntnisbegriffe ab, die einerseits den letzten Versuch bilden, dem Problem des Wissens in allgemeiner Form Herr zu werden, andererseits durch ihre strikte Ausrichtung am Erkenntnisideal der Naturwissenschaften selbst schon dem Problem der Perspektivenkonkurrenz erliegen. Nach Comte wandert die Erkenntnistheorie in die Hände der einzelnen Spezialwissenschaften und auch wenn der Anspruch späterer Ansätze universell bleibt, zeigt sich doch, dass sie die Frage des Wissens nur noch aus der beschränkten Perspektive einer bestimmten Spezialisierung angehen können. Das ändert nichts daran, dass die positivistischen Erkenntnisbegriffe in den einzelnen Disziplinen weiterleben und auch der Anspruch, eine philosophische Systematik formulieren zu können, bleibt. Diese Konstellation wird in den autobiographischen Texten von Santiago Ramón y Cajal und Wilhelm Ostwald deutlich. Cajal benennt die Naturphilosophie ausdrücklich als eine nichtverwirklichte

---

488 Cassirer, 2000, 7.
489 Ebd.

Möglichkeit, die ihm eben dann aufscheint, wenn er in der Relektüre seiner alten Texte auf längst verworfene Konzepte wie das Protoplasma stößt, die das Potential haben könnten die disparaten Einzelbefunde zu binden. Ostwald schreibt seine Naturphilosophie, aber sie ist (wie ich im folgenden Kapitel zeigen werde) weit davon entfernt die angestrebte Wirkung zu erzielen.

Die Rede vom autobiographischen Selbst erscheint somit als Substitut. Hier zeigt der naturwissenschafliche Könner sich noch als Könner. Er muss es aber auf der autobiographischen Bühne tun, da er jenseits derselben eher seine eigene Ohnmacht vorgeführt bekommt. Dies ist die konkrete Form, in welcher sich der Widerspruch zwischen allgemeinem und einzelnem Menschen in den untersuchten Texten zeigt. Auf eine verkürzte Formel gebracht, ließe sich hier von der Emigration des Positivismus aus der Philosophie in die Autobiographik sprechen.

5
Lektüreabschnitt III: Grenzen des autobiographischen Selbst

> The prophecy of Francis Bacon has now been fulfilled; and man who at times dreamt of himself as a little lower than the angels, has submitted to become the servant and the minister of nature. It still remains to be seen wether the same actor can play both parts.
>
> *Alfred North Whitehead*

Die in den ersten beiden Lektüreabschnitten entwickelten Muster zeigen wie Darstellungsformen aus bestimmten sprachlichen Zusammenhängen entlehnt und in andere übertragen wurden. Diese Formen können in pragmatischer Hinsicht als Handlungen zur Behebung von Problemen des Lebenswissens betrachtet werden. Im Vordergrund steht dabei das Bemühen um Darstellung des autobiographischen Selbst. Die Wahl der Ausdrucksformen ist aus dem Erfolg der wissenschaftlichen Laufbahnen heraus verständlich. Im Modus des erfolgreichen Wissenschaftlers erleben sich die Autoren am ehesten als Inhaber sprachlicher Möglichkeiten, die einen privilegierten Zugang zur Wahrheit bereithalten. Aber lässt sich dieser durch Übertragung der entsprechenden Formen auf die Darstellung des eignen Lebens auch erfolgreich kommunizieren?

Die Probleme, die dabei auftreten, begannen sich bereits an verschiedenen Stellen des vorhergehenden Kapitels abzuzeichnen und werden hier als Grenzen des autobiographischen Selbst bezeichnet. Wie beschrieben ist eine Grenze der Selbstbeschreibung schon dadurch gegeben, dass die verwandten Muster zur Zeit der Entstehung der Texte allgemein zirkulieren und daher das Selbst nicht an ihrem Ursprung steht, sondern eher eine Station der Übernahme darstellt. In der Verschiebung des Positivismus äußert sich ja eben keine souveräne Autorschaft des Einzelnen, sondern eher eine Auffangstation. Des Weiteren wird eine Grenze des Selbst aber auch durch die implizite oder explizite Darstellung der eigenen Endlichkeit markiert; als Scheitern, aber auch als Nachlassen der Kräfte im Alter. Um diese Thematik soll es im Folgenden gehen. Ich werde versuchen zu zeigen, dass die Konzentration der Autoren auf die besprochenen Formen selbst wieder zu charakteristischen Problemen für die Darstellung des Selbst führt. Hierbei gerät also die Rede vom Selbst durch ihre eigenen Mittel an eine Grenze. Dies leitet direkt zu den Überlegungen des Fazits über, welches die beschriebene Grenze noch einmal anders perspektivisiert, nämlich als Verhältnis von Subjekt und ästhetischer Kraft.

Für diesen letzten Lektüreschritt, der sich nicht exklusiv mit dem chronologischen Ende der Autobiographik beschäftigt, kommen verschiedene Texte in Betracht. So wird es um den dritten Teil der *Lebenslinien, Gross-Bothen und die Welt, 1905–1927* genauso aber auch um bestimmte Abschnitte des zweiten Teils gehen. Im Bezug auf Cajal kommen die späteren Kapitel der *Historia* und der Text *El mundo visto a los ochenta años* in Betracht. Doch auch auf die *Urlaubsgeschichten* muss noch einmal zurückgekommen werden.

5.1 Cajal und die Atomisierung des Selbst

Im zweiten Kapitel der *Historia* zitiert Cajal aus den *Wundern der Histologie* des Dr. Bacteria einen Abschnitt über die Nervenzellen. Er beschreibt darin die paradoxe Situation, in der eine Vielzahl unabhängiger Zellen dennoch die Einheit des Ichs ermöglichen. Versuchen, dieses Paradox durch Umformulierungen aufzulösen, widerspricht Cajal in einer Fußnote:

> Diese äußerst gewagten Überlegungen erklären das Geheimnis der Einheit des Bewusstseins natürlich nicht im Geringsten. Und was noch schwerer wiegt; unabhängig von den Anstrengungen der Physiologie, der Psychophysik, der vergleichenden Psychologie und der klassischen Philosophie ist diese Mauer immer noch undurchdringbar und wird es auch bleiben.[490]

Was Cajal hier über die Unmöglichkeit sagt, die Einheit des Bewusstseins aus den einzeln identifizierten Teilen zu verstehen, lässt sich direkt auf die Bedingungen seines autobiographischen Schreibens übertragen. Der wiederholte Versuch einer angemessenen Beschreibung von Einzelmomenten führt offensichtlich nicht zu einem einheitlichen Gesamtbild. Die einzelnen autobiographischen Texte unterscheiden sich so stark, dass konsequent immanent ausgerichtete Lesarten, die nach der Herstellung des autobiographischen Selbst im Text fragen, eigentlich nur zu dem Schluss kommen

---

[490] »Naturalmente, tales consideraciones, harto temerarias, no esclarecen en lo más mínimo el arcano de la unidad de conciencia. Y lo más grave es que, no obstante los esfuerzos de la fisiología, de la psicofísica, de la psicología comparada y de la filosofía clásica, el muro continúa y continuará siempre impenetrable.« Ramón y Cajal, 2006, 373.

könnten, dass man es in jedem Text mit einem anderen Selbst zu tun hat. In der Formulierung des Zusammenhangs stößt die auf Identifikation von Einzelmomenten gerichtete Schreibweise an eine Grenze.

Die in obigem Zitat genannte Mauer, die begrifflich nicht präzisiert wird, lässt sich damit auch als Trennung unterschiedlicher Perspektiven verstehen, nämlich der innerlichen Selbstbetrachtung des denkenden Menschen, die möglicherweise ein einheitliches Selbst- und Weltbild bieten kann, und der veräußerlichten Perspektive des Naturwissenschaftlers auf die neuronalen Prozesse. Gerade diese Grenze stellt das Hauptproblem der Autobiographik Cajals dar. Es handelt sich ja nicht nur um den Anspruch der autobiographischen Erzählsituation, beide Seiten einer Subjekt-Objekt-Relation einzunehmen, sondern zugleich um den Versuch, mit den Sprachformen des biologischen Analytikers das Erleben zu beschreiben. Nun könnte die Geste der konsequenten Grenzziehung vermuten lassen, dass auch die Trennung der Perspektiven streng akzentuiert wird. Stattdessen zeigt sich, dass es auch in Cajals Schreiben ein vereinheitlichendes Prinzip gibt, das paradoxerweise in der Betonung der Partikularität besteht. Während aber Ostwalds Schreiben danach trachtet, seine Prinzipien begrifflich explizit werden zu lassen, dürfen sie das bei Cajal nicht werden, da, den zugrunde liegenden Epistemen nach, diese Zusammenhänge spekulativen Status haben und zu vermeiden sind. Die positivistischen Darstellungsformen helfen in beiden Fällen etwas zu verbergen, bei Ostwald Differenzen und bei Cajal Zusammenhänge.

Im Schreiben Cajals nimmt dieses Problem in der Kurzform die Frage nach dem Zusammenhang von Teilen und Ganzem an, die auf verschiedenen Ebenen seine gesamte Darstellung bestimmt. Eben die positivistische Vorgeschichte jenes Gedankens macht aber deutlich, dass dahinter ein Anspruch steckt. Es ist der Anspruch des Analytikers an seine eigene Handlungsmacht, der nicht zur Ruhe kommt im stetigen Festlegen neuer Grenzen und Leiden an der resultierenden Partikularität.

Am deutlichsten tritt diese Thematik in *Der geheilte Pessimist* hervor. Der Protagonist ist, genau wie das mächtige Numen der Wissenschaft, von der Überlegenheit der wissenschaftlichen Perspektive überzeugt. Diese wird im *Cuento* konkret durch das Mikroskop verkörpert, das es dem Menschen erlaubt, die tödlichen Bakterien sichtbar zu machen und sich vor ihnen zu schützen. Der Protagonist lernt jedoch schnell, dass die Vergrößerung eine unangenehme Nebenwirkung hat. Die einstmals kontinuierlich zusammenhängende Welt erweist sich plötzlich als ein wirres und unansehnliches Mosaik. Auch hier hängen die Probleme von Einzelnem und Ganzem direkt mit dem Unterschied der zwei Perspektiven zusammen, die im *Cuento* ineinandergeschoben werden. Der mikroskopbewährte

Blick des Mikrobiologen wird zur Alltagsperspektive des Protagonisten. Cajal artikuliert in diesem Text in kaum zu überbietender Deutlichkeit eine Frage des Lebenswissens, indem er die Grenzen fachspezifischer Episteme für die Meisterung des Lebensganzen aufzeigt. Die Vorrangstellung naturwissenschaftlichen Wissens kann dabei nur dadurch aufrechterhalten werden, dass das Numen die entstehenden Probleme mit dem geringen Entwicklungsstand des zeitgenössischen Menschen erklärt. Mit der Evolutionstheorie aber verspricht es, dass der Mensch eine Stufe erreichen wird, auf der die wissenschaftliche Wahrheit Teil seines selbstverständlichen Blicks auf die Welt wird. So setzt sich die naturwissenschaftliche Perspektive letztlich doch absolut. Nun steht der Extrapolation fachwissenschaftlicher Begriffe oder vorbegrifflicher Grundlagen die explizite Absage Cajals an die ungehemmte Verallgemeinerung einer partikularen Perspektive gegenüber, die sich besonders in einem bestimmten Bereich artikuliert, nämlich angesichts der Tertulia:

> Ich habe an anderer Stelle erwähnt, dass der Mann des Laboratoriums, fremd gegenüber der Politik und der beruflichen Praxis, kein Freund des Casinos und des Theaters, um der intellektuellen Einkapselung zu entgehen und nicht der Sonderbarkeit anheimzufallen, des tröstenden Luftzugs der *tertulia* bedarf. Es ist notwendig, dass etwas von dem, was in der Welt geschieht, vereinfacht und veredelt durch den Geist des Anderen, zu ihm dringt. Es ist überflüssig zu erwähnen, dass in derartigen Versammlungen, um sie angenehm und lehrreich zu machen, verschiedene geistige Temperamente und unterschiedliche Spezialisierungen vertreten sein sollten.[491]

Wie verhält es sich nun mit dem Pluralismus der Tertulia? Andreas Gelz hat in seiner Arbeit zu *Literatur und Soziabilität im Spanien des 18. und 19. Jahrhunderts* die Bedeutung dieses Phänomens herausgearbeitet.[492] Dabei weist er darauf hin, dass die Tertulia bereits seit dem 18. Jahrhundert einen Rahmen bildet, dem die zunehmende Heterogenität des Wissens als Folge gesellschaftlicher Modernisierungsprozesse wiederholt zugeschrieben und innerhalb dessen sie auch behandelt wird.[493] Um 1900 scheint der Polylog der Tertulia nun nicht mehr als Gegenentwurf verbindlicher Orientierungsmuster, sondern als etablierte Ergänzung der partikularen Wissensbestände verstehbar zu sein.

---

491 »Dejo expresado en otro lugar que el hombre de laboratorio, ajeno a la política y al ejercicio profesional, nada frequentador de casinos y teatros, necesita, para no llegar al enquistamiento intelectual o caer en la estrafalariez, del oreo confortador de la tertulia. Es preciso que llegue hasta él, simplificado y elaborado por el ajeno ingenio, algo de lo que en el mundo pasa. Ocioso es notar que en tales reuniones, para ser amenas y educadoras, deben figurar temperamentos mentales diversos y especialistas diferentes.« Ebd., 397.

492 Gelz, Andreas. *Tertulia: Literatur und Soziabilität im Spanien des 18. und 19. Jahrhundert.* Frankfurt a. M.: Vervuert, 2006.

493 Ebd., 100.

Cajal hat der Bereicherung seines Horizontes durch die Gespräche im Café Suizo eine eigene Publikation gewidmet: die Aphorismensammlung *Charlas de café*.[494] Wenn sich das Miteinander und Durcheinander der Perspektiven, der Spezialisierungen und der Formen des Lebenswissens in einem Text wiederfindet, dann müssten es also die *Charlas* sein. Insgesamt zeigt das Erscheinungsbild des Bandes eine gewisse Ambivalenz hinsichtlich seines Geltungsanspruchs. Die kurzen Texte sind in zehn thematischen Kapiteln geordnet, deren Titel jeweils auf grundlegende Aspekte des Lebens und des Zusammenlebens verweisen, z. B. *Über Freundschaft, Antipathie, Undankbarkeit und Haß* oder *Über die Liebe und die Frauen* oder *Über Alter und Schmerz*. Im Vorwort der ersten Ausgabe von 1921 wird das Gewicht, welches die Themenwahl suggeriert, dahingehend relativiert, dass der Entstehungskontext der Texte hervorgehoben wird. Cajal schwächt hier auch explizit seine Autorenposition ab: »Ich lehne also die Verantwortung für etliche übertriebene Meinungen, hyperbolische Formulierungen, possenhafte Auslassungen und arg pessimistische Gefühle kategorisch ab.«[495] Des Weiteren schränkt er die Erwartungen des Lesers an die Originalität der enthaltenen Gedanken ein. Zu sehr seien die eigenen Überlegungen durch die Lektüre der Klassiker beeinflusst und er habe unter seinen Texten schon solche gefunden, die bis in die Formulierung hinein mit Texten aus dem 16. oder 17. Jahrhundert übereinstimmten. Cajal erklärt dies mit der parallelen Lebenserfahrung, die letztlich bei allen Menschen ähnlich sei.[496]

Diese abschwächende Rahmung bildet einen deutlichen Kontrast zur Form der Aphorismen selbst, die an Deutlichkeit ihrer Setzungen kaum zu überbieten sind: »Entferne dich kontinuierlich – ohne offensichtlichen Bruch – von dem Freund, für den du ein *Mittel* statt eines *Zieles* bist.«[497] Pointierte Formulierungen und Imperative sind Kennzeichen der Gattung und treten in der konkreten Sammlung so geballt auf, dass Cajal sich immer wieder zu paratextuellen Einlassungen genötigt sieht, um Missverständnisse auszuräumen. So reagiert er im Vorwort der vierten Auflage 1932 auf seine Kritiker, indem er noch einmal ausdrücklich auf den Titel des Textes verweist:

494 Ramón y Cajal, 1948.

495 »Rechazo, pues, categóricamente la responsabilidad de muchas opiniones exageradas, frases hiperbólicas, expansiones bufonescas o sentimientos demasiado pesimistas.« Ebd., 9.

496 Ebd., 10.

497 Apártate progresivamente – sin rupturas violentas – del amigo para quien representas un *medio* en vez de un *fin*.« Ebd., 15.

> Der Titel eines Werks wird nicht grundlos gewählt. Das Wörterbuch, unerbittlicher Richter in sprachlichen Dingen, definiert das Wort »plaudern« als »viel reden ohne Grundlage und Absicht«, oder auch »reden ohne bestimmten Gegenstand als bloßen Zeitvertreib«. Und an diese Definition halte ich mich.[498]

Er nimmt hier auch zum Vorwurf der Widersprüchlichkeit seiner Aphorismen Stellung. Sie wird einerseits mit der Vielzahl an Gesprächssituationen und den einhergehenden Emotionen begründet, die den Entstehungskontext bilden und den einzelnen Äußerungen damit einen sehr uneinheitlichen Status gäben und andererseits mit der kontinuierlichen Veränderung der eigenen Positionen. Lebendige Sinnkonstitution wird gegen statische Fixierung im Ausdruck gehalten: »Sich auf abgeschlossene Dogmen festzulegen heißt, sich in einen gewaltigen und unbeweglichen Monolithen zu verwandeln, in ein totes Meer, das niemals vom Wind des Zweifels aufgewühlt wird.«[499]

Cajal macht in den Vorworten der verschiedenen Auflagen deutlich, dass die Haltungen hinter den Aussagen sich voneinander unterscheiden. Es sei nicht möglich, die Aussagen systematisch oder narrativ zu verbinden, weil die Standpunkte, von denen sie erfolgen, so heterogen seien. Hier nähert sich das Schreiben dem Anspruch, Leben und Wissen in eine Konstellation zu rücken, in der sie sich gegenseitig beschreiben. Wo der Plural der Sinngebungen als Lebenswissen in so komprimierter Form evident wird, reagiert Cajal mit der deutlichsten Ausprägung seiner bevorzugten Ausdrucksform: dem einzeln bestimmten Gedanken als isoliertem, abgeschlossenen Textatom oder der Textzelle. Damit setzt sich allerdings eine bestimmte Perspektive durch und diese ist aufgrund der gewählten Form nicht zufällig.

In Harald Frickes bereits klassischer Untersuchung zur Form und Geschichte des Aphorismus wird die Gattung anhand des Begriffs der »kotextuellen Isolation« beschrieben.[500] Dieser Begriff zielt sowohl auf die semantische Unabhängigkeit des einzelnen Aphorismus als auch auf die mögliche thematische Zusammenstellung als Kette. Das Darstellungsprinzip der Identifikation des Einzelnen und Anordnung im Katalog einer bestimmten Gliederungsebene ist also grundlegendes Merkmal der Gattung. Da überrascht es kaum noch, dass Fricke den traditionsbildenden

---

498 »Los títulos de las obras se escogen por algo. El Diccionario, juez inapelable en materia de lenguaje, define la palabra ›charla‹ ›hablar mucho, sin sustancia y fuera de propósito‹; o también ›platicar sin objeto determinado y solo por mero pasatiempo.‹ Y a esta acepción me atengo.« Ebd., 13.

499 »Fijarse en dogmas cerrados es convertirse en monolito ingente e inmoble, en un mar muerto, jamas agitado por el viento de la duda.« Ebd.

500 Fricke, Harald. *Aphorismus*. Stuttgart: J.B. Metzlersche Verlagsbuchhandlung, 1984, 10.

Ursprung der Form in den medizinischen Aphorismen des Hippokrates ausmacht. Weiter heißt es:

> Die Nachwirkung der hippokratischen Schriften war jedoch nie auf den ärztlichen Bereich begrenzt; insofern hier und besonders dann bei Galen medizinisch relevante Teile allgemeiner Naturforschung (also: besonders Anatomie und Heilkräuterkunde) systematisch einbezogen wurden, hat sich die Darstellung ›in Aphorismen‹ zu einer bevorzugten Überlieferungsform naturwissenschaftlicher Kenntnisse und der darauf bezogenen erkenntnistheoretischen Reflexion entwickelt.[501]

Auch historisch verweist die Form also nicht zwangsläufig auf den Plural der Perspektiven, sondern kann durchaus auch eine Funktion in der Herausbildung disziplinierten Wissens übernehmen. Entsprechend kann die Knüpfung des Polylogischen an den Aphorismus nicht einfach für sich stehen, sondern muss vom Autor durch den Kommentar hergestellt werden.

Cajals Antwort auf die Frage, was die Publikation eigentlich bezwecke, bleibt undurchsichtig. Interessant ist dabei gerade jener Aspekt, den er für nicht relevant erklärt und dennoch erwähnt: »Wir berühren hier die Grenzen der geistigen Pathologie. Jenseits der Graphomanie, die sich im Alter zu verschlimmern pflegt (der Alte, fast immer allein, neigt aus kompensatorischen Gründen dazu, den Monolog in einen Dialog zu verwandeln) [...].«[502] Diese Bemerkung ist nicht der einzige Hinweis auf das Alter und die Vergänglichkeit im Text des 68-jährigen. Das dazugehörige Kapitel in den *Charlas* trägt den Titel *Über Alter und Schmerz*. Dort heißt es unter anderem: »Das bedauerlichste am hohen Alter ist der Verlust der physischen und moralischen Individualität sowie die Schwächung des Erinnerungsvermögens.«[503] Damit werden die Probleme des Alters an die bekannte Grenzthematik gebunden, die hier, anders als in der *Infancia*, nicht als Problem der Individualisierung, sondern als drohender Verlust, ergo als Angst vor der Durchlässigkeit der Grenze interpretiert wird. Der Zusammenhang zwischen körperlicher und geistiger Individualität sowie der Erinnerungsfähigkeit zeigen im Hinblick auf das Alter die Problematisierung der Grenze von außen nach innen, während sie im Kontext der Reise nach Petilla von innen nach außen problematisch waren.

Der Gedanke an den Tod bleibt nicht nur implizit in der Thematisierung des Alters, sondern kommt auch explizit in Cajals letzter Veröffentlichung

---

501 Ebd., 27. Silke Jakobs weist auf die Beziehung von Naturwissenschaft und Aphoristik bei Lichtenberg hin. Jakobs, 2006, 174.

502 »Tocamos aqui las fronteras de la patología del espíritu. Aparte la grafomanía, que suele exacerbarse en la senectud (el viejo, casi siempre solitario, tiende por compensación, a convertir en diálogo el monólogo) [...].« Ramón y Cajal, 1948, 10.

503 »Lo más deplorable de la vejez extrema es la pérdida de la individualidad física y moral y la flaqueza de la memoria.« Ebd., 57.

El mundo visto a los ochenta años: impresiones de un arteriosclerótico (*Die Welt mit 80 Jahren: Eindrücke eines Arteriosklerotikers*) zur Sprache.[504] Dieser Text, der 1934 wenige Monate vor Cajals Tod erschien, ist durch seinen Titel klar einer autobiographischen Station zuzurechnen und formal wiederum von allen vorhergehenden Bänden verschieden. Auf den ersten Blick scheint es sich um eine populärwissenschaftliche Abhandlung zu den Themen »Alter« und »Sterben« mit einer Tendenz zur Ratgeberliteratur zu handeln. In den vier Teilen, die je zwischen drei und zehn Kapitel umfassen, geht es 1. um *Die Anfechtungen des Alten,*[505] 2. *Die Änderungen des physischen und moralischen Umfeldes*, 3. *Theorien des Alterns und des Todes* und 4. *Linderung und Trost im Alter.*

Als Beleg für den autobiographischen Charakter wird in der Regel ein Hinweis aus der Einleitung herangezogen: »Der Charakter dieses Buches zwang mich häufig von mir selbst zu sprechen, um ein Beispiel für das Elend eines arbeitsamen Greises zu geben.«[506] Das *Ich* habe der Erzähler lediglich aus ästhetischen Gründen vermieden. Im Sinne einer Gattungsdefinition, wie derjenigen Lejeunes, wäre *El mundo* jedoch unmöglich als Autobiographie zu begreifen. Vor dem Hintergrund der herausgearbeiteten Gestaltungsprinzipien, die Cajals verschiedene Texte unter autobiographischem Vorzeichen vereinen, fügt sich dieser aber quasi selbstverständlich ein.

Innerhalb der Teile stellen die Kapitel wiederum aufgelistete Einzelaspekte dar. So behandelt der erste Teil nacheinander den fortschreitenden Verlust des Sehvermögens, des Hörvermögens und das Nachlassen der Muskelkraft, ganz im Stil einer gemeinverständlichen Vermittlung anatomischer und physiologischer Inhalte. Nur ausnahmsweise wechselt der Erzähler hier in die erste Person, um an Beispielen des eigenen Erlebens seine Schilderungen zu illustrieren. Im zweiten Teil mit dem Titel *Die Änderungen des physischen und moralischen Umfeldes* gewinnen diese Einlassungen plötzlich einen grundlegend anderen Charakter. Zunächst scheint sich die explikative Reihung hier einfach einem neuen Thema zuzuwenden. Nach den einzelnen Aspekten des körperlichen Verfalls werden nun verschiedene Beispiele für die Veränderung des soziokulturellen Umfelds gegeben, die einem alten Menschen das Leben schwer machen können. Dabei kommt es jedoch zu einer sukzessiven Aufweichung des Darstellungsschemas, indem die personalisierte Erzählstimme nicht mehr

---

504 Ramón y Cajal, Santiago. *El mundo visto a los ochenta años: Impresiones de un arteriosclerótico*. Madrid: Espasa Calpe, 1970^{8}.

505 »Las tribulaciones del anciano«. Ebd.

506 »La índole de este libro me ha obligado a hablar hartas veces de mí mismo, poniéndome como ejemplo de las desventuras de un anciano trabajador.« Ebd., 15.

nur zur exemplarischen Verdeutlichung, sondern als wertende Instanz mit betont eigenen Standpunkten hervortritt. Das soziokulturelle Umfeld des Autors wird nicht mehr nur beispielhaft herangezogen, sondern unter der Hand zur Hauptsache. So findet sich im Katalog der Widrigkeiten neben den verwirrenden Änderungen der Mode (Männer tragen keine Bärte mehr und Frauen treiben Sport) und den erstaunlichen und zum Teil unheimlichen Entwicklungen technischer Transportmöglichkeiten (*Das mörderische Flugzeug*) auch *Die unverständliche Undankbarkeit der Basken.*[507] Bereits im Vorwort des Bandes bittet Cajal seine Leser um Entschuldigung dafür, dass er sich hinsichtlich der Fragen die nationale Einheit betreffend »ausgesprochen leidenschaftlich« zeige.[508]

Wie die Nation als Wirkungsziel des Selbst bereits durch die Schwierigkeit der Abgrenzung im Fall der Trocha in Gefahr gerät, hat auch das Problem des Zusammenhangs zeittypisch eine nationale Dimension. Schon in der *Infancia* betont Cajal die guten Erfahrungen, die er als Soldat im Karlistenkrieg mit den Katalanen macht, und lobt sowohl deren Charakter als auch ihre Einstellung zu Spanien. Dabei macht er aber deutlich, dass es sich um Vergangenheit handelt: »Damals liebten die tüchtigen Katalanen Spanien und seine Soldaten! ... Später ... ich kann nicht sagen durch wessen Schuld, scheinen sich die Dinge geändert zu haben.«[509] Hier wird das Problem des Regionalismus angesprochen, das Spanien bis zum heutigen Tage prägt. Cajal hat seine Position hierzu nicht nur durch das Erwachen seines Patriotismus im vierten Kapitel, sondern bereits anhand der geographischen Eigenheit seines Geburtsortes beschrieben. Er fühlt keine Bindung an eine bestimmte Region und um so stärker ist er der »großen Heimat« verhaftet.

Was an der Schilderung in *El mundo* zunächst auffällt, ist aber nicht die zunehmende Schärfe des Tons, wenn die Rede auf das Erstarken der regionalen Nationalismen kommt, sondern der grundlegende Perspektivwechsel, der damit verbunden ist. Er tritt um so deutlicher hervor, wenn Cajal im folgenden Teil *Theorien des Alterns und des Todes* wieder in den populärwissenschaftlichen Modus zurückwechselt und nacheinander unterschiedliche Theorien über die biologischen Gründe des Alterns und des Todes anführt.

Ich habe an anderer Stelle schon darauf hingewiesen, dass dieser Bruch im Darstellungsschema im Grunde zeigt, was im ersten Teil des Bandes

[507] Ebd., 120.
[508] Ebd., 15.
[509] »¡Entonces los laboriosos catalanes amaban a España y a sus soldados! ... Después ... no quiero saber por culpa de quiénes, las cosas parecen haber cambiado.« Ramón y Cajal, 2006, 282.

gesagt wird. Spricht der Erzähler von den zunehmenden, kognitiven Schwierigkeiten, denen man sich als »arbeitsamer Greis« ausgesetzt sieht, zeigt er sich hier selbst als der alte Mann, der direkt betroffen ist.[510] Diese Stelle ist nicht zuletzt deshalb so faszinierend, weil sie subjekttheoretisch nicht mehr einzuholen ist. Das Zeigen unterstützt das Sagen eben nicht der dahinterstehenden Intention entsprechend, sondern unterstützt gerade im Zusammenbruch des Darstellungsschemas die Rede von den Grenzen der eigenen Handlungsfähigkeit.

Dies erfolgt angesichts eines soziokulturellen Phänomens. Die Sorge im Bezug auf den katalanischen und den baskischen Nationalismus zeigt Cajal an der Grenze seiner Darstellungsfähigkeit und die sprachliche Form, in der diese Grenze manifest wird, ist die Rede von der »Desintegration des Vaterlandes« und vom »Zerfall des nationalen Territoriums.«

In dieser Koppelung scheint mir ein erweiterter Geltungsanspruch verborgen, der sich ähnlich bereits in *Das verfluchte Haus* fand. Dort wurden laut Vorwort »die Leiden und Heilmittel des Vaterlandes« behandelt, und im Text trägt der Mikrobiologe, in den Cajal sich wiederum, laut Angaben in der *Historia*, oft hineinphantasiert hat, zur Überwindung des Aberglaubens und zu Fortschritt und Prosperität bei. Es gibt also in Cajals Texten die Vorstellung einer Wirkung, die mit den Mitteln der eigenen Spezialisierung weit über deren Kreis hinaus weist. Im Gegensatz zu Ostwald wird dieser Anspruch bei Cajal aber durch die unterschiedlichen Sprechsituationen der verschiedenen Textsorten vielfach gebrochen. Dies kann als relativierendes Moment des eigenen Anspruchs im Vergleich zur umfassenden Synthesebewegung Ostwalds verstanden werden. Andererseits entspricht es aber dem Darstellungsprinzip Cajals, das er mit derselben Konsequenz seiner Spezialisierung entlehnt wie Ostwald sein eigenes aus der physikalischen Chemie. In der Koppelung an die Frage des nationalen Zusammenhalts wird nun ein weiteres Problem dieser Darstellungsform deutlich; die Frage nach dem Zusammenhalt der einzelnen Teile.

So kommt auch die Funktion, die Foucault der Betrachtung von Alter und Krankheit im 19. Jahrhundert zuschreibt, in den Blick. Krankheit und Alter kehren die Entwicklungsprozesse des lebenden Wesens um. Mit ihren punktuellen Zersetzungsprozessen, die wie ein vorgezogenes und räumlich begrenztes Sterben wirken, stellen sie einen analytischen

---

[510] Drews, Julian. »Escribiendose hacia la muerte. ›El mundo visto a los ochenta años‹ de Santiago Ramón y Cajal.« *Der espace autobiographique und die Verhandlung kultureller Identität: Ein pragmatischer Ort der Autobiographie in den Literaturen der Romania.* Magdalena Mancas und Dagmar Schmelzer, Hg. München: Meidenbauer, 2011. 26–34.

Prozess dar.[511] Der Stoff, aus dem sich die Kraft zurückzieht, offenbart sich in seinen Einzelteilen.

5.2 Ostwald und der Wärmetod des Selbst

Auch die Darstellungsprinzipien, anhand derer das autobiographische Selbst Wilhelm Ostwalds gestaltet wird, stoßen auf ein inhärentes Problem. Als charakteristisch für Ostwald hat sich die Anwendung bestimmter Begrifflichkeiten auf immer neue Bereiche erwiesen, deren theoretischer Zusammenhang anhand dieser Begriffe aufgezeigt werden soll. Ostwalds Kulturwissenschaft ist eine letztlich durch die eigene Erfahrung legitimierte und damit autobiographisch begründete Aneignung unterschiedlicher Textsorten. Seine Argumentation überquert Genregrenzen inhaltlich und seine Praxis der beständigen Wiederverwendung sprachlicher Versatzstücke verwischt sie auch formal.

Nun ist die Herstellung eines wissenschaftlichen Weltbildes auf der Grundlage des Energiebegriffs für Wilhelm Ostwald kein rein privates Projekt zur persönlichen Orientierung, sondern eine soziale Aufgabe. Das Sendungsbewusstsein, dass ihn zur Durchsetzung der physikalischen Chemie befähigt hat, leitet auch sein Engagement für die Energetik. Gerade in diesem Bereich bleibt die Haltung vieler Zeitgenossen aber so distanziert, wie es der Einspruch Plancks und Boltzmanns auf der Naturforscherversammlung 1895 bereits vermuten lässt. Ostwald findet damals lediglich einen einzigen anderen Vertreter der Energetik, den Mathematiker Georg Helm, der sich aber in der Frage der Realität der Energie grundsätzlich anders positioniert. So konstatiert Ostwald:

> Es war das erste Mal, dass ich mich persönlich vor einer solchen einmütigen Schar ausgesprochener Gegner befand; später habe ich es noch einige Male erlebt. Gefühle von Bedrückung, Sorge, Angst habe ich bei diesen Besprechungen, die mehrere Zusammenkünfte ausfüllten, niemals gehabt; auch bin ich, soweit meine Erinnerungen reichen, keinem die Antwort schuldig geblieben.[512]

Ein Stück weiter unten heißt es:

> Mein Mitstreiter G. HELM litt so stark unter deren Ausdruck auf der Gegenseite, dass er zum Schluss in großer Erregung einen Protest gegen die Behandlung aussprach, die er erfahren hatte. Er sei zu einer wissenschaftlichen Aussprache erschienen, nicht aber zu einer Abschlachtung, wie sie an ihm vorgenommen sei.

[511] Foucault, Michel. *Die Geburt der Klinik: eine Archäologie des ärztlichen Blicks*. Berlin: Ullstein, 1976. 154ff.

[512] Ostwald, 2003, 231.

> Ich meinerseits empfand kein Bedürfnis nach einem Protest. Es war mir eine so geläufige, persönliche Erfahrung, dass ein Gegner sich ganz außer Stande sah, meine Auffassung überhaupt in den Rahmen seines Denkens einzuschließen, dass mir nun die gleichzeitige Vervielfachung dieser häufigen Einzelerfahrung nicht besonders imponieren konnte.[513]

Obgleich Ostwald betont, wie wenig ihn die Diskussion emotional berührt habe, macht die Reaktion Helms die Heftigkeit der Konfrontation deutlich. Im Widerspruch zur behaupteten Gelassenheit scheint auch der im folgenden Kapitel geschilderte Zusammenbruch Ende 1895 zu stehen. Zwar ist er in Ostwalds Schilderung auch ein Ergebnis jahrelanger Überarbeitung, eingeführt wird er aber mit der Bemerkung: »Die Vorgänge auf der Lübecker Versammlung habe ich schon erzählt. Sie waren von der Beschaffenheit, dass sie auch einen vollkräftigen Mann umwerfen konnten.«[514] Ostwalds erste in großem Rahmen erfolgte Präsentation der Energetik hat ihm also nicht nur geschlossene Ablehnung eingebracht, sondern ist zumindest mitverantwortlich für eine Überschreitung der eigenen Schaffenskraft, die an anderer Stelle noch genauer betrachtet werden soll.

Die deutliche Ablehnung wiederholt sich und ist auch unter den Lesern Ostwalds lange Konsens geblieben. Trotz punktueller Erfolge, wie beispielsweise dem Lob, das Cajal und C. G. Jung für die *Großen Männer* übrig haben, ernten seine Exkursionen in die unterschiedlichen Einzelwissenschaften auch harsche Kritik. So äußert sich Max Weber beispielsweise 1909 in seinem Aufsatz *»Energetische« Kulturtheorien* zu Ostwalds kurz zuvor erschienenem Band *Energetische Grundlagen der Kulturwissenschaft.*[515] In diesem Text versucht Ostwald einen soziologischen Entwurf auf der Grundlage des Energiebegriffs. Energetische Optimierung, d. h. die Umwandlung von Arbeit mit dem geringsten Reibungsverlust, wird hier zur Grundlage von Wertschöpfung, die gesellschaftliche Austauschprozesse allgemein lenken soll. Jeder technische wie allgemein gesellschaftliche Fortschritt müsse sich am Güterverhältnis der Umwandlung von Roh- in Nutzenergie messen lassen.[516] Dabei gibt Ostwald freimütig zu, sich mit der vorliegenden Literatur nicht befasst zu haben, da es bei einer so jungen Wissenschaft wie der Soziologie zunächst darauf ankäme, möglichst

---

513 Ebd., 233.

514 Ebd., 248.

515 Weber, Max. »›Energetische‹ Kulturtheorien«. *Gesammelte Aufsätze zur Wissenschaftlehre.* Tübingen: Verlag von J. C. B. Mohr, 1922. 376–402.

516 Ostwald, Wilhelm. *Energetische Grundlagen der Kulturwissenschaft.* Leipzig: Verlag von Dr. Werner Klinkhardt, 1909. 24f.

viele von einander unabhängige Ansätze zu formulieren, bevor man sich an eine historische Sichtung des Materials mache.[517]

Weber geht die Kapitel des Bandes, die seiner Meinung nach »zum übelsten gehören, was Ostwald je geschrieben hat«, nacheinander durch.[518] Dabei wirft er Ostwald gleich zu Beginn vor:

> 1. einerseits – in logischer Hinsicht – bestimmte naturwissenschaftliche Abstraktionsformen zum Maßstab wissenschaftlichen Denkens überhaupt zu verabsolutieren, – daß er 2. demgemäß heterogene Denkformen, welche (in der Sprache Machs zu reden) die »Denkökonomie« bei den Fragestellungen anderer Disziplinen erfordert, als Unvollkommenheiten und Rückständigkeiten empfindet, weil sie das nicht leisten, was sie ihrer Zweckbestimmung nach gar nicht leisten sollen [...][519]

Weber kritisiert sowohl Ostwalds fehlendes Verständnis für die Diskussionen in den Einzelbereichen, die er berührt, wie etwa der Rechtstheorie, der Philologie und der Psychologie, als auch die inhärente Unstimmigkeit der energetischen Überlegungen. So erläutert Ostwald im 10. Kapitel mit dem Titel *Recht und Strafe*, dass die Tötung von Mördern unzweckmäßig sei, weil sie auch deren Arbeitskraft vernichte. Zweckdienlicher sei die Kastration, die verhindere, dass der »Mordinstinkt« weitervererbt würde.[520] Weber kommentiert sarkastisch:

> Da Ostwald insbesondere auch auf die Notwendigkeit der Erhaltung der Arbeitsenergie des Verbrechers für die Gesellschaft abhebt, so würde nichts im Wege stehen, »energetisch« nach der Berufsarbeit desselben zu scheiden: Rentner, aber auch Philologen, Historiker und ähnliche Tagediebe, welche das energetische Güteverhältnis nicht verbessern, hänge man auf (und übrigens: warum, angesichts ihrer Nutzlosigkeit, nicht auch schon ehe sie sich als Verbrecher lästig machen?) für Arbeiter, Techniker, geistig mitarbeitende Unternehmer und vor allen für die das Güteverhältnis hochgradig verbessernden Menschen: die Chemiker, greife man zur Prügelstrafe.
>
> Wenn O. diese Konsequenzen ablehnt, so muß er sich klar sein, daß dafür doch wohl andere, als »energetische« Erwägungen – und nur diese wollte doch seine Schrift bieten – maßgebend sind.[521]

Ostwald wiederum gibt in den *Lebenslinien* an, auf die Veröffentlichung seines Buches einige vernichtende Kritiken seitens der Fachgelehrten bekommen zu haben, verweist aber wie gewöhnlich darauf, dass ihm die Ablehnung lediglich Ansporn gewesen sei.[522] Zu Webers Kritik muss noch

---

517 Ostwald, 1909, IIf.
518 Weber, 1922, 382.
519 Ebd., 377.
520 Ostwald, 1909, 146.
521 Weber, 1922, 397.
522 Ostwald, 2003, 532.

erwähnt werden, dass sie, trotz des harschen Sarkasmus in obigem Beispiel, grundsätzlich Respekt vor der intellektuellen Arbeit Ostwalds artikuliert:

> [Ostwald] ist und bleibt eben [...] doch ein Geist, dessen erfrischende Begeisterung ebenso wie sein von jeder dogmatischen Erstarrung frei gebliebener Sinn für moderne Probleme es jedem zum Vergnügen machen müßte, auf dem großen Problemgebiet: »Technik und Kultur« gemeinsam mit ihm zu arbeiten.[523]

Ähnlich äußert sich Ludwig Boltzmann, der eine 1905 veröffentlichte Kritik an Ostwalds Glücksformel (vgl. 2.3) mit einem Hinweis auf die topische Wendung beginnt, mit welcher der Kritiker den Kritisierten seiner grundsätzlichen Wertschätzung versichert. Beispielhaft wird hier Schopenhauers Kant-Kritik angeführt. Boltzmann formuliert nicht nur seinen Dank für den Genuss und die vielfältigen Anregungen, die er aus Ostwalds Schriften empfangen habe, sondern betont auch die persönliche Freundschaft, die beide verbinde. Dennoch geht die Kritik hinsichtlich der Glückskonzeption sehr ins Detail. Er bezweifelt die Legitimität einer Gleichsetzung von Energie im physikalischen Sinne mit der umgangssprachlichen Bedeutung von Energie als Willensbetätigung, die er »psychische Energie« nennt.[524] Er gibt zu bedenken, dass, selbst wenn man sich auf die fragwürdige Parallelität von physikalischer und »psychischer Energie« einließe, der Energieumsatz noch immer nicht mit der Stärke gleichgesetzt werden kann, mit der man irgendetwas wolle.[525] Explizit weist Boltzmann auch auf die Inkonsequenz hin, mit der Ostwald die Atomtheorie als theoretisches Konstrukt kennzeichnet, den Energiebegriff aber nicht.[526] Und letztlich schließt er mit der Bemerkung:

> Warum erscheint mir nun ein scheinbar so harmloser Aufsatz, wie der besprochene ostwaldsche für die Wissenschaft so gefährlich? Weil er einen Rückfall in das Wohlgefallen am rein Formalen bedeutet, in die für den Fortschritt so verderbliche Methode der sogenannten Philosophen. Lehrgebäude aus bloßen Worten und Phrasen zu konstruieren und bloß auf eine hübsche, formale Verflechtung derselben Gewicht zu legen, was man rein logische oder aprioristische Begründung nannte, ohne darauf zu achten, ob diese Verflechtung auch genau der Wirklichkeit entspricht.[527]

Diese Aussage ist in ihrem kritischen Potential kaum zu überschätzen, denn sie weist Ostwald einen Platz auf einer Ebene mit der verpönten idealistischen Naturphilosophie zu.

---

523 Weber, 1922, 401.

524 Schmithals, Friedeman, Hg. *Wilhelm Ostwald: ein Lesebuch*. Großbothen: Wilhelm-Ostwald-Gesellschaft, 2004. 25.

525 Ebd., 31.

526 Ebd., 27.

527 Ebd., 34.

Sicher hat Ostwald aus unterschiedlichen Richtungen auch Zuspruch im Sinne seiner energetischen Unternehmungen erhalten, aber eben hinsichtlich der »führenden Köpfe« seiner Zeit, deren Bekanntschaft er sich im Vorwort der *Großen Männer* zugute hält, fällt auf, dass sie seinen Monismus beinahe einhellig ablehnen. Dies gilt für die Vertreter derjenigen Wissenschaften, aus denen Ostwald seine Analogien bezieht, wie Planck und Boltzman, ebenso wie für die Verfechter eigener Weltanschauungen, wie Haeckel und genauso für Vertreter der Disziplinen wie Weber, auf deren Bereiche sich Ostwald durch seine energetische Synthese vorwagt.[528]

Auch wenn sich in Ostwalds Texten kaum explizite Klagen über die mangelnde Anerkennung finden, ist keinerlei tiefgehende Interpretation notwendig, um auf ein eklatantes Problem zu stoßen. Ostwald beschreibt sein primäres Arbeitsfeld als die Beeinflussung anderer Menschen und bindet die Kriterien des eigenen Gelingens damit eindeutig an die Aufnahme seiner Gedanken. Die allzu leichtfüßige Überwindung der Grenzen heterogener Wissensformen und Textsorten suggeriert seinen Lesern aber ein zu hohes Maß an Beliebigkeit und konterkariert somit die intendierte Wirkung.

Während Cajal im Science-Fiction einen Ort für die auch denkbaren Aspekte seiner Wissenschaft findet, die er nirgendwo sonst aufbewahren kann, scheint Ostwalds Schreiben einen fließenden Übergang bis in den Bereich der Fiktion zu vollziehen, ohne freilich die narrative Form des *Cuento* anzunehmen, was einem fiktionalen Bekenntnis gleichkäme. Interessant in diesem Zusammenhang ist ein Brief, den Kurd Laßwitz am 9. April 1892 an Wilhelm Ostwald schickt. Ostwald hatte eben den ersten Artikel zu seinen energetischen Gedanken veröffentlicht, zu dem Laßwitz sich anerkennend äußert. Ostwald antwortet ihm darauf: »Ich bin leider noch weit entfernt davon, die Anerkennung der führenden Fachgenossen dafür erlangt zu haben, und außer Ihnen und mir wüsste ich (außer meinen speciellen Schülern) [sic] niemanden zu nennen, der in

[528] Eher eine Fußnote der Ostwaldrezeption, die aber der Vollständigkeit halber genannt werden soll, stellt der indirekte Kontakt zu Ludwig Wittgenstein dar. Wittgensteins *Tractatus* erschien 1921, durch die Vermittlung Bertrand Russells, erstmals in Ostwalds *Annalen der Naturphilosophie*. Dazu schreibt Wittgenstein an Russell am 28.11.1921: »Ehrlich gestanden: es freut mich daß mein Zeug gedruckt wird. Wenn auch der Ostwald ein Erzscharlatan ist! Wenn er es nur nicht verstümmelt! Liest Du die Korrekturen? Dann sei bitte so lieb und gib acht, daß er es genau so druckt, wie es bei mir steht. Ich traue dem Ostwald zu, daß er die Arbeit nach seinem Geschmack, etwa nach seiner blödsinnigen Orthographie, verändert.« Wittgenstein, Ludwig. *Wittgenstein in Cambridge: Letters and Documents 1911–1951*. Brian McGuinness, Hg. Malden: Blackwell Publishing, 2008. 128. Aus Ostwalds Korrespondenz mit Russell geht wiederum hervor, dass er mit Wittgensteins Text nichts anfangen konnte und ihn nur aus Respekt gegenüber Russell überhaupt angenommen hat. McGuinness, Brian: *Wittgenstein: a life: young Ludwig, 1889–1921*. Berkeley: University of California Press, 1988. 296.

den wesentlichen Punkten auf gleichem Boden stünde.«[529] Am Beginn der Rezeptionsgeschichte der Ostwald'schen Energetik steht also das isolierte Einvernehmen zwischen ihrem Erfinder und dem Begründer der deutschsprachigen Science-Fiction.

Neben der negativen Aufnahme seiner Naturphilosophie musste Ostwald sich jedoch auch mit ganz konkreten organisatorischen Rückschlägen auseinandersetzen. In den *Lebenslinien* berichtet er von einem der ersten Projekte, deren er selbst sich im Kontext der Brücke annimmt. Es geht darum, ein einheitliches Papierformat für alle Drucksachen zu entwickeln, um individuelle Zusammenstellungen, Ablagesysteme und Transportmöglichkeiten zu erleichtern und hierdurch wiederum einen energetischen Mehrwert durch das Einsparen freier Energie zu erzielen. Da ein Normformat in einer einzigen Größe wenig nutzt, stellt Ostwald sich die Aufgabe, ein Format zu entwickeln, das »Vom Straßenplakat zur Briefmarke« unterschiedliche Größen bereit stellt und zwar dergestalt, dass die kleineren Größen jeweils restlos durch Vierteln und Halbieren aus den größeren hervorgehen, ohne dass sich die Seitenverhältnisse dabei ändern dürfen.[530] Als Ergebnis kommt er auf das Verhältnis $1:\sqrt{2}$. Die Initiative zur allgemeinen Durchsetzung dieser Formate endet mit dem Scheitern der Brücke. Nach dem Ersten Weltkrieg erhalten Normierungsprojekte jedoch erneuten Auftrieb, und es wird ein Normenausschuss der deutschen Industrie gebildet, der auch Ostwald zur Sache befragt. Dieser vermerkt in den *Lebenslinien*, er sei in den entsprechenden Beratungen der einzige wirklich Sachverständige gewesen, es sei aber im Ausschuss eine negative Stimmung gegen ihn vorhanden, die er sich nur vage aus den Bedingungen seines Ausscheidens aus der Leipziger Universität erklären kann. Offensichtlich habe es Bestrebungen gegeben, die Sache möglichst ohne ihn weiterzuverfolgen, was schließlich auch dem Anschein nach gelingt, indem der Ausschuss bei der Bestimmung seiner Formate vom Flächeninhalt, anstatt wie Ostwald von der Seitenlänge ausgeht, ohne freilich das grundlegende Verhältnis $1:\sqrt{2}$ zu verändern. Das heutige DIN-Format unterscheidet sich daher nur in wenigen Millimetern von Ostwalds Entwurf, doch seine Rolle im Entstehungsprozess findet gewöhnlich keine Erwähnung.

In seinem Buch zu den Weltprojekten schildert Markus Krajewski die Vorgänge, die von der Brücke zur DIN-Reihe führen, ausführlich. Eine entscheidende Rolle kommt dabei Ostwalds ehemaligem Sekretär Walter Porstmann zu. Dieser hat im Jahr der Brücke-Gründung 1911 eben sein

---

[529] Körber, Hans-Günther. *Aus dem wissenschaftlichen Briefwechsel Wilhelm Ostwalds.* Berlin: Akademie-Verlag, 1961. 118.

[530] Ostwald, 2003, 518.

Studium der Physik und Mathematik beendet und wendet sich brieflich an Ostwald mit der Frage, ob dieser Verwendung für einen Mitarbeiter habe. Zwei Jahre arbeitet er daraufhin in Großbothen, wo er hauptsächlich mit der Transkription der Texte Ostwalds betraut ist. In dieser Zeit entwickelt er die Idee der Normformate auf Grundlage des Flächeninhalts, aber Ostwald scheint sich für die inhaltlichen Vorschläge seines Sekretärs nicht zu interessieren. Schließlich führen die Diskrepanzen dazu, das Arbeitsverhältnis 1914 wieder zu lösen.[531] In den folgenden Jahren propagiert Porstmann in einer Reihe von Veröffentlichungen seine eigene Vision der Formatnormen und schafft es schließlich bis in den erwähnten Normenausschuss, wo sich sein Entwurf nach geringen Anpassungen durchsetzt. Porstmanns Engagement für die Papiernormen bleibt nicht die einzige Idee, die sich in auffälliger Nähe zu Ostwalds Vorgaben befindet, was ein Grund dafür sein könnte, dass der Name des ehemaligen Sekretärs in den *Lebenslinien* kein einziges Mal erwähnt wird. Obgleich Ostwald der vermutlich wichtigste Ideengeber dieses Prozesses war, bleibt ihm die entsprechende Anerkennung vorenthalten. Ähnlich verhält es sich mit Ostwalds einzigem Versuch im Bereich der chemischen Industrie tätig zu werden.

Im Frühjahr 1900 beginnt er, sich verstärkt Gedanken über die Möglichkeiten der Bindung von freiem Stickstoff zu machen, die damals noch häufig für undurchführbar angesehen wurde. Allerdings war bereits beobachtet worden, dass Ammoniak, eine Verbindung von Stickstoff und Wasserstoff, beim Leiten über schwach glühendes Eisen in seine beiden Bestandteile zerfällt. Das Eisen wirkt dabei lediglich als Katalysator. Gemäß dem Wechselspiel von Hin- und Rückreaktion bis zum Erreichen des chemischen Gleichgewichts (vgl. 4.1.1) bedeutet dies, dass sich die Stoffe auch synthetisch verbinden. Ostwald entwickelt einen Versuch und lässt diesen, da er damals schon nicht mehr selbst im Labor arbeitet, von seinen Assistenten durchführen. Nach kurzer Zeit gelingt das Experiment und Ostwald meldet ein Patent an. Hinsichtlich der industriellen Nutzbarmachung, beispielsweise für Kunstdünger, nimmt er Kontakt mit den führenden Fabriken Hoechst, Bayer und der BASF auf und handelt einen günstigen Vertrag aus. Allerdings zeigen sich Probleme bei der Wiederholung des Versuchs und die Schwierigkeiten alle auftauchenden Mängel zu beheben, verleiden Ostwald das Unternehmen so sehr, dass er es schließlich aufgibt und von den geschlossenen Verträgen genauso wie von seinem Patentgesuch zurücktritt.[532]

---

531 Krajewski, 2006, 122.
532 Ostwald, 2003, 288.

Im Herbst 1901 hat Ostwald eine neue Idee, nämlich die künstliche Herstellung von Salpetersäure aus bestehendem Ammoniak. Wieder gibt er einen Versuch in Auftrag, wieder stellt sich nach kurzer Zeit der Erfolg ein und wieder gibt es einen konkreten industriellen Nutzungsvorschlag. Die Idee zu Letzterem wird in einem Gespräch mit dem Botaniker Wilhelm Pfeffer geboren:

> Es war um jene Zeit wieder einmal durch eine unbedachte Äußerung des damaligen Kaisers eine Verstimmung auf englischer Seite gegen uns entstanden und Pfeffer bezog sich auf die hilflose Lage, in welcher sich Deutschland im Falle eines Krieges mit England befinden würde. Wenn durch die englische Flotte die Zufuhr von Chilesalpeter verhindert wird, so müssen wir den Krieg notwendig verlieren, weil wir kein Pulver mehr machen könnten, nachdem das vorhandene aufgebraucht ist. Denn alles Schießpulver, vom uralten Schwarzpulver bis zum modernsten Pikratpulver kann nur mit Hilfe von Salpeter oder Salpetersäure hergestellt werden, und deren einzige Quelle ist der Chilesalpeter. Ich musste ihm Recht geben, da ich den gleichen Gedanken schon gelegentlich der versuchten Ammoniaksynthese erwogen hatte. Doch verdross mich sehr der Sieg seiner pessimistischen Ansicht über meine optimistische. So sagte ich ihm, dass es Pflicht der deutschen Chemiker sei, diesem Mangel abzuhelfen und dass die Aufgabe durchaus lösbar sei.[533]

Gemeinsam mit seinem späteren Schwiegersohn Eberhard Brauer sucht Ostwald nun nach Betreibern technischer Anlagen, die für eine industrielle Produktion des Salpeters zu gewinnen wären. Schließlich kommt ein Vertrag mit einer Kohlenzeche bei Bochum zustande, deren Kokerei das notwendige Ammoniak als Abfallprodukt produziert und für die Brauer eine entsprechende Anlage konstruiert, die ab 1906 regelmäßig Salpetersäure herstellt.[534] Ostwalds Fazit fällt aber auch hinsichtlich dieser Unternehmung negativ aus. Gemessen am erbrachten Aufwand scheint ihm der finanzielle Gewinn der Salpetersäurenherstellung gering; nicht höher jedenfalls als das, was er in derselben Zeit durch schriftstellerische Arbeit hätte verdienen können, die außerdem noch den wissenschaftlichen Ruhm mehre. Vollends ins Negative gerät die Kosten-Nutzen-Rechnung aber durch eine sehr diffuse Andeutung, die Karl Hansel in einer entsprechenden Fußnote erläutert. Offensichtlich hat die BASF Ostwalds Patentgesuch, was die Synthese der Salpetersäure betrifft, bekämpft, indem sie sich auf frühere Versuche des französischen Chemikers Kuhlmann berief. Ostwald beschreibt den nicht näher erläuterten Vorgang als ein patriotisches Versagen, das dem Neid den Vorrang vor dem zu gering ausgeprägten deutschen Nationalempfinden lasse.[535] Das Kapitel endet mit

533 Ebd.
534 Ebd., 294.
535 Ebd., 291.

einem eigenartig offenen Faden. Nachdem Ostwald die Inbetriebnahme der Produktion bei Bochum beschrieben hat, heißt es: »Die weiteren Schicksale der Angelegenheit gehören in eine spätere Zeit.«[536] Das Thema wird in den *Lebenslinien* nicht wieder aufgenommen.

Markus Krajewski hat in diesem Zusammenhang auch wertvolle Hintergrundinformationen zusammengetragen, da sich Ostwalds Wirkungskreis hier zum zweiten Mal mit dem eines der beiden anderen großen Projektemacher überschneidet, von denen seine Studie handelt: mit demjenigen Walther Rathenaus.[537] Mit dessen Unterstützung errichten Fritz Haber und Carl Bosch für die BASF eine Reihe von Großanlagen in Ludwigshafen, Leuna und Bitterfeld. Das zugrundeliegende Verfahren beruht auf ähnlichen Überlegungen wie dasjenige Ostwalds. Letzterer war durch die Zeche bei Bochum in der konkreten Herstellung zwar schon weiter als die BASF, kann sich aber gegen den hier wirkenden Interessenverbund nicht durchsetzen:

> Das später berühmt gewordene, nobelpreisgekrönte Haber-Bosch-Verfahren ließe sich derweil auch weniger als ein chemischer Katalyseprozess verstehen denn als ein *terminus technicus* dafür, wie sich die wechselseitige Einflussnahme von Ökonomie, Staat und Wissenschaft zu einem allseits höchstprofitablen Produktionsdispositiv zu steigern vermag.[538]

Wiederum endet die industrielle Unternehmung für Ostwald im Misserfolg und obgleich er selbst in den *Lebenslinien* die Schießpulverversorgung der Deutschen im Ersten Weltkrieg als Verdienst des eigenen Verfahrens interpretiert, ist sie in der Wissenschaftsgeschichte nicht an seinen Namen, sondern an das Haber-Bosch-Verfahren geknüpft. Auf diese Konstellation, die sich in ähnlicher Weise bei den Vorgängen um die Einführung der Papiernorm wiederholt, hat Krajewski den Begriff des Katalysators angewandt. Ostwald selbst bezeichnet sich als Katalysator, um zu illustrieren, dass seine Anwesenheit im Labor die experimentellen Arbeiten seiner Assistenten und Schüler selbst dann noch befördert, nachdem er sich von der aktiven Anleitung zurückgezogen hat.[539] Laut Definition wirkt der Katalysator beschleunigend auf einen Vorgang, ohne im Rahmen der direkten Ergebnisse in Betracht zu kommen. Eben dieser zweite Teil der Definition wird in Krajewskis Ostwald-Lektüre zu einem Begriff für das

---

[536] Ebd., 294.

[537] Ostwald war bereits anlässlich der Gründung der elektrochemischen Gesellschaft mit Rathenau zusammengetroffen. Vgl. 3.1.4.

[538] Krajewski, 2006, 224.

[539] Ostwald, 2003, 290.

spezifische Scheitern des Physikochemikers: Er beschleunigt Prozesse, an deren Ergebnissen er nicht beteiligt wird.[540]

Diese Feststellung hat mehr als nur dekorativen Charakter. Vielmehr zeigt Krajewski damit eine Lesart auf, in der Ostwald nicht nur an einer Überdehnung der Metaphorik, sondern auch in den Begrifflichkeiten seiner Synthesen selbst scheitert. Verfolgt man diese Lesart konsequent, offenbart sich – so meine These – in Ostwalds Texten ein spezifischer Begriff der Begrenzung des autobiographischen Selbst. Im Folgenden soll dieser Begriff dargestellt werden.

In Ostwalds Konzeption sind heterogene Wissensformen, beispielsweise unterschiedliche Sprachen, in Analogie zu einem räumlichen Gefälle begreifbar. Verbildlichen ließe sich dies als ein Ausgangspunkt A auf einer bestimmten Ebene und ein Punkt B auf einer anderen, höher gelegenen Ebene. Ein Übersetzungsprozess entspräche dem Heben einer Last von A nach B. Hierfür muss Arbeit aufgewandt werden. Die Normierung der sprachlichen Mittel entspräche der Einebnung des Gefälles, was ein Heben der Last und den damit verbundenen Energieaufwand überflüssig machen würde. Nun ließe sich die Analogie aber auch anders verstehen, nämlich als produktives Gefälle von B nach A, welches selbst ein hohes energetisches Niveau bereit hält. Dieses Bild verwendet Ostwald in der *Mühle des Lebens*. Hier wird eine beschleunigte Bewegung erst durch den Höhenunterschied möglich. Das fallende Wasser ist dann wiederum in der Lage Arbeit zu verrichten, etwa die Mühle anzutreiben. Ebnet man das Gelände ein, kommt die Bewegung zum Erliegen. Diese Interpretation ist dem Gedankenkreis Ostwalds also nicht fremd gewesen und sie entspricht auch der energetischen Darstellung der chemischen Reaktion bis zum Eintritt des chemischen Gleichgewichts. Differenz ist in dieser Perspektive die Voraussetzung für Affinität und jene die Voraussetzung für eine Reaktion. Die Heterogenität ließe sich also auch als Zustand höherer Reaktivität verstehen und damit als Bedingung dafür, »dass überhaupt etwas geschieht«. Die Nivellierung von Unterschieden kann, statt als Energie sparende Maßnahme, auch im Sinne der Abnahme eines Potentials interpretiert werden, also als der Verlust von freier Energie; kurz: als Zunahme von Entropie.

So wie Ostwalds gedankliche Bewegungen nämlich auf die breiteste Geltung zielen, strebt die entropische Bewegung der maximalen Verteilung im Raum zu und verkleinert damit stetig das Potential, Arbeit zu verrichten, ebenso wie Ostwalds Theoriebildung mit zunehmender Ausbreitung über die Grenzen der Textsorten hinweg offensichtlich an

540 Krajewski, 226f.

Überzeugungskraft verloren hat. Sie scheint ins Belanglose auszulaufen, genauso wie Arbeit in Wärme übergeht. Beispielhaft hierfür kann eine 1912 erschienene Mitteilung Ostwalds über das Zahlenlesen gelten. Er beklagt hier den Zustand »trostloser Rückständigkeit«, der im Deutschen dafür verantwortlich ist, dass Ziffernfolgen anders gesprochen als geschrieben werden, d.h. dass man bei Zahlen über Zehn die zweite Ziffer zuerst nennt.[541] Dies sei nicht nur ein logischer Fehler, ähnlich dem französischen *quatre vingt*, sondern auch eine häufige Fehlerquelle bei der Überführung von gesprochenen in geschriebene Zahlen. Ostwald schlägt dagegen vor, eine Zahl wie 1837 einfach der Ziffernfolge entsprechend eins acht drei sieben zu nennen. Damit hätte man nicht nur die ›Verdrehung‹ von Zehner- und Einserstelle korrigiert, sondern sich obendrein die unnötigen Zusatzinformationen, dass es sich bei der Eins um eine Tausender-, bei der Acht aber um eine Hunderterstelle handelt, gespart. Statt der elf Silben der Eintausendachthundertsiebenunddreißig käme man so mit nur fünf Silben aus: ein energetischer Gewinn. Das Beispiel zeigt, wie Ostwald durch die konsequente Anwendung seiner Überlegung in Bereiche geführt wird, die der Anerkennung der Energetik durch Fachkollegen sicher nicht dienlich war. Im traurigen Ende des Brücke-Projekts wird deutlich, dass hier eine Tendenz in Gang gesetzt wurde, deren Auslaufen ins Belanglose schließlich einen Grad erreicht, den Ostwald selbst nicht mehr mittragen kann.

Ostwald beschreibt im neunten Kapitel des dritten Bandes seine erste Begegnung mit Karl Wilhelm Bührer, dem späteren Geschäftsführer der Brücke. Dabei geht er ausführlich auf den ambivalenten Eindruck ein, den Bührer auf ihn gemacht hat. Die klaren Gedanken seiner Veröffentlichung schienen Ostwald im Gegensatz zu der »eigentümlich unbestimmten Art in seinem Wesen und seinen Äußerungen« zu stehen.[542] Tatsächlich treffen, einige Zeit nachdem Bührer die Geschäftsführung der Brücke übernommen hat, erste Klagen über seine Handhabung der Geschäfte bei Ostwald ein:

> Als Vorbild einer organisatorischen Leistung hatte BÜHRER eine vollständige Sammlung aller Ansichtspostkarten einer Stadt, (er hatte Ansbach gewählt) vorbereitet und ich konnte nur durch festes Durchgreifen im letzten Augenblicke die Unternehmung verhindern, von der ich mit Recht annahm, dass sie die »Brücke« nur lächerlich machen würde. Es war dies eine Auswirkung des Irrgedankens der »Restlosigkeit«.
>
> An Stelle der Ansichtspostkarten wählte BÜHRER nun die damals massenhaft erzeugten und von Kindern leidenschaftlich gesammelten Reklamebildchen, die er sich von allen Seiten beschaffte und auf Karten im Weltformat klebte. Zuerst machte er diese Arbeit allein, dann aber setzte er auch das Personal der Brücke

541 Ostwald, 1912, 228.
542 Ostwald, 2003, 512.

> daran, da er sonst das tausendfältige Material nicht bewältigen konnte. Mir kam dies bedenklich vor, als ich es zu spät erfuhr.[543]

Ostwald ignoriert die Klagen, bis sie sich im Jahre 1914 so sehr häufen, dass er selbst nach dem Rechten sehen muss. Die Überprüfung der Bücher ergibt, dass die Brücke liquidiert werden muss, weil »erhebliche Beträge unbedacht und zwecklos nach vielen Seiten« ausgegeben worden waren. Hinsichtlich Bührer bemerkt Ostwald: »Es stellte sich eine eigentümliche Unfähigkeit heraus, zwischen wichtigen Dingen und so unwichtigen zu unterscheiden, dass man sie Spielereien nennen musste.«[544]

Nun besteht sicher auch ein theoretischer Dissens zwischen Ostwald und Bührer, der sich am oben benannten Begriff der »Restlosigkeit« festmachen lässt. Während Bührer den Begriff so versteht, dass die restlose wissenschaftliche Durchdringung der Welt vor keinem Aspekt haltmachen darf und entsprechend kein Ding als zu gering angesehen wird, Gegenstand der wissenschaftlichen Forschung zu werden, zielt für Ostwald die Restlosigkeit auf die Überzeugung, dass es nichts in der Welt gäbe, was der wissenschaftlichen Erforschbarkeit grundsätzlich verschlossen wäre.[545] Aus der Sicht einer Rezeption, die den Ostwald'schen Theoremen den Stellenwert eines fehlgeleiteten »Ressortpatriotismus« zuschreibt, scheint der Unterschied zwischen einer Restlosigkeit, die eine energetische Korrektur des Zahlenlesens fordert, und einer Restlosigkeit, die zur Sammlung aller Ansichtskarten Ansbachs führt, aber hauptsächlich ein gradueller zu sein. Obgleich der Dissens im theoretischen Bereich, laut Aussage in den *Lebenslinien*, von Anfang an klar ist, sieht Ostwald zunächst genug Übereinstimmungen mit Bührer für eine produktive Zusammenarbeit. Er investiert einen Großteil seines Nobelpreisgeldes darin, die Brücke auf den Weg zu bringen, überlässt aber Bührer die Geschäftsleitung und organisiert so die Dissipation freier Energie in großem Stil. Wichtig scheint mir hier festzuhalten, dass sich im Ende der Brücke nicht einfach ein Scheitern manifestiert, das sich monokausal an die Person Karl Wilhelm Bührers binden ließe, sondern dass der ganze Vorgang auf der Grundlage einer Theoriebildung erfolgt, die sich bereits soweit von ihrer Ursprungsrationalität (der physikalischen Chemie) gelöst hat, dass ein Tätigwerden in ihrem Sinne, auch nur noch schwerlich ein rationales Ergebnis hervorbringen konnte. An diesem Vorgang ist Wilhelm Ostwald maßgeblich beteiligt. Die Entropie lässt sich als der Begriff verstehen, der die spezifische Gren-

543 Ebd., 519.
544 Ebd., 520.
545 Ebd., 513.

ze des auobiographischen Selbst bei Ostwald im Sinne der subjektiven Wirksamkeit darstellt.

In diesem Sinne muss noch auf einen weiteren, für das Lebenswissen hoch relevanten Abschnitt im zweiten Teil der *Lebenslinien* hingewiesen werden. Im neunten Kapitel scheint sich nämlich auf den ersten Blick eine thematische Trennung unterschiedlicher Lebensbereiche in Übereinstimmung mit der formalen Begrenzung des Kapitels zu befinden, wie man es eher aus der Autobiographik Cajals kennt. In diesem Kapitel behandelt Ostwald energetisch konsequent seine Ferienaufenthalte von 1886 bis 1895, die er mal mit, mal ohne Familie an wechselnden Orten an der Ostsee, Nordsee, in Bayern, England und Italien verbringt. 1886 wird gewählt, weil Ostwald angibt, in diesem Jahr erstmals Erschöpfung in einem Maße verspürt zu haben, das eine Regenerationsphase notwendig erscheinen ließ. Seitdem werden die Ferien in jedem Jahr erfolgreich zur Erholung genutzt. Als Ostwald im Herbst 1892 einen Erholungsaufenthalt aufgrund einer Choleraepedemie vorzeitig abbrechen muss, spürt er den Mangel im folgenden Semester.[546] Dies geht so bis zum Jahr 1895, wo die erwähnten Ereignisse der Naturforscherversammlung ihn zu einem Zusammenbruch mit dauerhaft niedergedrückter Stimmung und anhaltender Arbeitsunfähigkeit führen. Er begibt sich Anfang 1896 in Kur, verbringt seine Zeit, wie schon bei seinen früheren Ferienaufenthalten, mit Wandern und Malen und nimmt seine Arbeit erst im Herbst wieder auf. Allerdings lässt sich die alte Leistungsfähigkeit nicht vollständig wieder herstellen. Was Ostwald nach eigenem Zeugnis Mitte der neunziger Jahre abhanden kommt, ist die Ausdauer und Lust zu eigenen Experimentalarbeiten im Labor sowie die Anleitung des Laborunterrichts für seine Schüler. Letzteres Problem löst er, indem er aus eigenen Mitteln zwei zusätzliche Assistenten anstellt.[547] Für Ostwald, der den Einsatz seiner handwerklichen Fähigkeiten im praktischen Anteil seiner wissenschaftlichen Arbeit als eine eigene Lebenslinie darstellt, scheint dieser Verlust ein deutlicher Einschnitt gewesen zu sein. Er zieht hier in einem eigenen Abschnitt unter dem Zwischentitel *Historische Beispiele* autobiographische Darstellungen von Justus Liebig und Friedrich Wöhler heran, um nachzuweisen, dass der ganze oder teilweise Abschied vom Labor in der Lebensmitte eine physiologische Notwendigkeit und kein moralisches Versagen sei.[548]

Am wenigsten reduziert sieht er seine Darstellungskraft und so wendet sich der hochproduktive Autor ab 1896 immer stärker der Naturphiloso-

[546] Ebd., 244.
[547] Ebd., 252ff.
[548] Ebd.

phie zu. Wenn Ostwald nun feststellt, dass ihm ab seinem 43. Lebensjahr nur noch ein gemessener Energiebetrag zur Verfügung steht, dessen sachgemäße Bewirtschaftung zunehmend wichtig würde, dann stimmt das im doppelten Sinne.[549] Er muss lernen, mit seiner Energie hauszuhalten und die energetische Optimierung wird sein vornehmliches Interessengebiet. Das Experiment und die Messung empirischer Daten verlieren an Bedeutung und lassen Raum für die philosophische Theoriebildung.

In der Aussagetradition, die das Pathos der Induktion im Sinne von Mill, Schleiden und Cajal vertritt, müssen Ostwalds Aussagen damit verdächtig werden. In dem Moment, in dem er den Interaktionszusammenhang des Labors verlässt, ändert er das Sprachspiel. Seine Begriffsbildungen sind nicht länger in die messenden und objektivierenden Handlungsabläufe eingebunden, die sie rechtfertigen würden, und nehmen dennoch das Prestige naturwissenschaftlicher Ergebnisse in Anspruch. Damit nähert Ostwalds Philosophie sich dem negativen Pol der idealistischen Naturphilosophie an und es scheint nur folgerichtig, dass sie den vom stofflichen Ballast befreiten Kraftbegriff ins Zentrum der Reflexion rückt.

Inhaltlich stellt das neunte Kapitel, das mit der Darstellung der jährlichen Regenerationsphasen beginnt, dann den Zusammenbruch, die Kur und schließlich die neuen Verhältnisse des Kräftehaushalts, also einen Übergang zwischen dem Anderen der Arbeit (Ferien versus Semester) und einer anderen Arbeit (Schreibtisch versus Labor) dar. In einer Bemerkung zu Beginn des Kapitels findet sich allerdings ein Hinweis auf einen im Sinne des Lebenswissens noch prägnanteren Übergang. Wie bereits erwähnt, besteht Ostwalds Hauptbeschäftigung während der Erholungsphasen in der Landschaftsmalerei. Gerade in den ersten beschriebenen Jahren entsprechen die Ergebnisse jedoch häufig nicht seinen Erwartungen, ohne dass er sagen könnte, woran das liegt. Das ungelöste Problem plagt ihn sehr.[550] Der Teil der Lebensgestaltung, der Ablenkung von den wissenschaftlichen Problemen bieten soll, wird hier selbst zum Problem und Ostwald ruht nicht, bis er ihn auch zu einem wissenschaftlichen Problem gemacht hat, aus dem schließlich seine nach eigenem Dafürhalten bedeutendste Leistung erwächst.

Diese Leistung wird fast am Ende der *Lebenslinien* im zwölften Kapitel des dritten Bandes erläutert, das den Titel *Die Farbenlehre* trägt. Die ersten Fragen, die Ostwald aus der Sicht seiner Wissenschaft an sein Hobby stellt, sind noch eindeutig chemischer Natur und betreffen die Haltbarkeit von unterschiedlichen Farbstoffen und Bindemitteln. Er veröffentlicht

---

549 Ebd., 255.
550 Ebd., 237.

hierzu eine Reihe von Artikeln, die *Malerbriefe*, die 1904 auch als Buch erscheinen.[551] Später tragen die vielversprechenden Anfänge der Brücke und ihrer Normierungsprojekte ihm die Frage nach einer verbindlichen Normung und Ordnung der Farben zu, die er in den Jahren des Kriegs intensiv in Angriff nimmt. Nachdem er in einer Reihe von Versuchen zwei Töne hergestellt hat, die er als reines Schwarz und reines Weiß (ohne Anteile anderer Farben) bezeichnet, entwickelt er unter Anwendung des Fechnerschen Gesetzes und eines selbstgebauten Messinstruments Namens »Halbschatten-Photometer« (abgekürzt »Hasch«) eine Grauskala. Der »Hasch« ist ein optisches Gerät, mit dessen Hilfe sich die Lichtzufuhr auf eine eingelegte Farbfläche oder ein Objekt graduell drosseln lässt, so dass die Anteile an Licht und Schatten als Zahlenwerte angegeben werden können. Möchte Ostwald einen beliebigen Grauton messen, legt er eine weiße Fläche in das Gerät und erhöht den Schattenanteil, bis die Fläche im Gerät denselben Ton angenommen hat wie der zur Frage stehende Gegenstand. Die Anteile von Licht und Schatten bzw. von Schwarz und Weiß müssen, das hat er festgelegt, gemeinsam den Wert 1 ergeben. Ist der Schwarz- oder Weißanteil durch den »Hasch« einmal bestimmt, ergibt sich der jeweils andere rechnerisch daraus. Für die Skalen (Ostwald nennt sie Leitern) greift er auf Fechners psychophysische Berechnungen zurück, nach denen sich die wachsende Intensität sinnlicher Reize, bis sie als unterschiedlich wahrgenommen werden, bestimmen lassen soll.[552] Als Nächstes bestimmt Ostwald die Vollfarben, d.h. reine Farbtöne ohne Weiß- oder Schwarzgehalt. Diese ergeben alle konkreten Farben durch Mischung mit variablen Weiß-, Schwarz- oder Grauanteilen. Um die Möglichkeiten, die sich aus jedem einzelnen Farbton ergeben, systematisch zu fassen, ordnet Ostwald sie in einem sogenannten farbtongleichen Dreieck an. Das absolute Schwarz bildet einen Punkt S, das absolute Weiß einen Punkt W und eine beliebige Vollfarbe einen Punkt V. Die drei resultierenden Geraden geben jeweils eine Skala wieder; die Strecke $\overline{SW}$ beinhaltet die Graustufen, die Strecke $\overline{SW}$ die unterschiedlichen Mischungsverhältnisse zwischen der Vollfarbe und Schwarzanteilen und die Strecke $\overline{VW}$ die Mischungen aus der Vollfarbe und Weiß. Von jedem Punkt auf der Strecke $\overline{SW}$, d.h. von jeder Graustufe aus kann wiederum eine Gerade durch das Innere des Dreiecks zum Punkt V gelegt werden (im Bild die Gerade g), auf der sich die Farben ordnen, die Mischungen aus dem speziellen Grauton und der Vollfarbe bilden.

---

551 Ostwald, Wilhelm. *Malerbriefe: Beiträge zur Theorie und Praxis der Malerei.* Leipzig: Hirzel, 1904.

552 Ostwald, 2003, 552.

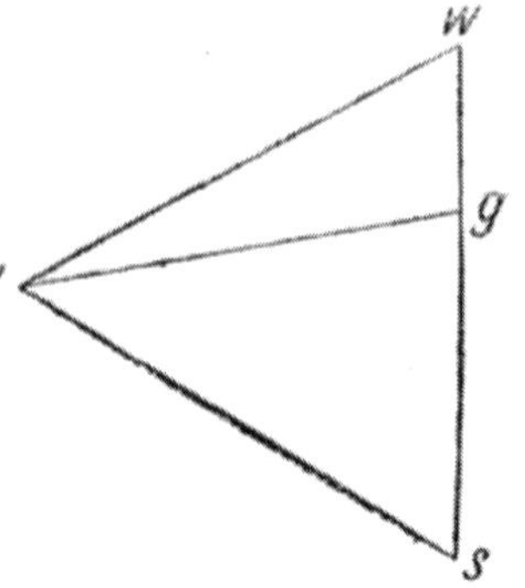

Abb. 4

Als Vollfarben bestimmt Ostwald 24 Stationen des Farbkreises die jeweils den Punkt *V* eines Dreiecks bilden können, und so entsteht aus der räumlichen Anordnung der Dreiecke ein Doppelkegel, dessen innere Achse die Grauskala zwischen den beiden Polen schwarz und weiß bildet und deren breitesten Punkt der Farbenkreis darstellt, von dem aus sich der Körper in Richtung beider Pole verjüngt.[553] Die 680 normierten Farbfelder des Doppelkegels bestehen demnach jeweils aus drei Variablen (Farbgehalt, Weißgehalt, Schwarzgehalt), für deren Darstellung Ostwald nun eine eigene Notation entwickelt. Die genauen Anteile können somit nicht nur gemessen, sondern auch präzise kommuniziert werden. Fasziniert stellt er fest, dass Farbkombinationen, die ihm besonders angenehm erscheinen, auch klar erkennbare Regelmäßigkeiten in ihrer systematischen Kennzeichnung aufzeigen, etwa unterschiedliche Farben mit gleichen oder benachbarten Grauanteilen. Ostwald leitet hieraus nicht nur allgemeine Harmoniegesetze ab, sondern scheut sich auch nicht eine eigene Theorie des Schönen in der Kunst zu entwickeln. Ein jedes Kunstwerk bestünde aus Form und Inhalt, wobei die Schönheit der Form in der Einhaltung klar formulierter Gesetzmäßigkeiten läge. Folglich kommt Ostwald zu dem Schluss, dass der Künstler bewusst im klaren Verständnis seines Zwecks und der Mittel zur Erreichung desselben schaffe, also als Künstler ganz Subjekt sei.[554] In der Zusammenführung all dieser Überlegungen gelingt ihm schließlich die Antwort auf die Frage, was ihm an seinen frühen Landschaftsbildern oft missfallen habe. Von Helmholtz habe er die Vorstellung übernommen, dass die Aufgabe des Malers darin bestünde,

553 Ebd., 568.
554 Ebd., 548.

ein Bild zu schaffen, das denselben psychophysischen Eindruck erzeuge wie die Natur, dies aber sei ein Irrtum, von dem er sich erst durch die konsequente Durchdringung der farblichen Harmonien befreit habe.[555]

In einem großen Bogen hat Ostwald damit ein weiteres Beispiel für die Nivellierung der Grenzen von Wissensbereichen gegeben. Nicht nur, indem er im eigenen Schreiben mit der Ästhetik wiederum einen neuen Bereich betritt, sondern v. a., indem er zwei Bereiche, die als Lebenswissen im zweiten Teil der *Lebenslinien* noch in wissenschaftliche Arbeit und Erholung getrennt sind, wiederum zusammenführt und damit die fließenden Übergänge als dominantes, autobiographisches Darstellungsprinzip erneut bestätigt. Die ehemalige Ferienbeschäftigung der Malerei wird zur wissenschaftlichen Arbeit.

Der Inhalt des neunten Kapitels verweist dabei auf interessante Zusammenhänge. Mit der persönlichen Entwicklung vom Physikochemiker zum Schöpfer einer Farbenlehre gehen sukzessive Veränderungen auf mehreren Ebenen einher.

Als erster Einschnitt zeigt sich hier die geschilderte Veränderung des Kräftehaushalts, die vom Herbst 1896 an den Abschied vom Labor erzwingt. Die nächste Tätigkeit, die Ostwald zunehmend als Last empfindet, sind die Vorlesungen. Als er in der Fakultät um die Entbindung von der Pflicht, im Sommersemester 1905 die Hauptvorlesung halten zu müssen bittet, kommt es zum Eklat. Ostwald gibt in den *Lebenslinien* an, dass keine Schwierigkeiten im Ausbildungsverlauf zu erwarten waren, da im entsprechenden Semester insgesamt acht Vorlesungen im Bereich der Physikalischen Chemie angeboten wurden. Er geht deshalb davon aus, dass sein Gesuch, wie er es vorher schon bei anderen Kollegen erlebt hat, als Formsache behandelt und bewilligt werden wird. Im Fakultätsrat kommt es dann allerdings zu erheblichen Widerständen und zwar eben von Seiten der Kollegen aus der Geschichte und der Philologie. Nicht ganz ohne Ironie kann man Ostwalds Vermutung lesen, die Betreffenden hätten von ihren eigenen Fächern, in denen die Vorlesung den wichtigsten Teil ausmache, ohne weiteres auf die Verhältnisse in seinem Fach geschlossen, das seinen Schwerpunkt jedoch im Laborpraktikum habe:

> Als psychologisches Motiv all dieser Ergüsse stellte sich allmählich immer deutlicher Folgendes heraus. Man fand, dass die Art und der Umfang meiner Tätigkeit nicht in den Rahmen des Universitätsprofessors passte und wollte sich mit aller Macht dem widersetzen, dass mir eine Sonderstellung unter den Kollegen geschaffen oder zugebilligt wurde. Kurze Zeit vorher hatte ein einflussreiches Mitglied der Fakultät ein Gespräch mit mir gesucht, um mir darzulegen, dass ich nach seiner Ansicht eine Stellung anstrebe, derzufolge die

555 Ebd. Vgl. auch Jakobs, 2006, 136 ff.

> anderen zu Professoren zweiter Klasse herabgedrückt würden. Ich erklärte, dass mir solche Rangbetrachtungen ganz fern lagen; war aber unbedacht genug hinzuzufügen: »Es gibt ja auch unter uns sogar Professoren dritter Klasse.« Tatsächlich hatte ich nicht den geringsten Ehrgeiz, irgendeine besondere Rolle unter den Leipziger Kollegen zu spielen, denn meine Arbeiten und Bestrebungen hatten mich weit über diesen Kreis hinausgeführt. Und es wird wohl auf der anderen Seite die Empfindung dieser inneren Trennung gewesen sein, welche mir als ungehörige Anmaßung ausgelegt und in dieser persönlich feindseligen Weise vergolten wurde.[556]

Dies ist einer der Konflikte, die Ostwald aus der Zeit der Arbeit an der Leipziger Fakultät schildert. Er deutet an, dass es neben den in den *Lebenslinien* beschriebenen Fällen noch weitere gegeben habe. Widerpart sind dabei, befördert durch die Verortung der Chemie an der Philosophischen Fakultät, immer wieder die Kollegen aus den Geisteswissenschaften. Man muss kein Theoretiker irgendeiner Energetik sein, um den kraftraubenden Charakter dieser Art von Auseinandersetzungen zu begreifen. Als der Vielschreiber Ostwald errechnet hat, dass er und seine Familie aus den Einkünften seiner Veröffentlichungen gut leben können, lässt er diese Widerstände hinter sich, um von 1906 an das Leben eines Privatgelehrten zu führen. Dies hat nun zunächst zur Folge, dass er den institutionellen Rahmen, der ihm zu eng und zu unflexibel ist, gegen andere, zunehmend selbstgestaltete vertauscht, von denen einige, wie etwa der Monistenbund, der Weltverband der Chemiker, die Brücke etc., bereits genannt wurden. Auch aus der Schilderung dieser Zusammenhänge geht hervor, dass Ostwald auf Hindernisse stößt, die er häufig nicht richtig zuordnen kann oder, da er sich in der Sache meistens sicher ist, für menschliche Schwächen hält. Mit dem Ausbruch des Krieges kommen die meisten dieser international ausgerichteten Initiativen zum Erliegen. Grete Ostwald interpretiert die Hingabe, mit der ihr Vater sich auf die Farbennormung stürzt, als Ergebnis des Abreißens der internationalen Kontakte.[557]

Schritt für Schritt baut Ostwald die institutionelle Einbindung seiner Arbeit ab. Dies wird als Entlastung empfunden, wo die Institution unproduktive Reibungsverluste bewirkt, und als Verlust, wenn Kooperationspartner verloren werden. In jedem Fall aber erhöht sich Ostwalds Freiheit, die Kategorien gelingender Arbeit selbst zu bestimmen. Dies äußert sich aber in der sukzessiven Zunahme von Esoterik, die sich auch deutlich in der Aufnahme seiner Ergebnisse niederschlägt. Vom gefeierten Physikochemiker wird er zum kritisierten Naturphilosophen. Die energetischen Schlüsse, die er zieht, stoßen auf Ablehnung, aber in den

[556] Ebd., 363.
[557] Ostwald G., 1953, 128.

Initiativen, denen er beitritt und die er häufig auch selbst organisiert, finden sich Personen aus unterschiedlichen theoretischen Überlegungen zur Erreichung praktischer Ziele zusammen. Mit dem Abschluss dieser Phase sind fast alle Interaktionsformen aus seinem Arbeitsalltag verschwunden, in denen er Anderen Rechenschaft über die Sinnstiftungen ablegen müsste, die er vornimmt. Konsequent bricht die Aufnahme seiner Farbenlehre alle Negativrekorde: »Tatsächlich ist mir bei keinem meiner Fortschritte ein derart ausgedehnter und einmütiger Widerstand entgegengeschlagen wie in diesem Falle. Ich kann darin nur eine Bestätigung dafür sehen, dass es sich wirklich um einen ungewöhnlich großen Fortschritt handelt.«[558]

5.3 Cajal und die Infektion des Selbst

Der fehlende Gesamtzusammenhang stellt nicht nur in sich ein Problem der Autobiographik Cajals dar, sondern macht darüber hinaus auch die bevorzugte Geste der identifizierenden Abgrenzung problematisch. Einzelteile, die sich nie zu einem Ganzen fügen, bekommen ein Legitimationsproblem. Der Akt der Grenzziehung scheint selbst willkürlich die Teilung vormals zusammenhängender Bereiche vorzunehmen. Das setzt die Grenzen unter Druck und macht ihre kontinuierliche Behauptung notwendig.

Für die Selbstdarstellung Cajals ergeben sich somit Probleme in zwei verschiedenen Richtungen. Hinsichtlich der Grenze zeigte sich in den ersten Kapiteln der *Infancia* noch ein starkes Streben zur Überwindung. Ein- oder ausschließende Grenzen sind Hindernisse, welche die erwachsenen Autoritäten dem sich entwickelnden Selbstbewusstsein Cajals entgegenhalten. Sobald sein Selbstbewusstsein aber eigene Spuren hinterlässt, äußern diese sich wiederum in der Fähigkeit, selbst Grenzen ziehen zu können. Von diesem Moment an werden die Unsicherheit und die Durchlässigkeit der Grenzen zum Problem.

Dies lässt sich auf der thematischen Ebene an der Vorstellung einer Infektion durch die Körpergrenzen überwindende Bakterien zeigen, die in Cajals Texten auffällig präsent sind. Auf die Faszination eines alternativen Werdegangs und das Weiterverfolgen der Bakteriologie in den fiktionalen *Cuentos de vacaciones* wurde bereits hingewiesen. Der interessanteste, wenn auch vielleicht düsterste dieser Texte trägt den Titel *A secreto agravio, secreta venganza* bzw. in der Übersetzung von Winfried Kreutzer: *Die*

[558] Ostwald, 2003, 589f.

Rache des Professors Max von Forschung.[559] Die Hauptperson, ein deutscher Mikrobiologe, hat seinem Namen bereits alle Ehre gemacht, als er sich mit fünfzig Jahren in die vierundzwanzigjährige Amerikanerin Emma Sanderson verliebt. Sie ist attraktiv, gesund und hat in Berlin Doktortitel in Medizin und Philosophie erworben. Die beiden heiraten und Emma wird die wissenschaftliche Gehilfin ihres Mannes. Der Erzähler äußert an dieser Stelle Neid angesichts des Glücks, das dem Protagonisten eine Partnerin für die intellektuellen und für die sinnlichen Bedürfnisse in einer Person schenkt.[560] Man darf dabei an die Typen möglicher Forschergattinen aus den *Regeln und Ratschlägen* denken und an Cajals Feststellung, dass die Intellektuelle zwar die beste, aber in Spanien leider schwer verfügbare Partnerin wäre.

Statt auf Hochzeitsreise geht das Paar auf Mikrobenjagd in Griechenland, Ägypten, Persien und Syrien. Dabei spüren sie den bis dato unbekannten Erreger einer lokalen Hautkrankheit auf und veröffentlichen ihre Entdeckung nach ihrer Rückkehr in der *Zeitschrift für Hygiene und Bakteriologie*. Bald darauf bringt Emma einen Jungen zur Welt. Den Jungen nennen sie »Max«, nach dem Vater, und den neuen Bazillus »Sandersoni«, nach der Mutter. Doch das Glück bleibt nicht ungetrübt. Angesichts von Forschungs Gewohnheit, sich vollständig auf die Arbeit zu konzentrieren, fühlt sich seine junge Frau bald vernachlässigt und beginnt eine Affäre mit dem Assistenten ihres Mannes, Mosser. Von Forschung ahnt den Betrug und macht sich auf die Suche nach Beweisen. Auf der Chaiselongue in der Bibliothek neben seinem Labor findet er ineinander verschlungene Haare von Emma und Mosser. Da die beiden aber sehr vorsichtig sind, gelingt es ihm nie, sie direkt zu ertappen. Um ganz sicher zu gehen, platziert er schließlich ein seismographisches Gerät unter der Chaiselongue und dieses zeichnet schließlich eine Grafik, die keinen Zweifel mehr zulässt:

> Die Graphik begann mit leichten Wellen; Minuten danach wurden die Kurven deutlicher, zeigten große Täler und Berge; dann wurde der Rhythmus überraschend lebhaft, entwickelte sich in mählichem Crescendo, bis schließlch, beim Allegro angelangt, eine kühn aufragende, wie eine gewaltige Fermate kraftvoll durchgehaltene Kammlinie die Aufzeichnung beendete, die müde und sanft zur ursprünglichen Ruhe zurückkehrte ..., vielleicht zur Geraden der Enttäuschung und der Ermüdung.[561]

Der Professor dürstet nach Rache und diese fällt ausgesprochen brutal aus.

---

[559] Ramón y Cajal, 1964, 11. Im Folgenden zitiert nach: Ramón y Cajal, Santiago. *Die Rache des Professors Max von Forschung.* 1905. Antonio Bergua, Hg. Würzburg: Königshausen & Neumann, 1997.

[560] Ebd., 29.

[561] Ebd., 36.

Zu jener Zeit wird in der Bakteriologie die Frage diskutiert, ob Tuberkulose von Tieren auf Menschen übertragen werden kann. Während Robert Koch nicht an diese Möglichkeit glaubt, ist von Forschung der Meinung, dass die Übertragung möglich sei. Er benutzt seinen Assistenten als Versuchsobjekt, in dem er ihn durch einen Trick mit Tuberkuloseerregern von Kühen infiziert. Mosser gibt die Erreger nichtsahnend an Emma weiter und tatsächlich werden beide bald darauf krank. Ohne die Hintergründe offenzulegen, ermöglicht von Forschung den beiden ›großzügig‹ einen Aufenthalt in einem Sanatorium in Tirol. Dort erfährt Mosser aus einer Zeitschrift davon, dass sein Chef die Übertragbarkeit der Tuberkulose vom Tier auf den Menschen experimentell nachgewiesen habe und begreift augenblicklich, was vorgefallen ist. Er kommt aber nicht mehr dazu seinerseits Vergeltung zu üben, da er in der folgenden Nacht stirbt. Emma schreibt einen ausführlichen Brief an ihren Mann, in dem sie alles gesteht, sich für ihre Untreue entschuldigt und ihn bittet, ihren Sohn sehen zu dürfen. Schließlich versöhnen sich die beiden und von Forschung, dem es gelungen ist ein Gegenmittel zu finden, kann seine Frau von der Tuberkulose heilen. Dem neu hergestellten Familienfrieden allerdings traut von Forschung nicht, denn er sagt sich, dass Emmas Schönheit auch in Zukunft zu Avancen führen könnte, denen sie dann unter Umständen nachgeben würde. Da seiner Meinung nach die Wurzel allen Übels in der Schönheit seiner jungen Frau zu suchen ist, beschließt er das Problem ein für alle Mal zu lösen. Zu diesem Zweck entwickelt er ein neues Medikament, das er Senilin nennt und das Emmas Körper äußerlich um zwanzig Jahre altern lässt, ohne ihre Organe zu schädigen. Nachdem der Bakteriologe sich auf diese Weise seiner dringendsten Sorgen entledigt hat, endet der *Cuento* mit einigen Anmerkungen des Erzählers hinsichtlich der weiteren Geschichte des Medikamentes Senilin. Er stellt fest, dass ein solches Mittel zunächst keinen großen Markt zu haben scheint. Als sich der Erzähler mit der Frage aber direkt an von Forschung wendet, erfährt er, dass eine modifizierte Form des Mittels, die ausschließlich auf das Nervensystem wirkt, bereits rege Abnahme findet. Experimente hätten ergeben, dass es die kriminellen Impulse inhaftierter Straftäter bremse und gewalttätige Verrückte beruhige. Deutschland habe das Mittel in Afrika zur Beruhigung aufständischer Stämme eingesetzt und in Europa gäbe es Pläne damit gegen Sozialisten und Anarchisten vorzugehen. Erst kürzlich hätten offizielle Stellen in Spanien größere Mengen des Mittels angefordert. Der Erzähler schließt mit der sorgenvollen Feststellung, dass es in Spanien tatsächlich bereits deutliche Hinweise für die Anwendung von Senilin gäbe und dass eine obligatorische Behandlung der Bevölkerung mit dem Mittel den Widerstandsgeist soweit reduzieren würde, dass das Land endgültig verloren sei.[562]

Wie immer sind aufgrund der literarischen Form des *Cuento* sehr viele unterschiedliche Richtungen der Interpretation denkbar. Der Text teilt seinen Titel mit einem der drei sogenannten Ehrendramen Calderóns, in dem ein Mann seine Ehefrau und deren potentiellen Liebhaber umbringt, noch bevor ein Ehebruch überhaupt erfolgt ist, was im Drama als legitim dargestellt wird.[563] Cajals Text lehrt seine heutigen Leser unter Umständen das Gruseln, aber er stellt ihre Moralvorstellungen nicht auf eine vergleichbare Probe, denn auch wenn der Protagonist mit seinen Verbrechen triumphiert, wird er nicht als positives Beispiel präsentiert.

Für die Argumentation ist jedoch zunächst der Eindruck der akuten Gefahr entscheidend, die von den Bakterien ausgeht. Diese Vorstellung ist eine direkte Reaktion auf den Stand der wissenschaftlichen Entwicklung, beginnt doch in den siebziger Jahren des 19. Jahrhunderts ein Prozess, der mit den Namen Louis Pasteur und Robert Koch verbunden ist und als Vergegenständlichung der Krankheit beschrieben werden kann.[564] Indem Erreger isoliert werden, verlagert sich die medizinische Forschung vom Krankenbett ins Labor. Diese Vergegenständlichung führt natürlich auch zu der Idee, die Erreger selbst als Waffe zu gebrauchen. Zehn Jahre nach Cajal lässt H.G. Wells in seiner Erzählung *Der gestohlene Bazillus* einen Anarchisten eine Probe mit vermeintlichen Choleraerregern stehlen, um damit Londoner Passanten zu infizieren.[565]

Laura Otis geht in ihrer Arbeit *Membranes: Metaphors of Invasion in Nineteenth-Century Literature, Science and Politics* ausführlich auf die Präsenz der Bakterien in Cajals Texten ein.[566] Sie präsentiert den Spanier neben einer Reihe anderer Autoren wie Conan Doyle oder Thomas Mann, bei denen sie ein dem 19. Jahrhundert entstammendes Konzept von Individualität ausmacht, das an eine Vorstellung von Integrität als Aufrechterhaltung einer Grenze gekoppelt sei. Dieses Konzept setzt sie in Beziehung zu einem damit einhergehenden Begriff von männlicher Sexualität, die sich selbst als den aktiv penetrierenden Teil, unter Zurücksetzung des vermeintlich passiven, penetrierten, weiblichen Teils verstünde. Darin

---

562 Ebd., 71.

563 Calderón de la Barca, Pedro. *A secreto agravio, secreta venganza*. 1637. Erik Coenen, Hg. Madrid: Editorial Cátedra, 2011.

564 Osterhammel, Jürgen. *Die Verwandlung der Welt: Eine Geschichte des 19. Jahrhunderts*. München: C.H. Beck, 2009^2. 291. Und ausführlicher: Gradmann, Christoph. *Krankheit im Labor: Robert Koch und die medizinische Bakteriologie*. Göttingen: Wallstein Verlag, 2005. 171ff.

565 Wells, H.G. *The stolen Bacillus an Other Incidents*. London: Methuen, 1895, 16.

566 Otis, 1999.

findet sie eine Analogie zum kolonialen Gebaren, welches dem eigenen Selbstverständnis nach ins Fremde eindringt, ohne selbst durchdrungen zu werden.[567] Weiter weist Otis darauf hin, dass Cajals Interesse für die Bakteriologie in die gleiche Zeit fällt wie seine Beschäftigung mit der Hypnose und der Suggestion, die er gleichzeitig, etwa um 1888 aufgibt und, so möchte ich hinzufügen, auf die fiktionale Ebene verschiebt.[568]

Die Punkte, die Laura Otis in ihrer Interpretation anführt, lassen sich gut an *Die Rache des Professors Max von Forschung* verdeutlichen. Der unheimliche Effekt, den die Bakterien in ihrer tödlichen Grenzüberschreitung und ihrer Unsichtbarkeit hervorrufen, ist in diesem *Cuento* deutlich an die Sexualität der Protagonisten gekoppelt. Zunächst wird von Forschung, als er seine spätere Frau trifft, »mit dem schrecklichen Toxin der Liebe infiziert«[569] und dann Emmas Schwangerschaft, als Resultat der Hochzeitsreise, mit einer Infektion verglichen:

> Fast gleichzeitig [...] brachte die tüchtige und dynamische Mitarbeiterin einen anderen Mikroben ans Licht, sozusagen inkubiert durch die heiße Sonne Palästinas, nämlich einen kräftigen und hübschen Jungen.[570]

Später ist die Sexualität der Grund für die gezielte Infektion von Mosser und der Übertragung von ihm auf Emma. Darüber hinaus lenkt Otis die Aufmerksamkeit aber auf Emmas Rolle insgesamt. Sie scheint zunächst eine Bereicherung für Max von Forschung, erweist sich aber als gefährlich, weil sie zu offen für Suggestion von außen ist. Sie erliegt Mossers Charme. Auch nachdem die Ehe wiederhergestellt ist, misstraut von Forschung der Willenskraft seiner Gattin, weshalb er sie physisch altern lässt. Erst dann scheint ihm seine Ehe hinreichend gegen äußere Einflüsse gesichert. Die Frau wird hier als potentielles Einfallstor fremder Einflüsse gezeigt.

> Während Cajal Verbindungen als grundlegend für das menschliche Denken postuliert, legt er nahe, dass Beziehungen zu einer Frau riskant seien: sie drohen die eigene Widerstandskraft zu unterminieren, indem sie einen an eine Zelle binden, deren Widerstandskraft deutlich schwächer ist. In Cajals zweiter Geschichte zitiert der Erzähler, um zu erklären, warum Frauen sich leichter auf Hypnotiseure einlassen als Männer, eine Frau Necker de Saussure, welche behauptet, dass Frauen ›ein schwächeres *Selbst* haben als Männer‹, ein *Selbst*, das sich zerbrechlich fühlt und instinktiv nach Willensstärke sucht. [...] Einen schwachen Willen zu haben, bedeutet einen schwachen Sinn für Identität zu haben und Frauen sind generell in beidem defizitär.[571]

---

[567] Ebd., 84.
[568] Ebd., 66.
[569] Ramón y Cajal, 1997, 28.
[570] Ebd., 30.
[571] »While Cajal posits associations as crucial to human thoughts, he suggests that connections to a female are risky: they threaten to undermine one's resistance by linking one to a cell

Explizite Verbindungen zum kolonialen Denken finden sich in diesem *Cuento* lediglich über der schwarzhumorigen Bemerkung am Ende des Textes, die den Einsatz von Senilin zur Bekämpfung aufständischer Stämme in Zentralafrika konstatiert. Die Verknüpfung zwischen Kolonialismus und Bakteriologie muss aber in der Autobiographik Cajals nicht lange gesucht werden. Sie zeigt sich klar in der Schilderung des Kubaaufenthalts in der *Infancia*. Die Durchlässigkeit der militärischen Linie gegen die aufständischen Mambises korrespondiert mit der Anfälligkeit der europäischen Körper für die tropischen Erreger und mit der moralischen Anfälligkeit der Kreolen. Cajal schildert Kuba nicht als eigenständigen Kulturkreis, sondern als ein krankes Spanien – so stark infiziert, dass nichts mehr hilft als die Amputation vom Vaterland und damit das Ziehen einer neuen Grenze ›im Gesunden‹.

In dem oben aufgeführten Zitat bezieht sich Laura Otis neben der Geschichte Max von Forschungs auch auf den zweiten *Cuento* der Sammlung mit dem Titel *Ein Fabrikant von Rechtschaffenheit*.[572] Der Protagonist Alejandro Mirahonda (übersetzt etwa Alexander Tiefblick) ist in Deutschland und Frankreich als Arzt und Hypnotiseur ausgebildet worden. Nun kehrt er nach Spanien zurück und beginnt in der Stadt Villabronca (Zoffdorf) zu praktizieren. Gemäß Cajals Vorliebe für sprechende und wenig subtile Namen erweist sich Villabronca als heißes Pflaster. Die Einwohner pflegen einen rauen und lasterhaften Lebenswandel; Kriminalität und unmoralisches Verhalten sind an der Tagesordnung. Da meldet Mirahonda einen wissenschaftlichen Durchbruch. Es sei ihm gelungen, ein Serum herzustellen, das die Aktivität derjenigen Bereiche des Gehirns einschränkt, die für die asozialen Regungen zuständig seien. Eine ganze Reihe von Versuchen sei bereits positiv verlaufen. Tatsächlich kann er einige Versuchskandidaten vorweisen, die auf diese Weise von Morphiumabhängigkeit und Nymphomanie geheilt wurden.[573] Nach anfänglichem Zögern reagieren die Entscheidungsträger und die Bevölkerung zunehmend enthusiastisch auf die neue Möglichkeit. Die meisten Einwohner lassen sich mit dem neuen Medikament impfen, und der Erfolg lässt nicht lange auf sich warten. Innerhalb kürzester Zeit verwandelt sich Villabronca in eine Vorzeigestadt.

---

whose resistance is considerably weaker. In Cajal's second story, to explain why women yield to hypnotists more easily than men do, the narrator quotes a Madame Necker de Saussure, who states that woman ›‹possesses a *self* weaker than that of man,› a *self* that feels frail and instinctively searches for force of will‹ [...]. To have a weak will is to have a weak sense of identity, and woman are generally deficient in both.« Otis, 1999, 75.

572 *El fabricante de honradez*. Ramón y Cajal, 1964, 54.

573 Ebd., 60.

Während die Behandelten selbst noch an ein Wunderwerk moderner Medizin glauben, erfährt der Leser aus einem Gespräch des Protagonisten mit seiner Frau die wahren Hintergründe der moralischen Impfung. Natürlich existiert das Medikament nicht wirklich, stattdessen wurde den Patienten ein wirkungsloses Placebo gespritzt. Laut Mirahonda sei lediglich eine geringe Anzahl von Menschen einfachen Suggestionstechniken wie der Hypnose zugänglich. Den kritischeren Geistern müsse man etwas anbieten, um ihr Misstrauen zu zerstreuen. Dies erreiche man für gewöhnlich durch ein religiöses Wunder oder eine geniale Innovation.[574] Sowohl religiöser Glaube als auch Vertrauen in die moderne Wissenschaft könne also zum Vehikel der Suggestion werden.

Im Laufe des folgenden Jahres zeigt sich, dass nicht alle Einwohner Villabroncas mit der neuen Situation zufrieden sind. An vorderster Front stehen dabei der Geistliche des Ortes, der den Fabrikanten der Rechtschaffenheit als unliebsame Konkurrenz betrachtet, und die Anarchisten, die den subversiven Elan des Proletariats schwinden sehen, aber auch die Ordnungshüter, die zunehmend überflüssig werden. Als weiteres Problem erweist sich die um sich greifende Langeweile, die sich als Resultat der allgemeinen Zucht und Ordnung einstellt. Schließlich bietet der Protagonist ein selbstgefertigtes ›Gegenmittel‹ an, das, selbstverständlich wiederum auf der Basis reiner Suggestion, die Wirkung des ersten Serums aufhebt. Der Drang der Menschen, in ihr lasterhaftes Dasein zurückzukehren, erweist sich als nicht weniger groß als der Enthusiasmus, mit dem sie es zuvor verlassen hatten. In der Folge wird das Leben in Villabronca so gefährlich, dass Mirahonda den Ort verlässt. In der Berliner *Zeitschrift für Hipnotismus* [sic] veröffentlicht er bald darauf einen Bericht über sein Experiment. Während er der umfassenden Wirkung der Suggestion grundsätzlich keine Schranken gesetzt sieht, beschäftigt ihn abschließend die Frage, ob der Mensch nicht ein gewisses Maß an Schmerz brauche, um im Dienste des Fortschritts tätig zu werden.[575] Damit nähert er sich der Argumentation des Numens der Wissenschaft aus *Der geheilte Pessimist* an.

Dieser *Cuento* zeigt eindrücklich, dass die Problematik einer die Grenzen des Individuums verletzenden Einflussnahme bei Cajal nicht nur am Bild der invasiven Mikroorganismen dargestellt wird, sondern ebenso durch die Suggestionen des fremden Willens. Der Wille muss als geistige Entsprechung des körperlichen Selbst seine Subjektivität entwickeln und verteidigen. Dass diese doppelte Aufgabe nicht immer leicht zu erfüllen ist, zeigt schon der kurze Abschnitt, in dem Cajal auf das biologische

---

574 Ebd., 70.
575 Ebd., 88.

Erbe seines Vaters eingeht.[576] Der starke Wille wird hier klar vom Vater hergeleitet, wodurch zwar einerseits Kontinuität hergestellt wird. Andererseits zeigt der Wille seine Stärke eben in der Betonung seiner Eigenständigkeit und macht so den Abgrenzungsaufwand notwendig, der die Form der *Infancia* so sehr bestimmt. Der starke Wille ist der Suggestion so unzugänglich, wie die metallisch glänzenden Körper der Schwarzen (vgl. 3.3.3) den tropischen Krankheitserregern.

In diesem Zusammenhang weist Laura Otis auf eine Stelle in *Der geheilte Pessimist* hin, in der die Ansteckung auf körperlicher Ebene mit der Suggestion parallel gesetzt wird.[577] Zu Beginn des *Cuento* wirft der in seiner Verzweiflung gefangene Juan Fernández die Frage nach dem Sinn der Bakterien auf und äußert den folgenden Gedanken: »[...] ich verstehe, dass Hegel, der ungeheurliche Sophist, der die von Kant begonnene positive philosophische Analyse mit dem Toxin der Idee paralysiert hat, vergiftet durch den Kommabazillus der Cholera zugrunde geht [...].«[578]

Neben der Entsprechung von kontagiösen Ideen und Bazillen möchte ich auf eine weitere wichtige Dimension hinweisen. Wie es die bisherigen Ergebnisse meiner Lektüre nahelegen, steht Hegels Name hier für einen dem empirischen Erkenntnisideal entgegengesetzten Wissensbegriff. Die Analogie zwischen Bakterien und nicht-faktenbasiertem Wissen stellt einen Vorgang metaphorischer Verstofflichung dar, indem die Idee zu einer giftigen Materie wird. Umgekehrt ist der Widerstand gegen die Suggestion, der starke Wille, ebenso eine metaphorische Verstofflichung, in dem mentalen Zuständen der Status eines Dinges mit fest geschlossener Oberfläche zugesprochen wird, ähnlich der metallischen Haut der Kubaner afrikanischer Abstammung. So legt der Erzähler in *Ein Hersteller von Rechtschaffenheit* dem Protagonisten Alejandro Mirahonda das Attribut des »eisernen Willens« bei.[579]

Ein etwas anders gelagerter Zusammenhang zwischen Bakteriologie und Suggestion lässt sich wiederum ausmachen, wenn man sich Cajals Umgang mit ersterer, jenseits der kurzen Phase praktischer Ausübung, ins Gedächtnis ruft. Ihm fehlen die materiellen Möglichkeiten, dieser »Luxuswissenschaft« nachzugehen, und so dringt ihre bloße Idee wiederholt in sein Leben ein. Um sie so unschädlich wie möglich zu machen, wird sie in der abgeschlossenen Form des fiktionalen *Cuento* eingekapselt,

---

576 Vgl. 2.2.

577 Otis, 1999, 74.

578 »[...] me explico que Hegel, el prodigioso sofista que paralisó con la toxina de la *Idea* el análisis filosófico positivo iniciado por Kant sucumbiera envenenado por el bacílo vírgula de cólera [...].« Ramón y Cajal, 1964, 159.

579 Ebd., 55.

und zwar zusammen mit den gefährlichsten Faszinosa, die sie für Cajal entwickelt; der Macht, die der Bakteriologe mittels einer schrecklichen, unsichtbaren Waffe über seine Mitmenschen ausüben kann in *Die Rache des Professors Max von Forschung* und dem Reichtum, der sich dem kundigen Mikrobiologen durch seinen Wissensvorsprung eröffnet in *Das verfluchte Haus*.

Nimmt man die Intention, welche am Beginn der *Historia* formuliert wird, ernst, geht es Cajal in seinem autobiographischen Projekt darum, als Vorbild die Entwicklung wissenschaftlicher Karrieren in Spanien zu fördern und so der Nation selbst zu dienen. Zu diesem Zweck verbildlicht er an seinem eigenen Lebenslauf einen der wichtigsten Aspekte wissenschaftlicher Leistungsfähigkeit. Dieser wird auch im Untertitel des Originals seiner *Regeln und Ratschläge* genannt; *Los tónicos de la voluntad* meist als »Stählung des Willens« übersetzt. Ein starker Wille trage zur Abwehr störender Gedanken bei, wie ein starker Körper der Infektion widersteht. Cajal liefert in der *Historia* ein Beispiel für seine Willensstärke, wenn er, der nicht trinkt und nicht raucht, von seinem einzigen großen Laster, dem Schach, spricht. Nachdem im vierten Kapitel geschildert wird, wie Cajal einen solchen Enthusiasmus für das Spiel entwickelt, dass er nachts aus Träumen hochschreckt, in denen ihm die Lösungen für Schachprobleme aufgegangen sind, beschließt er sich selbst von diesem Laster zu heilen. Eine Woche lang verletzt er seinen Stolz, indem er mit Absicht verliert. Die Strategie hat Erfolg: »[...] seit 25 Jahren habe ich keine Figur mehr angerührt.«[580] Ganz so endgültig scheint sich das bakteriologische Problem – hier allgemein als Rede von den Bakterien verstanden – nicht lösen zu lassen. Seine Literarisierung weist ihm zwar den autobiographisch ungefährlichen Ort jenseits der Geschichte der wissenschaftlichen Arbeit zu, doch kommunikativ wirken die *Urlaubsgeschichten* stärker. Durch die Verschiebung ins Fiktionale wird auch die Kontrolle über die Rezeptionsprozesse abgegeben. Ob die Protagonisten der *Urlaubsgeschichten* Vorbildcharakter hinsichtlich der Vorzüge wissenschaftlicher Spezialisierung entfalten können, bleibt fraglich. Auch positiveren Figuren wie Alejandro Mirahonda haftet etwa Asoziales an.

Für Cajal besteht die konkrete Gefahr, die von der Faszination erfolgreicher Bakteriologie ausgeht, vor allem darin, dass sie die Konzentration stören kann, eine Gefahr, zu der er sich explizit äußert und die autobiographisch gerade im Rahmen seines Umzugs nach Madrid relevant wird. Unter dem Zwischentitel *Gefahren Madrids für den Mann des Labors*,

---

580 »... no volviendo a mover un peón durante más de veinticinco años.« Ramón y Cajal, 2006, 406.

im 10. Kapitel der *Historia*, spricht Cajal von der Begegnung mit den Zerstreuungen, die eine moderne Großstadt zu bieten hat:

> Die Philosophie, die Kunst, die Literatur bis hin zur Politik und zum Sport ziehen mit tausend straffen und unsichtbaren Fäden an der Seele. Dem geschäftigen Arbeiter begegnet die angenehme intellektuelle Schwelgerei.
>
> Darüber hinaus entdifferenziert sich das durch lange Jahre der Einsamkeit und Zurückgezogenheit gefestigte zerebrale Instrument und dieses rostgebissene Werkzeug wird gelähmt: die besondere Mentalität, die aus dem Winkel der Provinz mitgebracht wurde, gleicht sich Stück für Stück der Mentalität von Jedermann an.[581]

Die Beanspruchung des Individuums, die hier deutlich wird, hat ein anderes, für Cajal untypisches Bedrohungspotential. Hier geht es nicht um die unsichere Grenze und das Eindringen des Anderen. Die Attraktionen erzeugen aber auch keine Zersplitterung des Einen durch Vervielfachung der Grenze. Stattdessen wirkt eine entdifferenzierende Kraft, die wie »mit tausend unsichtbaren Fäden« an der Seele zieht und damit den Gegenimpuls zur Konzentration bildet: die Zerstreuung. An dieser Stelle ließe sich, ähnlich wie bei Ostwald, von einem entropischen Moment mit letztlich nivellierender Wirkung sprechen.

5.4 Fazit: Die Signifikanz des spezifischen Abstands

Atomisierung, Entropie und Infektion sind Begriffe, welche die Grenzen der Fähigkeit zur Darstellung des autobiographischen Selbst in den hier vorgestellten Formen bezeichnen. Dabei wird das Selbst nicht nur durch die sozialen, sprachlichen Formen begrenzt, die es unmöglich machen seine Urheberschaft zu belegen, sondern auch die Behauptung des Selbst in den Texten wird problematisch. Aus der referenziellen Lesart heraus ließe sich vermuten, dass Frustrationsmomente wenigstens teilweise Auslöser der umfangreichen autobiographischen Arbeiten waren. Ostwald artikuliert immerhin ein Bewusstsein für die vielstimmige Ablehnung, die seinen naturphilosophischen und kulturtheoretischen Entwürfen entgegengebracht wurde, auch wenn er sich demonstrativ unbeeindruckt gibt. Im Bezug auf Cajal gibt es ebenfalls deutliche Hinweise, dass er seiner eigenen Stimme einen größeren Stellenwert im Gespräch der Intellektuellen seiner Zeit über

[581] »La filosofía, el arte, la literatura, hasta la política y los deportes, tiran del alma con mil hilos rígidos e invisibles. Al obrero atareado ha sucedido el ameno sibarita intelectual.
Además el instrumento cerebral forjado durante muchos años de soledad y recogimiento, se *desdiferencia* y embota cual herramienta mordida por el orín: la especial mentalidad, traída del rincón provinciano, va poco a poco igualándose con la mentalidad de todo el mundo.« Ebd., 490.

die Lage der spanischen Nation zugedacht hatte.[582] Es bleibt aber nicht dabei, dass Grenzen in der Beschränkung des eigenen Kräftehaushalts aufgezeigt werden, sondern dass dies *in* und *an* bestimmten Formen geschieht – eben denjenigen, in denen das jeweilige Selbst seine Souveränität darstellen soll. Das Scheitern ist dabei auch nicht nur als Ungenügen eines einzelnen Kräftehaushalts hinsichtlich der sozialen Maßstäbe aufzufassen, also nicht als Scheitern am Allgemeinen durch ein Zuwenig. Eben im spezifischen Einsatz, in der charakteristischen Verstiegenheit, in der die Formen immer wieder auftreten und die autobiographische Darstellung übernehmen, scheint eine individuelle Kontur auf. Es ist nicht die machtgeleitete Konstellation anonym verstreuter Diskurse, sondern es sind Ostwald und Cajal, die sichtbar werden. Das aber wiederum nicht in der intentionalen Setzung der Formen, sondern in einem Spiel derselben, in Gang gesetzt in der Absicht einer Darstellung des autobiographischen Subjekts und nun gegen diese Absicht gekehrt in Atomisierung, Entropie und Infektion, die selbst ein Mehr an sprachlicher Kreativität, eine Steigerung im Umgang mit den Formen darstellen, die sich als Ausdruck ästhetischer Kraft beschreiben ließe. Was bisher als autobiographisches Selbst verstanden und in seiner Begrenzung dargestellt wurde, war also das Subjekt. Dem gegenüber ließe sich das autobiographische Selbst nun als Einheit aus Subjekt und ästhetischer Kraft verstehen. Es kommt zum Vorschein im Überschuss über die Selbstdarstellung des Subjekts hinaus und wäre der Träger des Eigennamens.

So lassen die *Urlaubsgeschichten* Ramón y Cajals eine autobiographische Bezugnahme zu, ohne sich darin zu erschöpfen. Sie erweisen sich als resistent gegenüber einer vollständigen Zuordnung in irgendeinen anderen Bereich als denjenigen der Kunst. In der Lektüre, die sie vom Autobiographischen her verstehen möchte, wird ein spezifischer Abstand deutlich. Die über die Form des *Cuento* klar ausgestellte Fiktionalität steht dann beispielsweise in einem problematischen Verhältnis zum referenziellen Anspruch der Autobiographik. Eine Lektüre, die sich für diese Texte als Teil der Autobiographik interessiert, arbeitet mit dem spezifischen Abstand, den diese Texte zum Autobiographischen haben.

Ähnlich verhält es sich mit Ostwalds Farbenlehre. Der Doppelkegel kann nicht als Teil der Wissenschaft betrachtet werden, jedenfalls nicht in seinem Anspruch die Malerei wissenschaftlich zu verbessern (möglicherweise wird er in der Geschichte der Farbenlehre(n) noch anders produktiv) und bestätigt nicht das Subjekt, das sich über die Erschließung eines neuen wissenschaftlichen Bereichs bestimmt. Aber er unterhält eine besondere Beziehung zur Wissenschaft, weil er auf spezifische Weise nicht-

[582] Vgl. Fernández, 2006, 83f.

wissenschaftlich ist.[583] Er enthält so viel im Leben Wilhelm Ostwalds umgebildetes wissenschaftliches Denken, dass man ihn aus dem spezifischen Abstand zu diesem verstehen kann.

Christoph Menke formuliert die These, dass Kraft vom Künstler auf den Zuschauer und den Kritiker übertragbar ist.[584] Dies scheint mir jenseits aller terminologischen Bedeutung die beste Erklärung für das zu sein, was bei Krajewski geschieht, wenn er den Begriff des Katalysators anwendet, um Ostwalds Scheitern zu beschreiben, und was im vorliegenden Text anhand von Atomisierung, Entropie und Infektion dargestellt wird. Neben der Verweisfunktion handelt es sich dabei um eine Aufnahme des vorgefundenen Spiels. So betrachtet, teilt sich auch die Einschätzung der eigenen Argumentation in einen Aspekt der präzise bezeichnen und einen anderen, der sich erzählend annähern möchte, so dass die Rede von einer Autonomie der Literatur und die von einem Wissen der Literatur vereinbar werden.

Diesem Blick auf den Gegenstand ist auch geschuldet, dass die geschilderte Problematik in keiner Weise einen Abschluss der Beschäftigung mit den Texten Ramón y Cajals und Ostwalds bietet oder fordert; im Gegenteil. Weder sollen die Texte nur als Illustration eines historisch gewordenen positivistischen Optimismus herhalten, noch die Autoren gegeneinander ausgespielt werden (etwa: Cajal gut, weil er bewusst fiktionalisiert, Ostwald schlecht, weil er seinen eigenen Kreationen intellektuell erliegt). Auch ohne den Vorstellungen der Autoren konkrete Geltungen zuzuschreiben, können Lektüremöglichkeiten offengehalten werden, welche die Rede von Kraft (z.B. die Rede von der Energie) und Stoff (z.B. die Rede von Körperlichkeit in ihrem Verhältnis zu Leiblichkeit oder zum Geistigen) oder die Wirkungen der *déformation profesionnelle* nicht als Negativbeispiele betrachten, sondern als Arbeit an Formen, die in einem Bezugsfeld stehen, das immer noch relevant ist, d.h., die ein wenig anders interpretiert immer noch Möglichkeiten bieten, über aktuelle Probleme zu sprechen.[585]

---

583 Damit soll nicht behauptet werden, der Doppelkegel sei Kunst. Er wäre zwar als autonom gegenüber anderen Rationalitäten zu verstehen, das aber eher nach der Art überholten Wissens. Gleichzeitig ist durchaus ein Moment der ästhetischen Kraft auszumachen, wenn man die Farbenlehre als Spiel mit der wissenschaftlichen Form begreift, in der sich letztlich nicht mehr ausdrückt als das Lebenswissen Wilhelm Ostwalds. Ob dies reicht, um die Rede von der Kunst zu rechtfertigen, hängt vom jeweiligen Kunstbegriff ab. Hierzu wäre meines Erachtens auch eine Auseinandersetzung mit der Formtradition notwendig.

584 Menke, Christoph. *Die Kraft der Kunst.* Berlin: Suhrkamp, 2013.12.

585 Hier möchte ich noch einmal auf die Beiträge im von Arnher Lenz und Volker Mueller herausgegebenen Band verweisen (Lenz, 2012) sowie auf Paul Ziches Begriff des nichtreduktiven Szientismus. Bernhardt Ahlbrecht nennt Ostwalds »Erkenntnisse und Einsichten auch für unser 21. Jahrhundert überlebenswichtig«. Ahlbrecht, Bernhart. »Die monistischen Sonntagspredigten von Wilhelm Ostwald«. *Darwin, Haeckel und die Folgen: Monismus in Vergangenheit und Gegenwart.* Arnher E. Lenz und Volker Mueller, Hg. Neustadt am Rübenberge: Angelika Lenz Verlag, 2006. 237-246.

6
Schluss

Das Schreiben vom Lebenswissen, wie es hier versucht wird, stellt selbst eine Art biographischen Schreibens dar. Dabei soll der entstehende Text nicht dem Biographismus verfallen, was hieße, dass das Werk der behandelten Autoren kritisch reflektiert würde anhand einer Erzählung (der Biographie des Autors), die selbst unkritisch vorausgesetzt würde. Die literaturwissenschaftliche Perspektive, die Gegenstände wie das biographische Lebenswissen und das autobiographische Selbst hervorbringt, strebt dagegen einem Ideal der umfassenden philologischen Kritik ihres Materials zu und versucht den Plural der Lesarten, etwa das Umschlagen in die Referenzialität, aus dieser Perspektive zu befragen. Dies wurde hier nicht konsequent durchgeführt. Die Historiographie Cassirers beispielsweise ist ohne kritischen Blick auf die Textsorte der Wissensgeschichten vorausgesetzt worden. Andernfalls hätte der Grundgedanke der historischen Epistemologie selbst auf die Formen, in denen er historisch vorliegt, befragt werden müssen.

Das sich abzeichnende Ideal einer konsequenten Literaturwissenschaft bleibt im Guten ein Instrument aufklärerischer Sprachkritik, kann im Schlechten aber auch einen Grad an Selbstbezüglichkeit erreichen, der letztlich zu einem wissenschaftlich wenig fruchtbaren Status der Unangreifbarkeit führt. Beide Möglichkeiten sind angelegt in einer Perspektive, die im strengsten Sinn (falls es Sinn macht hier von Strenge zu sprechen) literaturwissenschaftlich also literarisch und wissenschaftlich ist. Sie hat die oben genannte Position zwischen Autonomie und Wissen nicht nur zu kommentieren, sondern aufzunehmen und auszuhalten und ihre Produktivität weder in fachfremden Rationalitäten (soziologischen, historischen), die Andere immer besser vertreten, noch in einer Kunstesoterik zu finden, sondern eben die Signifikanz des spezifischen Abstands für sich zu nutzen. Auch der anspruchvollsten Haltung zum Lebenswissen, der Vorstellung der Texterstellung als lebendigem Vollzug, kann aus dieser Perspektive am ehesten Rechnung getragen werden.

Quellen

Primärliteratur
zu Wilhelm Ostwald

- »Über die chemische Massenwirkung des Wassers.« *Journal für praktische Chemie.* 7 (1875): 264–270.
- *Volumchemische und optisch-chemische Studien.* Dorpat: H. Laakmann, 1878.
- »Die Überwindung des wissenschaftlichen Materialismus.« *Verhandlungen der sächsischen Akademie der Wissenschaften.* 1 (1895): 155–168.
- *Vorlesungen über Naturphilosophie.* Leipzig: Verlag von Veit & Comp, 1905.
- *Energetische Grundlagen der Kulturwissenschaft.* Leipzig: Verlag von Dr. Werner Klinkhardt, 1909.
- »Über Katalyse: Rede, gehalten am Dezember 1909 bei Empfang des Nobelpreises für Chemie.« *Annalen der Naturphilosophie.* 9 (1910): 1–25.
- *Die Mühle des Lebens.* Leipzig: Hallberg & Büchting, 1911.
- *Der energetische Imperativ.* Leipzig: Akademische Verlagsgesellschaft, 1912.
- *Große Männer: Studien zur Biologie des Genies.* Leipzig: Akademische Verlagsgesellschaft, 1919[5].
- *Gedanken zur Biosphäre: Sechs Essays von Wilhelm Ostwald.* Leipzig: Akademische Verlagsgesellschaft, 1978.
- *Zur Geschichte der Wissenschaft: 4 Manuskripte aus dem Nachlass.* Leipzig: Geest und Portig, 1985.
- *Lebenslinien – Eine Selbstbiographie.* 1926–27. Karl Hansel, Hg. Leipzig: Verlag der Sächsischen Akademie der Wissenschaften zu Leipzig, 2003.

Hansel, Karl und Levi Tansjoe. *Svante Arrhenius und Wilhelm Ostwald in ihren Briefen.* Großbothen: Wilhelm-Ostwald-Gesellschaft e.V., 2002.

Körber, Hans-Günther, Hg. *Aus dem wissenschaftlichen Briefwechsel Wilhelm Ostwalds.* Berlin: Akademie-Verlag, 1961.

Nöthlich, Rosemarie, Heiko Weber, Uwe Hoßfeld, Olaf Breidbach und Erika Krauße *»Substanzmonismus« und/oder »Energetik«: Der Briefwechsel von Ernst Haeckel und Wilhelm Ostwald (1910–1918).* Berlin: Verlag für Wissenschaft und Bildung, 2006.

Zott, Regine. *Wilhelm Ostwald und Paul Walden in ihren Briefen.* Berlin: ERS-Verlag, 1994.

zu Santiago Ramón y Cajal

- *Observaciones microscópicas sobre las terminaciones nerviosas en los músculos voluntarios de la rana.* Zaragoza: Imprenta de »El Diario Católico«, 1881.
- *Recuerdos de mi vida: Mi infancia y juventud.* Madrid: Fortanet, 1901.
- »¿Neuronismo o reticularismo? Las pruebas objetivas de la unidad anatómica de las células nerviosas.« *Archivos de Neurobiología.* 13 (1933): 1–144.
- *Regeln und Ratschläge zur wissenschaftlichen Forschung.* München: Verlag von Ernst Reinhardt, 1938.
- *Charlas de café: pensamientos, anécdotas y confidencias.* Madrid: Aguilar, 1948.
- *Cuentos de vacaciones: narraciones seudocientíficas.* Madrid: Editorial Espasa-Calpe, 1964[5].
- *El mundo visto a los ochenta años: Impresiones de un arteriosclerótico.* Madrid: Espasa Calpe, 1970[8].

- *Textura del sistema nervioso del hombre y de los vertebrados: estudios sobre el plan estructural y composición histológica de los centros nerviosos adicionados de consideraciones fisiológicas fundadas en los nuevos descubrimientos.* 1904. Nachdr. Alicante: Instituto de Neurociencias, 1992.
- *Die Rache des Professors Max von Forschung.* 1905. Antonio Bergua, Hg. Würzburg: Königshausen & Neumann, 1997.
- *Reglas y Consejos sobre la investigación científica: Los tónicos de la voluntad.* Madrid: Espasa Calpe, 1998[15].
- *Discurso de Doctorado y trabajos de juventud.* Madrid: Universidad Europea-CEES, 2001.
- *Recuerdos de mi vida.* 1917. Juan Fernández Santarén, Hg. Barcelona: Editorial Crítica, 2006.

Sekundärliteratur

Ahlbrecht, Bernhart. »Die monistischen Sonntagspredigten von Wilhelm Ostwald«. *Darwin, Haeckel und die Folgen: Monismus in Vergangenheit und Gegenwart.* Arnher E. Lenz und Volker Mueller, Hg. Neustadt am Rübenberge: Angelika Lenz Verlag, 2006. 237-246.

Alberts, Bruce, Dennis Bray, Julian Lewis, Martin Raff, Keith Roberts und James D. Watson. *Molecular Biology of the Cell.* New York: Garland Publishing, 1994[3].

Aréchaga, Juan, Guillermo Olagüe und Luis García Ballester, Hg. *La introducción de la teoría celular en España.* Granada: Universidad de Granada, 1976.

Asholt, Wolfgang und Ottmar Ette, Hg. *Literaturwissenschaft als Lebenswissenschaft: Programm – Projekte – Perspektiven.* Tübingen: Narr Francke Attempto Verlag, 2010.

Assmann, Aleida. *Erinnerungsräume: Formen und Wandlungen des kulturellen Gedächtnisses.* München: Verlag C.H. Beck, 2006.

Atkins, Peter und Julio de Paula. *Atkins' Physical Chemistry.* Oxford: University Press, 2010[9].

Azzouni, Safia. »Der Topos des Erhabenen als Schlüssel zur Methode populärwissenschaftlichen Schreibens um 1900.« *Sachbuch und populäres Wissen im 20. Jahrhundert.* David Oels und Andy Hahnemann, Hg. Frankfurt a.M.: Peter Lang, 2008. 211–220.

Arrhenius, Svante. *Aus meiner Jugendzeit. Seinem lieben Freunde Wilhelm Ostwald zu seinem 60. Geburtstag.* Leipzig: Akademische Verlagsgesellschaft, 1913.

Bayertz, Kurt, Miriam Gerhard und Walter Jaeschke, Hg. *Der Materialismus-Streit.* Hamburg: Felix Meiner Verlag, 2012.

Bensaude-Vincent, Bernadette. »Revisiting the Controversy on Energetics.« *Wilhelm Ostwald at the Crossroads between Chemistry, Philosophy and Media Culture.* Britta Görs, Nikos Psarros und Paul Ziche, Hg. Leipzig: Universitätsverlag, 2005. 13–28.

Braune, Andreas. *Fortschritt als Ideologie: Wilhelm Ostwald und der Monismus.* Leipzig: Universitätsverlag, 2009.

Breidbach, Olaf. *Die Materialisierung des Ichs: Zur Geschichte der Hirnforschung im 19. und 20. Jahrhundert.* Frankfurt a.M.: Suhrkamp, 1997.

Broutá, Julio. *La Ciencia Moderna. Sus tendencias y cuestiones con ella relacionadas.* Barcelona: Montaner y Simón, 1897.

Büchner, Ludwig. *Kraft und Stoff.* Leipzig: Alfred Kröner Verlag, 1932.

Calderón de la Barca, Pedro. *A secreto agravio, secreta venganza.* 1637. Erik Coenen, Hg. Madrid: Editorial Cátedra, 2011.

Canguilhem, Georges. *Die Erkenntnis des Lebens.* Berlin: Augustverlag, 2009.

Cavanaugh, Cecelia J. »Reading Lorca through the Microscope.« *Hispania.* 86, 2 (2003): 191-200.

Celestino da Costa, Augusto. »Ramón y Cajal y la teoría celular.« *Memorias de la Real Academia de Ciencias Exactas, Físicas y Naturales de Madrid. Publicaciones del centenario: actas discursos y conferencias.* Madrid: C. Bermejo, 1950. 93–113.

Comte, Auguste. *Plan des travaux scientifiques nécessaires pour réorganiser la société.* 1822. Angèle Kremer-Marietti, Hg. Paris: Aubier-Montaigne, 1970.

Curilla, Wolfgang. »Schutzpolizei und Judenmord. Die Dienststelle des Kommandeurs der Schutzpolizei in Riga.« *NS-Gewaltherrschaft: Beiträge zur historischen Forschung und juristischen Aufarbeitung*. Alfred Gottwaldt, Norbert Kampe und Peter Klein, Hg. Berlin: Edition Hentrich, 2005. 247–264.

Cassirer, Ernst. *Das Erkenntnisproblem in der Philosophie und Wissenschaft der neueren Zeit: Von Hegels Tod bis zur Gegenwart (1832–1932)*. Darmstadt: Wissenschaftliche Buchgesellschaft, 2000.

Daston, Lorraine und Peter Gallison. *Objectivity*. New York: Zone Books, 2007.

Daum, Andreas W. *Wissenschaftspopularisierung im 19. Jahrhundert: Bürgerliche Kultur, naturwissenschaftliche Bildung und die deutsche Öffentlichkeit 1848–1914*. München: R. Oldenbourgverlag, 1998.

Deuber-Mankowsky, Astrid, Christoph F.E. Holzhey und Anja Michaelsen. *Der Einsatz des Lebens: Lebenswissen, Medialisierung, Geschlecht*. Berlin: b_books Verlag, 2009.

Dilthey, Wilhelm. *Der Aufbau der geschichtlichen Welt in den Geisteswissenschaften*. Göttingen: Vandenhoeck & Ruprecht, 1992.

Domschke, Jan-Peter und Peter Lewandrowski. *Wilhelm Ostwald: Chemiker, Wissenschaftstheoretiker, Organisator*. Leipzig: Urania-Verlag, 1982.

Drews, Julian. »Escribiendose hacia la muerte. ›El mundo visto a los ochenta años‹ de Santiago Ramón y Cajal.« *Der espace autobiographique und die Verhandlung kultureller Identität: Ein pragmatischer Ort der Autobiographie in den Literaturen der Romania*. Magdalena Mancas und Dagmar Schmelzer, Hg. München: Meidenbauer, 2011. 26–34.

–. »Optimistisch in den Wärmetod? Energetik und Institutionen bei Wilhelm Ostwald« *Prometheische Kultur: Wo kommen unsere Energien her?* Claus Leggewie, Ursula Renner und Peter Risthaus, Hg. München: Wilhelm Fink Verlag, 2013. 309–318.

Du Bois-Reymond, Emil. *Über die Grenzen des Naturerkennens. Die sieben Welträtsel: Zwei Voträge von Emil Du Bois-Reymond*. Leipzig: Verlag von Veit und Comp., 1916.

Ertl, Gerhard und Tanja Gloyna. »Katalyse: Vom Stein der Weisen zu Wilhelm Ostwald.« *Zeitschrift für physikalische Chemie*. 217, 10 (2003): 1207–1219.

Ette, Ottmar. *ÜberLebenswissen: Die Aufgabe der Philologie*. Berlin: Kulturverlag Kadmos, 2004.

–. *ZwischenWeltenschreiben: Literaturen ohne festen Wohnsitz*. Berlin: Kulturverlag Kadmos, 2005.

–. *ZusammenLebensWissen: List, Last und Lust literarischer Konvivenz im globalen Maßstab*. Berlin: Kulturverlag Kadmos, 2010.

Falkenhagen, Hans. *Theorie der Elektrolyte*. Leipzig: S. Hirzel Verlag, 1971.

Fernández, Ricardo. »Huellas de una identidad. El proyecto autobiográfico de Santiago Ramón y Cajal.« *Anales de la literatura española contemporánea*. 31 (2006): 71–91.

Fiorentini, Erna. »Inducing visibilities: An attempt at Santiago Ramón y Cajal's aesthetic epistemology.« *Studies in History and Philosophy of Biological and Biomedical Sciences*. 42 (2011): 391–394.

Fleck, Ludwik. *Entstehung und Entwicklung einer wissenschaftlichen Tatsache: Einführung in die Lehre vom Denkstil und Denkkollektiv*. 1935. Lothar Schäfer und Thomas Schnelle, Hg. Frankfurt a.M.: Suhrkamp, 1980.

Foucault, Michel. *Die Ordnung der Dinge: Eine Archäologie der Humanwissenschaften*. Frankfurt a.M.: Suhrkamp, 2009.

–. *Die Geburt der Klinik: eine Archäologie des ärztlichen Blicks*. Berlin: Ullstein, 1976.

Freud, Sigmund. *Der Witz und seine Beziehung zum Unbewussten*. Frankfurt a.M.: Fischer Verlag, 1961³.

Fricke, Harald. *Aphorismus*. Stuttgart: J.B. Metzlersche Verlagsbuchhandlung, 1984.

Gadamer, Hans-Georg. *Wahrheit und Methode: Grundzüge einer philosophischen Hermeneutik*. Tübingen: Mohr Siebeck, 2010⁷.

Gelz, Andreas. *Tertulia: Literatur und Soziabilität im Spanien des 18. und 19. Jahrhundert*. Frankfurt a.M.: Vervuert, 2006.

Golgi, Camillo. *Istologia normale 2: 1883–1902*. Mailand: Editore librairo della real casa, 1903.

Görs, Britta, Nikos Psarros und Paul Ziche, Hg. *Wilhelm Ostwald at the Crossroads between Chemistry, Philosophy and Media Culture*. Leipzig: Universitätsverlag, 2005.

Gradmann, Christoph. *Krankheit im Labor: Robert Koch und die medizinische Bakteriologie.* Göttingen: Wallstein Verlag, 2005.

Haeckel, Ernst. *Allgemeine Entwicklungsgeschichte der Organismen.* Berlin: Verlag von Georg Reimer, 1866.

–. *Die Welträthsel: Gemeinverständliche Studien über monistische Philosophie.* Bonn: Verlag von Emil Strauß, 1900^4.

–. *Das Leben in den grössten Meerestiefen.* Berlin: Lüderitz'sche Verlagsbuchhandlung, 1870.

Hagner, Michael. *Geniale Gehirne: Zur Geschichte der Elitengehirnforschung.* Göttingen: Wallstein Verlag, 2004.

Hapke, Thomas. *Die Zeitschrift für Physikalische Chemie: 100 Jahre Wechselwirkung zwischen Fachwissenschaft, Kommunikationsmedium und Gesellschaft.* Herzberg: Verlag Traugott Bautz, 1990.

–. »Wilhelm Ostwald and the Bibliographic Movement.« *Wilhelm Ostwald at the Crossroads between Chemistry, Philosophy and Media Culture.* Britta Görs, Nikos Psarros und Paul Ziche, Hg. Leipzig: Universitätsverlag, 2005. 115–134.

–. »Zum verborgenen Ursprung des Informationswesens in der Chemie« *LIBREAS Library Ideas.* 17. 2010. 26 Mai 2012. <http://libreas.eu/ausgabe17/texte/01hapke.htm#3>.

Helmholtz, Hermann. »Die Thermodynamik chemischer Vorgänge.« *Abhandlungen zur Thermodynamik von H. Helmholtz.* Max Planck, Hg. Leipzig: Akademische Verlagsgesellschaft, 1921. 17–36.

Hirschhausen, Ulrike. *Die Grenzen der Gemeinsamkeit: Deutsche, Letten, Russen und Juden in Riga 1860–1940.* Göttingen: Vandenhoeck und Ruprecht, 2006.

Holdenried, Michaela. *Autobiographie.* Stuttgart: Reclam, 2000.

Jakobs, Silke. *»Selbst wenn ich Schiller sein könnte, wäre ich lieber Einstein«. Naturwissenschaftler und ihre Wahrnehmung der »zwei Kulturen«.* Frankfurt a.M.: Campus Verlag, 2006.

Jung, Carl Gustav. *Psychologische Typen.* Zürich: Rascher und Cie. A.-G. Verlag, 1930.

Kiverik, Indrek. »Die Deutschbalten und die jungen Nationalbewegungen in den Ostseeprovinzen des Russischen Reiches 1885–1914/17.« *Nordost-Archiv: Zeitschrift für Regionalgeschichte.* 19 (2010): 38–56.

Klemperer, Victor. *LTI: Notizbuch eines Philologen.* Leipzig: Reclam Verlag, 1975^3.

Kormann, Eva. *Ich, Welt und Gott: Autobiographik im 17. Jahrhundert.* Köln: Böhlau Verlag, 2004.

Krajewski, Markus. *Restlosigkeit: Weltprojekte um 1900.* Frankfurt a.M.: Fischer Taschenbuch Verlag, 2006.

Kuhn, Thomas. *Die Struktur wissenschaftlicher Revolutionen.* Frankfurt a.M.: Suhrkamp, 1976.

Laín Entralgo, Pedro und Agustín Albarracín. *Santiago Ramón y Cajal o la pasión de España.* Barcelona: Editorial Labor S.A, 1978.

–. »Cajal por sus cuatro costados.« *Expedientes administrativos de grandes Españoles.* Madrid: Ministerio de educación y de ciencia, 1979. 15–65.

Lavoisier, Antoine. *Traité élémentaire de chimie, présenté dans un ordre nouveau et d'après les découvertes modernes,* Bd. 1. Paris: Cuchet, Libraire, rue & hôtel Serpente, 1789.

Lejeune, Philippe. *Der Autobiographische Pakt.* Frankfurt a.M.: Suhrkamp, 1994.

Lenz, Arnher und Volker Mueller, Hg. *Darwin, Haeckel und die Folgen: Monismus in Vergangenheit und Gegenwart.* Neustadt am Rübenberge: Angelika Lenz Verlag, 2006.

Lenz, Arnher und Volker Mueller, Hg. *Wilhelm Ostwald: Monismus und Energie.* Neu-Isenburg: Angelika Lenz, 2012.

Lenz, Wilhelm. »Die deutsche Reichspolitik, das Bermondt-Unternehmen und die Deutschbalten 1918/1919.« *Die deutsche Volksgruppe in Lettland während der Zwischenkriegszeit und aktuelle Fragen des deutsch-lettischen Verhältnisses.* Boris Meissner, Dietrich A. Loeber und Detlef Henning, Hg. Hamburg: Baltica, 2000. 15–39.

Liebig, Justus. *Chemische Briefe.* Leipzig und Heidelberg: C.F. Wintersche Verlagsbuchhandlung, 1865.

López Piñero, José María. »La literatura en la vida de Cajal.« *Estudios de literatura española de los siglos XIX. y XX: Homenaje a Juan María Díez Taboada.* José Carlos de Torres

Martínez und Cecilia García Antón, Hg. Madrid: Consejo Superior de Investigaciones Científicas, 1998. 578–584.
–. *Santiago Ramón y Cajal.* Granada: Universitat de Vàlencia, Universidad de Granada, 2006.
Durán López, Fernando. *Vidas de sabios: El nacimiento de la autobiografía moderna en España (1733–1848).* Madrid: Empreso en Solana e Hijos, 2005.

Mach, Ernst. *Principien der Wärmelehre.* Leipzig: Verlag von Johann Ambrosius Barth, 1900².
Macho, Thomas. »Stammbäume, Freiheitsbäume und Geniereligion: Anmerkungen zur Geschichte genealogischer Systeme.« *Genealogie und Genetik.* Sigrid Weigel, Hg. Berlin: Akademie Verlag, 2002. 15–44.
Márques, Miguel B. »Santiago Ramón y Cajal: algo más que un fotógrafo.« *Ámbitos.* 11, 12 (2004): 139–153.
McGuinness, Brian. *Wittgenstein: a life: young Ludwig, 1889–1921.* Berkeley: University of California Press, 1988.
Menke, Christoph. *Kraft: Ein Grundbegriff ästhetischer Anthropologie.* Frankfurt a.M.: Suhrkamp, 2008.
–. *Die Kraft der Kunst.* Berlin: Suhrkamp, 2013.
Misch, Georg. *Geschichte der Autobiographie: Das Altertum.* Bern: A. Francke Verlag, 1949³.
–. *Geschichte der Autobiographie: Von der Renaissance bis zu den autobiographischen Hauptwerken des 18. und 19. Jahrhunderts.* Frankfurt a.M.: Verlag G. Schulte-Bulmke, 1969.
Moleschott, Jakob. *Der Kreislauf des Lebens: Physiologische Antworten auf Liebig's Chemische Briefe.* Mainz: Verlag Victor von Zabern, 1852.
Müller, Ernst und Falko Schmieder, Hg. *Begriffsgeschichte der Naturwissenschaften. Zur historischen und kulturellen Dimension naturwissenschaftlicher Konzepte.* Berlin: Walter de Gruyter, 2008.

Neuschäfer, Hans-Jörg. *Spanische Literaturgeschichte.* Stuttgart: J.B. Metzler Verlag, 2001².
Nietzsche, Friedrich. »Vom Nutzen und Nachtheil der Historie für das Leben.« 1874. Giorgio Colli und Mazzino Montinari, Hg. *Kritische Studienausgabe* Band I. Berlin: de Gruyter, 2003. 243–334.

O'Connor, D.J. »Science, Literature, and Self-Censorship: Ramón y Cajal's *Cuentos de Vacaciones* (1905).« *Ideologies and Literature.* 1,3 (1985): 98–122.
Ortega Cantero, Nicolás. »Paisaje e identidad. La visión de de Castilla como paisaje nacional (1876–1936).« *Boletín de la A.G.E.,* 51 (2009): 25–49.
Ortega y Gasset, José. *Der Mensch und die Leute.* Stuttgart: dtv, 1963.
Osietzki, Maria. »›Energetische‹ Optimierungsstrategien und ›kybernetische‹ Visionen – Zum Krisenmanagement thermodynamischer Niedergangsprognosen.« *Der Optimismus der Ingenieure: Triumph der Technik in der Krise der Moderne.* Hans-Liudger Dienel, Hg. Stuttgart: Franz Steiner Verlag, 1998. 25–55.
Osterhammel, Jürgen. *Die Verwandlung der Welt: Eine Geschichte des 19. Jahrhunderts.* München: C.H. Beck, 2009².
Ostwald, Grete. *Wilhelm Ostwald: Mein Vater.* Stuttgart: Berliner Union, 1953.
Otis, Laura. *Membranes: Metaphors of Invasion in Nineteenth-Century Literature, Science and Politics.* Baltimore: The John Hopkins University Press, 1999.
–. »What's an archive? A literary scholar's view of the history of science.« *History of Science Society Newsletter.* 36 (2007): 6–7.

Pauli, Wolfgang. *Thermodynamics and the Kinetic Theory of Gases.* New York: Dover Publications, 2000.
Pérez Galdós, Benito. *La de los tristes destinos.* Madrid: Alianza Editorial, 2011.
Pratt, J. Dale. *Signs of science: Literature, Science, and Spanish Modernity since 1868.* West Lafayette: Purdue University Press, 2001.

Quirós Fernández, María Teresa. *Stereophonie der Autobiographie. Autobiographisches Schreiben von Paaren am Beispiel von María Teresa León und Rafael Alberti.* Tübingen: Niemeier Verlag, 2009.

Rehbock, Philip A. »Huxley, Haeckel, and the Oceanographers: The Case of Bathybius haeckelii.« *Isis.* 66 (1975): 504–533.
Rheinberger, Hans-Jörg. *Epistemologie des Konkreten: Studien zur Geschichte der modernen Biologie.* Frankfurt a.M.: Suhrkamp, 2006.

–. *Experimentalsysteme und epistemische Dinge: Eine Geschichte der Proteinsynthese im Reagenzglas*. Frankfurt a.M.: Suhrkamp, 2006.
–. *Historische Epistemologie. Zur Einführung*. Hamburg: Junius Verlag, 2007.
Riedel, Wolfgang. *Homo natura: literarische Anthropologie um 1900*. Berlin: de Gruyter, 1996.
Rodnyj, N.I. und Ju.I. Solowjew. *Wilhelm Ostwald*. Leipzig: Teubner Verlagsgesellschaft, 1977.
Rodriguez, Enriqueta L. *Santiago Ramón y Cajal: El Hombre, el Sabio y el Pensador*. Madrid: C.S.I.C., 1987.
Safranski, Rüdiger. *Nietzsche. Biographie seines Denkens*. München, Wien: Carl Hanser Verlag, 2000.
Sánchez-Blanco Parody, Francisco. »La conciencia del cuerpo: los escritos autobiográficos de Santiago Ramón y Cajal.« *Asdepio, Archivo Iberoamericana de la Medicina y Antropología Médica*. 12, 2 (1984): 239–252.
–. »Autobiografía y concepción del yo desde Mor de Fuentes a Ramón y Cajal.« *Revista Canadiense de Estudios Hispánicos*. 11, 3 (1987): 633–644.
Schmithals, Friedeman, Hg. *Wilhelm Ostwald: ein Lesebuch*. Großbothen: Wilhelm-Ostwald-Gesellschaft, 2004.
Schwarz, Angela. *Der Schlüssel zur modernen Welt: Wissenschaftspopularisierung in Großbritannien und Deutschland im Übergang zur Moderne (ca. 1870–1914)*. Stuttgart: Franz Steiner Verlag, 1999.
Schleiden, Matthias Jacob. *Grundzüge der wissenschaftlichen Botanik nebst einer methodologischen Einleitung als Anleitung zum Studium der Pflanze*. Leipzig: Verlag von Wilhelm Engelmann, 1861.
–. *Über den Materialismus der neueren deutschen Naturwissenschaft*. Leipzig: Verlag von Wilhelm Engelmann, 1863.
Snow, Charles Percy. *The Two Cultures and the Scientific Revolution*. New York: Camebridge University Press, 1961.
Speckenbach, Susanne. *Wissenschaft und Weltanschauung: Wissenschaftspopularisierung im 19. Jahrhundert – eine linguistische Untersuchung von Ludwig Büchners »Kraft und Stoff«*. Bremen: Hempen Verlag, 1999.
Tortosa, Virgilio. *Escrituras ensimismadas: La autobiografía literaria en la democracia española*. Salamanca: Universidad de Alicante, 2001.
Unamuno, Miguel de. *Recuerdos de mi niñez y mozedad*. Madrid: Alianza Editorial, 1998.
–. *Del sentimiento trágico de la vida en los hombres y en los pueblos*. Madrid: Alianza Editorial, 2005.
Weber, Max. *Gesammelte Aufsätze zur Wissenschaftlehre*. Tübingen: Verlag von J.C.B. Mohr, 1922.
Weigel, Sigrid. *Genea-Logik: Generation, Tradition und Evolution zwischen Natur- und Kulturwissenschaften*. München: Wilhelm Fink Verlag, 2006.
Wells, H.G. *The stolen Bacillus an Other Incidents*. London: Methuen, 1895.
Whitehead, Alfred North. *Wissenschaft und moderne Welt*. Frankfurt a.M.: Suhrkamp, 2005.
Wittgenstein, Ludwig. *Wittgenstein in Cambridge: Letters and Documents 1911–1951*. Brian McGuinness, Hg. Malden: Blackwell Publishing, 2008.
Ziche, Paul, Hg. *Monismus um 1900: Wissenschaftskultur und Weltanschauung*. Berlin: Verlag für Wissenschaft und Bildung, 2000.
–. *Wissenslandschaften um 1900: Philosophie, die Wissenschaften und der nichtreduktive Szientismus*. Zürich: Chronos Verlag, 2008.
Zimmermann, Christian von. *Biographische Anthropologie. Menschenbilder in lebensgeschichtlicher Darstellung (1830–1940)*. Berlin: Walter de Gruyter, 2006.

Abbildungsnachweise

Abb. 1 (S. 186): Ramón y Cajal, Satiago. *Recuerdos de mi vida.* 1917. Juan Fernández Santarén, Hg. Barcelona: Editorial Crítica, 2006. 793

Abb. 2 (S. 190): Alberts, Bruce; Dennis Bray; Julian Lewis; Martin Raff; Keith Roberts und James D. Watson. *Molecular Biology of the Cell.* New York: Garland Publishing, 19943. 528.

Abb. 3 (S. 199): Ramón y Cajal, Satiago. *Recuerdos de mi vida.* 1917. Juan Fernández Santarén, Hg. Barcelona: Editorial Crítica, 2006. 794.

Abb. 4 (S. 244): Ostwald, Wilhelm. *Lebenslinien – Eine Selbstbiographie.* 1926–27. Karl Hansel, Hg. Leipzig: Verlag der Sächsischen Akademie der Wissenschaften zu Leipzig, 2003. 562.